Rolf Kaltofen, Joachim Ziemann u.a.

Tabellenbuch Chemie

12., durchgesehene Auflage

**Verlag Harri Deutsch
Thun und Frankfurt am Main**

Autoren:
Chem.-Ing. Rolf Kaltofen †
Studienrat Rolf Opitz †
Dr. Kurt Schumann
Doz. i.R. Dr. Joachim Ziemann

Die Deutsche Bibliothek - CIP-Einheitsaufnahme

Tabellenbuch Chemie / R. Kaltofen. - 12., durchges. Aufl. -
Thun ; Frankfurt am Main : Deutsch, 1994
ISBN 3-8171-1351-X
NE: Kaltofen, Rolf

ISBN 3-8171-1351-X

Dieses Werk ist urheberrechtlich geschützt.
Alle Rechte, auch die der Übersetzung, des Nachdrucks und der Vervielfältigung des Buches - oder von Teilen daraus - sind vorbehalten.
Kein Teil des Werkes darf ohne schriftliche Genehmigung des Verlages in irgendeiner Form (Fotokopie, Mikrofilm oder ein anderes Verfahren), auch nicht für Zwecke der Unterrichtsgestaltung, reproduziert oder unter Verwendung elektronischer Systeme verarbeitet werden.
Zuwiderhandlungen unterliegen den Strafbestimmungen des Urheberrechtsgesetzes.
Der Inhalt des Werkes wurde sorgfältig erarbeitet. Dennoch übernehmen Autoren, Herausgeber und Verlag für die Richtigkeit von Angaben, Hinweisen und Ratschlägen sowie für eventuelle Druckfehler keine Haftung.

12., durchgesehene Auflage 1994
© Verlag Harri Deutsch, Thun und Frankfurt am Main, 1994
Druck: Fuldaer Verlagsanstalt GmbH
Printed in Germany

Vorwort

Die 8. Auflage des Tabellenbuches wurde weitestgehend überarbeitet und gegenüber den Vorauflagen umfangsmäßig durch die adressatengerechte Gestaltung und den Wegfall von Teilen mit Lehrbuchcharakter gekürzt. Bei den „Analytischen Faktoren" kamen die hierfür nicht mehr üblichen Methoden in Wegfall.

Neu aufgenommen wurden die Tabellen „Van-der-Waalssche Konstanten" und „Verteilungskoeffizienten".

Grundsätzliche Veränderungen ergaben sich durch die konsequente Anwendung der SI-Einheiten und der IUPAC-Empfehlungen zur Schreibweise chemischer Elemente und Verbindungen. Es muß aber bemerkt werden, daß bei diesem Tabellenbuch wie auch bei der anderen allgemeinbildenden und berufsbildenden Literatur die „k- und z-Schreibweise" der chemischen Begriffe noch beibehalten wurde.

Sämtliche technischen Tabellen entsprechen dem aktuellen Stand.

Autoren und Verlag danken den Gutachtern, Herrn Dr. K. Kellner und Herrn Dr. H. Rümmler, für die wertvollen Hinweise, die zur Verbesserung des Inhalts führten.

Um das Buch weiterhin preisgünstig lieferbar zu erhalten, ist die 12. Auflage bis auf kleinere Korrekturen ein unveränderter Nachdruck.

Allen Benutzern möge das Buch ein wertvoller Helfer bei ihrer Arbeit sein. Wir bitten Sie, Ihre Erfahrungen, die Sie beim Arbeiten mit dem Buch gewinnen, an den Verlag zu leiten. Jeden Hinweis und jede Anregung werden wir sorgsam zur Verbesserung der nächstfolgenden Auflage auswerten.

Autoren und Verlag

Verlag Harri Deutsch
Gräfstr. 47/51
D-60486 Frankfurt am Main
Fax 069/7073739

Inhaltsverzeichnis

Abkürzungen und Formelzeichen 10

Umrechnungstabelle veralteter Einheiten in SI-Einheiten 12

Allgemeine Tabellen

1. Maßeinheiten 14
   1.1. Dezimale Vielfache und Teile der Einheiten 14
   1.2. Längenmaße 14
   1.3. Flächenmaße 15
   1.4. Raum- und Hohlmaße 15
   1.5. Masse 16
   1.6. Druck 16
   1.7. Temperatur 16
   1.8. Zeit 16
   1.9. Kraft 16
   1.10. Leistung 17
   1.11. Energie, Arbeit, Wärmemenge 17
   1.12. Allgemeine physikalische Konstanten .. 17

2. Atommassen der Elemente, Oxydationszahlen und Häufigkeiten der Elemente 17

3. Konstanten von Elementen und anorganischen Verbindungen 20

4. Konstanten organischer Verbindungen 35

5. Siedetemperaturen azeotroper Gemische 138
   5.1. Binäre Gemische 138
   5.2. Ternäre Gemische 143

6. Dampfdruck 143
   6.1. Dampfdruck des Wassers 143
   6.2. Siedetemperatur verschiedener Lösungsmittel in Abhängigkeit vom äußeren Druck 144

7. Verdampfungswärme 144
   7.1. Verdampfungswärme anorganischer Stoffe 144
   7.2. Verdampfungswärme organischer Stoffe . 145

8. Erweichungspunkte von Glas, Keramik und feuerfesten Massen 147

9. Dichte von festen und flüssigen Stoffen 147
   9.1. Dichte technisch wichtiger Stoffe 147

9.2. Dichte von Legierungen 148
9.3. Dichte wäßriger Lösungen 150

10. Löslichkeit fester Stoffe 156
    10.1. Löslichkeit anorganischer und einiger organischer Verbindungen in Wasser in Abhängigkeit von der Temperatur 156
    10.2. Löslichkeit anorganischer Verbindungen in organischen Lösungsmitteln bei 18 bis 20 °C 161
    10.3. Umrechnungstabelle von Gramm Substanz je 100 g Lösungsmittel auf Gramm Substanz/100 g Lösung und umgekehrt ... 163

11. Löslichkeit von Gasen 164
    11.1. Löslichkeit von Ammoniak in Wasser . 164
    11.2. Löslichkeit von Bromwasserstoff in Wasser bei Normaldruck 164
    11.3. Löslichkeit von Chlor in Wasser bei Normaldruck 165
    11.4. Löslichkeit von Chlor in Tetrachlormethan bei Normaldruck 165
    11.5. Löslichkeit von Chlorwasserstoff in Wasser bei Normaldruck 165
    11.6. Löslichkeit von Ethan in Wasser bei Normaldruck 165
    11.7. Löslichkeit von Ethen in Wasser bei Normaldruck 165
    11.8. Löslichkeit von Ethin in Wasser bei Normaldruck 166
    11.9. Löslichkeit von Kohlendioxid in Wasser bei Normaldruck 166
    11.10. Löslichkeit von Kohlendioxid in Wasser bei erhöhtem Druck 166
    11.11. Löslichkeit von Kohlenmonoxid in Wasser bei Normaldruck 167
    11.12. Löslichkeit von Methan in Wasser bei Normaldruck 167
    11.13. Löslichkeit von Methan in Schwefelsäure bei Normaldruck 167
    11.14. Löslichkeit von Sauerstoff in verschiedenen Lösungsmitteln bei Normaldruck 167
    11.15. Löslichkeit von Schwefeldioxid in Wasser bei Normaldruck 168
    11.16. Löslichkeit von Schwefeldioxid in Kupfer bei Normaldruck 168
    11.17. Löslichkeit von Schwefelwasserstoff in Wasser bei Normaldruck 168
    11.18. Löslichkeit von Stickstoff in Wasser bei Normaldruck 168
    11.19. Löslichkeit von Luftstickstoff in Wasser bei erhöhtem Druck 169
    11.20. Löslichkeit von Stickstoff in Metallen bei Normaldruck 169
    11.21. Löslichkeit von Wasserstoff in Wasser bei Normaldruck 169

11.22. Löslichkeit von Wasserstoff in Wasser bei erhöhtem Druck	169
11.23. Löslichkeit von Wasserstoff in Metallen bei Normaldruck	170

12. Dissoziationsgrad und Dissoziationskonstanten von Elektrolyten	170
12.1. Dissoziationsgrad von Säuren in 1 N Lösung bei 18 °C	170
12.2. Dissoziationsgrad von Basen in 1 N Lösung bei 18 °C	171
12.3. Mittlerer Dissoziationsgrad von Salzen in 0,1 N Lösung	171
12.4. Dissoziationskonstanten anorganischer Säuren bei Konzentrationen zwischen 0,1 und 0,01 N wäßrigen Lösungen	171
12.5. Dissoziationskonstanten anorganischer Basen	172
12.6. Dissoziationskonstanten organischer Säuren in wäßrigen Lösungen	172
12.7. Dissoziationskonstanten organischer Basen in wäßrigen Lösungen	173
12.8. Löslichkeitsprodukte von in Wasser schwer löslichen Elektrolyten	174

13. Van-der-Waalssche Konstanten	174
14. Verteilungskoeffizienten	174

Analytische Tabellen

15. Maßanalytische Äquivalente	176
15.1. Titriermittel Salzsäure, Schwefelsäure oder Salpetersäure	176
15.2. Titriermittel Natronlauge oder Kalilauge	176
15.3. Titriermittel Kaliumpermanganat	177
15.4. Titriermittel Silbernitrat	177
15.5. Titriermittel Kaliumdichromat	177
15.6. Titriermittel Ammoniumthiozyanat	178
15.7. Titriermittel Natriumthiosulfat	178
15.8. Titriermittel Iod-Kaliumiodid	178
15.9. Titriermittel Zerium(IV)-sulfat	179
15.10. Titriermittel Kaliumbromat	179
15.11. Titriermittel EDTA	179

16. pH-Werte und Indikatoren	180
16.1. Umrechnungstabellen von pH in c_{H^+} und umgekehrt	180
16.2. Temperaturabhängigkeit des Ionenprodukts, der Wasserstoff- bzw. Hydroxidionenkonzentration und des pH-Wertes des reinen Wassers	181
16.3. pH-Wert der wäßrigen Lösungen einiger Elektrolyte bei 18 °C	181
16.4. Indikatoren	181

17. Puffergemische	182
17.1. Pufferlösungen	182
17.2. pH-Bereiche der Pufferlösungen bei 18 °C	184

18. Analytische Faktoren	186
19. Kryoskopische und ebullioskopische Konstanten von Lösungsmitteln	195

20. Elektrochemische Äquivalente	196
20.1. Kationen	197
20.2. Anionen	197

21. Elektrochemische Standardpotentiale, galvanische Elemente und Akkumulatoren, Weston-Normalelement und Eichflüssigkeiten für DK-Meter	197
21.1. Standardpotentiale kationenbildender Elemente (Spannungsreihe)	198
21.2. Standardpotentiale anionenbildender Elemente	198
21.3. Standardpotentiale von Ionenumladungen	198
21.4. Standardpotentiale von Komplexionenumladungen	199
21.5. Standardpotentiale von Metallen in alkalischer Lösung	199
21.6. Standardpotentiale der gebräuchlichsten Bezugselektroden bei 25 °C	199
21.7. Galvanische Elemente und Akkumulatoren	200
21.8. Weston-Normalelement	200
21.9. Eichflüssigkeiten für DK-Meter	201

22. Faktoren zur Umrechnung eines Gasvolumens auf den Normalzustand (0°C/101,325 kPa)	202
22.1. Faktoren für die Reduktion eines Gasvolumens von bestimmter Temperatur und bestimmtem Druck auf Normalbedingungen (0 °C/101, 325 kPa)	202
22.2. Sättigungsdruck des Wasserdampfes zwischen 10 und 35 °C in kPa	204

23. Absorptionsmittel für die Gasanalyse	206
24. Sperrflüssigkeiten	207
25. Härte des Wassers	208

Technische Tabellen

26. Spezifische und molare Wärmekapazität von Elementen und Verbindungen	210
26.1. Spezifische und molare Wärmekapazität von wichtigen Elementen	210
26.2. Spezifische und molare Wärmekapazität anorganischer Verbindungen	211
26.3. Spezifische und molare Wärmekapazität organischer Verbindungen	213

27. Plaste	216
27.1. Plasttypen	216
27.2. Physikalische Daten von Plasten	217
27.3. Beständigkeit der Plaste gegen Chemikalien bei 20 °C	218

28.	Korrosion	219	34.	Spezifischer Widerstand und mittlerer Temperaturkoeffizient 236
28.1.	Korrosionsbeständigkeit metallischer Werkstoffe gegenüber Säuren	219		
28.2.	Korrosionsbeständigkeit metallischer Werkstoffe gegenüber Basen	220	34.1.	Spezifischer Widerstand von Metallen .. 237
			34.2.	Spezifischer Widerstand von Legierungen . 237
28.3.	Korrosionsbeständigkeit metallischer Werkstoffe gegenüber Halogenen, atmosphärischer Luft und Salzen	220	34.3.	Spezifischer Widerstand von schlechten Leitern 238
			34.4.	Spezifischer Widerstand von Isolierstoffen 238
28.4.	Korrosionsbeständigkeit metallischer Werkstoffe gegenüber organischen Chemikalien	222	35.	Filtermaterialien.......... 238
28.5.	Korrosionsbeständigkeit nichtmetallischer Werkstoffe gegenüber Säuren......	221	35.1.	Filterpapiere für technische Zwecke, gekreppte und genarbte Sorten 238
28.6.	Korrosionsbeständigkeit nichtmetallischer Werkstoffe gegenüber Basen	221	35.2.	Filterpapiere für technische Zwecke, glatte Sorten 239
28.7.	Korrosionsbeständigkeit nichtmetallischer Werkstoffe gegenüber Halogenen, atmosphärischer Luft und Salzen	221	35.3.	Filterkartons 239
			35.4.	Spezialpapiere 239
			35.5.	Filterpapiere für analytische Zwecke... 240
28.8.	Korrosionsbeständigkeit nichtmetallischer Werkstoffe gegenüber organischen Chemikalien	222	35.6.	Chromatographie- und Elektrophoresepapiere 241
			35.7.	Jenaer Glasfiltergeräte......... 241
28.9.	Verwendbarkeit von Filtermaterial ...	222	35.8.	Keramische Filtermittel 242
29.	Heizwerte...............	223	36.	Stahlflaschen 242
29.1.	Heizwerte chemisch einheitlicher Gase und Dämpfe...............	224	36.1.	Farbanstrich und Gewinde 242
29.2.	Heizwerte technischer Gase	224	36.2.	Prüfdruck und Höchstdruck für verdichtete und verflüssigte Gase 242
29.3.	Heizwerte flüssiger Brennstoffe	224		
29.4.	Heizwerte fester Brennstoffe	225		
29.5.	Verbrennungswärme von Testsubstanzen zum Eichen von Kalorimetern	225	37.	Austauscherharze 243
30.	Sicherheitstechnische Daten von Gasen, Dämpfen und Lösungsmitteln	226	38.	Kältemischungen, Kühlsolen, Heiz-, Metall- und Salzbäder 245
30.1.	Kenndaten brennbarer Gase, Dämpfe und Lösungsmittel	226	38.1.	Kältemischungen 245
			38.2.	Kühlsolen 245
30.2.	Flamm- und Stockpunkte von Schmierölen	231	38.3.	Heizbäder 246
			38.4.	Metallbäder 246
30.3.	Flammpunkte von Ethanol-Wasser-Gemischen	231	38.5.	Salzbäder 246
30.4.	Kenndaten einiger technischer Lösemittel	231	39.	Trockenmittel 247
30.5.	Untere Explosionsgrenze und Zündtemperatur von Stäuben	232	39.1.	Trockenmittel für Gase 247
			39.2.	Trockenmittel für Flüssigkeiten 248
31.	Viskosität	233	40.	Giftige und gesundheitsschädigende Stoffe, ihre Wirkungen, Maßnahmen zur Ersten Hilfe und arbeitshygienische Normenwerte 249
31.1.	Viskosität (dynamische) von organischen Flüssigkeiten	233		
31.2.	Viskosität (kinematische) von Brennstoffen und Ölen	234		
			41.	Atemschutzfilter 277
32.	Kritische Daten von technisch wichtigen Gasen...............	235	41.1.	Kennzeichnung der Atemschutzfilter ... 277
			41.2.	Wirksamkeit der Atemschutzfilter 277
33.	Ausdehnungskoeffizienten.......	236	42.	Synonyme organischer Verbindungen . 278
33.1.	Lineare Ausdehnungskoeffizienten von reinen Metallen und Legierungen	236		
33.2.	Kubische Ausdehnungskoeffizienten von Flüssigkeiten	236		Sachwörterverzeichnis 281

Einführung in das Tabellenbuch

Aufbau der Tabellen. Zum Inhalt oder für den Gebrauch der Tabellen Wesentliches wird in der jeweiligen Einleitung gesagt. Enthält eine Tabelle Konstanten oder andere Daten von Verbindungen, so sind die Verbindungen alphabetisch geordnet.

Maßeinheiten. Hier wurden nur SI-Einheiten angewendet. Eine Umrechnungstabelle veralteter Einheiten in SI-Einheiten befindet sich auf S. 12.

Abkürzungen und Symbole. Alle Abkürzungen und Symbole, die im Buch verwendet werden, sind in der Tabelle »Abkürzungen und Formelzeichen« zusammengestellt worden. Wichtige Abkürzungen und Symbole werden in der jeweiligen Einleitung zu den Tabellen wiederholt. Allgemein werden nur gesetzliche oder international eingeführte oder gebräuchliche Abkürzungen und Symbole benutzt. Abgewichen wurde hiervon z. B. dann, wenn durch Anwendung der IUPAC-Empfehlungen (Internationale Union für Reine und Angewandte Chemie) ältere Abkürzungen überholt schienen.

Nomenklatur. Bei der Schreibweise anorganischer und organischer Verbindungen wurden weitestgehend die IUPAC-Empfehlungen angewendet. Um auch dem in dieser Nomenklatur Ungeübten das Arbeiten mit dem Buch zu erleichtern, wurden die geläufigen Trivialnamen und ältere Namen organischer Verbindungen in der Tabelle 42 »Synonyme organischer Verbindungen« aufgenommen.

Relative Atom-, Molekül- und Äquivalentmassen. Diesen Werten liegt die Tabelle der relativen Atommassen (IUPAC 1975) zugrunde. Die Basis ist die Atommasse des Kohlenstoffisotops $^{12}C = 12,00000$. Bei den Molekül- und Äquivalentmassen wurden so viele Stellen hinter dem Komma angegeben, wie bei der Atommasse desjenigen Elementes vorliegen, das die niedrigste Stellenzahl aufweist.
Beispiel:

Atommasse Kupfer 63,546
Atommasse Sauerstoff 15,9994
Molekülmasse Kupfer(II)-oxid 79,5454 Tafelwert: 79,545

Molare Masse. Die molare Masse (M) entspricht der Definition:

$$\text{molare Masse} = \frac{\text{Masse}}{\text{zugehörige Stoffmenge}}.$$

$$M = \frac{m}{n} \text{ in } \frac{g}{mol}$$

Logarithmen. Von den Logarithmen sind nur die Mantissen (also keine Kennziffern) angegeben. Die Mantissen bezeichnen wir im Buch der Verständlichkeit wegen als Logarithmen (lg). Mußten Werte, von denen Logarithmen angegeben sind, auf- oder abgerundet werden, so wurden wegen der größeren Genauigkeit die Logarithmen vom nicht gerundeten Wert aufgeführt.

Faktoren. Der Berechnung analytischer Faktoren wurden die nicht abgerundeten Molekül- bzw. Atommassen zugrunde gelegt.

Runden. Waren die Ziffern eine 0, 1, 2, 3 oder 4, so wurden sie gestrichen (abgerundet). Waren die Ziffern eine 5, 6, 7, 8 oder 9, so wurde die letzte Stelle um eine Einheit erhöht (aufgerundet).

Sachwörterverzeichnis. In das Sachwörterverzeichnis (S. 281) wurden nur dann einzelne Verbindungen aufgenommen, wenn sie den Inhalt der Tabelle bestimmen. Nicht aufgeführte Verbindungen sind nach der Bezeichnung der Konstanten oder Daten zu suchen, z. B. »Siedetemperatur von Trichlormethan« ist zu suchen unter »Siedetemperaturen organischer Verbindungen« oder unter »organische Verbindungen, Siedetemperaturen.«

Abkürzungen und Formelzeichen

Der erste Teil dieses Abschnitts enthält sämtliche im Tabellenbuch verwendeten Abkürzungen und Formelzeichen in alphabetischer Ordnung, der zweite Teil die wichtigsten mathematischen Zeichen.

Abkürzung bzw. Formelzeichen	Bedeutung	Abkürzung bzw. Formelzeichen	Bedeutung
A	Ampere	dkl.	dunkel
a	Ar	dl	Deziliter
a_{astr}	Jahr	dm	Dezimeter
a_0	1. Bohrscher Wasserstoffradius	dyn	Dyn
$a_\pm$	mittlere Aktivität	dyn.	dynamisch
ABAO	Arbeits- und Brandschutzanordnung	Δt	Temperaturdifferenz
Abt.	Abteilung	E.	Ethanol
aliph.	aliphatisch	E_a	Aktivierungsenergie
Anm.	Anmerkung	E_g	kryoskopische Konstante
anorgan.	anorganisch	E_s	ebullioskopische Konstante
aq.	Wasser (aqua)	°E	Grad Engler
arom.	aromatisch	e	Elementarladung
A_r	relative Atommasse	EMK	elektromotorische Kraft
ASAO	Arbeitsschutzanordnung	emp.	empirisch
asymm.	asymmetrisch	erg	Erg
at	technische Atmosphäre	Es.	wasserfreie Ethansäure
atm	physikalische Atmosphäre	eV	Elektronenvolt
α	Bunsenscher Absorptionskoeffizient	evtl.	eventuell
α	Dissoziationsgrad	expl.	explosiv
α	linearer Ausdehnungskoeffizient	φ^o	Standardpotential
α	mittlerer Temperaturkoeffizient	ε	absolute Dielektrizitätskonstante
bar	Bar	η	dynamische Viskosität
bas.	basisch	F	Faraday-Konstante
Bz.	Benzen	F.	Schmelztemperatur
bzw.	beziehungsweise	°F	Grad Fahrenheit
β	kubischer Ausdehnungskoeffizient	f.	die folgende (Seite)
β	Kuenenscher Absorptionskoeffizient	ff.	die folgenden (Seiten)
C	elektrische Kapazität	fl.	flüssig
C	molare Wärmekapazität	G	Giga-
C_{abs}	absolutes Coulomb	g	Gramm
°C	Grad Celsius	gasf.	gasförmig
c	Karat	GBl.	Gesetzblatt
c	spezifische Wärmekapazität	ges.	gesättigt
c	Zenti-	ggf.	gegebenenfalls
c_0	Lichtgeschwindigkeit im Vakuum	Γ	Gamma
ca.	zirka	°	Grad (ebener Winkel)
cal	Kalorie (15°-Kalorie)	H	Heizwert
cal	mittlere Kalorie	h	hekto
cd	Candela (Lichtstärke)	h	Stunde
cg	Zentigramm	h.	heiß
cl	Zentiliter	ha	Hektar
cm	Zentimeter	hl	Hektoliter
cP	Zentipoise	Hz	Hertz
cSt	Zentistoke	I	Stromstärke
D	Deka-	I.A.	internationales Ångström
D.	Diethylether	J	Joule
d	Dezi-	K	Gleichgewichtskonstante
d	Tag	K	Kelvin
DB	Durchführungsbestimmung	k	Boltzmannsche Konstante
dg	Dezigramm	k	Dissoziationskonstante
d. h.	das heißt	k	Kilo-
DK	Dielektrizitätskonstante	k.	kalt
diss.	dissoziiert	kcal	Kilokalorie

Abkürzungen und Formelzeichen

Abkürzung bzw. Formelzeichen	Bedeutung
kg	Kilogramm
kin.	kinetisch
kinem.	kinematisch
km	Kilometer
konz.	konzentriert
K.	Siedetemperatur
kp	Kilopond
krist.	kristallisiert
kV	Kilovolt
$\varkappa$	elektrische Leitfähigkeit
l	Absorptionskoeffizient
l	Liter
l	Länge
l.	lösbar
lfd.	laufend(e)
lg	dekadischer Logarithmus
Lg.	Ligroin
Lj	Lichtjahr
ll.	leicht lösbar
L.M.	Lösungsmittel
Lsg.	Lösung
lt.	laut
λ	Wellenlänge
Ma.-%	Masseprozent
M	Mega-
M	molare Masse
M.	Methylbenzen
m	Meter
m	Milli-
M	molar
mb.	mischbar
m_0	Ruhemasse des Elektrons
m_H	Masse des H-Atoms
m_{kg}	Mol je Kilogramm Lösungsmittel
m_l	Mol je Liter Lösungsmittel
m	Masse
m_n	Masse des Neutrons
m_p	Masse des Protons
max.	maximal
mbar	Millibar
mg	Milligramm
min	Minute
min.	minimal
ml	Milliliter
mm	Millimeter
mm WS	Millimeter Wassersäule
mol	Mol
Mol-%	Molprozent
Mp	Megapond
M_r	relative Molekülmasse
mSt	Millistoke
mval	Millival
mμ	Millimikron
μ	Mikron (Mikro-)
μl	Mikroliter
N	elektrische Leistung
N	Newton
N	Numerus
N_L	Loschmidtsche Zahl
n	Nano-
N	normal
n	Stoffmenge
n_D	Brechungsindex bezogen auf die D-Linie des Spektrums
Nl	Normliter
m³ u. Nb.	Kubikmeter unter Normalbedingungen

Abkürzung bzw. Formelzeichen	Bedeutung
Nr.	Nummer
ν	kinematische Viskosität
o.W.	ohne Wasser
org.	organisch
Ox.	Oxydationsmittel
OZ	Ordnungszahl
Ω	Ohm
P	Poise
p	Pico-
p	Pond
Pa	Pascal
pH	Maß für die Wasserstoffionenkonzentration
p_k	kritischer Druck
Pe.	Petrolether
Pr.	Propanon
prim.	primär
PS	Pferdestärke
Q	elektrische Ladung
R	elektrischer Widerstand
R	allgemeine Gaskonstante
°R	Grad Reaumur
°Rank.	Grad Rankine
raff.	raffiniert
Red.	Reduktionsmittel
rel.	relativ
ϱ	Dichte
ϱk	kritische Dichte
s	Sekunde
s. a.	siehe auch
Schm.	Schmelze
sd.	siedend
sek.	sekundär
Sk.	Schwefelkohlenstoff
s. o.	siehe oben
sog.	sogenannte
s. S.	siehe Seite
St	Stokes
st(s)	stere (stére)
Std.	Stunde
subl.	sublimiert
swl.	sehr wenig lösbar
sym.	symmetrisch
T	Temperatur (thermodynamische)
T	Tera-
t	Celsius-Temperatur
t	Tonne
t	Zeit
t_k	kritische Temperatur
Tab.	Tabelle
Tchl.	Trichlormethan
techn.	technisch
tert.	tertiär
TME	Tausendstelmasseneinheit
U	elektrische Spannung
u. a.	unter anderem
unges.	ungesättigt
unl.	unlösbar
usw.	und so weiter
V	Volt
V_m	molares Volumen
Va.	Vakuum
val	Val
verd.	verdünnt
Vol.-%	Volumenprozent

Abkürzungen und Formelzeichen

Abkürzung bzw. Formelzeichen	Bedeutung	Abkürzung bzw. Formelzeichen	Bedeutung
W.	Wasser	z	Zentner
W	Watt	z.	zersetzlich
Wh	Wattstunde	z. B.	zum Beispiel
wl.	wenig lösbar	Z. T.	Zimmertemperatur
z	Wertigkeit	z. T.	zum Teil

Mathematische und andere Zeichen

Zeichen	Erklärung	Zeichen	Erklärung	Zeichen	Erklärung
%	Prozent (vom Hundert)	$\equiv$	identisch gleich	$\geq$	größer oder gleich, mindestens gleich
...	bis	$\approx$	angenähert gleich, rund, etwa	$\hat{=}$	entspricht
+	plus	<	kleiner als	∞	unendlich
–	minus	>	größer als	lg	dekadischer Logarithmus
·	multipliziert mit, mal	$\leq$	kleiner oder gleich, höchstens gleich	$\varnothing$	Durchmesser
:	geteilt durch			$\ominus$	Symbol für das Elektron
=	gleich				

Umrechnungstabelle veralteter Einheiten in SI-Einheiten

Raum- und Hohlmaße

Alte Einheit	Symbol	Faktor für Umrechnung in m^3
1 Barrel (Erdöl)	–	$1{,}588\,044\,4 \cdot 10^{-1}$
1 Gallone (amerik.)	–	$3{,}780\,105\,8 \cdot 10^{-3}$
1 stere	st	1

Masse

Alte Einheit	Symbol	Faktor für Umrechnung in kg
1 Gamma	γ	10^{-9}
1 Karat	c	$2{,}0000 \cdot 10^{-4}$
1 Zentner	z	$5{,}0000 \cdot 10$
1 Pfund		$5{,}0000 \cdot 10^{-1}$

Druck

Alte Einheit	Symbol	Faktor für Umrechnung in Pa
1 Bar	bar	10^5
1 mm WS		$9{,}806\,65$
1 Torr		$133{,}3$
1 techn. Atmosphäre	at	$9{,}806\,65 \cdot 10^4$
1 phys. Atmosphäre	atm	$1{,}013\,25 \cdot 10^5$

Temperatur

Alte Einheit	Umrechnung in K
Fahrenheit	$x\,°F = \left[\dfrac{5}{9}(x-32) + 273{,}16\right]K$
Celsius	$x\,°C = (x + 273{,}16)\,K$
Réaumur	$x\,°R = \dfrac{5}{4}x + 273{,}16\,K$

Kraft

Alte Einheit	Symbol	Faktor für Umrechnung in N
1 Dyn	dyn	10^{-5}
1 Pond	p	$9{,}80665 \cdot 10^{-3}$

Leistung

Alte Einheit	Symbol	Faktor für Umrechnung in W
1 Erg je Sekunde	$\dfrac{erg}{s}$	10^{-7}
1 Kilopondmeter je Sekunde	$\dfrac{kp \cdot m}{s}$	$9{,}80665$
1 Pferdestärke	PS	$7{,}35499 \cdot 10^{2}$
1 Kalorie je Sekunde	$\dfrac{cal}{s}$	$4{,}1868$

Energie, Arbeit, Wärmemenge

Alte Einheit	Symbol	Faktor für Umrechnung in J
1 Erg = 1 Dyn · Zentimeter	dyn · cm	$1{,}0000 \cdot 10^{-7}$
1 Kilopondmeter	kp · m	$9{,}8065$
1 Kalorie	cal	$4{,}1868$
1 Wattstunde	W · h	$3{,}6000 \cdot 10^{3}$
1 Kubikzentimeteratmosphäre (phys.)	$cm^3 \cdot atm$	$1{,}101325\,0 \cdot 10^{-1}$
1 Literatmosphäre (techn.)	$\dfrac{1\ at}{cal}$	$0{,}980692$
1 Tausendstelmasseneinheit	TME	$1{,}4916 \cdot 10^{-13}$
1 absolutes Elektronenvolt	eV	$1{,}6018 \cdot 10^{-19}$
1 Temperaturgrad	K	$1{,}3804 \cdot 10^{-23}$

Viskosität

dynamische

Alte Einheit	Symbol	Umrechnung in Pa · s
1 Poise	P	10^{-1}

kinematische

Alte Einheit	Symbol	Umrechnung in $m^2 \cdot s^{-1}$
1 Stokes	St	10^{-4}

Dichte (Umrechnung von Grad Baumé in $kg \cdot m^{-3}$)

$\varrho > 1$

$$\varrho = \dfrac{144{,}3}{144{,}3 - n} \cdot 1000$$

$\varrho < 1$

$$\varrho = \dfrac{144{,}3}{144{,}3 + n} \cdot 1000$$

n = Grad Baumé

Allgemeine Tabellen

1. Maßeinheiten

Die folgenden Tabellen enthalten die wichtigsten internationalen Maßeinheiten und deren Umrechnungsfaktoren sowie eine Aufstellung einiger allgemeiner physikalischer Konstanten (Tab. 1.12).

1.1. Dezimale Vielfache und Teile der Einheiten

Vorsatz-silbe	Vorsatz-symbol	Zahlwort	Zehnerpotenz und Zahl
Tera	T	Billion	10^{12} = 1 000 000 000 000
Giga	G	Milliarde	10^{9} = 1 000 000 000
Mega	M	Million	10^{6} = 1 000 000
Kilo	k	Tausend	10^{3} = 1 000
Hekto	h	Hundert	10^{2} = 100
Deka	da	Zehn	10^{1} = 10
Dezi	d	Zehntel	10^{-1} = 0,1
Zenti	c	Hundertstel	10^{-2} = 0,01
Milli	m	Tausendstel	10^{-3} = 0,001
Mikro	µ	Millionstel	10^{-6} = 0,000 001
Nano	n	Milliardstel	10^{-9} = 0,000 000 001
Pico	p	Billionstel	10^{-12} = 0,000 000 000 001

1.2. Längenmaße

Einheit	Abkürzung	Faktor für Umrechnung in							
		km	hm	dam	m	dm	cm	mm	µm	nm
1 Kilometer	km	1	10	10^{2}	10^{3}	10^{4}	10^{5}	10^{6}	10^{9}	10^{12}
1 Hektometer	hm	10^{-1}	1	10	10^{2}	10^{3}	10^{4}	10^{5}	10^{6}	10^{11}
1 Dekameter	dam	10^{-2}	10^{-1}	1	10	10^{2}	10^{3}	10^{4}	10^{7}	10^{10}
1 Meter	m	10^{-3}	10^{-2}	10^{-1}	1	10	10^{2}	10^{3}	10^{6}	10^{9}
1 Dezimeter	dm	10^{-4}	10^{-3}	10^{-2}	10^{-1}	1	10	10^{2}	10^{5}	10^{8}
1 Zentimeter	cm	10^{-5}	10^{-4}	10^{-3}	10^{-2}	10^{-1}	1	10	10^{4}	10^{7}
1 Millimeter	mm	10^{-6}	10^{-5}	10^{-4}	10^{-3}	10^{-2}	10^{-1}	1	10^{3}	10^{6}
1 Mikrometer	µm	10^{-9}	10^{-8}	10^{-7}	10^{-6}	10^{-5}	10^{-4}	10^{-3}	1	10^{3}
1 Nanometer	nm	10^{-12}	10^{-11}	10^{-10}	10^{-9}	10^{-8}	10^{-7}	10^{-6}	10^{-3}	1

Einheit	Abkürzung	Faktor für Umrechnung in	
		cm	km
1 1. Bohrscher Wasserstoffradius [1]	a_0	$0,529\,17 \cdot 10^{-8}$	
1 Internationales Ångström [2]	I.Å.	10^{-8}	
1 Lichtjahr [3]	Lj	$0,946\,01 \cdot 10^{18}$	
1 Parsec (Parallaxensekunde)	pc	$3,084 \cdot 10^{18}$	$3,084 \cdot 10^{13}$
1 Siegbahnsche X-Einheit [4]	X.E.	$\approx 1,002\,02 \cdot 10^{-11}$	

1. Maßeinheiten   15

1.3. Flächenmaße

Einheit	Abkürzung	Faktor für Umrechnung in					
		km²	ha	a	m²	dm²	cm²	mm²
Quadratkilometer	km²	1	10^2	10^4	10^6	10^8	10^{10}	10^{12}
Hektar	ha	10^{-2}	1	10^2	10^4	10^6	10^8	10^{10}
Ar (Quadratdekameter)	a	10^{-4}	10^{-2}	1	10^2	10^4	10^6	10^8
Quadratmeter	m²	10^{-6}	10^{-4}	10^{-2}	1	10^2	10^4	10^6
Quadratdezimeter	dm²	10^{-8}	10^{-6}	10^{-4}	10^{-2}	1	10^2	10^4
Quadratzentimeter	cm²	10^{-10}	10^{-8}	10^{-6}	10^{-4}	10^{-2}	1	10^2
Quadratmillimeter	mm²	10^{-12}	10^{-10}	10^{-8}	10^{-6}	10^{-4}	10^{-2}	1

1.4. Raum- und Hohlmaße

Einheit	Abkürzung	Faktor für Umrechnung in			
		m³	dm³	cm³	mm³
1 Kubikmeter	m³	1	10^3	10^6	10^9
1 Kubikdezimeter	dm³	10^{-3}	1	10^3	10^6
1 Kubikzentimeter	cm³	10^{-6}	10^{-3}	1	10^3
1 Kubikmillimeter	mm³	10^{-9}	10^{-6}	10^{-3}	1

		Faktor für Umrechnung in				
		hl	l	dl	cl	ml
Hektoliter	hl	1	10^2	10^3	10^4	10^5
Liter	l	10^{-2}	1	10	10^2	10^3
Deziliter	dl	10^{-3}	10^{-1}	1	10	10^2
Zentiliter	cl	10^{-4}	10^{-2}	10^{-1}	1	10
Milliliter	ml	10^{-5}	10^{-3}	10^{-2}	10^{-1}	1

		Faktor für Umrechnung in
		cm³
1 Hektoliter	hl	$1{,}000028 \cdot 10^5$
1 Liter	l	$1{,}000028 \cdot 10^3$
1 Deziliter	dl	$1{,}000028 \cdot 10^2$
1 Zentiliter	cl	$1{,}000028 \cdot 10$
1 Milliliter	ml	$1{,}000028$
1 Mikroliter	µl	$1{,}000028 \cdot 10^{-3}$
1 Kubikmeter unter Normalbedingungen	m³ u. Nb.	10^6

Fußnoten zu Tabelle 1.2:

[1] Definition: $a_0 \equiv \dfrac{\varepsilon_0 \cdot h^2}{\pi \cdot m_0 \cdot e^2}$.

[2] Das I.A. ist festgelegt durch die Wellenlänge der roten Kadmiumlinie $\lambda_{Cd} = 643{,}84696$ nm.

[3] Lichtjahr $\equiv c_0 \cdot a_{astr}$; $c_0 = 2{,}99778 \cdot 10^{10}$ cm · s⁻¹; $a_{astr} = 3{,}15569 2810^7$ s.

[4] Die X.E. ist definiert durch die zahlenmäßige Festlegung für die Gitterkonstante des Kalkspatkristalls $d^{18°}_{\infty}$ (CaCO₃). = 3 029,45 X.E.

1.5. Masse

Einheit	Abkürzung	Faktor für Umrechnung in					
		t	kg	g	dg	cg	mg
1 Tonne	t	1	10^3	10^6	10^7	10^8	10^9
1 Kilogramm	kg	10^{-3}	1	10^3	10^4	10^5	10^6
1 Gramm	g	10^{-6}	10^{-3}	1	10	10^2	10^3
1 Dezigramm	dg	10^{-7}	10^{-4}	10^{-1}	1	10	10^2
1 Zentigramm	cg	10^{-8}	10^{-5}	10^{-2}	10^{-1}	1	10
1 Milligramm	mg	10^{-9}	10^{-6}	10^{-3}	10^{-2}	10^{-1}	1

Einheit	Abkürzung	Faktor für Umrechnung in	
		g	kg
1 Gamma	γ	10^{-6}	
1 Karat	c	$2{,}0000 \cdot 10^{-1}$	
1 Dezitonne	dt	10^5	100

1.6. Druck

Einheit	Abkürzung	Definition
Pascal	Pa	$1\,\mathrm{Pa} = 1\,\mathrm{N} \cdot \mathrm{m}^{-2}$
Kilopascal	kPa	10^3 Pa
Megapascal	MPa	10^6 Pa

1.7. Temperatur

Thermometerskalen in Grad	Abkürzung	Faktor für Umrechnung in	
		°C	K
Celsius	°C	1	$T = t + T_0$
Kelvin	K	$t = T - T_0$	1

1.8. Zeit

Einheit (mittlere Sonnenzeit)	Abkürzung	Faktor für Umrechnung in mittlere Sonnensekunden
1 Sekunde	s	1
1 Minute	min	$0{,}600000 \cdot 10^2$
1 Stunde	h	$3{,}600000 \cdot 10^3$
1 Tag	d	$0{,}864000 \cdot 10^5$
1 astronomisches oder tropisches Jahr	a_{astr}	$3{,}155\,6926 \cdot 10^7$

1.9. Kraft

Einheit	Abkürzung	Definition
Newton	N	$1\,\mathrm{N} = 1\,\mathrm{kg} \cdot \mathrm{m} \cdot \mathrm{s}^{-2}$

1.10. Leistung

Einheit	Abkürzung	Definition
Watt	W	$1\text{ W} = 1\text{ J}\cdot\text{s}^{-1}$
Kilowatt	kW	10^3 W
Megawatt	MW	10^6 W

1.11. Energie, Arbeit, Wärmemenge

Einheit	Abkürzung	Definition
Joule	J	$1\text{ N}\cdot\text{m}$

1.12. Allgemeine physikalische Konstanten[1])

Konstante	Symbol	Zahlenwert	SI-Einheit
Bohrscher Radius (= atomare Längeneinheit)	a_0	$0{,}529\,177\,06 \cdot 10^{-10}$	m
Boltzmann-Konstante	k	$1{,}380\,662 \cdot 10^{-23}$	$\text{J}\cdot\text{K}^{-1}$
Elektrische Elementarladung (= atomare Ladungseinheit)	e	$1{,}602\,189\,2 \cdot 10^{-19}$	C
Faraday-Konstante	F	$9{,}648\,456 \cdot 10^4$	$\text{C}\cdot\text{mol}^{-1}$
Gaskonstante	R	$8{,}314\,41$	$\text{J}\cdot\text{mol}^{-1}\cdot\text{K}^{-1}$
Lichtgeschwindigkeit im Vakuum	c	$2{,}997\,924\,58 \cdot 10^8$	$\text{m}\cdot\text{s}^{-1}$
Ruhmasse des Elektrons	m_e	$9{,}109\,534 \cdot 10^{-31}$	kg
Ruhmasse des Neutrons	m_n	$1{,}674\,954\,3 \cdot 10^{-27}$	kg
Ruhmasse des Protons	m_p	$1{,}672\,648\,5 \cdot 10^{-27}$	kg
Plancksches Wirkungsquantum	h	$6{,}626\,176 \cdot 10^{-34}$	$\text{J}\cdot\text{s}$

[1]) aus: Z. Chem. 16 (1976) 2, S. 46 (ebd. weitere Konstanten sowie die dazugehörigen Standardabweichungen)

2. Atommassen der Elemente, Oxydationszahlen und Häufigkeiten der Elemente

Spalte Namen: Ein Sternchen hinter dem Namen eines Elements besagt, daß dieses Element radioaktiv ist, z. B. Thorium*.

Spalte Oxydationszahl: Auf die Angabe der Oxydationszahl ∓0 (für die elementare Form) wurde verzichtet.

Spalte Atommasse 1975: Die Atommassen 1975 sind bezogen auf das Kohlenstoffisotop ^{12}C = 12,00000. In der Tabelle sind die Atommassen der Elemente mit so vielen Dezimalen angegeben, daß die Genauigkeit in der letzten Stelle innerhalb der Grenzen ±0,5 liegt.
Die Atommassen der künstlich hergestellten Elemente sind in eckige Klammern gesetzt, z. B. Technetium* [97].
Bei diesen Elementen wurde die Atommasse des stabilsten Isotops eingesetzt.

Spalte Häufigkeit der Elemente: Die Angaben über die Häufigkeit der Elemente in der Erdrinde beziehen sich nicht nur auf die obere, etwa 16 km tiefe Schicht der Erde, sondern auch auf die Atmosphäre (Luft) und die Hydrosphäre (Meere). Die Häufigkeit wird in Masseprozent (Ma.-%) angegeben.

Name des Elements	Symbol	Oxydationszahlen	Ordnungszahl	Atommasse 1975	Häufigkeit des Elements in der Erdrinde in Ma.-%
Aktinium*	Ac	+3	89	227	$3 \cdot 10^{-23}$
Aluminium	Al	+1; +3	13	26,981 54	7,51
Amerizium*	Am	+3; +4; +5; +6	95	[243]	–
Antimon (Stibium)	Sb	−3; +3; +4; +5	51	121,75	$2,3 \cdot 10^{-5}$
Argon	Ar	–	18	39,948	$3,6 \cdot 10^{-4}$
Arsen	As	−3; +3; +5	33	74,921 6	$5,5 \cdot 10^{-4}$
Astat*	At	−1	85	[210]	$4 \cdot 10^{-23}$
Barium	Ba	+2	56	137,33	0,047
Berkelium*	Bk	+3; +4	97	[247]	–
Beryllium	Be	+2	4	9,012 18	$5 \cdot 10^{-4}$
Bismut	Bi	+3; +5	83	208,9804	$3,4 \cdot 10^{-6}$

2. Atommassen der Elemente, Oxydationszahlen und Häufigkeiten der Elemente in der Erdrinde

Name des Elements	Symbol	Oxydationszahlen	Ordnungszahl	Atommasse 1975	Häufigkeit des Elements in der Erdrinde in Ma.-%
Blei (Plumbum)	Pb	$-4; +2; +4$	82	207,2	0,002
Bohrium*	Bo		105	[262]	
Bor	B	$+3$	5	10,81	0,0014
Brom	Br	$-1; +1; +4; +5; +6$	35	79,904	$6 \cdot 10^{-4}$
Chlor	Cl	$-1; +1; +3; +4; +5; +7$	17	35,453	0,19
Chromium	Cr	$-2; -1; +1; +2; +3; +4; +5; +6$	24	51,996	0,033
Dysprosium	Dy	$+3$	66	162,50	$5 \cdot 10^{-4}$
Einsteinium*	Es	$+3$	99	[254]	
Eisen (Ferrum)	Fe	$-2; +1; +2; +3; +4; +5; +6$	26	55,847	4,7
Erbium	Er	$+3$	68	167,26	$4 \cdot 10^{-4}$
Europium	Eu	$+2; +3$	63	151,96	$1,4 \cdot 10^{-5}$
Fermium*	Fm	$+3$	100	[255]	
Fluor	F	-1	9	18,998403	0,027
Franzium*	Fr	$+1$	87	[223]	$7 \cdot 10^{-23}$
Gadolinium	Gd	$+3$	64	157,25	$5 \cdot 10^{-4}$
Gallium	Ga	$+1; +2; +3$	31	69,72	$5 \cdot 10^{-4}$
Germanium	Ge	$-2; +2; +4$	32	72,59	$1 \cdot 10^{-4}$
Gold (Aurum)	Au	$+1; +3$	79	196,9665	$5 \cdot 10^{-7}$
Hafnium	Hf	$+3; +4$	72	178,49	0,0025
Helium	He	$-$	2	4,00260	$4,2 \cdot 10^{-7}$
Holmium	Ho	$+3$	67	164,9304	$7 \cdot 10^{-5}$
Indium	In	$+1; +2; +3$	49	114,82	$1 \cdot 10^{-5}$
Iod	I	$-1; +1; +4; +5; +6$	53	126,9045	$6 \cdot 10^{-6}$
Iridium	Ir	$+1; +2; +3; +4; +5; +6$	77	192,22	$1 \cdot 10^{-6}$
Kadmium	Cd	$+2$	48	112,41	$1,1 \cdot 10^{-5}$
Kalifornium*	Cf	$+3$	98	[251]	
Kalium	K	$+1$	19	39,0983	2,40
Kalzium	Ca	$+2$	20	40,08	3,39
Kobalt	Co	$-1; +1; +2; +3; +4$	27	58,9332	0,0018
Kohlenstoff (Carboneum)	C	$-4; +2; +4$	6	12,011	0,087
Krypton	Kr	$-$	36	83,80	$1,9 \cdot 10$
Kupfer (Cuprum)	Cu	$+1; +2; +3$	29	63,546	0,010
Kurium*	Cm	$+3; +4$	96	[247]	
Kurtschatovium*	Ku		104	[261]	
Lanthan	La	$+3$	57	138,9055	$5 \cdot 10^{-4}$
Lawrenzium*	Lr	$+3$	103	[260]	
Lithium	Li	$+1$	3	6,941	0,005
Lutetium*	Lu	$+3$	71	174,97	$1 \cdot 10^{-4}$
Magnesium	Mg	$+2$	12	24,05	1,94
Mangan	Mn	$-3; -2; +1; +2; +3; +4; +5; +6; +7$	25	54,9380	0,085
Mendelevium*	Md	$+3$	101	[258]	
Molybdän	Mo	$-2; +1; +2; +3; +4; +5; +6$	42	95,94	$7,2 \cdot 10^{-4}$

2. Atommassen der Elemente, Oxydationszahlen und Häufigkeiten der Elemente in der Erdrinde

Name des Elements	Symbol	Oxydationszahlen	Ordnungszahl	Atommasse 1975	Häufigkeit des Elements in der Erdrinde in Ma.-%
Natrium	Na	+1	11	22,98977	2,64
Neodymium	Nd	+3	60	144,24	0,0012
Neon	Ne	–	10	20,179	$5 \cdot 10^{-7}$
Neptunium*	Np	+3; +4; +5; +6	93	237,0482	–
Nickel	Ni	−1; +1; +2; +3; +4	28	58,70	0,018
Niobium	Nb	−1; +1; +2; +3; +4; +5	41	92,9064	$4 \cdot 10^{-5}$
Nobelium*	No	+3	102	[255]	
Osmium	Os	+2; +3; +4; +5; +6; +8	76	190,2	etwa $5 \cdot 10^{-6}$
Palladium	Pd	+2; +3; +4	46	106,4	etwa $5 \cdot 10^{-6}$
Phosphor	P	−3; −2; +1; +3; +4; +5; +6; +7	15	30,97376	0,12
Platin	Pt	+1; +2; +3; +4; +5; +6	78	195,09	$2 \cdot 10^{-5}$
Plutonium*	Pu	+3; +4; +5; +6	94	[244]	
Polonium*	Po	−2; +4; +6	84	209	$1,5 \cdot 10^{-15}$
Praseodymium	Pr	+3; +4; +5	59	140,9077	$3,5 \cdot 10^{-4}$
Promethium*	Pm	+3	61	[145]	–
Protaktinium*	Pa	+3; +4; +5	91	231,0359	$6 \cdot 10^{-12}$
Quecksilber (Hydrargyrum)	Hg	+1; +2	80	200,59	$2,7 \cdot 10^{-6}$
Radium*	Ra	+2	88	226,0254	$7 \cdot 10^{-12}$
Radon*	Rn	–	86	222	$4 \cdot 10^{-17}$
Rhenium	Re	−1; +1; +2; +3; +4; +5; +6; +7	75	186,207	etwa $1 \cdot 10^{-7}$
Rhodium	Rh	−1; +1; +2; +3; +4; +6	45	102,9055	etwa $1 \cdot 10^{-6}$
Rubidium*	Rb	+1	37	85,4678	0,0034
Ruthenium	Ru	−2; +1; +2; +3; +4; +5; +6; +7; +8	44	101,07	etwa $5 \cdot 10^{-6}$
Samarium*	Sm	+2; +3	62	150,4	$5 \cdot 10^{4}$
Sauerstoff (Oxygenium)	O	−2; −1; +1; +2	8	15,9994	49,4
Schwefel	S	−2; +2; +3; +4; +5; +6	16	32,06	0,048
Selen	Se	−2; +4; +6	34	78,96	$8 \cdot 10^{-5}$
Silber (Argentum)	Ag	+1; +2; +3	47	107,868	$4 \cdot 10^{-6}$
Silizium	Si	−4; +2; +4	14	28,0855	25,75
Skandium	Sc	+3	21	44,9559	$6 \cdot 10^{-4}$
Stickstoff (Nitrogenium)	N	−3; −2; −1; +1; +2; +3; +4; +5	7	14,0067	0,030
Strontium	Sr	+2	38	87,62	0,017
Tantal	Ta	−1; +1; +2; +3; +4; +5	73	180,9479	$1,2 \cdot 10^{-5}$
Technetium*	Tc	+3; +4; +6; +7	43	[97]	
Tellur	Te	−2; +4; +6	52	127,60	etwa $1 \cdot 10^{-6}$
Terbium	Tb	+3; +4	65	158,9254	$7 \cdot 10^{-5}$
Thallium	Tl	+1; +3	81	204,37	$1 \cdot 10^{-5}$
Thorium*	Th	+3; +4	90	232,0381	0,0025
Thulium	Tm	+3	69	168,9342	$7 \cdot 10^{-5}$
Titanium	Ti	−1; +2; +3; +4	22	47,90	0,58
Uranium*	U	+3; +4; +5; +6	92	238,029	$2 \cdot 10^{-5}$

3. Konstanten von Elementen und anorganischen Verbindungen

Name des Elements	Symbol	Oxydationszahlen	Ordnungszahl	Atommasse 1975	Häufigkeit des Elements in der Erdrinde in Ma.-%
Vanadium	V	$-1; +1; +2;$ $+3; +4; +5$	23	50,9414	0,016
Wasserstoff (Hydrogenium)	H	$-1; +1$	1	1,0079	0,88
Wolfram	W	$-2; +1; +2; +3;$ $+4; +5; +6$	74	183,85	0,0055
Xenon	Xe	–	54	131,30	$2,4 \cdot 10^{-9}$
Ytterbium	Yb	$+2; +3$	70	173,04	$5 \cdot 10^{-4}$
Yttrium	Y	$+3$	39	88,9059	0,005
Zaesium	Cs	$+1$	55	132,9054	$7 \cdot 10^{-5}$
Zerium	Ce	$+3; +4$	58	140,12	0,0022
Zink	Zn	$+2$	30	65,38	0,02
Zinn (Stannum)	Sn	$-4; +2; +4$	50	118,69	$6 \cdot 10^{-4}$
Zirkonium	Zr	$+2; +3; +4$	40	91,22	0,023

3. Konstanten von Elementen und anorganischen Verbindungen

(Atom- bzw. Molekülmassen mit Logarithmen, Schmelz- und Siedetemperaturen, Dichten)

Spalte Atom- bzw. Molekülmasse: Siehe Einführung S. 9

Spalte Logarithmen: Siehe Einführung S. 9

Spalten F. und K.: Die Angaben gelten allgemein für den Druck von 101,32502 kPa. Wurden Temperaturen bei einem anderen Druck ermittelt, so ist das nach dem Zahlenwert angegeben. Folgende Abkürzungen werden zusätzlich zu den allgemeinen Abkürzungen verwendet:
—H_2O unter Wasserabspaltung $p-$ Anwendung von Unterdruck
p Anwendung von Druck

Spalte Dichte: Die Dichte ϱ ist einheitlich in kg $\cdot$ m^{-3} angegeben. Die Angaben beziehen sich allgemein auf eine Meßtemperatur von 20 °C, bei Gasen auf 0 °C und 101,32502 kPa.

Name	Formel	Atom- bzw. Molekülmasse	lg	F. in °C	K. in °C	Dichte in kg·m^{-3}
Aktinium	Ac	227	35603	1830	–	10060
Aluminium	Al	26,98154	43106	659	≈ 2500	2699
Aluminium-bromid	AlBr$_3$	266,709	42604	97,4	255	3010
– -chlorid	AlCl$_3$	133,341	12496	192,5 p	180 subl.	2440
– -chlorid-6-Wasser	AlCl$_3 \cdot$ 6 H$_2$O	241,433	38281			
– -fluorid	AlF$_3$	83,9767	92416		1291 subl.	3070
– -hydroxid	Al(OH)$_3$	78,0036	89211	200		2420
– -iodid	AlI$_3$	407,6947	61033	191	385,5	3980
– -nitrat	Al(NO$_3$)$_3$	212,9962	32836			
– -nitrat-9-Wasser	Al(NO$_3$)$_3 \cdot$ 9 H$_2$O	375,1343	57418	73	100 z.	
– -oxid	Al$_2$O$_3$	101,9612	00843	2045	≈ 3000	3900
$\frac{1}{6}$ – -oxid	$\frac{1}{6}$ Al$_2$O$_3$	16,9935	23027			
2 – -oxid	2 Al$_2$O$_3$	203,9224	30946			
3 – -oxid	3 Al$_2$O$_3$	305,8836	48555			

3. Konstanten von Elementen und anorganischen Verbindungen

Name	Formel	Atom- bzw. Molekülmasse	lg	F. in °C	K. in °C	Dichte in kg·m^{-3}
Aluminium-phosphat	$AlPO_4$	121,9529	08618	> 1 500		2 570
--sulfat	$Al_2(SO_4)_3$	342,148	53421	ab 600 z.		2 710
--sulfat-18-Wasser	$Al_2(SO_4)_3 \cdot 18\ H_2O$	666,424	82374	86,5 z.		1 690
--sulfid	Al_2S_3	150,155	17654	1 100	z.	2 020
Amidoschwefelsäure	HSO_3NH_2	97,093	98719	≈ 200 z.		
Ammoniak	NH_3	17,0306	23122	−77,7	−33,5	0,7710
Ammoniumbromid	NH_4Br	97,948	99099		subl.	2 548
--chlorat	NH_4ClO_3	101,490	00642	z. expl.		
--chlorid	NH_4Cl	53,492	72829		335 subl. p.	1 536
--chromat	$(NH_4)_2CrO_4$	152,071	18204	z.		1 910
--chromsulfat-12-Wasser	$NH_4Cr(SO_4)_2 \cdot 12\ H_2O$	478,342	67974	94		1 720
--dihydrogenphosphat	$NH_4H_2PO_4$	115,0259	06079			
--eisen(II)-sulfat-6-Wasser	$(NH_4)_2Fe(SO_4)_2 \cdot 6\ H_2O$	392,139	59344	z.		1 860
--eisen(III)-sulfat-12-Wasser	$NH_4Fe(SO_4)_2 \cdot 12\ H_2O$	482,192	68322	230		1 710
--fluorid	NH_4F	37,0370	56863		subl.	
--hexafluorosilikat	$(NH_4)_2[SiF_6]$	178,084	25062		subl.	
--hydrogenfluorid	NH_4HF_2	57,0434	75621		subl.	1 210
--hydrogenkarbonat	NH_4HCO_3	79,0559	89794	60 z.		1 580
--hydrogensulfat	NH_4HSO_4	115,108	06110	147	490	1 780
--hydrogensulfid	NH_4HS	51,111	70852	120 p		
--hydrogensulfit	NH_4HSO_3	99,109	99611	z.		
--hydroxid	NH_4OH	35,0460	54464	z.		
--iodat	NH_4IO_3	192,9412	28542	150 z.		3 310
--iodid	NH_4I	144,9430	16119		subl.	2 560
--karbonat	$(NH_4)_2CO_3$	96,0865	98266	58 z.		
--magnesiumphosphat-6-Wasser	$NH_4MgPO_4 \cdot 6\ H_2O$	245,414	38989	z.		1 720
--metavanadat	NH_4VO_3	116,979	06811	z.		2 330
--molybdat-4-Wasser	$(NH_4)_6Mo_7O_{24} \cdot 4\ H_2O$	1 235,86	09196			
--nickel(II)-sulfat-6-Wasser	$(NH_4)_2Ni(SO_4)_2 \cdot 6\ H_2O$	395,00	59660	> 100 z.		1 920
--nitrat	NH_4NO_3	80,0434	90332	169	200 z.	1 730
--nitrit	NH_4NO_2	64,0341	80641	z.		
--perchlorat	NH_4ClO_4	117,489	07000	z.		1 950
--persulfat	$(NH_4)_2S_2O_8$	228,200	35832	z.		1 980
--sulfat	$(NH_4)_2SO_4$	132,139	12103	513	z.	1 770
--sulfit	$(NH_4)_2SO_3$	116,139	06498			
--sulfit-1-Wasser	$(NH_4)_2SO_3 \cdot H_2O$	134,144	12761		150 subl.	1 410
--tetrachloronickolat(II)	$(NH_4)_2[NiCl_4]$	236,60	37401			
--tetrathiozyanatonickolat(II)	$(NH_4)_2[Ni(SCN)_4]$	326,91	51442			
--thiozyanat	NH_4SCN	76,120	88150	149,5	170 z.	1 300
--thiosulfat	$(NH_4)_2S_2O_3$	148,203	17085	150 z.		
--wolframat-6-Wasser	$(NH_4)_6W_7O_{24} \cdot 6\ H_2O$	1 887,26	27583	z.		
--zyanid	NH_4CN	44,0564	64400	36 z.	subl.	1 020
Antimon	Sb	121,75	08547	630	1 635	6 618
--(III)-chlorid	$SbCl_3$	228,11	35815	73,4	≈ 200	3 140

3. Konstanten von Elementen und anorganischen Verbindungen

Name	Formel	Atom- bzw. Molekülmasse	lg	F. in °C	K. in °C	Dichte in kg·m⁻³
Antimon (V)-chlorid	$SbCl_5$	299,02	47569	3,9	ab 77 z.	2330
--(III)-oxidchlorid	SbOCl	173,20	23855	170 z.		
--(III)-oxid	Sb_2O_3	291,50	46463	655	1456	5670
Antimon (V)-oxid	Sb_2O_5	323,50	50986	300 z.		3780
--(III)-sulfid	Sb_2S_3	339,69	53110	546		
--(V)-sulfid	Sb_2S_5	403,82	60619			4120
--wasserstoff (Stibin)	SbH_3	124,77	09611	−91	−18	5,680
Argon	Ar	39,948	60152	−189,3	−185,8	1,7837
Arsen	As	,749216	87461	817 p	616 subl.	5720
--(III)-chlorid	$AsCl_3$	181,281	25835	−16,2	130,4	2160
--(III)-oxid	As_2O_3	197,8414	29642	kub. 289,6 monokl. 321,3	457,2	3860
--(V)-oxid	As_2O_5	229,8402	36143	315 z.		4090
--säure-½-Wasser	$H_3AsO_4 \cdot \frac{1}{2}H_2O$	150,9508	17883	35,5	160 z.	2500
--(III)-sulfid	As_2S_3	246,035	39099	300	707	3430
--(V)-sulfid	As_2S_5	310,163	49158		subl.	
--wasserstoff (Arsin)	AsH_3	77,9455	89179	−113,5	−55	3,480
Astat	At	210	32222			
Barium	Ba	137,33	13777	710	1638	3650
--bromid-2-Wasser	$BaBr_2 \cdot 2H_2O$	333,19	52268	847		3580
--chlorat-1-Wasser	$Ba(ClO_3)_2 \cdot H_2O$	322,26	50821	414		3180
--chlorid	$BaCl_2$	208,25	31857	955	1562	
--chlorid-2-Wasser	$BaCl_2 \cdot 2H_2O$	244,28	38788	z.		3090
--chromat	$BaCrO_4$	253,33	40369			4490
--fluorid	BaF_2	175,34	24387	1287	≈2250	4830
--hexafluorosilikat	$Ba[SiF_6]$	279,42	44626			4290
--hydroxid	$Ba(OH)_2$	171,36	23390	78	103	
--hydroxid-8-Wasser	$Ba(OH)_2 \cdot 8H_2O$	315,48	49897			
--iodid-2-Wasser	$BaI_2 \cdot 2H_2O$	427,18	63061	740 z.		5150
--karbonat	$BaCO_3$	197,35	29524	≈1750 p		4300
--nitrat	$Ba(NO_3)_2$	261,35	41723	592		3240
--nitrit-1-Wasser	$Ba(NO_2)_2 \cdot H_2O$	247,37	39334	≈220 z.		3170
--oxid	BaO	153,34	18565	1925	≈2000	5720
--perchlorat-3-Wasser	$Ba(ClO_4)_2 \cdot 3H_2O$	389,40	59029	505		2740
--peroxid	BaO_2	169,34	22876	z.		4950
--phosphat	$Ba_3(PO_4)_2$	601,96	77957	≈1725		4100
--sulfat	$BaSO_4$	233,40	36810	1350		4500
--sulfid	BaS	169,40	22891			4250
--zyanid-2-Wasser	$Ba(CN)_2 \cdot 2H_2O$	225,41	35296			
Beryllium	Be	9,01218	95478	1278	2965	1850
--bromid	$BeBr_2$	168,830	22745	≈490 subl.		3460
--chlorid-4-Wasser	$BeCl_2 \cdot 4H_2O$	151,980	18178	405 o.W.	488 o.W.	
--karbonat	$BeCO_3$	69,0216	83898			
--nitrat-3-Wasser	$Be(NO_3)_2 \cdot 3H_2O$	187,0680	27199	60	>100 z.	
--oxid	BeO	25,0116	39814	2530		3030
Bismut	Bi	208,9804	32011	271,3	1559	9800
--(III)-chlorid	$BiCl_3$	315,339	49877	224	461	4750
--(III)-oxid	Bi_2O_3	465,958	66835	817	1890	8900

3. Konstanten von Elementen und anorganischen Verbindungen

Name	Formel	Atom- bzw. Molekülmasse	lg	F. in °C	K. in °C	Dichte in kg·m⁻³
Bismutoxidnitrat-1-Wasser	$BiO(NO_3) \cdot H_2O$	304,999	48 430	260 z.		4920
--(III)-sulfid	Bi_2S_3	514,152	71 109	727		7390
--wasserstoff	BiH_3	212,004	32 635		22	
Blei	Pb	207,2	31 639	327,4	1755	11 392
--bromid	$PbBr_2$	367,01	56 468	488	915	6660
--(II)-chlorid	$PbCl_2$	278,10	44 419	498	954	5850
--chromat	$PbCrO_4$	323,18	50 944	844		6300
--fluorid	PbF_2	245,19	38 949	824	1293	8240
--iodid	PbI_2	460,99	66 369	412	872	6160
--karbonat	$PbCO_3$	267,20	42 683	300 z.		6600
--nitrat	$Pb(NO_3)_2$	331,20	52 008	200 z.		4530
--(II)-oxid	PbO	223,19	34 868	890	1470	9530
--(II, IV)-oxid	Pb_3O_4	685,57	83 605	830 p z.		9100
--(IV)-oxid	PbO_2	239,19	37 874	z.		9370
--(II)-sulfat	$PbSO_4$	303,25	48 180	≈ 1085		6200
--sulfid	PbS	239,25	37 885	1114		7500
--wolframat	$PbWO_4$	455,94	65 805	1123		8230
Bor	B	11,81	07 225	2300	≈ 2550	2350
--bromid	BBr_3	250,538	39 887	−46	90,6	2650
--chlorid	BCl_3	117,170	06 882	−107,5	12,5	1430 (flüssig)
--fluorid	BF_3	67,806	83 127	−128	−101	1,580
--karbid	B_4C	55,255	74 237	≈ 2350	> 3500	2520
--oxid	B_2O_3	69,620	84 273	580		1840
--säure	H_3BO_3	61,833	79 122	185 z.		1440
--wasserstoff (Diboran)	B_2H_6	27,670	44 200	−165,5	−92,4	1,2389
Brom	Br	79,904	90 257	−7,3	58,7	3,140
--wasserstoff	HBr	80,917	90 804	87	−66,8	2,170 (bei −68 °C) 3,640 (bei 0 °C)
Chlor	Cl	35,453	54 966	−100,5	−34,1	1,570 (bei −34 °C) 3,214 (bei 0 °C)
Chlorschwefelsäure	$HOSO_2Cl$	116,523	06 640	−80	158	1790
Chlor(I)-oxid	Cl_2O	86,905	93 905	−116	3,8	3,887
Chlor(IV)-oxid	ClO_2	67,452	82 898	−79	10	3,013
--(VII)-oxid	Cl_2O_7	182,902	26 221	−91,5		
--wasserstoff	HCl	36,461	56 183	−112	−85	1,6391
Chromium	Cr	51,996	71 603	1875	2317	7190
--(II)-chlorid	$CrCl_2$	122,902	08 955	824		2750
--(III)-chlorid	$CrCl_3$	158,355	19 962	≈ 1150 subl.		2760
--(III)-nitrat-9-Wasser	$Cr(NO_3)_3 \cdot 9H_2O$	400,148	60 222	36,5	125	
--(III)-oxid	Cr_2O_3	151,990	18 181	1990		5210
--(VI)-oxid	CrO_3	99,994	99 998	198 z.		2700
--(III)-sulfat-18-Wasser	$Cr_2(SO_4)_3 \cdot 18H_2O$	716,452	85 519	≈ 100 − H_2O		1860
Chromylchlorid	CrO_2Cl_2	154,901	19 005	−96,5	117	1911
Deuterium	D	2,01472	30 421	−254,6	−249,7	0,170
--oxid	D_2O	20,0288	30 165	3,82	101,43	11 077
Diammoniumhydrogenphosphat	$(NH_4)_2HPO_4$	132,0565	12 075	z.		1620

3. Konstanten von Elementen und anorganischen Verbindungen

Name	Formel	Atom- bzw. Molekülmasse	lg	F. in °C	K. in °C	Dichte in kg·m^{-3}
Diarsin	As_2H_4	153,8750	18716			
Dikaliumhydrogenphosphat	K_2HPO_4	174,183	24101			
Dinatriumhydrogenarsenat-7-Wasser	$Na_2HAsO_4 \cdot 7H_2O$	312,0143	49417	57		1870
Dinatriumhydrogenarsenat-12-Wasser	$Na_2HAsO_4 \cdot 12H_2O$	402,0909	60432	28		1720
Dinatriumhydrogenphosphat-12-Wasser	$Na_2HPO_4 \cdot 12H_2O$	358,1431	55405	34,6		1520
Diphosphin	P_2H_4	65,9795	81940	< -10	57,5	1012
Dischwefeldichlorid	S_2Cl_2	135,014	13037	-80	135,6	1680
Dizyan	$(CN)_2$	52,0357	71630	$-34,4$	$-21,1$	2,327
Dysprosium	Dy	162,50	21085	1407		8559
Eisen	Fe	55,847	74700	1537	2730	7860
--(III)-bromid	$FeBr_3$	295,574	47066	z.		
--(II)-chlorid	$FeCl_2$	126,753	10295	677	1026	2980
--(III)-chlorid	$FeCl_3$	162,206	21006	304	319	2800
--(III)-chlorid-6-Wasser	$FeCl_3 \cdot 6H_2O$	270,298	43184	-6	218	
--disulfid	FeS_2	119,975	07909	1171	z.	4870
--(III)-hydroxid	$Fe(OH)_3$	106,869	02885	500 $-1,5H_2O$	3,4...3,9	
--(II)-nitrat-6-Wasser	$Fe(NO_3)_2 \cdot 6H_2O$	287,949	45930	60,5		
--(III)-nitrat-9-Wasser	$Fe(NO_3)_3 \cdot 9H_2O$	403,999	60637	47,2		1680
--karbid	Fe_3C	179,552	25419	1837		7400
--(II)-karbonat	$FeCO_3$	115,856	06390			3800
--(II)-oxid	FeO	71,846	85641	1360		5700
--(III)-oxid	Fe_2O_3	159,692	20328	≈ 1565		5240
--(II,III)-oxid	Fe_3O_4	231,539	36462	≈ 1530		5180
--(II)-sulfat	$FeSO_4$	151,909	18158			
--(II)-sulfat-7-Wasser	$FeSO_4 \cdot 7H_2O$	278,016	44406	64		1890
--(III)-sulfat	$Fe_2(SO_4)_3$	399,879	60192			
--sulfid	FeS	87,911	94405	1195		4840
Erbium	Er	167,26	22340	1497		9060
--(III)-thiozyanat	$Er(SCN)_3$	230,093	36177			
Europium	Eu	151,96	18173	826		5300
Fluor	F	18,998403	27871	-220	-188	1,696
--wasserstoff	HF	20,0064	30115	-88	19,5	987 (flüssig)
Gadolinium	Gd	157,25	19659	1264		7886
Gallium	Ga	69,72	84336	29,78	2227	5900
Gallium (II)-chlorid	$GaCl_2$	140,63	14807	175	≈ 535	
--(III)-chlorid	$GaCl_3$	176,08	24571	78	≈ 220	2470

3. Konstanten von Elementen und anorganischen Verbindungen

Name	Formel	Atom- bzw. Molekülmasse	lg	F. in °C	K. in °C	Dichte in kg·m⁻³
Germanium	Ge	72,59	86 088	958,5	2 700	5 350
– -(IV)-chlorid	$GeCl_4$	214,40	33 123	–49,5	83,1	1 880
– -(IV)-oxid	GeO_2	104,59	01 936	1 115		4 700
– -wasserstoff	GeH_4	76,62	88 435	–165	–89	3,43
Gold	Au	196,9665	29 439	1 063	2 677	19 300
– -(III)-chlorid	$AuCl_2$	303,326	48 191	254 z.		3 900
Hafnium	Hf	178,49	25 162	2 230	> 3 200	13 360
– -(IV)-oxid	HfO_2	210,49	32 323	2 800		9 680
Helium	He	4,00260	60 235	–272 p	–268,9	
Holmium	Ho	164,9304	21 730	1 461		8 790
Hydrazin	$H_2N \cdot NH_2$	32,0453	50 577	1,4	113,5	1 010
– -hydrat	$N_2H_4 \cdot H_2O$	50,0606	69 950	–40	118,5	1 030
Hydroxylamin	NH_2OH	33,0300	51 891	33	70 p	1 200
Hydroxylammoniumchlorid	$NH_2OH \cdot HCl$	69,491	84 193	151	z.	1 670
Hydroxylammoniumsulfat	$(NH_2OH)_2 \cdot H_2SO_4$	164,138	21 521	170	z.	
Indium	In	114,82	06 002	156,2	2 044	7 362
Iod	I	126,9045	10 347	113,6	184,4	4 930
– -(V)-oxid	I_2O_5	333,8058	52 350	300 z.		4 790
– -wasserstoff	HI	127,9124	10 691	–51	35,4	5 789
Iridium	Ir	192,22	28 375	2 443	4 400	22 650
Kadmium	Cd	112,41	05 080	320,9	767	8 640
– -bromid	$CdBr_2$	272,22	43 491	568	810	5 192
– -chlorid	$CdCl_2$	183,31	26 317	568	967	4 050
– -chlorid-2½-	$CdCl_2 \cdot 2½ H_2O$	228,34	35 859	34	Tripelpunkt	3 320
– -fluorid	CdF_2	150,40	17 724	1 100	≈ 1 750	6 640
– -karbonat	$CdCO_3$	172,41	23 656	2 500 z.		4 250
– -nitrat-4-Wasser	$Cd(NO_3)_2 \cdot 4 H_2O$	308,47	48 919	≈ 60	132	2 450
– -oxid	CdO	128,40	10 857	1 390 subl.		
– -sulfat	$CdSO_4$	208,46	31 903	1 000		4 690
– -sulfid	CdS	144,46	15 976	1 750 p, subl.		4 820
Kalium	K	39,0983	59 216	63,4	775	862
– -aluminiumsulfat-12-Wasser (Alaun)	$KAl(SO_4)_2 \cdot 12 H_2O$	474,390	67 613	89		1 750
– -bromat	$KBrO_3$	167,009	22 272	434 z.		3 270
– -bromid	KBr	119,011	07 559	742	1 382	2 750
– -chlorat	$KClO_3$	122,553	08 833	356 z.		2 320
Kaliumchlorid	KCl	74,555	87 248	770	1 405	1 980
– -chromat	K_2CrO_4	194,197	28 824	985		2 730
– -chromiumsulfat-12-Wasser	$KCr(SO_4)_2 \cdot 12 H_2O$	499,405	69 845	89		1 830
Kaliumdichromat	$K_2Cr_2O_7$	294,192	46 863	395	500 z.	2 690
– -dihydrogenarsenat	KH_2AsO_4	180,037	25 536			2 870
– -dihydrogenphosphat	KH_2PO_4	136,089	13 383	z.		2 330
– -dizyanoargentat(I)	$K[Ag(CN)_2]$	199,007	29 886			
– -fluorid	KF	58,100	76 418	857	1 502	2 480
– -hexazyanochromat(III)	$K_3[Cr(CN)_6]$	325,409	51 243			

Name	Formel	Atom- bzw. Molekül- masse	lg	F. in °C	K. in °C	Dichte in kg·m⁻³
Kaliumhexazyano- ferrat(II)-3- Wasser	$K_4[Fe(CN)_6] \cdot 3H_2O$	422,408	62 573	70-3H_2O	z.	1 850
--hexazyano- ferrat(III)	$K_3[Fe(CN)_6]$	329,260	51 754	z.		1 890
--hydrogenfluorid	KHF_2	78,107	89 269	239		
--hydrogen- karbonat	$KHCO_3$	100,119	00 051	1 200 z.		2 170
--hydrogensulfat	$KHSO_4$	136,172	13 406	210		2 240
--hydrogensulfid	KHS	72,174	85 838	455		1 710
--hydrogensulfit	$KHSO_3$	120,172	07 980	z.		
--hydroxid	KOH	56,109	74 903	360	1 327	2 044
--hypochlorit	$KClO$	90,554	95 691	z.		
--iodat	KIO_3	214,005	33 041	560		3 890
--iodid	KI	166,006	22 011	681,8	1 324	3 130
--karbonat	K_2CO_3	138,213	14 054	897		2 430
--metaborat	KBO_2	81,912	91 335	947		
--metaphosphat	KPO_3	118,074	07 215	≈ 815		
--molybdat	K_2MoO_4	238,14	37 683	922		
--nitrat	KNO_3	101,107	00 478	308	400 z.	2 110
--nitrit	KNO_2	85,108	92 997	387		1 910
--phosphat	K_3PO_4	212,277	32 693	1 340		2 560
--oxid	K_2O	94,203	97+07		1 300	2 320
--perchlorat	$KClO_4$	138,553	14 161	610 z.		2 520
--permanganat	$KMnO_4$	158,038	19 876	240 z.		2 700
--pyrophosphat- 3-Wasser	$K_4P_2O_7 \cdot 3 H_2O$	384,397	58 478	1 092		2 330
--pyrosulfat	$K_2S_2O_7$	254,328	40 540	> 300		2 270
--pyrosulfit	$K_2S_2O_5$	222,330	34 700	> 190 z.		
--sulfat	K_2SO_4	174,266	24 121	1 096		2 660
--sulfid	K_2S	110,268	04 245	471		1 710
--sulfit	K_2SO_3	158,266	19 939	z.		1 710
--tetrazyano- kuprat(I)	$K_3[Cu(CN)_4]$	284,92	45 471	z.		
--thiozyanat	$KSCN$	97,184	98 759	179		
--wolframat	K_2WO_4	326,052	51 329	927		1 880
--zyanat	$KCNO$	81,119	90 912	700...900 z.		
--zyanid	KCN	65,120	81 371	623		2 050
Kalzium	Ca	40,08	60 293	850	1 487	1 520
--arsenat-3- Wasser	$Ca_3(AsO_4)_2 \cdot 3 H_2O$	452,12	65 525			
--bromid	$CaBr_2$	199,90	30 080	760	810	3 350
--chlorid	$CaCl_2$	110,99	04 527	772	> 1 600	2 150
--chlorid-6- Wasser	$CaCl_2 \cdot 6 H_2O$	219,08	34 060	29,5		1 680
--chromat-2- Wasser	$CaCrO_4 \cdot 2 H_2O$	192,10	28 354	z.		
Kalziumfluorid	CaF_2	78,08	89 252	1 392	2 500	3 180
--hydrogen- karbonat	$Ca(HCO_3)_2$	162,11	20 981			
--hydrogensulfid	$Ca(HSO_3)_2$	302,22	48 032			
--hydroxid	$Ca(OH)_2$	74,09	86 979	z.		2 230
--karbid	CaC_2	64,10	80 687	≈ 2 300		2 220
--karbonat	$CaCO_3$	100,09	00 039	ab 825 z.		2 930
--metaphosphat	$Ca(PO_3)_2$	198,02	29 671	975		2 820
Kalziumnitrat	$Ca(NO_3)_2$	164,09	21 508	≈ 550		
--nitrat-4- Wasser	$Ca(NO_3)_2 \cdot 4 H_2O$	236,15	37 319	42,5		1 820
--oxid	CaO	56,08	74 881	≈ 2 570	2 850	3 400
--phosphat	$Ca_3(PO_4)_2$	310,18	49 161	1 730		3 140
--sulfat (Anhydrit)	$CaSO_4$	136,14	13 402	≈ 1 297		2 960
--sulfat-2- Wasser	$CaSO_4 \cdot 2 H_2O$	172,17	23 596	1 450		2 320
--sulfid	CaS	72,14	85 820	z.		2 800

3. Konstanten von Elementen und anorganischen Verbindungen

Name	Formel	Atom- bzw. Molekülmasse	lg	F. in °C	K. in °C	Dichte in kg·m⁻³
Kalziumsulfit-2-Wasser	$CaSO_3 \cdot 2\,H_2O$	156,17	19360	z.		
Kobalt	Co	58,9332	77036	1490	3185	8760
--aluminat (Thenards Blau)	$Co(AlO_2)_2$	176,8938	24771	≈ 1970		
--chlorid	$CoCl_2$	129,839	11340	≈ 725	1050 subl.	3360
--chlorid-6-Wasser	$CoCl_2 \cdot 6\,H_2O$	237,931	37645	86		1930
--karbonat	$CoCO_3$	118,9426	07534	z.		4130
--nitrat-6-Wasser	$Co(NO_3)_2 \cdot 6\,H_2O$	291,0350	46394	56		1870
--(II)-oxid	CoO	74,9326	87467	1810		5680
--(III)-oxid	Co_2O_3	165,8646	21975	895 z.		5180
--(II)-sulfat-7-Wasser	$CoSO_4 \cdot 7\,H_2O$	281,102	44886	96,8		1950
--sulfid	CoS	90,997	95903	> 1100		5450
Kohlendioxid	CO_2	44,0100	64355	−56,6 p	−78,5 subl.	1,9768
Kohlendisulfid (Schwefelkohlenstoff)	CS_2	76,139	88161	−112	46	1261 (flüssig)
Kohlenmonoxid	CO	28,0106	44731	−205	−191,5	1,250
Kohlenoxiddichlorid	$COCl_2$	98,917	99527	−126	8,2	1392 (flüssig)
Kohlenoxidsulfid	COS	60,075	77869	−138,2	−48	2,721
Kohlenstoff	C	12,011	07958	3540 subl.		3510 (Diamant) 2250 (Graphit)
Krypton	Kr	83,80	92324	−157,2	−152,9	3,708
Kupfer	Cu	63,546	80309	1083	2595	8932,6
Kupfer (I)-bromid	CuBr	143,45	15670	488	1345	4720
--(II)-bromid	$CuBr_2$	223,35	34900	498	900	
--(I)-chlorid	CuCl	98,99	99561	432	1490	3530
--(II)-chlorid	$CuCl_2$	134,45	12855	630	655	3050
--(II)-chlorid-2-Wasser	$CuCl_2 \cdot 2\,H_2O$	170,48	23166	110-2 H_2O	z.	1980
--(II)-hydroxid	$Cu(OH)_2$	97,55	98925	z.		3370
Trikupfer-dihydroxidkarbonat	$Cu(OH)_2 \cdot 2\,CuCO_3$	344,65	53738	200 z.		3880
Kupfer (I)-iodid	CuI	190,44	27976	602	1336	5630
--karbonat	$CuCO_3$	123,55	09184			
--(I)-nitrat	$CuNO_3$	125,54	09879			
--(II)-nitrat-3-Wasser	$Cu(NO_3)_2 \cdot 3\,H_2O$	241,60	38309	114,5		2050
--(I)-oxid	Cu_2O	143,08	15558	1232		6000
--(II)-oxid	CuO	79,54	90059	1336 z.		6450
--(II)-sulfat	$CuSO_4$	159,60	20303	200	650 z.	3610
--(II)-sulfat-5-Wasser	$CuSO_4 \cdot 5\,H_2O$	249,68	39738	250-H_2O		2286
--(I)-sulfid	Cu_2S	159,14	20178	1130		5600
--(II)-sulfid	CuS	95,60	98048	200 z.		4600
--(I)-thiozyanat	CuCNS	121,62	08501	> 130 z.		2846
Lanthan	La	138,9055	14272	885	≈ 1800	6174
Lithium	Li	6,941	84142	180	1370	534
--chlorid	LiCl	42,392	62728	614	1380	2065
--hydroxid	LiOH	23,946	37924	462	z.	1400
--karbonat	Li_2CO_3	73,887	86857	461	732	2110

Name	Formel	Atom- bzw. Molekülmasse	lg	F. in °C	K. in °C	Dichte in kg·m⁻³
Lithiumnitrat	$LiNO_3$	68,944	83849	255		2380
--nitrat-3-Wasser	$LiNO_3 \cdot 3 H_2O$	122,990	08987	29,9		
--oxid	Li_2O	29,877	47534	>1700		2010
--sulfat-1-Wasser	$Li_2SO_4 \cdot H_2O$	127,955	10705	857 o.W.		2060
Luft(CO_2-frei)	–	28,96[1])	–			
Lutetium	Lu	174,97	24297	1650		9850
Magnesium	Mg	24,305	38571	655	≈ 1105	1741
--bromid	$MgBr_2$	184,130	26512	711		3720
--chlorid	$MgCl_2$	95,218	97872	712	1420	2320
--chlorid-6-Wasser	$MgCl_2 \cdot 6 H_2O$	203,310	30816	120 (mit 4 H_2O)		1560
--fluorid	MgF_2	62,309	79455	1396	2240	3000
--hydroxid	$Mg(OH)_2$	58,327	76587	350 (-H_2O)		2400
--karbonat	$MgCO_3$	84,321	92594	350 z.		3040
--nitrat-6-Wasser	$Mg(NO_3)_2 \cdot 6 H_2O$	256,414	40894	90		1460
--nitrid	Mg_3N_2	100,949	00410	1500 z.		2710
--phosphat	$Mg_3(PO_4)_2$	262,879	41975	1184		2100
--oxid	MgO	40,311	60543	2640	2800	3650
--peroxid	MgO_2	56,313	75061			
--pyrophosphat	$Mg_2P_2O_7$	222,567	34746	1383		26C0
--silizid	Mg_2Si	76,710	88485	1070		
--sulfat	$MgSO_4$	120,374	08053	1127		2660
--sulfat-7-Wasser	$MgSO_4 \cdot 7 H_2O$	246,481	39179	150 (-6 H_2O) 200 (-7 H_2O)		1680
Mangan	Mn	54,9380	73987	1220	2150	7440
--chlorid	$MnCl_2$	125,844	09983	650	1190	2970
--chlorid-4-Wasser	$MnCl_2 \cdot 4 H_2O$	197,905	29646	58		2010
--karbid	Mn_3C	176,8245	24754			
--karbonat	$MnCO_3$	114,9055	06034	z.		3120
--nitrat-6-Wasser	$Mn(NO_3)_2 \cdot 6 H_2O$	287,0399	45794	26	129,4	1820
--(II)-oxid	MnO	70,9375	85088	1785		5180
--(II, IV)-oxid	Mn_3O_4	228,8119	35948	1560		4700
--(IV)-oxid	MnO_2	86,9369	93920	535		5030
--sulfat	$MnSO_4$	150,999	17897	700	850 z.	
--sulfat-5-Wasser	$MnSO_4 \cdot 5 H_2O$	241,076	38216	8 ...18 stabil		2103
--sulfid	MnS	87,002	93953	1610		3990
Molybdän	Mo	95,94	98200	2620	≈ 4800	10220
--(III)-chlorid	$MoCl_3$	202,30	30600	z.		3578
--(V)-chlorid	$MoCl_5$	273,21	43649	184	268	2930
--(II)-karbid	Mo_2C	203,89	30940	2685	≈ 4500	8900
--(IV)-karbid	MoC	107,95	03322	2690		8400
--(III)-oxid	Mo_2O_3	239,88	37999			
--(VI)-oxid	MoO_3	143,94	15817	795		4500
--säure-1-Wasser	$H_2MoO_4 \cdot H_2O$	179,97	25519	70 (-H_2O)	z.	3124
--(IV)-sulfid	MoS_2	160,07	20430	1185	z.	4800
Natrium	Na	22,98977	36152	97,7	883	970
--aluminium-sulfat-12-Wasser	$NaAl(SO_4)_2 \cdot 12 H_2O$	458,279	66113	61		1670
--amid	$NaNH_2$	39,0124	59121	206	400	
--arsenat-12-Wasser	$Na_3AsO_4 \cdot 12 H_2O$	424,0773	62745	86,3		1760

[1]) Scheinbare, mittlere Molekülmasse.

3. Konstanten von Elementen und anorganischen Verbindungen

Name	Formel	Atom- bzw. Molekülmasse	lg	F. in °C	K. in °C	Dichte in kg·m⁻³
Natriumbromat	$NaBrO_3$	150,897	17868	381		3339
--bromid	NaBr	102,899	01241	747	1390	3210
--chlorat	$NaClO_3$	106,441	02711	255 z.		2490
--chlorid	NaCl	58,443	76673	800	1465	2163
--chromat-10-Wasser	$Na_2CrO_4 \cdot 10\,H_2O$	342,127	53418			1480
--dichromat-2-Wasser	$Na_2Cr_2O_7 \cdot 2\,H_2O$	297,998	47422	320 o.W.	400	2520
--dihydrogen-arsenat-1-Wasser	$NaH_2AsO_4 \cdot H_2O$	181,9403	25993	100 ... 190 (-H_2O)	200 ... 280 z.	2530
--dihydrogen-arsenit	NaH_2AsO_3	147,9255	17004			
--dihydrogen-phosphat-1-Wasser	$NaH_2PO_4 \cdot H_2O$	137,9925	13985	200 z.		2040
--dithionit-2-Wasser	$Na_2S_2O_4 \cdot 2\,H_2O$	210,136	32250	52 z.		
--fluorid	NaF	41,9882	62313	992	1705	2790
--hexafluoroaluminat	$Na_3[AlF_6]$	209,9413	32209	1000		2900
Natriumhexazyanoferrat(II)-10-Wasser	$Na_4[Fe(CN)_6] \cdot 10\,H_2O$	484,067	68491	z.		
--hexazyanoferrat(III)-1-Wasser	$Na_3[Fe(CN)_6] \cdot H_2O$	298,939	47558	z.		
--hydrogenfluorid	$NaHF_2$	61,9946	69235			
--hydrogenkarbonat	$NaHCO_3$	84,0071	92432	z.		2200
--hydrogensulfat	$NaHSO_4$	120,059	07939	>315		2740
--hydrogensulfat-1-Wasser	$NaHSO_4 \cdot H_2O$	138,075	14011	58,5		
--hydrogensulfid	NaHS	56,062	74866	350		1790
--hydrogensulfit	$NaHSO_3$	104,060	01728			
--hydroxid	NaOH	39,9972	60203	322	1390	2130
--hypochlorit	NaClO	74,442	87182	z.		
--iodid	NaI	149,8942	17578	662	1305	3667
--karbonat	Na_2CO_3	105,9890	02526	852	1600 z.	2530
--karbonat-10-Wasser	$Na_2CO_3 \cdot 10\,H_2O$	286,1424	45658	z.		1460
--metaborat	$NaBO_2$	65,800	81823	966	>1400	
--metaborat-2-Wasser	$NaBO_2 \cdot 2\,H_2O$	101,830	00788	57		
--metaphosphat	$NaPO_3$	101,9621	00843	619		2470
--molybdat	Na_2MoO_4	205,92	31370	687		2590
--nitrat	$NaNO_3$	84,9947	92939	310	380 z.	2250
--nitrid	Na_3N	82,9761	91895	300 z.		
--nitrit	$NaNO_2$	68,9953	83882	284	320 z.	2170
--orthovanadat	Na_3VO_4	183,909	26460	≈860		
--oxid	Na_2O	61,9790	79224			2270
--perchlorat	$NaClO_4$	122,440	08792	482 z.		
--perchlorat-1-Wasser	$NaClO_4 \cdot H_2O$	140,456	14754	130 z.		2020
--peroxid	Na_2O_2	77,9784	84197	460		2810
--phosphat-12-Wasser	$Na_3PO_4 \cdot 12\,H_2O$	380,1249	57991	73,4 z.		1620
--pyrophosphat-10-Wasser	$Na_4P_2O_7 \cdot 10\,H_2O$	446,0563	64939	972 o.W.		1820
--silikat	Na_2SiO_3	122,064	08659	1027		2400
--silikat-9-Wasser	$Na_2SiO_3 \cdot 9\,H_2O$	284,202	45362	47,2		
--sulfat	Na_2SO_4	142,041	15241	884		2690
--sulfat-10-Wasser	$Na_2SO_4 \cdot 10\,H_2O$	322,194	50812	32,4		1460
--sulfid	Na_2S	78,044	89234	920		1860

3. Konstanten von Elementen und anorganischen Verbindungen

Name	Formel	Atom- bzw. Molekülmasse	lg	F. in °C	K. in °C	Dichte in kg·m⁻³
Natriumsulfid-9-Wasser	$Na_2S \cdot 9\,H_2O$	240,184	38054	920 z. o. W.		2470
--sulfit-7-Wasser	$Na_2SO_3 \cdot 7\,H_2O$	252,149	40166	150 (-7 H_2O)		1560
--tetraborat	$Na_2B_4O_7$	201,219	30367	741		1730
--tetraborat-10-Wasser	$Na_2B_4O_7 \cdot 10\,H_2O$	381,373	58135	60,6		
--thiozyanat	NaSCN	81,072	90887	323		
--thiosulfat-5-Wasser	$Na_2S_2O_3 \cdot 5\,H_2O$	248,183	39477	48		1680
--wolframat-2-Wasser	$Na_2WO_4 \cdot 2\,H_2O$	329,86	51832	702 o. W.		3230
--zyanat	NaCNO	65,0071	81296			
--zyanid	NaCN	49,0077	69026	562	1495	
Neodymium	Nd	144,24	15909	103	3200	7007
Neon	Ne	20,179	30490	−248,6	−246,1	0,8990
Neptunium	Np	237,0482	37482	640		
Nickel	Ni	58,70	76864	1453	3177	8900
--arsenid	NiAs	133,63	12591	968		7570
--chlorid	$NiCl_2$	129,62	11266	~1000 p	973 subl.	3550
--chlorid-6-Wasser	$NiCl_2 \cdot 6\,H_2O$	237,71	37604			
--karbonat	$NiCO_3$	118,72	07452	z.		
--nitrat-6-Wasser	$Ni(NO_3)_2 \cdot 6\,H_2O$	290,81	46361	56,7 95 (mit 3 H_2O)	136,7	2050
--(II)-oxid	NiO	74,71	87338	1990		7450
--sulfat	$NiSO_4$	154,77	18969	840 (-SO_3)		3680
--sulfat-7-Wasser	$NiSO_4 \cdot 7\,H_2O$	280,88	44849	31,5 (-6 H_2O)	103 (− 6 H_2O)	1950
--sulfid	NiS	90,77	95796	795		4600
Niobium	Nb	92,9064	96804	2468	>3300	8580
--karbid	NbC	104,917	02085			
Nitrosylchlorid	NOCl	65,459	81597	−61,5	−6,5	2,992
Osmium	Os	190,2	27921	2500	>3300	22710
--(VIII)-oxid	OsO_4	254,2	40517	41,8	131,2	4910
Ozon	O_3	47,9982	68122	−251	−112,5	2,22
Palladium	Pd	106,4	02694	1555	>2200	12020
Perchlorsäure	$HClO_4$	100,459	00199	−112	39 p-	1764
Peroxomonoschwefelsäure	H_2SO_5	114,077	05720	45 z.		
Phosphor	P	30,9737	49099	P (farblos) 44,1 P (violett) 593 P (schwarz) P (rot) 590 p	280,5	1820 2360 2700 2200
--(III)-chlorid	PCl_3	137,333	13777	−92	74,2	1574
--(V)-chlorid	PCl_5	208,239	31856	167 p	163 subl.	2110
--ige Säure	H_3PO_3	81,9960	91379	73,6		1650
--oxidtrichlorid	$POCl_3$	153,332	18563	1	105	1675
--(III)-oxid	P_4O_6	219,8916	34221	22,7	174	2135
--(V)-oxid	P_4O_{10}	283,8892	45315	566 p	358 subl.	2114
--säure (Orthophosphorsäure)	H_3PO_4	97,9953	99121	42		1880

3. Konstanten von Elementen und anorganischen Verbindungen

Name	Formel	Atom- bzw. Molekülmasse	lg	F. in °C	K. in °C	Dichte in kg·m⁻³
Phosphor(III)-sulfid	P_4S_3	220,087	34259	172,5	407,5	2030
--(V)-sulfid	P_4S_{10}	444,535	64791	290	514	2090
--wasserstoff	PH_3	33,9977	53143	−133,5	−87,8	1,5307
Platin	Pt	195,09	29024	1773,5	≈4000	21450
Plutonium	Pu	242	38382	639,5		1648
Polonium	Po	209	32015	254	962	9400
Praseodymium	Pr	140,9077	14891	935		6769
Pyrophosphorsäure	$H_4P_2O_7$	177,9753	25036	61		
Pyroschwefelsäure	$H_2S_2O_7$	178,140	25076	35	z.	1900
Quecksilber	Hg	200,59	30231	−38,8	356,9	13545
--(I)-bromid	Hg_2Br_2	560,99	74896	345 subl.		7310
--(II)-bromid	$HgBr_2$	360,41	55679	236	322	5710
--(I)-chlorid	Hg_2Cl_2	472,09	67402	302	383,7	7150
--(II)-chlorid	$HgCl_2$	271,50	43676	277	304	5420
--(I)-iodid	Hg_2I_2	654,99	81623	≈290	310 z.	7700
--(II)-iodid	HgI_2	454,40	65744	252	354	6270
--(I)-nitrat-1-Wasser	$HgNO_3 \cdot H_2O$	280,61	44811	70		4790
--(II)-nitrat-2-Wasser	$Hg(NO_3)_2 \cdot 2 H_2O$	360,63	55707	79 o. W.	z.	
--(II)-oxid	HgO	216,59	33555	100 z.		11140
--(I)-sulfat	Hg_2SO_4	497,24	69657	z.		7560
--(II)-sulfat	$HgSO_4$	296,65	47225	z.		6470
--(II)-sulfid	HgS	232,65	36671	580 subl.		8090
Radium	Ra	226,0254	35415	700 ... 900	1530	6000
Radon	Rn	222	34635	−71	−62	9,96
Rhenium	Re	186,207	26999	3160	5600	20530
Rhodium	Rh	102,9055	01244	1966	>2500	12410
Rubidium	Rb	85,4678	93180	38,8	680	1530
Ruthenium	Ru	101,07	00462	2450	≈4200	12400
--(VIII)-oxid	RuO_4	165,07	21766	25,5	100 z.	3290
Salpetersäure	HNO_3	63,0127	79943	−47	86 z.	1512,8
salpetrige Säure	HNO_2	47,0133	67222			
Samarium	Sm	150,4	17725	1072	1670	7536
Sauerstoff	O	15,9994	20410	−218,8	−182,97	1,429
Schwefel	S	32,06	50596	S, amorph 120	444,6	1920
				S, monokl. (β-S) 119,2	444,6	1960
				S, rhomb. (α-S) 112,8	444,6	2070
--dichlorid	SCl_2	102,970	01271	−80	159	1621
--(IV)-oxid	SO_2	64,063	80661	−75,7	−10	2,9263
--(VI)-oxid	SO_3	80,062	90343	16,8	44,8	2750
--säure	H_2SO_4	98,078	99157	91,5	z.	834
--säurediamid (Sulfamid)	$SO_2(NH_2)_2$	96,108	98276	−85,5	−6	
--wasserstoff	H_2S	34,080	53250		0,4	1,5292

3. Konstanten von Elementen und anorganischen Verbindungen

Name	Formel	Atom- bzw. Molekülmasse	lg	F. in °C	K. in °C	Dichte in kg·m⁻³
Selen	Se	78,96	89741	220	688	4260 Se, amorph
--(IV)-oxid	SeO_2	110,96	04516	340 p	316 subl.	3950
--säure-1-Wasser	$H_2SeO_4 \cdot H_2O$	162,99	21216	25		2627
--wasserstoff	SeH_2	80,98	90836	−65,7	−41,3	3,61
Silan (Siliziumwasserstoff)	SiH_4	32,118	50675	−184,7	−111,6	1,44
Silber	Ag	107,868	03289	960,8	1945	10500
--azid	AgN_3	149,890	17577	252 expl.		
--bromid	AgBr	187,779	27365	430	700 z.	6470
--chlorat	$AgClO_3$	191,321	28176	230	270 z.	4430
--chlorid	AgCl	143,323	15631	455	1554	5560
--chromat	Ag_2CrO_4	331,734	52079			5620
--dichromat	$Ag_2Cr_2O_7$	431,728	63521	z.		4770
--fluorid	AgF	126,868	10335	435		5850
--iodid	AgI	234,774	37065	557	1506	5670
--karbonat	Ag_2CO_3	275,749	43051	220 z.		6070
--metaphosphat	$AgPO_3$	186,842	27147	482		6370
--nitrat	$AgNO_3$	169,875	23013	209	444 z.	4350
--oxid	Ag_2O	231,739	36500	300 z.		7140
--phosphat	Ag_3PO_4	418,581	62178	849		6370
--perchlorat	$AgClO_4$	207,321	31664	486 z.		2810
--pyrophosphat	$Ag_4P_2O_7$	605,423	78206	585		5300
--sulfat	Ag_2SO_4	311,802	49388	657	1085z.	5450
--sulfid	Ag_2S	247,804	39411	842		7310
--sulfit	Ag_2SO_3	295,802	47100	100 z.		
--zyanid	AgCN	133,888	12674	350		3950
Silizium	Si	28,0855	44848	1414	2630	2400
--dioxid	SiO_2	60,085	77876	Cristobalit 1710	2590	2320
				Quarz ≈ 1470	2590	2651
				Tridymit 1670	2590	2260
--karbid	SiC	40,097	60311	>2700		3170
--tetrachlorid	$SiCl_4$	169,898	23019	−67,7	56,8	1480
--tetrafluorid	SiF_4	104,080	01736	−90 p	−95,7	4,68
Skandium	Sc	44,956	65279	1400	2400	2990
Stickstoff	N	14,00659	14634	−210	−195,8	1,2505
--(I)-oxid (Distickstoffoxid)	N_2O	44,0128	64358	−90,7	−88,7	1,9780
--(II)-oxid (Stickstoffoxid)	NO	30,0061	47721	−163,5	−151,8	1,3402
--(III)-oxid (Distickstofftrioxid)	N_2O_3	76,0116	88088	−102	3,5 z.	1,447
--(IV)-oxid (Stickstoffdioxid)	NO_2	46,0055	66271	−11,3	21,1	
--(IV)-oxid (Distickstofftetraoxid)	$N_2O_4 \rightleftharpoons 2 NO_2$	92,0110	96384	−11,3	21,1	1,491
--(V)-oxid (Distickstoffpentoxid)	N_2O_5	108,0104	03346	≈ 30	47 z.	1,642
--wasserstoffsäure	N_3H	43,0281	63375	−80	37	
Strontium	Sr	87,62	94260	757	1364	2600
--bromid	$SrBr_2$	247,44	39347	643		4216
--chlorid	$SrCl_2$	158,53	20010	872		3050

3. Konstanten von Elementen und anorganischen Verbindungen

Name	Formel	Atom- bzw. Molekülmasse	lg	F. in °C	K. in °C	Dichte in kg·m⁻³
Strontiumchlorid-6-Wasser	$SrCl_2 \cdot 6 H_2O$	266,62	42 589	61 z.		1 930
--fluorid	SrF_2	126,62	09 905	1 190	2 460	2 440
--hydroxid	$Sr(OH)_2$	121,63	09 505	375		3 620
--karbonat	$SrCO_3$	147,63	16 917	1 497 p		3 700
--nitrat	$Sr(NO_3)_2$	211,63	32 558	645		2 980
--nitrat-4-Wasser	$Sr(NO_3)_2 \cdot 4 H_2O$	283,68	45 283			2 200
--oxid	SrO	103,62	01 544	2 430		4 700
--phosphat	$Sr_3(PO_4)_2$	452,80	65 591	1 767		
--sulfat	$SrSO_4$	183,68	26 406	≈ 1 600		3 960
Sulfurylchlorid	SO_2Cl_2	134,969	13 023	−54,1	69,1	1 667
Tantal	Ta	180,9479	25 755	2 996	≈ 4 100	16 690
--karbid	TaC	192,959	28 547	4 150	5 500	
Technetium	Tc	97	99 564	2 140		11 490 für Isotop ⁹⁹Tc
Tellur	Te	127,60	10 585	452	994	amorph 6 000
--(IV)-oxid	TeO_2	159,60	20 303	733		5 670
--wasserstoff	TeH_2	129,62	11 266	−48,9	−2,2	2 570
Terbium	Tb	158,9254	20 119	1 356	2 800	8 253
Tetrasilan	Si_4H_{10}	122,424	08 786	−93,5	109	790
Thallium	Tl	204,37	31 042	302,5	1 457	11 850
--(I)-chlorid	TlCl	239,82	37 989	427	807	7 000
--karbonat	Tl_2CO_3	468,75	67 094	273		7 110
--nitrat	$TlNO_3$	266,37	42 459	207		5 560
--sulfat	Tl_2SO_4	504,80	70 312	632		6 770
Thionylchlorid	$SOCl_2$	118,969	07 545	−105	79	1 638
Thiophosphorylchlorid	$PSCl_3$	169,397	22 890	−35	125	1 635
Thorium	Th	232,0381	36 556	1 845	3 530	11 710
--(IV)-chlorid	$ThCl_4$	373,850	57 272	770	921	4 590
--dioxid	ThO_2	264,037	42 166	3 050	≈ 4 000	9 690
Thulium	Tm	168,9342	22 772	1 545		9 318
Titanium	Ti	47,90	68 034	1 725	> 3 000	4 510
--(IV)-chlorid	$TiCl_4$	189,71	27 810	−23	136	1 726
--dioxid	TiO_2	79,90	90 254	1 775		3 840
--oxidsulfat	$TiOSO_4$	159,96	20 401	z.		
--(III)-sulfat	$Ti_2(SO_4)_3$	383,98	58 431	z.		
Trichlormonosilan	$SiHCl_3$	135,453	13 179	−134	31,8	1 350
Trisilan	Si_3H_8	92,322	96 531	−117,4	52,9	740
unterphosphorige Säure	H_3PO_2	65,9965	81 952	17,4		1 490
Uranium	U	238,029	37 662	1 133		19 160
--(IV)-oxid	UO_2	270,03	43 141	≈ 2 200		10 500
--(IV, VI)-oxid	U_3O_8	842,09	92 535	z.		7 190
Uranylnitrat-6-Wasser	$UO_2(NO_3)_2 \cdot 6 H_2O$	502,13	70 082	59,5	118	2 810

Name	Formel	Atom- bzw. Molekülmasse	lg	F. in °C	K. in °C	Dichte in kg·m⁻³
Vanadium	V	50,9414	70708	1710	≈ 3000	6110
--karbid	VC	62,953	79902	2830	3900	5400
--(V)-oxid	V_2O_5	181,881	25978	658	1750 z.	3357
Wasser	H_2O	18,0153	25564	0	100	9170 (Eis bei 0 °C)
Wasserstoff	H	1,0079	00342	−259,36	−252,8	1,293
--peroxid	H_2O_2	34,0147	53167	−1,7	152,1	1463,1
Wolfram	W	183,85	26447	3410	≈ 6000	11300
--(IV)-chlorid	WCl_4	325,66	51277	z.		4620
--(V)-chlorid	WCl_5	361,12	55765	248	275,6	3,87
--(VI)-chlorid	WCl_6	396,57	59831	275	346,7	3,52
--dioxid-dichlorid	WO_2Cl_2	286,75	45751	260 subl.		
--(II)-karbid	W_2C	379,71	57945	≈ 2855	≈ 6000	16020
--(IV)-karbid	WC	195,86	29194	2865	≈ 6000	15700
--(VI)-oxid	WO_3	231,85	36520	1473		7160
Xenon	Xe	131,30	11826	−111,9	−108,1	5,891
Ytterbium	Yb	173,04	23815	829	1520	6500
Yttrium	Y	88,905	94893	1475	≈ 3600	4470
Zaesium	Cs	132,9045	12353	28,5	690	1900
--chlorid	CsCl	168,358	22623	642	1300	3970
--karbonat	Cs_2CO_3	325,819	51297	610 z.		
--oxid	Cs_2O	281,809	44995	380 z.		4360
--sulfat	Cs_2SO_4	361,872	55856	1019		4690
Zerium	Ce	140,12	14650	775	1400	4800
--(III)-chlorid	$CeCl_3$	246,48	39178	822	z.	3920
--(III)-fluorid	CeF_3	197,12	29472	1324		6160
--(III)-nitrat-6-Wasser	$Ce(NO_3)_3 \cdot 6\,H_2O$	434,23	63772		200 z.	
--(IV)-nitrat	$Ce(NO_3)_4$	388,14	58899			
--(IV)-oxid	CeO_2	172,12	23583	> 2600		7300
Zink	Zn	65,38	81538	419,5	907	7130
--bromid	$ZnBr_2$	225,19	35255	394	650	4219
--chlorid	$ZnCl_2$	136,28	13443	313	732	2910
--karbonat	$ZnCO_3$	125,38	09823	140 z.		4440
--nitrat-6-Wasser	$Zn(NO_3)_2 \cdot 6\,H_2O$	297,47	47345	36,4		2065
--oxid	ZnO	81,37	91046	1975 p	1800 subl.	5470
--sulfat	$ZnSO_4$	161,43	20798	740 z.		3740
--sulfat-7-Wasser	$ZnSO_4 \cdot 7\,H_2O$	287,54	45870	40		1970
--sulfid	ZnS	97,43	98871	1850 p	1180 subl.	4030
Zinn	Sn	118,69	07441	231,9	2430	7280 β-Sn
--(II)-bromid	$SnBr_2$	278,51	44484	215,5	620	5117
--(IV)-bromid	$SnBr_4$	438,33	64180	30	203	3340
--(II)-chlorid	$SnCl_2$	189,60	27783	246	623	3393
--(II)-chlorid-2-Wasser	$SnCl_2 \cdot 2\,H_2O$	225,63	35339	37,7	z.	2710
--(IV)-chlorid	$SnCl_4$	260,50	41581	−33,3	113,9	2232
--(IV)-oxid	SnO_2	150,69	17808	1900 p	1900 subl.	6950
--(II)-sulfid	SnS	150,75	17827	880	1230	5080
Zirkonium	Zr	91,25	46022	1860	> 2900	6490
--oxid	ZrO_2	123,25	09078	≈ 2700	> 4000	5490
Zyanwasserstoffsäure	HCN	27,0258	43178	−13,6	25,7	699

4. Konstanten organischer Verbindungen

1. Spalte: Name. Die organischen Verbindungen wurden nach der IUPAC-Nomenklatur mit der Abweichung benannt, daß »C« entsprechend der Sprechweise als »K« bzw. »Z« geschrieben wird. Ältere Bezeichnungen und Trivialnamen sind in der Tabelle Nr. 43 mit den IUPAC-Bezeichnungen aufgeführt.

2. Spalte: Summenformel

3. Spalte: Strukturformel

4. Spalte: M (molare Masse)

5. Spalte: lg

6. Spalte: F. in °C [1])

7. Spalte: K. in °C bei 101,32502 kPa. Angaben für einen anderen Druck hinter dem Schrägstrich. [1])

8. Spalte: n_D [1])

9. Spalte: ϱ in kg · m^{-3} bei einem Druck von 101,32502 kPa.

10. Spalte: Lösbarkeit

Verwendete Abkürzungen siehe Seite 10 (Verwendete Abkürzungen u. Formelzeichen)

---

[1]) Sind mehrere, mit Buchstaben bezeichnete Werte angegeben, so handelt es sich um eine allotrope Verbindung.

4. Konstanten organischer Verbindungen

Name	Summenformel	Strukturformel	M
Akridin	$C_{13}H_9N$		179,221
Aluminiumethylat	$C_6H_{15}O_3Al$	CH_3-CH_2-O Al$-O-CH_2-CH_3$ CH_3-CH_2-O	162,164
Aluminiumtriethyl	$C_6H_{15}Al$	CH_3-CH_2 Al$-CH_2-CH_3$ CH_3-CH_2	114,166
1-Aminoanthrachinon	$C_{14}H_9O_2N$		223,231
2-Aminoanthrachinon	$C_{14}H_9O_2N$		223,231
4-Aminoazobenzen	$C_{12}H_{11}N_3$	$-N=N--NH_2$	197,239
2-Aminobenzaldehyd	C_7H_7ON	$-CHO$, $-NH_2$	121,138
4-Aminobenzaldehyd	C_7H_7ON	$H_2N--CHO$	121,138
Aminobenzen	C_6H_7N	$-NH_2$	93,128
2-Aminobenzenkarbonsäure	$C_7H_7O_2N$	$-COOH$, NH_2	137,138
4-Aminobenzen-sulfonamid	$C_6H_8O_2N_2S$	$H_2N--SO_2-NH_2$	172,20
4-Aminobenzensulfonsäure	$C_6H_7O_3NS$	H_2N--SO_3H	173,19
L-2-Aminobutandisäuremonamid	$C_4H_8O_3N_2$	$HOOC-CH-CH_2-CO-NH_2$ $|$ NH_2	132,120
2-Aminohydroxybenzen	C_6H_7ON	$-OH$, $-NH_2$	109,127
3-Aminohydroxybenzen	C_6H_7ON	$-OH$, NH_2	109,127
4-Aminohydroxybenzen	C_6H_7ON	H_2N--OH	109,127
2-Amino-3-(4-hydroxyphenyl)-propansäure	$C_9H_{11}O_3N$	$HO--CH_2-CH-COOH$ $|$ NH_2	181,193
D,L-3-Amino-2-hydroxypropansäure	$C_3H_7O_3N$	$H_2N-CH_2-CH-COOH$ $|$ OH	105,094
Aminomethandisulfonsäure	$CH_5O_6NS_2$	$H_2N-CH(SO_3H)_2$	191,17
D-2-Amino-3-methylbutansäure	$C_5H_{11}O_2N$	H_3C CH$-CH-COOH$ $H_3C|$ NH_2	117,149

lg	F. in °C	K. in °C	n_D	ϱ in kg · m⁻³	Löslarkeit
25339	110	345...346	1,6598/155 ... 158°	1 100,5/19,7°	wl. W. 100°; 11. E., D., Sk.
20996	134	320		1 142,2	swl. E.; wl. D.; Bz.; z. sd. W.
05754	< −18	194	1,480/6,5°		l. D.; expl. W.
34875	255	subl.			unl. W.; l. E., D., Bz., Pr., Tchl.
34875	302	subl.			unl. W.; l. E., Bz., Pr., Tchl.; wl. D.
29499	126	> 360	1,6877/188 ... 199°		swl. h. W.; l. h. E., D., Bz., Tchl.
08328	39 ... 40	z.			wl. W.; ll. E., D., Bz., Tchl.; unl. Lg.
08328	70 ... 71				wl. W.; l. E., D.
96908	−6,2	184,4	1,58629	1 021,7/20,7°	3,61 W. 18°; mb. E., D., Bz.
3716	145	subl.	1,5700/145 ... 147°	1 412	0,35 W. 14°; 13,0 E. (90 %) 9,6°; 22 D. 7°
23604	z.	−			swl. W., D.; l. E.
23851	288 z.	−			0,646 W. 0°; 6,71 W. 100°; unl. E., D.
12097	270 ... 271	−		1 660,4/12°	0,61 W., 5,37 W. 98°; unl. D., E.
03793	173	subl.	1,632	1 328	1,7 W. 0°, 4,4 E. 0°
03793	122 ... 123	−			l. W.; ll. D., E.
03793	186 z.	subl.			1,1 W. 0°; 5,6 E. 0°; wl. D.; unl. Bz.
25814	z. 290			1 456	0,041 W.; 0,65 sd. W.; wl. h. E.; unl. D.
02158	246 z.	−			4,32 W.; 17,1 W. 70°; unl. D., E.
28143					l.l. W.; w. l. D., Bz.
06874	315	subl. z.			l. W.; wl. E.; unl. D., Pr.

4. Konstanten organischer Verbindungen

Name	Summenformel	Strukturformel	M
D,L-2-Amino-4-methylpentansäure	$C_6H_{12}O_2N$	$\underset{H_3C}{\overset{H_3C}{>}}CH-CH_2-\underset{NH_2}{CH}-COOH$	131,176
D-2-Amino-3-methylpentansäure	$C_6H_{12}O_2N$	$CH_3-CH_2-\underset{CH_3}{CH}-\underset{NH_2}{CH}-COOH$	131,176
1-Amino-2-methylpropan	$C_4H_{11}N$	$H_2N-CH_2-\underset{CH_3}{CH}-CH_3$	73,138
2-Aminonaphthalen-5-sulfonsäure	$C_{10}H_9O_3NS$	Naphthalene with $-NH_2$ and $-SO_3H$	223,25
1-Aminonaphth-2-ol	$C_{10}H_9ON$	Naphthalene with $-NH_2$ and $-OH$	159,187
8-Aminonaphth-1-ol	$C_{10}H_9ON$	Naphthalene with NH_2 and OH	159,187
3-Amino-4-hydroxy-benzensulfonsäure	$C_6H_7O_4NS$	$HO-\bigcirc-SO_3H$ with NH_2	189,18
D,L-2-Aminopentandisäure	$C_5H_9O_2N$	$HOOC(CH_2)_2-\underset{NH_2}{CH}-COOH$	147,132
D-4-Aminopentandisäureamid	$C_5H_{10}O_3N_2$	$H_2N-CO-CH_2-CH_2-\underset{NH_2}{CH}-COOH$	146,147
L-2-Amino-3-phenylpropansäure	$C_9H_{11}O_2N$	$\bigcirc-CH_2-\underset{NH_2}{CH}-COOH$	165,104
1-Aminopropan	C_3H_9N	$CH_3-CH_2-CH_2-NH_2$	59,111
2-Aminopropan	C_3H_9N	$\underset{CH_3}{\overset{CH_3}{>}}CH-NH_2$	59,111
D,L-2-Aminopropansäure	$C_3H_7O_2N$	$CH_3-\underset{NH_2}{CH}-COOH$	89,094
2-Aminothiophen	C_4H_5NS	Thiophen with NH_2	99,15
2-Amino-3-thiopropansäure	$C_3H_7O_2NS$	$HS-CH_2-\underset{NH_2}{CH}-COOH$	121,15
2-Amino-1,3,5-trimethylbenzen	$C_9H_{13}N$	Benzen with CH_3, NH_2, CH_3, H_3C	135,208
Anthrachinon	$C_{14}H_8O_2$	Anthrachinon structure with two CO	208,216

4. Konstanten organischer Verbindungen

·lg	F. in °C	K. in °C	n_D	ϱ in kg · m^{-3}	Lösbarkeit
11 785	332 z.	subl.			0,97 W. 15°; swl. E.; unl. D.
11 785	283 ... 284	subl.			3,87 W. 15,5° l. h. E.; sd. Es.; unl. D.
86 414	77°	68 ... 69°	1,398 78/17°	733,2	mb. W., E.
34 878					0,033 W.; swl. E., D.
20 191	235				swl. sd. W.; wl. E., D.
20 191	95 ... 97 z.	–			ll. h. W.
27 689	z.	–			1,0 W. 14°; unl. E. D.
16 711	247 ... 249 z.	subl. 200 Va.	1,468 3/195 ... 196°	1 538	1 W. 16°; 0,066 E. (80%) 15°; 0,07 E. 25°; unl. D.
16 379	185				3,61 W. 18°; swl. E.; unl. D.
21 776	283 z.	subl.			2,74 W.; 6,11 W. 70°; wl. E.; unl. D.
77 167	−101,2	33	1,376 98/15,4°	694/15°	mb. W., E., D.
77 167	−83	47,8	1,390 1/16°	719	mb. E., D.; 278 W. 25°
94 985	297 z.	–			20,5 W. 45°; unl. D., Pr.
99 629		78/1,5 kPa			ll. W., E.; unl. D.
08 334	z.	–			l. Es.; ll. W., E.; unl. Bz., Pr., Sk.
13 100	−4,9	233		963	l. E.
31 851	266	377	1,561 1/280 ... 282°	1 419	unl. W.; 0,05 E. 18°; 0,44 E. 25°; 2,25 sd. E.; 0,10 D. 25°; wl. Bz.

4. Konstanten organischer Verbindungen

Name	Summenformel	Strukturformel	M
Anthrachinon-2-sulfonsäure	$C_{14}H_8O_5S$		288,27
Anthrazen	$C_{14}H_{10}$		178,233
Anthr-1-ol	$C_{14}H_{10}O$		194,232
Anthr-2-ol	$C_{14}H_{10}O$		194,232
Anthron	$C_{14}H_{10}O$		194,232
L-Arabinose	$C_5H_{10}O_5$	$HO-CH_2-\underset{H}{\overset{HO}{C}}-\underset{H}{\overset{OH}{C}}-\underset{OH}{\overset{H}{C}}-CHO$	150,131
Askorbinsäure	$C_6H_8O_6$		176,126
Azenaphthen	$C_{12}H_{10}$	H_2C-CH_2	154,211
Azenaphthenchinon	$C_{12}H_6O_2$		182,178
Azobenzen	$C_{12}H_{10}N_2$	$-N=N-$	182,224
Azoxybenzen	$C_{12}H_{10}ON_2$		198,223
Barbitursäure	$C_4H_4O_3N_2$		128,087
	$C_{13}H_{11}N$	$-N=CH-$	181,237
Benzaldehyd	C_7H_6O	$-CHO$	106,124
Benzaldiethanat	$C_{11}H_{12}O_4$		208,213
Benzamid	C_7H_7ON	$-CO-NH_2$	121,138

4. Konstanten organischer Verbindungen

lg	F. in °C	K. in °C	n_D	ϱ in kg·m^{-3}	Lösbarkeit
45981	193				ll. W., E.; unl. D.
25099	217	351	1,6231/218 ... 220°	1 242	unl. W.; 0,076 E. 16°; 0,83 sd. E.; 0,97 D. 15°; 1,18 Bz. 15°
28832	150 ... 153	224/1,7 kPa			unl. W.; ll. E., D.
28832	254 ... 258 z.	–			unl. W.; ll. E., D.
28832	154 ... 155				l. E., Bz.; unl. W.
17647	159,5		1,4936/153 ... 154°	1 585	59,4 E. 10°; 0,42 E. (90%) 9°; unl. D.
24582	192		1,5611/120 ... 122°	1 696	ll. W., E.; unl. Pe., D., Bz., Tchl.
18812	95	277,9	1,6048/100°	1 024/99°	4 E.; 40,5 E. 70°; 33 Tchl.
26050	261	subl.			swl. E.; l. h. Bz., 0,15 D. 15°; unl. W.
26061	68	293	1,6353/76°	1 203	0,03 W.; 12,5 E. 16°; l. D., Lg.
29715	36	z.	1,6644	1 246	unl. W.; 21 E. 16°; 11,4 E. (94%) 15°; ll. D.; 43,5 Lg. 15°
10751	245	260 z.			wl. k. W.; l. D.
25825	52	300	1,6231/67 ... 68°	1 038/55°	unl. W.; l. E., D., Sk.
02581	–26	178	1,54638	1 049,8	0,3 W.; mb. E., D.
31851	46	220 z. 154/2,7 kPa		1 110	ll. E., D.
08328	a) 128 b) 115	290	1,5299/152 ... 153°	1 341/4°	1,35 W. 25°; 26,92 E. 25°; wl. D.; ll. sd. Bz.

Name	Summenformel	Strukturformel	M
Benzanthron	$C_{17}H_{10}O$		230,265
Benzen	C_6H_6		78,113
Benzen-1,2-dikarbonsäure	$C_8H_6O_4$		166,133
Benzen-1,3-dikarbonsäure	$C_8H_6O_4$		166,133
Benzen-1,4-dikarbonsäure	$C_8H_6O_4$		166,133
Benzen-1,2-dikarbonsäureanhydrid	$C_8H_4O_3$		148,118
Benzen-1,2-dikarbonsäuredibutylester	$C_{16}H_{22}O_4$		278,347
Benzen-1,2-dikarbonsäurediethylester	$C_{12}H_{14}O_4$		222,240
Benzen-1,2-dikarbonsäuredimethylester	$C_{10}H_{10}O_4$		194,187
Benzen-1,4-dikarbonsäuredimethylester	$C_{10}H_{10}O_4$		194,187
Benzen-1,2-dikarbonsäuredipropylester	$C_{14}H_{18}O_4$		250,294
Benzen-1,2-dikarbonsäureimid	$C_8H_5O_2N$		147,133
Benzenhexakarbonsäure	$C_{12}H_6O_{12}$		342,172
Benzenkarbonsäure	$C_7H_6O_2$		122,123
Benzenkarbonsäurebenzylester	$C_{14}H_{12}O_2$		212,248
Benzenkarbonsäureethylester	$C_9H_{10}O_2$		150,177
Benzenkarbonsäuremethylester	$C_8H_8O_2$		136,150
Benzenkarbonsäurenitril	C_7H_5N		103,123

lg	F. in °C	K. in °C	n_D	ϱ in kg · m⁻³	Lösbarkeit
36223	170		1,6877/198 ... 200°		l. E.; unl. W.
89273	5,49	80,12	1,50144	879,1	0,07 W. 22°; 0,185 W. 30°; mb. E., D., Pr., M.
22046	206 ... 208	z. 231		1593	0,54 W. 14°; 18 W. 99°; 11,7 E. 18°; 0,68 D. 15°; unl. Tchl.
22046	348,5	subl.			0,013 W. 25°; 0,22 sd. W.; ll. E.; Es.; unl. Bz.
22046	subl.	subl. ($\approx$ 300)		1510	0,00015 k. W.; swl. k. E.; unl. D. Es., Tchl.
17061	131,6	285,1		1527	l. E.; wl. W.
44459		206/2,7 kPa	1,4900	1047	mb. E., D., Pr.; l. Bz.; swl. W.
34682		166 ... 167/2,0 kPa 298 ... 299	1,5019	1117/25°	l. Tchl., Bz.; mb. E. s. E.; unl. W.
28822		283,2	1,515/21°	1190,5/21°	swl. W.; l. E.
28822	140,8	subl. > 300	1,4683/148 ... 151°		0,33 h. W.; wl. k. E.; l. D., sd. E.
39845		304 ... 305			
16771	238	subl.	1,5204/242 ... 244°		0,06 W.; 0,4 sd. W.; 5 sd. E.; l.sd. Es.; swl. D., Bz., Tchl.
53424	288	z.			ll. W.; l. E.
08680	121,7	249	1,5000/134 ... 135°	1265,9/15°	0,16 W. 0°; 0,27 W. 17°; 2,19 W. 75°; 46,71 E. 15°; 313,4 D. 15°; l. Pr., Sk., Tchl.
32684	21	323 ... 324	1,5685/21,5°	1122/19°	unl. W.; l. E., D., Tchl.
17660	−34,2	212,9	1,50602	1050,9/15°	0,1 W. 60°; l. E., Tchl. mb. D.
13402	−12,5	199,5	1,51800/16,5°	1093,7/15°	unl. W.; l. Bz.; mb. E., D.
01336	−13	191,3	1,52570/25,5°	1005,1	l. sd. W.; mb. E., D.

Name	Summenformel	Strukturformel	M
Benzenkarbonsäurephenylester	$C_{13}H_{10}O_2$	⌬—COO—⌬	198,221
Benzensulfamid	$C_6H_7O_2NS$	⌬—SO_2—NH_2	157,19
Benzensulfinsäure	$C_6H_6O_2S$	⌬—SO_2H	142,17
Benzensulfochlorid	$C_6H_5O_2SCl$	⌬—SO_2—Cl	176,62
Benzensulfonsäure	$C_6H_6O_3S$	⌬—SO_3H	158,17
Benzhydrazid	$C_7H_8ON_2$	⌬—CO—NH—NH_2	136,153
Benzhydroxamsäure	$C_7H_7O_2N$	⌬—CO—NH—OH	137,138
Benzochin-1,2-dion	$C_6H_4O_2$	⌬=O =O	108,096
Benzochin-1,4-dion	$C_6H_4O_2$	O=C C=O	108,096
Benzoin	$C_{14}H_{12}O_2$	⌬—CH(OH)—CO—⌬	212,248
Benzopersäure	$C_7H_6O_3$	⌬—CO—O—OH	138,123
Benzophenon	$C_{13}H_{10}O$	⌬—CO—⌬	182,221
Benzoxazol	C_7H_5ON	⌬(N,O)CH	119,123
N-Benzoylaminobenzen	$C_{13}H_{11}ON$	⌬—CO—NH—⌬	197,236
N-Benzoylaminoethansäure	$C_9H_9O_3N$	⌬—CO—NH—CH—COOH	179,177
Benzoylbromid	C_7H_5OBr	⌬—CO—Br	185,020
Benzoylchlorid	C_7H_5OCl	⌬—CO—Cl	140,569
Benzoyliodid	C_7H_5OI	⌬—CO—I	232,020
O-Benzoyloxyethansäure	$C_9H_8O_4$	⌬—COO—CH_2—COOH	180,160
O-Benzoyl-2-oxypropansäure	$C_{10}H_{10}O_4$	CH_3—CH—COOH OOC—⌬	194,187
1-Benzylnaphthalen	$C_{17}H_{14}$	CH_2—⌬ (naphthyl)	218,300

4. Konstanten organischer Verbindungen

lg	F. in °C	K. in °C	n_D	ϱ in kg · m^{-3}	Lösbarkeit
29715	70	298 ... 299	1,5502/79 ... 80°	1235/31°	unl. W.; 8,8 E. 21°; ll. D.
19642	150				0,43 W. 16°; ll. h. E., D.
15281	83 ... 84	z. > 100			wl. k. W.; ll. h. W., E., D.
24703	14,4	119/2,0 kPa		1378/23°	unl. W.; ll. E.; l. D.
19912	50 ... 51	137 Va.			ll. W., E.; unl. D.; wl. Bz.
13403	112,5	267 z.	1,5611/122°		l. W., E.; wl. D., Bz., Tchl.
13716	126	z. (expl.)			2,25 W. 6°; ll. h. W., E.; wl. D.; unl. Bz.
03381	z. 60 ... 70	–			wl. k. W.; ll. h. W., E., D.; l. Bz.
03381	115,7	subl.	1,4936/121 ... 123°	1318	wl. k. W.; ll. E., D.
32684	133	343	1,5403/154°	10179/134°	0,03 W. 25°; l. sd. E., Bz.; wl. D.
14026	41 ... 42	expl. 80 ... 100			wl. W.; l. E., D.
26060	a) 48 b) 26	306	a) 1,59750/53,5° b) 1,60596/23,4°	1110,8/18°	unl. W.; 16,95 E. (97%) 18°; 24,7 D. 13°; l. Tchl.
07599	31	183		1175,4/20°	wl. W.
29499	161	118/1,3 kPa	1,5700/168 ... 169°	1321	unl. W.; 4. E. 30°; swl. D.
25328	190	240 z.	1,5101/200°	1308	0,39 W.; ll. h. W., h. E; 0,35 D. 18°; swl. Bz.; unl. Sk.
26722	0	218 ... 219		1570/15°	l. Bz.; mb. D.; z. E., z. W.
14789	−1	197,1	1,5536 9	1217,6/15°	mb. D., mb. Bz., Sk.; z. E., z. W.
36553	3	135/3,3 kPa		1722/15°	l. Bz.; mb. D.
25566	112				
28822	112				0,25 W. 10°; ll. E., Bz., D.
33905	59	350		1166/0°	unl. W.; 1,66 E. 15°; 3,33 sd. E.; 50 k. D.; l. Bz., Tchl., Sk.

4. Konstanten organischer Verbindungen

Name	Summenformel	Strukturformel	M
2-Benzylnaphthalen	$C_{17}H_{14}$		218,300
Betain	$C_5H_{11}O_2N$		117,147
Biguanid	$C_2H_7N_5$	$H_2N-\underset{\parallel}{C}-NH-\underset{\parallel}{C}-NH_2$ (NH, HN)	101,111
4,4'-Bis-(dimethylamino)-benzophenon	$C_{17}H_{20}ON_2$		268,358
Biuret	$C_2H_5O_2N_3$	$H_2N-CO-NH-CO-NH_2$	103,080
Bleitetraethyl	$C_8H_{20}Pb$	$(CH_3-CH_2)_4Pb$	323,4
Borneol	$C_{10}H_{18}O$		154,252
Bornylchlorid	$C_{10}H_{17}Cl$		172,797
2-Bromaminobenzen	C_6H_6NBr		172,024
3-Bromaminobenzen	C_6H_6NBr		172,024
4-Bromaminobenzen	C_6H_6NBr	$H_2N-\bigcirc-Br$	172,024
Brombenzen	C_6H_5Br	$\bigcirc-Br$	157,010
2-Brombenzenkarbonsäure	$C_7H_5O_2Br$		201,019
3-Brombenzenkarbonsäure	$C_7H_5O_2Br$		201,019
4-Brombenzenkarbonsäure	$C_7H_5O_2Br$	$Br-\bigcirc-COOH$	201,019
1-Brombutan	C_4H_9Br	$CH_3-CH_2-CH_2-CH_2-Br$	137,019
Bromethan	C_2H_5Br	CH_3-CH_2-Br	108,966
2-Bromethanol	C_2H_5OBr	$HO-CH_2-CH_2-Br$	124,964
Brommethan	CH_3Br	CH_3-Br	94,939
1-Brom-3-methylbutan	$C_5H_{11}Br$	$(H_3C)_2HC-CH_2-CH_2-Br$	151,046

4. Konstanten organischer Verbindungen

lg	F. in °C	K. in °C	n_D	ϱ in kg·m⁻³	Lösbarkeit
33905	35,5	350		1176/0°	unl. W.; 3,58 E. 15°; ll. sd. E., Bz.
06873	293 z.	–			157 W. 19°; 8,59 E. 18°; swl. D.
00480	130				ll. W.; l. E.; unl. D., Bz., Tchl.
42871	174	> 360 z.			0,04 W.; l. E.; ll. D., h. Bz.
01318	193 z.	–			1,5 W. 15°; 45 sd. W.; ll. E.; wl. D.
50980		91 ... 92/ 2,5 kPa	1,5195	1652,8	unl. k. W.; mb. D., E.; l. Bz., Lg.
18823	208	212 subl.		1011	swl. W.; ll. E., D.; 25 Bz.
23729	132 ... 133	207 ... 208			unl. W.; ll. E.; l. D.
23560	32	229		1578,4	unl. W.; l. E., D.
23560	18	251	1,62604/20,4°	1580,8	l. E., D.; wl. W.
23560	66,4	z.	1,60011/66 ... 68°	1688/18°	unl. W.; ll. E., D.
19593	–30,6	155,6	1,55977	1848	0,045 W. 30°; ll. E., D.; l. Bz.
30324	150	subl.	1,54033/156 ... 157°	1929/25°	wl. k. W.; l. h. W.; E., D., Tchl.
30324	155	> 280	1,5299/174 ... 176°	1845/25°	wl. W.; l. E., D.
30324	254		1,4936/275 ... 278°	1894/25°	swl. k. W.; l. E., D.
13678	–112,4	100,3	1,43983	1282,9/15°	0,061 W. 30°; mb. E., D.
03729	–119	38,4	1,42386	1458,6	mb. E., D.
09677		56...57/2,7kPa	1,4915	1772,0	l. W.; mb. E., D.
97744	–93,3	4,6		1732/0°	mb. E., D.; swl. W.; l. Bz., Tchl., Sk.
17911	–111,9	120,3	1,44118	1236/0°	0,02 W. 16°; l. E., D.

4. Konstanten organischer Verbindungen

Name	Summenformel	Strukturformel	M
1-Brom-2-methylpropan	C_4H_9Br	$\begin{array}{c}H_3C\\ \diagdown\\ HC-CH_2-Br\\ \diagup\\ H_3C\end{array}$	137,019
1-Brompentan	$C_5H_{11}Br$	$CH_3-CH_2-CH_2-CH_2-CH_2-P$	151,046
1-Brompropan	C_3H_7Br	$CH_3-CH_2-CH_2-Br$	122,992
2-Brompropan	C_3H_7Br	$CH_3-\underset{\underset{Br}{\vert}}{CH}-CH_3$	122,992
Brompropanon	C_3H_5OBr	$Br-CH_2-CO-CH_3$	136,976
3-Bromprop-1-en	C_3H_5Br	$CH_2=CH-CH_2-Br$	120,977
Bromzyan	$CNBr$	$Br-CN$	105,922
Buta-1,3-dien	C_4H_6	$H_2C=CH-CH=CH_2$	54,091
Butan	C_4H_{10}	$CH_3-CH_2-CH_2-CH_3$	58,123
Butanal	C_4H_8O	$CH_3-CH_2-CH_2-CHO$	72,107
Butanal-2-ol	$C_4H_8O_2$	$CH_3-\underset{\underset{OH}{\vert}}{CH}-CH_2-CHO$	88,106
Butanamid	C_4H_9ON	$CH_3-CH_2-CH_2-CO-NH_2$	87,121
Butan-1,2-diol	$C_4H_{10}O_2$	$CH_3-CH_2-\underset{\underset{OH}{\vert}}{CH}-CH_2-OH$	90,122
Butan-1,4-diol	$C_4H_{10}O_2$	$HO-CH_2-CH_2-CH_2-CH_2-OH$	90,122
Butandion	$C_4H_6O_2$	$CH_3-CO-CO-CH_3$	86,090
Butandiondioxim	$C_4H_8O_2N_2$	$\begin{array}{c}CH_3-C-C-CH_3\\ \Vert\Vert\\ HO-NN-OH\end{array}$	116,119
Butandisäure	$C_4H_6O_4$	$HOOC-CH_2-CH_2-COOH$	118,089
Butandisäureanhydrid	$C_4H_4O_3$	$\begin{array}{c}CH_2-CO\\ \vert\diagdown\\ O\\ \vert\diagup\\ CH_2-CO\end{array}$	100,074
Butandisäurediethylester	$C_8H_{14}O_4$	$\begin{array}{c}CH_2-COO-CH_2-CH_3\\ \vert\\ CH_2-COO-CH_2-CH_3\end{array}$	174,196
Butandisäuredimethylester	$C_6H_{10}O_4$	$\begin{array}{c}CH_2-COO-CH_3\\ \vert\\ CH_2-COO-CH_3\end{array}$	146,143
Butandisäurenitril	$C_4H_4N_2$	$NC-CH_2-CH_2-CN$	80,089
Butandisäureimid	$C_4H_5O_2N$	$\begin{array}{c}CH_2-CO\\ \vert\diagdown\\ NH\\ \vert\diagup\\ CH_2-CO\end{array}$	99,089
Butan-1-ol	$C_4H_{10}O$	$CH_3-CH_2-CH_2-CH_2-OH$	74,122
Butan-2-ol	$C_4H_{10}O$	$CH_3-CH_2-\underset{\underset{OH}{\vert}}{CH}-CH_3$	74,122
Butanon	C_4H_8O	$CH_3-CO-CH_2-CH_3$	72,107
Butan-3-onsäureethylester	$C_6H_{10}O_3$	$CH_3-CO-CH_2-COO-CH_2-CH_3$	130,143
Butanoylchlorid	C_4H_7OCl	$CH_3-CH_2-CH_2-CO-Cl$	106,552
Butansäure	$C_4H_8O_2$	$CH_3-CH_2-CH_2-COOH$	88,106
Butansäureethylester	$C_6H_{12}O_2$	$CH_3-(CH_2)_2-COO-CH_2-CH_3$	116,160
Butansäuremethylester	$C_5H_{10}O_2$	$CH_3-(CH_2)_2-COO-CH_3$	102,133
Butansäurenitril	C_4H_7N	$CH_3-CH_2-CH_2-CN$	69,106
But-1-en	C_4H_8	$CH_3-CH_2-CH=CH_2$	56,107
But-2-en	C_4H_8	$CH_3-CH=CH-CH_3$	56,107

4. Konstanten organischer Verbindungen

lg	F. in °C	K. in °C	n_D	ϱ in kg·m^{-3}	Lösbarkeit
13678	−118,1	91,4	1,43914/15°	2720/15°	0,05 W. 18°; mb. E., D.
17911	−95	128	1,44435	1218	unl. W.; l. E.; mb. D.
08988	−109,9	70,8	1,43414	1353,9	0,25 W.; mb. E., D.
08988	−89,0	59,4	1,42508	1322,2/15°	0,32 W.; mb. E., D.
13664		136,5/96,6 kPa	1,4742/16°	1634/23°	ll. Pr.; wl. E., W.
08270	−119,4	71,3	1,46545	1398	mb. E., D., l. Sk., Tchl.; unl. W.
02498	52	61		2015	l. D., W.
73313	−113	−5/99,0 kPa	1,422/−6°	650/−6°	ll. E.; mb. D.; unl. W.
76435	−135	0,65	1,3324	2,7032	15 ml W. 17°; 1920 ml E. 17°; 3031 ml D. 18°
85798	−97,1	74,7	1,38433	817	3,7 W.; mb. E., D.
94501		83/2,7 kPa		1109/16°	mb. W., E., D.; l. Bz.
94012	115 ... 116	216		1032	wl. W.; l. E., D.
95483		191 ... 192/99,6 kPa	1,442	1005,9/17,5°	mb. E.; wl. D.; swl. W.
95483	16	230	1,4467	1020	mb. W., E.; wl. D.
93495		87 ... 88	1,39331/18,5°	973,4/22°	ll. W.; mb. E., D.
06490	240	subl.			unl. W.; ll. E., D.
07221	185	235		1564/15°	6,84 W.; 60,37 W. 75°; 7,54 E. 15°; 0,48 D. 15°; unl. Bz., Tchl.
00032	120	261		1503	wl. E.; swl. D., W.; l. Tchl.
24104	−20,8	217,7	1,42007	1040,2	mb. E., D.; unl. W.
16478	19,5	195	1,41975	11194	l. E. D.; wl. W.
90357	54,5	265 ... 267	1,41645/63,1°	968,6/84°	ll. E., W.; wl. D., Sk.
99603	126	287 ... 288	1,4683/139 ... 140°	1412/16°	24,3 W. 21°; 5,4 E. 24°; swl. D.
86995	−79,9	117,5	1,39931	809,0	7,4 W. 15°; mb. E., D.
86995	−89	99,5	1,39236/22°	810,9/15°	12,5 W.; mb. E., D.
85798	−86,4	79,6	1,3814/15°	805,0	29,2 W.; 18 W. 90°; mb. E., D.
11442	−44	180/100,5 kPa	1,41976	1021/25°	12,5 W. 16°; mb. E., D.
02756	−89	100 ... 101	1,41209	1028	l. D.
94501	−4,7	164	1,39789	958,7	mb. E., D., W. (oberhalb −3,8°)
06506	−93,3	120	1,39302/18°	879	wl. W.; l. E., D.
00917		102	1,3870/25°	898	1,58 W. 21° mb. E., D.
83952	−112,6	117,4		794	wl. W.; l. E.
74902	−190	−6,1		629,8/10°	unl. W.; l. Bz.; ll. E., D.
74902	a) −127 b) −130	a) 1 b) 2,5		635	ll. E., D.; unl. W.

4. Konstanten organischer Verbindungen

Name	Summenformel	Strukturformel	M
But-2-en-1-al	C_4H_6O	$CH_3-CH=CH-CHO$	70,091
cis-Butendisäure	$C_4H_4O_4$	$\begin{array}{c} H-C-COOH \\ \parallel \\ H-C-COOH \end{array}$	116,073
trans-Butendisäure	$C_4H_4O_4$	$\begin{array}{c} HOOC-C-H \\ \parallel \\ H-C-COOH \end{array}$	116,073
cis-Butensäureanhydrid	$C_4H_2O_3$	$\begin{array}{c} H-C-CO \\ \parallel \quad\quad\ \ \diagdown O \\ H-C-CO \diagup \end{array}$	98,058
cis-Butensäurediethylester	$C_8H_{12}O_4$	$\begin{array}{c} HC-COO-CH_2-CH_3 \\ \parallel \\ HC-COO-CH_2-CH_3 \end{array}$	172,180
trans-Butensäurediethylester	$C_8H_{12}O_4$	$\begin{array}{c} CH_3-CH_2-OOC-CH \\ \parallel \\ HC-COO-CH_2-CH_3 \end{array}$	172,180
But-3-en-1-in	C_4H_4	$CH_2=CH-C\equiv CH$	52,076
But-2-ensäure	$C_4H_6O_2$	$CH_3-CH=CH-COOH$	86,090
But-1-in	C_4H_6	$CH\equiv C-CH_2-CH_3$	54,091
Butylamin	$C_4H_{11}N$	$CH_3-CH_2-CH_2-CH_2-NH_2$	73,138
Chinolin	C_9H_7N		129,161
Chinolin-2-karbonsäure	$C_{10}H_7O_2N$		173,171
Chinolin-4-karbonsäure	$C_{10}H_7O_2N$		173,171
Chinoxalin	$C_8H_6N_2$		130,149
2-Chloraminobenzen	C_6H_6NCl		127,573
3-Chloraminobenzen	C_6H_6NCl		127,573
4-Chloraminobenzen	C_6H_6NCl		127,573
1-Chloranthrachinon	$C_{14}H_7O_2Cl$		242,661

4. Konstanten organischer Verbindungen

lg	F. in °C	K. in °C	n_D	ϱ in kg·m^{-3}	Lösbarkeit
84566	−69	102,2	1,43620/20,5°	847,7/21°	ll. W.; mb. E., D.; l. Bz., M.
06473	130	z.		1590	78,8 W. 25°; 392,6 W. 97,5°; 69,9 E. (95%) 30°; 8,2 D. 25°; l. Es., Pr.; swl. Bz.
06473	286 ... 287	subl.		1625	0,69 W. 17°; 4,76 E. 17°; wl. D., Tchl.
99148	53	82/1,9 kPa	1,4339/105 ... 108°	1301/64,4°	wl. E., Tchl.; 17 Dimethylbenzen 30°; l. W.
23598	−10,5	223	1,44261/16,2°	1067,7	l. D., E.; unl. W.
23598	0,6	218,5	1,4471/7,5°	1055/17°	l. E., D.; wl. W.
71663		224/183,9 kPa 2 ... 3/97,2 kPa		709,5/0°	
93495	a) 72 b) 15	189 171,9		973/72° 1031,2/15°	8,28 W. 15°; l. E., Pr.; 40 k. W.; l. E.
72213	−122,5	8,1	1,3962	668	l. E. D.; unl. W.
86414	−50,5	77,8		742/15°	mb. W.
11113	−19,5	238,0	1,628	1092,9	wl. k. W.; ll. h. W.; mb. E., D., Sk., Pr.
23847	157	z.	1,5898/160 ... 161°		wl. k. W.; ll. h. W., h. Bz.
23847	253 ... 254				swl. W., E.; unl. D.
11444	30,5	229,5	1,62311/48°	1133/48°	mb. W., E., D.
10576	−14	208,8	1,58951	1212,5	wl. W.; ll. D., Bz.; mb. E.
10576	70 ... 71	230 ... 231	1,5611/89 ... 90°	1427/19°	l. E., D., sd. W.
10576	−10,2	230	1,59305	1215,6	ll. Bz.; mb. E., D.
38500	162	subl.			wl. E.; ll. Bz., Es.; unl. D., W.

4. Konstanten organischer Verbindungen

Name	Summenformel	Strukturformel	M
2-Chloranthrachinon	$C_{14}H_7O_2Cl$		242,661
2-Chlorbenzaldehyd	C_7H_5OCl		140,569
3-Chlorbenzaldehyd	C_7H_5OCl		140,569
4-Chlorbenzaldehyd	C_7H_5OCl		140,569
Chlorbenzen	C_6H_5Cl		112,559
3-Chlorbenzen-1,2-dikarbonsäure	$C_8H_5O_4Cl$		200,578
4-Chlorbenzen-1,2-dikarbonsäure	$C_8H_5O_4Cl$		200,578
2-Chlorbenzenkarbonsäure	$C_7H_5O_2Cl$		156,569
3-Chlorbenzenkarbonsäure	$C_7H_5O_2Cl$		156,569
4-Chlorbenzenkarbonsäure	$C_7H_5O_2Cl$		156,569
4-Chlorbenzensulfochlorid	$C_5H_4O_2Cl_2S$	Cl—⟨⟩—SO$_2$—Cl	211,06
4-Chlorbenzensulfonsäure	$C_6H_5O_3ClS$	Cl—⟨⟩—SO$_3$H	192,62
1-Chlorbutan	C_4H_9Cl	CH$_3$—CH$_2$—CH$_2$—CH$_2$—Cl	92,568
1-Chlorbutan-2-ol	C_4H_9OCl	CH$_3$—CH$_2$—CH—CH$_2$—Cl, OH	108,568
3-Chlorbutan-2-ol	C_4H_9OCl	H$_3$C—CH—CH—CH$_3$, OH Cl	108,568
Chlorethan	C_2H_5Cl	CH$_3$—CH$_2$—Cl	64,515
Chlorethanal	C_2H_3OCl	Cl—CH$_2$—CHO	78,498
Chlorethanamid	C_2H_4ONCl	Cl—CH$_2$—CO—NH$_2$	93,513
2-Chlorethanol	C_2H_5OCl	Cl—CH$_2$—CH$_2$—OH	80,514
Chlorethanoylchlorid	$C_2H_2OCl_2$	Cl—CH$_2$—CO—Cl	112,943
Chlorethansäure	$C_2H_3O_2Cl$	Cl—CH$_2$—COOH	94,498
Chlorethansäureethylester	$C_4H_7O_2Cl$	Cl—CH$_2$—COO—CH$_2$—CH$_3$	122,551
Chlorethen	C_2H_3Cl	CH$_2$=CH—Cl	62,499
2-Chlorhydroxybenzen	C_6H_5OCl		128,558

4. Konstanten organischer Verbindungen

lg	F. in °C	K. in °C	n_D	ϱ in kg · m^{-3}	Lösbarkeit
38 500	210	subl.			wl. sd. E.; ll. sd. Es.; l. sd. Bz.; unl. D., W.
14 789	11	208/99,7 kPa	1,5673/19,7°	1 252	wl. W.; ll. E., D.; l. Bz.
14 789	17 ... 18	213 ... 214	1,5650/20,2°	1 250/15°	wl. W.; ll. E., D.; l. Bz.
14 789	49	213/99,7 kPa	1,5553/61°	1 195,8/61°	wl. k. W.; ll. E., D.; l. Bz., Sk. Es.
05 138	−45,5	131,7	1,52479	1 106,4	0,049 W. 30°; l. Tchl. Bz., Sk.;
30 228	186				2,16 W. 14°; ll. E., D.
30 228	150				l. W., E., D.
19 471	140,6	subl.	1,5204/146 ... 148°	1 544	0,21 W. 25°; ll. h. W., E., D.
19 471	158	subl.		1 496/25°	0,04 W. 0°; ll. h. W., E., D.
19 471	241,5	subl.		1 541/24°	0,0077 W. 25°; ll. E., D.
32 441	53	141/2,0 kPa			l. D.
28 469	68	147/2,0 kPa			l. W., E.; unl. D., Bz.
96 646	−123,1	78,0	1,40147	897,2/14°	wl. W.; mb. E., D.
03 570		141	1,43 53/18°	1 040/18°	
03 570		136 ... 137,5	1,4478	1 069,2/18°	
80 966	−138,7	13,1		917/6°	mb. E., D.; swl. W.
89 486	43 ... 50	85,5 z.			l. D.
97 087	121	224/99,0 kFa			10 W. 24°; 9,5 E. 24°; swl. D.
90 587	−67,5	128,6	1,441 £9	1 201,9	mb. W.; l. E., D.
5286		103 ... 106/100,0 kPa	1,4535	1 495/0°	mb. D.; z. E.; z. W.
97 542	61,3	189	1,4297/65°	1 577,2	614 W. 30°; l. E., D., Bz., Sk., Tchl.
08 832	−26	143,6	1,42162	1 159	mb. E., D.; unl. W.
79 587	−159,7	−13,9		969,2/−13°	wl. W.; ll. D.; l. E.
10 910	8,7	175 ... 176	1,5473/40°	1 235/25°	2,8 W.; l. E., D.

4. Konstanten organischer Verbindungen

Name	Summenformel	Strukturformel	M
3-Chlorhydroxybenzen	C_6H_5OCl	3-Cl-C$_6$H$_4$-OH	128,558
4-Chlorhydroxybenzen	C_6H_5OCl	Cl-C$_6$H$_4$-OH	128,558
Chlormethan	CH_3Cl	H_3C-Cl	50,488
Chlormethansäureethylester	$C_3H_5O_2Cl$	$Cl-COO-CH_2-CH_3$	108,524
2-Chlormethylbenzen	C_7H_7Cl	C$_6$H$_4$(-CH$_3$)(-Cl)	126,585
3-Chlormethylbenzen	C_7H_7Cl	C$_6$H$_4$(-CH$_3$)(-Cl)	126,585
4-Chlormethylbenzen	C_7H_7Cl	Cl-C$_6$H$_4$-CH$_3$	126,585
1-Chlor-3-methylbutan	$C_5H_{11}Cl$	$(H_3C)_2CH-CH_2-CH_2-Cl$	106,595
1-Chlor-2-methylpropan	C_4H_9Cl	$(H_3C)_2CH-CH_2-Cl$	92,568
1-Chlornaphthalen	$C_{10}H_7Cl$	Naphthalen-1-Cl	162,618
2-Chlornaphthalen	$C_{10}H_7Cl$	Naphthalen-2-Cl	162,618
2-Chlornitrobenzen	$C_6H_4O_2NCl$	C$_6$H$_4$(-Cl)(-NO$_2$)	157,556
3-Chlornitrobenzen	$C_6H_4O_2NCl$	C$_6$H$_4$(-NO$_2$)(-Cl)	157,556
4-Chlornitrobenzen	$C_6H_4O_2NCl$	Cl-C$_6$H$_4$-NO$_2$	157,556
2-Chlor-5-nitrobenzenkarbonsäure	$C_7H_4O_4NCl$	$O_2N-C_6H_3(-COOH)(-Cl)$	201,566
2-Chlor-4-nitromethylbenzen	$C_7H_6O_2NCl$	$O_2N-C_6H_3(-CH_3)(-Cl)$	171,583
4-Chlor-2-nitromethylbenzen	$C_7H_6O_2NCl$	$Cl-C_6H_3(-CH_3)(-NO_2)$	171,583
2-Chlor-4-nitrohydroxybenzen	$C_6H_4O_3NCl$	$O_2N-C_6H_3(-OH)(-Cl)$	173,556

4. Konstanten organischer Verbindungen 55

lg	F. in °C	K. in °C	n_D	ϱ in kg · m^{-3}	Löslarkeit
10910	32,8	214	1,5565/40°	1268/25°	2,6 W.; l. E., D.; ll. Bz.
10910	42,9	217	1,5579/40°	1260/45°	2,7 W.; ll. E., D., Bz.
70319	−93	−23,7		2,3073	400 ml. W.; 3500 ml E.; l. D., Tchl., Es.
03553	−80,6	93	1,39738	1135,2	l. Bz., D., Tchl.
10238	−34	159,5	1,5247/20,2°	1081,7	unl. W.; l. E., Bz., Tch.; mb. D.
10238	−47,8	161,6	1,5225/18,7°	1072,2	unl. W.; l. E., Bz., Tchl.; mb. D.
10238	7,5	162	1,5199/19°	1069,7	unl. W.; l. E., Bz., Tchl.; mb. D.
02774		99,8	1,41118/18°	893/0°	unl. W.; mb. E., D.
96646	−131,2	68,9	1,40096/15°	882,9/15°	0,09 W. 12,5°; mb. E., D.
21117	−17	262,7	1,63321	1193,8	unl. W.; l. E., D., Bz., Sk.
21117	60	265/100,1 kPa	1,6079/70,7°	1265,6/16°	unl. W.; l. E., D., Bz., Sk., Tchl.
19744	33	244,5	1,5501/46 ... 47°	1348/45,5°	unl. W.; l. E., D., Bz.
9744	46	235,6	1,5502/56 ... 58°	1343/50°	unl. W.; ll. sd. E.; l. E., Bz., Es., Sk., Tchl.
19744	83,5	242	1,5403/101 ... 103°	1297,9/90,5°	unl. W.; wl. k. E.; ll. sd. E., D., Sk.
30442	165			1608/18°	
23447	63 ... 65	260	1,5470/69,4°		
23447	37	115,5/1,5 kPa		1255,9/80°	
23943	111				wl. W.; ll. E., D.; l. Tchl., sd. W.

4. Konstanten organischer Verbindungen

Name	Summenformel	Strukturformel	M
2-Chlor-6-nitrohydroxybenzen	$C_6H_4O_3NCl$		173,556
4-Chlor-2-nitrohydroxybenzen	$C_6H_4O_3NCl$		173,556
5-Chlor-2-nitrohydroxybenzen	$C_6H_4O_3NCl$		173,556
1-Chlorpentan	$C_5H_{11}Cl$	$CH_3—CH_2—CH_2—CH_2—CH_2—Cl$	106,595
1-Chlorpropan	C_3H_7Cl	$CH_3—CH_2—CH_2—Cl$	78,541
2-Chlorpropan	C_3H_7Cl	$CH_3—CH(Cl)—CH_3$	78,541
Chlorpropanon	C_3H_5OCl	$Cl—CH_2—CO—CH_3$	92,525
3-Chlorprop-1-en	C_3H_5Cl	$CH_2=CH—CH_2—Cl$	76,525
Chrysen	$C_{18}H_{12}$		228,293
cis-Dekahydronaphthalen	$C_{10}H_{18}$		138,252
trans-Dekahydronaphthalen	$C_{10}H_{18}$		138,252
Dekan	$C_{10}H_{22}$	$H_3C—(CH_2)_8—CH_3$	142,284
Dekandisäure	$C_{10}H_{18}O_4$	$HOOC—(CH_2)_8—COOH$	202,250
Dekandisäuredimethylester	$C_{12}H_{22}O_4$	$CH_3—OOC—(CH_2)_8—COO—CH_3$	230,303
Dekan-1-ol	$C_{10}H_{22}O$	$CH_3—(CH_2)_8—CH_2—OH$	158,283
Dekansäure	$C_{10}H_{20}O_2$	$CH_3—(CH_2)_8—COOH$	172,267
1,2-Diaminoanthrachinon	$C_{14}H_{10}O_2N_2$		238,245
1,4-Diaminoanthrachinon	$C_{14}H_{10}O_2N_2$		238,245

4. Konstanten organischer Verbindungen

lg	F. in °C	K. in °C	n_D	ϱ in kg·m^{-3}	Lösbarkeit
23943	70 ... 71				wl. W.; ll. Tchl.
23943	87				unl. W.; l. E., D., Tchl.
23943	38,9	subl.			wl. W.; ll. E., D., Es.
02774	−99	108,3	1,41192	883	unl. W.; mb. E., D.
89510	−122,8	46,4	1,38856	891,8	0,27 W.; mb. E., D.
89510	−117,0	36,5	1,38110/15°	858,8	0,31 W.; mb. E., D.
96626	−44,5	119,7	1,42207	1162/16°	l. W.; ll. E., D., Tchl.
88380	−136,4	44,6	1,40950	938	l. E., Bz.; mb. D.; unl. W.
35849	254	448	1,6482/275 ... 277°		unl. W.; 0,097 E. 16°; 0,17 sd. E.; l. sd. M.; wl. k. D., Bz., Sk.
14067	−51	194,6	1,4828	895,2	unl. W.; l. E., D.
14067	−36	185	1,4680	869,9	unl. W.; l. E., D.
15316	−30	173,8	1,4189/11°	730,14	unl. W.; mb. E., D.
30589	134	295/13,3 kPa	1,422/134°	1231	0,1 W. 17°; 2 W. 100°; ll. E., D.
36230	36 ... 38	158/1,3 kPa	1,43549/28°	988,2/28°	
19943	7	231	1,43719	829,7	l. E.; mb. D.; unl. W.
23620	31,5	148 ... 150/1,2 kPa	1,4170/70°	885,5/40°	swl. W.; ll. E., D.
37702	303 ... 304				swl. E., D.; l. Aminobenzen, Pyridin
37702	268				wl. h. W.; l. E.; ll. Bz., Pyridin, Nitrobenzen

4. Konstanten organischer Verbindungen

Name	Summenformel	Strukturformel	M
1,5-Diaminoanthrachinon	$C_{14}H_{10}O_2N_2$		238,245
1,8-Diaminoanthrachinon	$C_{14}H_{10}O_2N_2$		238,245
2,6-Diaminoanthrachinon	$C_{14}H_{10}O_2N_2$		238,245
1,2-Diaminobenzen	$C_6H_8N_2$		108,143
1,3-Diaminobenzen	$C_6H_8N_2$		108,143
1,4-Diaminobenzen	$C_6H_8N_2$	$H_2N-\bigcirc-NH_2$	108,143
4,4'-Diaminodiphenyl	$C_{12}H_{12}N_2$	$H_2N-\bigcirc-\bigcirc-NH_2$	184,240
1,2-Diaminoethan	$C_2H_8N_2$	$H_2N-CH_2-CH_2-NH_2$	60,099
D-2,6-Diaminohexansäure	$C_6H_{14}O_2N_2$	$H_2N-(CH_2)_4-CH-COOH$ $\quad\quad\quad\quad\quad\quad\quad\ \ \ |$ $\quad\quad\quad\quad\quad\quad\quad NH_2$	146,191
2,3-Diaminomethylbenzen	$C_7H_{10}N_2$		122,169
2,4-Diaminomethylbenzen	$C_7H_{10}N_2$		122,169
1,5-Diaminopentan	$C_5H_{14}N_2$	$H_2N-CH_2-(CH_2)_3-CH_2-NH_2$	102,179
2,5-Diaminopentansäure	$C_5H_{12}O_2N_2$	$H_2N-(CH_2)_3-CH-COOH$ $\quad\quad\quad\quad\quad\quad\quad |$ $\quad\quad\quad\quad\quad\quad NH_2$	132,164
1,3-Diaminopropan	$C_3H_{10}N_2$	$H_2N-CH_2-CH_2-CH_2-NH_2$	74,125
Diazoaminobenzen	$C_{12}H_{11}N_3$	$\bigcirc-N=N-NH-\bigcirc$	197,239
Diazomethan	CH_2N_2	$\overset{(-)}{CH_2}-\overset{(+)}{N}\equiv N$	42,040
Dibenzoyl	$C_{14}H_{10}O_2$	$\bigcirc-CO-CO-\bigcirc$	210,232
Dibenzoylperoxid	$C_{14}H_{10}O_4$	$\bigcirc-CO-O-O-OC-\bigcirc$	242,230
1,2-Dibrombenzen	$C_6H_4Br_2$		235,916

lg	F. in °C	K. in °C	n_D	ϱ in kg·m^{-3}	Lösbarkeit
37702	319	subl.			swl. W.; wl. E., D., Bz.
37702	262				ll. E.; wl. D.; l. Es., Pyridin, Nitrobenzen; unl. W.
37702	310 ... 320 z.	–			wl. W., E.; l. Aminobenzen, sd. E.; unl. Tchl.
03400	103,8	252	1,5897/115 ... 118°		4,22 W. 35°; ll. E., D., Tchl.
03400	62,8	287	1,6339/58°	1138,9/15°	35,1 W. 24°; ll. E.; l. D.
03400	142	267	1,5795/154 ... 156°		3,85 W. 24°; l. E., D., Tchl.
26538	127,5 ... 128	400 ... 401/98,6 kPa		1250,5	wl. k. W.; l. sd. W.; l. E.; 3,0 D.
77887	8,5	116,5	1,45400/26,1°	902/15°	ll. W.; l. E.; 0,3 D.
16492	224 z.	–			l. W.
08696	63 ... 64	255			l. W., E., D.
08696	99	280	1,5897/104 ... 105°		ll. sd. W., E., D.; l. W.
00963	9	178 ... 180		884,6/15°	l. W., E.; wl. D.
12111	z.	–			ll. W., E.; wl. D.
86997	–23,5	135/98,4 kPa		884/25°	ll. W.; mb. E., D.
29499	98	z. expl.			swl. W.; l. h. E., D., Bz., Lg.
62366	–145	–24			l. E., D.; z. W.
32270	95	346 ... 348 z.	1,5700/96 ... 98°	1084/102°	unl. W.; ll. E., D.
38423	104 ... 105	expl.	1,5700/81 ... 84°		swl. W.; wl. k. E.; l. D., Bz.; 2,53 Sk. 15°
37276	6,7	221	1,6081	1956	l. E.; mb. D.; unl. W.

4. Konstanten organischer Verbindungen

Name	Summenformel	Strukturformel	M
1,3-Dibrombenzen	$C_6H_4Br_2$	Br–C₆H₄–Br (1,3)	235,916
1,4-Dibrombenzen	$C_6H_4Br_2$	Br–C₆H₄–Br (1,4)	235,916
1,1-Dibromethen	$C_2H_4Br_2$	Br_2CH-CH_3	187,872
1,2-Dibromethan	$C_2H_4Br_2$	$Br-CH_2-CH_2-Br$	187,872
cis-1,2-Dibromethen	$C_2H_2Br_2$	H–C=Br / H–C=Br	185,855
trans-1,2-Dibromethen	$C_2H_2Br_2$	Br–C=H / H–C=Br	185,855
Dibrommethan	CH_2Br_2	$Br-CH_2-Br$	173,844
2,4-Dibromhydroxybenzen	$C_6H_4OBr_2$	OH, Br (2,4)	251,915
2,6-Dibromhydroxybenzen	$C_6H_4OBr_2$	OH, Br (2,6)	251,915
Dibutylamin	$C_8H_{19}N$	$[CH_3-(CH_2)_3]_2NH$	129,245
Dibutylether	$C_8H_{18}O$	$CH_3-(CH_2)_3-O-(CH_2)_3-CH_3$	130,230
1,1-Dichlorethan	$C_2H_4Cl_2$	Cl_2CH-CH_3	98,960
1,2-Dichlorethan	$C_2H_4Cl_2$	$Cl-CH_2-CH_2-Cl$	98,960
Dichlorethansäure	$C_2H_2O_2Cl_2$	$Cl_2CH-COOH$	128,943
cis-1,2-Dichlorethen	$C_2H_2Cl_2$	H–C=Cl / H–C=Cl	96,944
trans-1,2-Dichlorethen	$C_2H_2Cl_2$	Cl–C=H / H–C=Cl	96,944
2,4-Dichloraminobenzen	$C_6H_5NCl_2$	$H_2N-C_6H_3Cl_2$ (2,4)	162,018
2,5-Dichloraminobenzen	$C_6H_5NCl_2$	$H_2N-C_6H_3Cl_2$ (2,5)	162,018

4. Konstanten organischer Verbindungen

lg	F. in °C	K. in °C	n_D	ϱ in kg·m^{-3}	Lösbarkeit
37276	−6,9	219,5	1,6087	1957/23°	l. E., D.; unl. W.
37276	86,9	219	1,5743/99,3°	2100	13,3 E. 30°; 61,3 D.; l. Es., Lg., Sk.; unl. W.
27386		108 ... 110	1,5127	2089,1	unl. W.; ll. E., D.
27386	10	131,6	1,53789	2180,4	0,432 W. 30°; mb. E., D.
26917	−53	112,5	1,5218/15°	1913,3/15°	0,431 W. 30°; mb. E., D.
26917	−6,5	108	1,5159/15°	1892,2/15°	0,431 W. 30°; mb. E., D.
24016	−52,6	98,2	1,542	2495,3	1,15 W.; mb. E., D.
40125	40	177/1,6 kPa			0,19 W. 15°; ll. E., D.; l. Sk., Bz.
40125	56 ... 57	162/2,8 kPa			wl. k. W.; ll. E., D.
11141		159	1,4097	767	l. W.; unl. E., D.
11471	−95,2	142,4	1,4010/15°	772,5	mb. E., D.; l. W.
99546	−96,7	57,3	1,41655	1174	0,55 W.; ll. E., D.
99546	−35,5	83,7	1,44432	1257,6	0,865 W. 25°; l. E., D.
11040	10,8	194	1,4668/22°	1563,4	l. W., E., D.
98652	−80,5	60,3	1,4519/15°	1291,3/15°	unl. W.; mb. D., E.
98652	−50	48,4	1,4490/15°	1265,1/15°	unl. W.; mb. E., D.
20956	63	242	1,5700/86 ... 88°	1567	wl. W.; l. E., D.
20956	50	251	1,5795/66 ... 68°		swl. W.; l. E., D., Sk., Bz.

Name	Summenformel	Strukturformel	M
2,5-Dichlorbenzaldehyd	$C_7H_4OCl_2$		175,014
1,2-Dichlorbenzen	$C_6H_4Cl_2$		147,004
1,3-Dichlorbenzen	$C_6H_4Cl_2$		147,004
1,4-Dichlorbenzen	$C_6H_4Cl_2$		147,004
2,2'-Dichlordiethylether	$C_4H_8OCl_2$		143,013
Dichlordifluormethan	CCl_2F_2		120,913
2,3-Dichlorhydroxybenzen	$C_6H_4OCl_2$		163,003
2,4-Dichlorhydroxybenzen	$C_6H_4OCl_2$		163,003
2,5-Dichlorhydroxybenzen	$C_6H_4OCl_2$		163,003
2,6-Dichlorhydroxybenzen	$C_6H_4OCl_2$		163,003
3,4-Dichlorhydroxybenzen	$C_6H_4OCl_2$		163,003
3,5-Dichlorhydroxybenzen	$C_6H_4OCl_2$		163,003
Dichlormethan	CH_2Cl_2	$Cl-CH_2-Cl$	84,933
2,4-Dichlormethylbenzen	$C_7H_6Cl_2$		161,030

4. Konstanten organischer Verbindungen

lg	F. in °C	K. in °C	n_D	ϱ in kg·m⁻³	Lösbarkeit
24307	57 ... 58	230 ... 233			
16733	−17,5	179,2	1,5485/20,4°	1304,8	swl. W.; l. E., D.
16733	−24,4	172	1,5457/21°	1288,1	swl. W.; l. E., D., Bz.
16733	54	173,7	1,5210/80,3°	1260,2/55°	0,008 W. 30°; ll. h. E., D., l. Bz., Sk., Tchl.; wl. k. E.
15537		177 ... 178	1,457	1210,9	
08247	−155	−28		1486/−30°	l. E., D.; unl. W.
21220	57				l. E., D.
21220	45	209 ... 210	1,5578/60°		0,45 W.; ll. E., D.
21220	58	211/99,2 kPa	1,5554/60°		wl. W.; l. E., D., Bz.
21220	67	218 ... 220			mb. E., D.
21220	68	253			
21220	68	233			l. E.
92908	−96,7	40,7	1,4237	1336	2 W.; mb. E., D.
20691		195		1245,97	

Name	Summenformel	Strukturformel	M
2,5-Dichlormethylbenzen	$C_7H_6Cl_2$	CH₃–C₆H₃(Cl)–Cl (2,5)	161,030
3,4-Dichlormethylbenzen	$C_7H_6Cl_2$	H₃C–C₆H₃(Cl)–Cl (3,4)	161,030
Dichlormonobrommethan	$CHCl_2Br$	Br–CHCl₂	163,834
1,4-Dichlornaphthalen	$C_{10}H_6Cl_2$	Cl–C₁₀H₆–Cl (1,4)	197,063
1,5-Dichlornaphthalen	$C_{10}H_6Cl_2$	Cl–C₁₀H₆–Cl (1,5)	197,063
2,3-Dichlornitrobenzen	$C_6H_3O_2NCl_2$	NO₂–C₆H₃(Cl)–Cl (2,3)	192,001
2,4-Dichlornitrobenzen	$C_6H_3O_2NCl_2$	Cl–C₆H₃(Cl)–NO₂ (2,4)	192,001
2,5-Dichlornitrobenzen	$C_6H_3O_2NCl_2$	Cl–C₆H₃(NO₂)–Cl (2,5)	192,001
2,6-Dichlornitrobenzen	$C_6H_3O_2NCl_2$	Cl–C₆H₃(Cl)–NO₂ (2,6)	192,001
3,4-Dichlornitrobenzen	$C_6H_3O_2NCl_2$	Cl–C₆H₃(Cl)–NO₂ (3,4)	192,001
3,5-Dichlornitrobenzen	$C_6H_3O_2NCl_2$	Cl–C₆H₃(Cl)–NO₂ (3,5)	192,001
1,1-Dichlorpropan	$C_3H_6Cl_2$	Cl–CH(Cl)–CH₂–CH₃	112,986
1,2-Dichlorpropan	$C_3H_6Cl_2$	Cl–CH₂–CH(Cl)–CH₃	112,986

4. Konstanten organischer Verbindungen

lg	F. in °C	K. in °C	n_D	ϱ in kg · m^{-3}	Lösbarkeit
20691	5	199		1253,5	
20691		197 ... 199			
21440	−56,9	90,1	1,5012/15°	2005,5/15°	
29461	68	147/1,6 kPa	1,6228/76°	1300/76°	unl. W.; wl. E.; ll. Pr., D., Es.
29461	107	subl.			unl. W.; l. E., D.
28330	61	257 ... 258		1449,4/80°	unl. W.; ll. E., D.
28330	33	154/2,0 kPa		1439,0/80°	unl. W.; ll. h. E.; mb. D.
28330	55	266		1439,0/75°	unl. W.; wl. k. E.; ll. Bz., Tchl.
28330	72,5	130/1,1 kPa		1409,4/80°	unl. W.; wl. k. E.
28330	43	255 ... 256		1451,4/80°	unl. W.; wl. k. E.
28330	65			1427,8/80°	unl. W.; wl. E.
05303		85 ... 87	1,4467	1143/10°	mb. D.
05303		96,8	1,4388	1165,6	0,28 W. 25°; ll. E., D.

4. Konstanten organischer Verbindungen

Name	Summenformel	Strukturformel	M
1,3-Dichlorpropan	$C_3H_6Cl_2$	$Cl-CH_2-CH_2-CH_2-Cl$	112,986
2,2-Dichlorpropan	$C_3H_6Cl_2$	$CH_3-C(Cl)(Cl)-CH_3$	112,986
Diethanolamin	$C_4H_{11}O_2N$	$HO-CH_2-CH_2-NH-CH_2-CH_2-OH$	105,139
Diethylamin	$C_4H_{11}N$	$CH_3-CH_2-NH-CH_2-CH_3$	73,138
N,N-Diethylaminobenzen	$C_{10}H_{15}N$	C₆H₅–N(CH₂–CH₃)₂	149,235
Diethyldisulfid	$C_4H_{10}S_2$	$CH_3-CH_2-S-S-CH_2-CH_3$	122,251
Diethylether	$C_4H_{10}O$	$CH_3-CH_2-O-CH_2-CH_3$	74,122
N,N'-Diethylkohlensäurediamid	$C_5H_{12}ON_2$	(C₆H₅)(CH₃CH₂)N–CO–N(CH₂CH₃)(C₆H₅)	116,163
Diethylsulfon	$C_4H_{10}O_2S$	$CH_3-CH_2-SO_2-CH_2-CH_3$	122,186
Diethylthioether	$C_4H_{10}S$	$CH_3-CH_2-S-CH_2-CH_3$	90,187
Difluormethan	CH_2F_2	H–CF₂–H	52,024
Difluormonochlormethan	$CHClF_2$	Cl–CF₂–H	86,469
1,2-Dihydoxyanthrachinon	$C_{14}H_8O_4$	Anthrachinon mit OH in 1,2	240,215
1,4-Dihydroxyanthrachinon	$C_{14}H_8O_4$	Anthrachinon mit OH in 1,4	240,215
2,3-Dihydroxybenzaldehyd	$C_7H_6O_3$	Benzen-2,3-(OH)₂-1-CHO	138,123
2,4-Dihydroxybenzaldehyd	$C_7H_6O_3$	Benzen-2,4-(OH)₂-1-CHO	138,123
1,2-Dihydroxybenzen	$C_6H_6O_2$	Benzen-1,2-(OH)₂	110,112

4. Konstanten organischer Verbindungen 67

lg	F. in °C	K. in °C	n_D	ϱ in kg·m^{-3}	Lösbarkeit
05303		125	1,4362/25°	1177,0/25°	0,273 W. 25°; ll. E., D.
05303	−34,6	69,7	1,4471	1095,7/15°	l. E.
02176	28	217 ... 218/20,0 kPa	1,4776	1096,6	mb. W., E.; swl. D., Bz.
86414	−48	55,9	1,3871/19°	704,5/25°	mb. W.; l. E., D.
17387	−38,8	216,5	1,54105/22°	935,07	wl. W.; ll. E., Tchl. Es., D.
08725		151,5 ... 153/99,3 kPa	1,50633	992,7	swl. W.; mb. E., D.
86995	−116,4	34,6	1,3526	736,27/0°	7,5 W. 16°; mb. E., Tchl.; l. Bz.
06507	112,5	263		1041,5	ll. W., E., D.
08702	73 ... 74	248		1057/100°	15,6 W. 16°; l. E., D.; ll. Bz.
95514	−102,1	92	1,44233	836,4/21°	swl. W.; l. E., D.
71620		−51,6			l. E.; unl. W.
93686	−160	−40,86			l. W.
38060	289 ... 290	430			0,034 W. 100°; l. E., D., Bz., Es., Sk.
38060	200 ... 202	subl. z.			l. E., D., Bz.
14026	108	235 z.			wl. W.; ll. E.
14026	135	220 ... 228/2,9 kPa			ll. W., E., D.; wl. Lg., Bz.
04184	105	240	1,5403/112 ... 114°	1344	45,14 W.; l. D., Bz., Tchl.; ll. E.

//

4. Konstanten organischer Verbindungen

Name	Summenformel	Strukturformel	M
1,3-Dihydroxybenzen	$C_6H_6O_2$	OH, —OH (benzene ring)	110,112
1,4-Dihydroxybenzen	$C_6H_6O_2$	HO—⟨⟩—OH	110,112
2,3-Dihydroxybenzenkarbonsäure	$C_7H_6O_4$	⟨⟩—COOH; HO OH	154,122
2,4-Dihydroxybenzenkarbonsäure	$C_7H_6O_4$	HO—⟨⟩—COOH; OH	154,122
3,4-Dihydroxybenzenkarbonsäure	$C_7H_6O_4$	HO—⟨⟩—COOH; OH	154,122
D-Dihydroxybutandisäure	$C_4H_6O_6$	HOOC—CH—CH—COOH; OH OH	150,088
D-Dihydroxybutandisäurediethylester	$C_8H_{14}O_6$	CH_3—CH_2—OOC—CH—OH; HO—CH—COO—CH_2—CH_3	206,195
D-Dihydroxybutandisäuredimethylester	$C_6H_{10}O_6$	CH_3—OOC—CH—OH; HO—CH—COO—CH_3	178,141
L-Dihydroxybutandisäure	$C_4H_6O_6$	HOOC—CH—CH—COOH; OH OH	150,088
D,L-Dihydroxybutandisäure	$C_4H_6O_6$	HOOC—CH(OH)—CH(OH)—COOH	150,088
meso-Dihydroxybutandisäure	$C_4H_6O_6$	HOOC—CH—CH—COOH; OH OH	150,088
2,2′-Dihydroxydiphenyl	$C_{12}H_{10}O_2$	OH OH (biphenyl)	186,210
4,4′-Dihydroxydiphenyl	$C_{12}H_{10}O_2$	HO—⟨⟩—⟨⟩—OH	186,210
Di-(hydroxyethyl)-ether	$C_4H_{10}O_3$	HO—CH_2—CH_2\O/CH_2—CH_2—OH	106,121
2,2-Di-(hydroxymethyl)-propan-1,3-diol	$C_5H_{12}O_4$	HO—CH_2, CH_2—OH \C/ HO—CH_2, CH_2—OH	136,147
Dihydroxypropanon	$C_3H_6O_3$	HO—CH_2—CO—CH_2—OH	90,079
1,1-Diiodethan	$C_2H_4I_2$	I, I—CH—CH_3	281,862
1,2-Diiodethan	$C_2H_4I_2$	I—CH_2—CH_2—I	281,862
Diiodmethan	CH_2I_2	I—CH_2—I	267,836
1,2-Dimethoxybenzen	$C_8H_{10}O_2$	⟨⟩—O—CH_3, —O—CH_3	138,166
Dimethylamin	C_2H_7N	CH_3—NH—CH_3	45,084

4. Konstanten organischer Verbindungen 69

lg	F. in °C	K. in °C	n_D	ϱ in kg·m⁻³	Lösbarkeit
04184	110,7	280,8 177/2,0 kPa		1271,5/15°	147 W. 12°; 229 W. 30°; 144 E. 9°; ll. D.; l. Bz.
04184	170,3	285/97,3 kPa	1,5204/197 ... 198°	1358	6,16 W. 15°; ll. E., D.; 0,02 Bz.
18786	204	z.			l. W., E., D.
8786	213	266 ... 277 z.			0,26 W. 17°; ll. h. W., E., D.
18786	199	z.			1,85 W. 14° 10 W. 60°; 27,8 W. 80°; ll. E.; l. D.
17635	170	z.	1,4683/148 ... 150°	1759/18°	139,4 W.; 343,4 W. 100°; 25,6 E. 15°; 0,39 D. 15°; l. Pr.; unl. Bz., Tchl.
31428	17	162/2,5 kPa	1,44677	1204	l. W., E.; mb. D.
25076	90	137 ... 142			ll. W., E.; l. D.
17635	170	z.		1759/18°	l. W., E.; wl. D.
17635	203 ... 206	z.	1,5000/65 ... 70°		20,6 W.; 184,9 W. 100°; 2,08 E. 15°; 1,08 D. 15°
17635	140	z. 250		1666	125 W. 15°; l. E.; wl. D.
27000	109	326	1,5897/124 ... 125°	1342	wl. W.; l. E., D., sd. W., Bz., Es.
27000	162 ... 163	342			wl. sd. W.; l. E., D.
02580	−10,45	245		1132/0°	ll. W., E., Es., Pr.; unl. D., Bz., M., Sk.
13401	260,5	z.			5,56 W. 18°
95462	80				ll. k. W.; wl. k. E., k. D., Pr.; l. sd. W., sd E., sd. D.; unl. Lg.
45004		177 ... 179		2840/0°	unl. W.; ll. E., D.
45004	81 ... 82	z.		2132/10°	wl. W.; l. E., D.
42787	4	181 z.	1,74428/15°	3325,4	1,42 W.; l. D.; mb. E.
14040	22,5	207		1081,1/21°	l. E., D.; wl. W.
65402	−96	7		686,5/−6°	ll. W.

4. Konstanten organischer Verbindungen

Name	Summenformel	Strukturformel	M
N,N-Dimethylaminobenzen	$C_8H_{11}N$		121,181
1,2-Dimethylbenzen	C_8H_{10}		106,167
1,3-Dimethylbenzen	C_8H_{10}		106,167
1,4-Dimethylbenzen	C_8H_{10}		106,167
3,3-Dimethylbutan-2-on	$C_6H_{12}O$		100,160
2,3-Dimethylhydroxybenzen	$C_8H_{10}O$		122,166
2,4-Dimethylhydroxybenzen	$C_8H_{10}O$		122,166
2,5-Dimethylhydroxybenzen	$C_8H_{10}O$		122,166
2,6-Dimethylhydroxybenzen	$C_8H_{10}O$		122,166
3,4-Dimethylhydroxybenzen	$C_8H_{10}O$		122,166
3,5-Dimethylhydroxybenzen	$C_8H_{10}O$		122,166
N,N'-Dimethylkohlensäurediamid	$C_3H_8ON_2$		88,109
N,N-Dimethylmethanamid	C_3H_7ON		73,094
1,2-Dimethylnaphthalen	$C_{12}H_{12}$		156,227

lg	F. in °C	K. in °C	n_D	ϱ in kg·m^{-3}	Lösbarkeit
08 344	2,5	193,1	1,5582	955,7	swl. W.; l. Bz., E., D.
02 599	−27,9	143,6	1,5041	874,5	swl. W.; ll. E., D.
02 599	−53,3	139	1,4978	864,1	swl. W.; ll. E., D.
02 599	13,3	138,4	1,4968	861,1	swl. W.; ll. E., D.
00 070	−52,5	106,5		799,9/16°	2,44 W. 15°; l. E., D.; ll. Pr.
08 695	75	218			wl. W.; l. E.
08 695	26	211,5	1,5420/14°	1036	swl. W.; mb. E., D.
08 695	75	211,5	1,5101/78 ...80°	1169/15°	wl. W.; l. E.; ll. D.
08 695	49	203			l. sd. W., E.
08 695	62,5	225	1,5203/71 ...72°	1022,1/17°	l. W., E.; mb. D.
08 695	65	219,5	1,5101/79 ...80°		wl. W.; l. E.
94 502	99,5 ... 100	268 ... 270 z.	1,4339/118 ...119°	1142	l. W.; wl. k. E.; swl. D.
86 388	−55	153	1,42938/22,4°	950	
19 376		139/2,0 kPa	1,6146/19°	1019	unl. W.

4. Konstanten organischer Verbindungen

Name	Summenformel	Strukturformel	M
1,4-Dimethylnaphthalen	$C_{12}H_{12}$		156,227
1,6-Dimethylnaphthalen	$C_{12}H_{12}$		156,227
2,3-Dimethylnaphthalen	$C_{12}H_{12}$		156,227
2,6-Dimethylnaphthalen	$C_{12}H_{12}$		156,227
2,7-Dimethylnaphthalen	$C_{12}H_{12}$		156,227
2,2-Dimethylpropan	C_5H_{12}		72,150
2,4-Dimethylpyridin	C_7H_9N		107,155
2,6-Dimethylpyridin	C_7H_9N		107,155
Dimethylthioether	C_2H_6S	$H_3C-S-CH_3$	62,133
2,4-Dinitroaminobenzen	$C_6H_5O_4N_3$		183,123
2,6-Dinitroaminobenzen	$C_6H_5O_4N_3$		183,123
4,6-Dinitro-2-aminohydroxybenzen	$C_6H_5O_5N_3$		199,123
1,5-Dinitroanthrachinon	$C_{14}H_6O_6N_2$		298,211

lg	F. in °C	K. in °C	n_D	ϱ in kg · m⁻³	Lösbarkeit
19376	−20	265	1,61567/16°	1016	unl. W.; ll. E.; mb. D.
19376		262 ... 263	1,6089/16,3°	1004,9/16,3°	unl. W.
19376	104	265 ... 266	1,5700/107°	1008	unl. W.; wl. E.; l. D.
19376	110 ... 111	261 ... 262	1,5611/106°	1142/0°	unl. W.; wl. E.
19376	96 ... 97	262	1,5611/106°		unl. W.; wl. k. E.; ll. Bz.
85824	−20	9,5	1,38233	613/0°	l. D., E.; unl. W.
03001		157	1,4984/25°	949,3/0°	ll. k. W., E., D.; unl. sd. W.
03001		143,0	1,4953/25°	942,0/0°	mb. W. unter 45°; ll. E., D.
79333	−83,2	38		846	l. D., E.; unl. W.
26274	176		1,6593/177°	1615/14°	unl. k. W.; swl. sd. W.; 0,76 E. 21°
26274	137		1,6598/176°		unl. W.; 0,52 E. 21°; l. h. Bz., D.
29912	169,9		1,6231/165 ... 170°		0,14 W. 22°; l. E., Bz., Es.; swl. D.
47452	422	subl.			unl. W., E., D.; ll. sd. Nitrobenzen

Name	Summenformel	Strukturformel	M
2,7-Dinitroanthrachinon	$C_{14}H_6O_6N_2$		298,211
1,2-Dinitrobenzen	$C_6H_4O_4N_2$		168,109
1,3-Dinitrobenzen	$C_6H_4O_4N_2$		168,109
1,4-Dinitrobenzen	$C_6H_4O_4N_2$		168,109
2,3-Dinitrohydroxybenzen	$C_6H_4O_5N_2$		184,108
2,4-Dinitrohydroxybenzen	$C_6H_4O_5N_2$		184,108
2,5-Dinitrohydroxybenzen	$C_6H_4O_5N_2$		184,108
2,6-Dinitrohydroxybenzen	$C_6H_4O_5N_2$		184,108
3,4-Dinitrohydroxybenzen	$C_6H_4O_5N_2$		184,108
3,5-Dinitrohydroxybenzen	$C_6H_4O_5N_2$		184,108
1,3-Dinitronaphthalen	$C_{10}H_6O_4N_2$		218,168
1,5-Dinitronaphthalen	$C_{10}H_6O_4N_2$		218,168
1,8-Dinitronaphthalen	$C_{10}H_6O_4N_2$		218,168

4. Konstanten organischer Verbindungen

lg	F. in °C	K. in °C	n_D	ϱ in kg·m⁻³	Lösbarkeit
47452	280	subl.			wl. E., D.; l. sd. Es.
22559	118	319/103,0 kPa	1,5204/125 ... 128°	1565/17°	0,01 k. W.; 0,38 sd. W.; 3,8 E. 25°; 33 sd. E.; 27,1 Tchl. 18°; 5,66 Bz. 18°
22559	89,8	297	1,5502/94 ... 95°	1575/18°	0,065 W. 30°; 0,32 sd. W.; 3,5 E.; 32,4 Tchl. 18°; 39,4 Bz. 18°
22559	172	299/103,6 kPa	1,5101/186 ... 188°	1625/18°	0,008 k. W.; 0,18 sd. W.; 0,4 E.; 1,82 Tchl. 18°; 2,56 Bz. 18°
26507	144			1681	wl. k. W.; ll. h. E., D.
26507	114		1,5795/125 ... 127°	1683/24°	0,50 W. 18°; 4,76 sd. W.; 3,95 E.; 3,07 D. 15°
26507	105 ... 105,5		1,5700/119 ... 120°		wl. W., k. E.; ll. h. E., D.
26507	64	subl.	1,5897/82 ... 83°	1645	wl. k. W.; ll. sd. E., D., sd. W.; l. Bz., Tchl.
26507	134			1672	ll. E., D.
26507	122			1702	ll. E., D.; l. Bz., Tchl., swl. Pe.
33879	144	subl.			unl. W.; l. E.
33879	217,5	subl.			unl. W.; wl. E., k. Bz.; l. Es., sd. Pyridin
33879	172		1,5897/191 ... 192°		unl. W.; 0,189 E. (80%) 19°; 0,72 Bz. 19°; wl. Tchl.

Name	Summenformel	Strukturformel	M
1,6-Dinitronaphth-2-ol	$C_{10}H_6O_5N_2$		234,168
2,4-Dinitronaphth-1-ol	$C_{10}H_6O_5N_2$		234,168
1,3-Dioxan	$C_4H_8O_2$		88,106
1,4-Dioxan	$C_4H_8O_2$		88,106
Diphenyl	$C_{12}H_{10}$		154,211
Diphenylamin	$C_{12}H_{11}N$		169,226
Diphenyl-2,2′-dikarbonsäure	$C_{14}H_{10}O_4$		242,231
Diphenyldisulfid	$C_{12}H_{10}S_2$		218,339
Diphenylenoxid	$C_{12}H_8O$		168,195
Diphenylether	$C_{12}H_{10}O$		170,210
Diphenylethin	$C_{14}H_{10}$		178,233
1,2-Diphenylhydrazin	$C_{12}H_{12}N_2$		184,240
Diphenylmethan	$C_{13}H_{12}$		168,238
Diphenylmethanol	$C_{13}H_{12}O$		184,237
Diphenylsulfon	$C_{12}H_{10}O_2S$		218,27
Diphenylthioether	$C_{12}H_{10}S$		186,27
Dipropylamin	$C_6H_{15}N$	$CH_3-CH_2-CH_2$ $CH_3-CH_2-CH_2$ NH	101,191
Dipropylether	$C_6H_{14}O$	$CH_3-CH_2-CH_2$ $CH_3-CH_2-CH_2$ O	102,176
Dizyandiamid	$C_2H_4N_4$	$H_2N-C-NH-C\equiv N$ $\parallel$ NH	84,080
Dodekan	$C_{12}H_{26}$	$CH_3-(CH_2)_{10}-CH_3$	170,336

4. Konstanten organischer Verbindungen

lg	F. in °C	K. in °C	n_D	ϱ in kg · m^{-3}	Lösbarkeit
36953	195 z.	–			swl. sd. W.; l. E., D., Tchl.
36953	138		1,6598/138 ... 142°		unl. k. W.; wl. E., D., sd. W., Bz.; l. Es.
94501	–42	106	1,41652	1034,2	mb. A., D.; l. W.
94501	11,3	101,4	1,4232	1032,9	mb. W., E., D.
18812	70,5	256,1	1,5882/77°	989,6/77°	unl. W.; 9,98 E.; l. D., Bz., Tchl.
22847	53	302	1,6231/63 ... 64°	1159	0,03 W. 25°; 56 E.; ll. D., Es.; l. Lg., Bz.
38423	228 ... 229	subl.	1,5502/217 ... 219°		wl. W.; l. E., D.
33913	61	191 ... 192/2,0 kPa			unl. W.; l. E., D., Sk., Bz.
22581	82,8	287	1,6079/99,3°	1088,6/99,3°	wl. k. W.; 9,1 E. (90%) 21°; ll. D.; l. Bz.
23099	29	259	1,5809	1072,8	unl. W.; ll. E.; mb. D.
25099	60	170/2,5 kPa	1,6231/72°	966/99,8°	unl. W.; ll. h. E., D.; l. Bz.
26538	126 ... 127	z.	1,6011/104 ... 105°	1,158/16°	swl. W.; 5,3 E. 16°; l. D.
22592	27	264,7	1,56957/16°	1005,92	unl. W.; l. E., D., Tchl.
26538	69	298,5			0,05 W.; ll. E., D.; l. Lg., Tchl. Es., Tetrachlormethan
33900	128 ... 129	379	1,5611/119 ... 121°	1252	unl. k. W.; wl. sd. W., k. E.; l. h. E., D. Bz.
27015	–21,5	296	1,635/18,5°	1117,5/15°	unl. W.; ll. h. E.; mb. D., Sk.; l. Bz.
00514	–63	109,2	1,40455/19,5°	738,4	l. W., E.; mb. D.
00935	–122	90,6	1,38318/14,5°	736,0	0,30 W.; mb. E., D.
92469	209	z.	1,5502/194 ... 196°	1404/14°	2,26 W. 13°; 1,26 E. 13°; 0,01 D. 13°; ll. h. W.; unl. Bz.
23131	–12	214,5	1,4216	751,1	unl. W.; mb. E., D.

Name	Summenformel	Strukturformel	M
Dodekan-1-ol	$C_{12}H_{26}O$	$CH_3-(CH_2)_{10}-CH_2-OH$	186,335
Dodekansäure	$C_{12}H_{24}O_2$	$CH_3-(CH_2)_{10}-COOH$	200,320
Eikosan	$C_{20}H_{42}$	$CH_3-(CH_2)_{18}-CH_3$	282,552
Epoxychlorpropan	C_3H_5OCl	$H_2C-CH-CH_2-Cl$, O bridge	92,525
Epoxyethan	C_2H_4O	H_2C-CH_2, O bridge	44,053
Ethan	C_2H_6	CH_3-CH_3	30,069
Ethanal	C_2H_4O	CH_3-CHO	44,053
Ethanalol	$C_2H_4O_2$	$HO-CH_2-CHO$	60,052
Ethanalsäure	$C_2H_2O_3$	$OHC-COOH$	74,036
Ethanamid	C_2H_5ON	$CH_3-CO-NH_2$	59,068
Ethandial	$C_2H_2O_2$	$OHC-CHO$	58,037
Ethandiamid	$C_2H_4O_2N_2$	$H_2N-CO-CO-NH_2$	88,066
Ethandiol	$C_2H_6O_2$	$HO-CH_2-CH_2-OH$	62,068
Ethandioylchlorid	$C_2O_2Cl_2$	$Cl-CO-CO-Cl$	126,927
Ethandisäure	$C_2H_2O_4$	$HOOC-COOH$	90,035
Ethandisäurediethylester	$C_6H_{10}O_4$	$COO-CH_2-CH_3$ / $COO-CH_2-CH_3$	146,143
Ethandisäuredimethylester	$C_4H_6O_4$	$COO-CH_3$ / $COO-CH_3$	118,089
Ethandisäuredinitril	C_2N_2	$N\equiv C-C\equiv N$	52,035
Ethanol	C_2H_6O	CH_3-CH_2-OH	46,069
Ethanolamin	C_2H_7ON	$H_2N-CH_2-CH_3-OH$	61,083
Ethanoylbromid	C_2H_3OBr	$CH_3-CO-Br$	122,954
Ethanoylchlorid	C_2H_3OCl	$CH_3-CO-Cl$	78,498
N-Ethanoylaminobenzen	C_8H_9ON	Ph$-NH-CO-CH_3$	135,165
Ethanoylbenzen	C_8H_8O	CH_3-CO-Ph	120,151
O-Ethanoyl-2-hydroxybenzenkarbonsäure	$C_9H_8O_4$	Ph with $-COOH$ and $-O-CO-CH_3$	180,160
Ethanpersäure	$C_2H_4O_3$	$CH_3-CO-O-OH$	76,052
Ethansäure	$C_2H_4O_2$	CH_3-COOH	60,052
Ethansäureanhydrid	$C_4H_6O_3$	$CH_3-CO-O-CO-CH_3$	102,090
Ethansäurebenzylester	$C_9H_{10}O_2$	$CH_3-COO-CH_2-$Ph	150,177
Ethansäurebutylester	$C_6H_{12}O_2$	$CH_3-COO-(CH_2)_3-CH_3$	116,160
Ethansäureethylester	$C_4H_8O_2$	$CH_3-COO-CH_2-CH_3$	88,106
Ethansäure-(3-methylbutyl)-ester	$C_7H_{14}O_2$	$CH_3-COO-(CH_2)_2-CH(CH_3)_2$	130,186

lg	F. in °C	K. in °C	n_D	ϱ in kg · m^{-3}	Lösbarkeit
27030	24	255 ... 259	1,4365/42°	830,9/24°	swl. W.; l. E., D.
30173	44	225/13,3 kPa	1,4264/60°	864/60°	unl. W.; ll. E., D.; l. Bz.
45110	38	205/2,0 kPa	1,434/42,9°	777,9/37°	unl. W.; l. E.; mb. D.
96626	−48	117	1,4419/11,6°	1180,1	swl. W.; mb. E., D.
64398	−111,3	10,7	1,3597	887,0/6°	mb. W., E., D.
47813	−172	−88,5		1,3562	swl. W.; l. E.
64398	−123	20,2	1,33157	788,3/13°	mb. W., E., D.
77853	96 ... 97			1366/100°	ll. W., h. E.; wl. D.
86944	z.	−			ll. W.; l. E.
77135	82	221	1,4274/78,3°	1159	220 W.; 850 W. 60°; 65 E.; 370 E. 60°
76370	15	51/103,4 kPa	1,3828	1140	ll. W.; l. E., D.
94481	419 z.	−		1667	0,037 W. 7°; 0,6 sd. W.; swl. E., D.
79287	−11,2	197,4 100/2,1 kPa	1,4302	1113,1	mb. W., E.; 11,0 D.
10355	−12	63,5	1,43395/12,9°	1488/13°	l. D.
95441	189,5	subl.		1901/25°	9,5 W.; 120 W. 90°; 23,7 E. 15°; 23,6 D. unl. Bz., Tchl.
16478	−40,6	185	1,401	1078,5	wl. W.; mb. E., D.
07221	54	163	1,3915/57°	1147,9/54°	l. E.; wl. W.
71630	−27,9	−21,2		2,335	350 ml W. 30°; 2600 ml E.; 500 ml D.
66341	−114,2	78,37	1,36232	789,3	mb. W., D.
78592	10,5	171	1,4539	1022	mb. W., E.; l. E.; wl. Bz.
08974	−96,5	76,7	1,45370/15,8°	1663/15°	l. Bz.; wl. D.
89486	−112	50,9	1,38976	1105,1	l. Bz.
13086	114	305	1,5204/136 ... 137°	1211/4°	0,54 W. 25°; 3,5 W. 80°; 21,3 E.
07973	19,7	202,3	1,53427/19,1°	1023,8/25°	unl. W.; l. E., D., Bz., Tchl.
25566	136 ... 137	140 z.	1,505		0,25 W. 15°; 5 D. 18°; swl. Bz.
88111	0,1	expl. 110			l. W., E., D.
77853	16,6	118,1	1,37182	1049,2	mb. W., E., D.
00898	−73	139,4	1,3885/25°	1082	mb. E., D.; l, Bz., Tchl.; z. h. W.
17660	−51,5	214,9	1,5232	1057/16°	swl. W.; mb. E., D.
06506	−76,8	126,5	1,3914/25°	882,4/18°	mb. E., D.; swl. W.
94501	−83	77,1	1,37257	899,7	8,53 W.; mb. E., D., Tchl.
11457		142	1,4014	867,0	0,25 W. 15°; mb. E., D.

Name	Summenformel	Strukturformel	M
Ethansäuremethylester	$C_3H_6O_2$	$CH_3-COO-CH_3$	74,079
Ethansäure-(2-methylpropyl)-ester	$C_6H_{12}O_2$	$CH_3-COO-CH_2-CH(CH_3)_2$	116,160
Ethansäurenitril	C_2H_3N	CH_3-CN	41,052
Ethansäurepentylester	$C_7H_{14}O_2$	$CH_3-COO-(CH_2)_4-CH_3$	130,186
Ethansäurepropylester	$C_5H_{10}O_2$	$CH_3-COO-CH_2-CH_2-CH_3$	102,133
Ethanthiol	C_2H_6S	CH_3-CH_2-SH	62,133
Ethen	C_2H_4	$CH_2=CH_2$	28,054
Ethin	C_2H_2	$CH\equiv CH$	26,038
Ethoxybenzen	$C_8H_{10}O$	$C_6H_5-O-CH_2-CH_3$	122,166
Ethoxyethanol	$C_4H_{10}O_2$	$CH_3-CH_2-O-CH_2-CH_2-OH$	90,122
Ethoxyethansäure	$C_4H_8O_3$	$CH_3-CH_2-O-CH_2-COOH$	104,105
Ethylamin	C_2H_7N	$CH_3-CH_2-NH_2$	45,084
N-Ethylaminobenzen	$C_8H_{11}N$	$C_6H_5-NH-CH_2-CH_3$	121,182
Ethylbenzen	C_8H_{10}	$CH_3-CH_2-C_6H_5$	106,167
Ethylbenzylether	$C_9H_{12}O$	$CH_3-CH_2-O-CH_2-C_6H_5$	136,193
N-Ethylkohlensäurediamid	$C_3H_8ON_2$	$CH_3-CH_2-NH-CO-NH_2$	88,109
2-Ethylpropandisäure	$C_5H_8O_4$	$CH_3-CH_2-CH(COOH)_2$	132,116
Ethylpropylether	$C_5H_{12}O$	$CH_3-CH_2-O-CH_2-CH_2-CH_3$	88,149
Flavon	$C_{15}H_{10}O_2$		222,243
Fluorbenzen	C_6H_5F	C_6H_5-F	96,104
Fluoren	$C_{13}H_{10}$		166,222
2-Fluorethanol	C_2H_5OF	$F-CH_2-CH_2-OH$	64,059
Fluorethansäure	$C_2H_3O_2F$	$F-CH_2-COOH$	78,043
Fluormethan	CH_3F	CH_3-F	34,033
D-Fruktose	$C_6H_{12}O_6$	$HO-CH_2-C(H)(OH)-C(H)(OH)-C(OH)(H)-CO-CH_2-OH$	180,157
Furan	C_4H_4O		68,075

4. Konstanten organischer Verbindungen

lg	F. in °C	K. in °C	n_D	ϱ in kg · m^{-3}	Lösbarkeit
86970	−98,1	56,9	1,35935	924,4	mb. E., D., l. W.
06506	−98,9	118	1,3907	871,1	0,67 W.; mb. E., D.
61334	−44,9	81,6	1,34596/16,5°	783	mb. W.
11457	−70,8	149,3	1,4031	875,6	mb. E., D.
00917	−92,5	101,6	1,38438	890,8/18°	1,47 W. 16°; mb. E., D.
79333	−144	35	1,43055	845,4/26°	wl. W.; l. E., D.
44799	−169,5	−103,9	1,363/−100°	1,2604	wl. E.
41560	−81,8	−83,8		1,1747	100 ml W. 18°; 600 ml E. 18°; 2500 ml Pr. 15°
08695	−30,2	170,1	1,5085	966,6	unl. W.; l. E.; mb. D.
95483		135,1	1,9297	1407,97	mb. W., E., D.
01747	66 ... 68	206 z.	1,4194	1102	ll. W., E., D.
65402	−80,6	16,6		688/15°	mb. W., E., D.
08344	−63,5	206	1,55593	963,1	l. E., D.; wl. W.
02599	−93,9	136,2	1,49857/15°	866,9	swl. W.; mb. E., D.
13416		185	1,4955	949	unl. W.; mb. E., D.
94502	92	z.		1213/18°	ll. W., E.; unl. D.
12095	111,5	z. 160			l. W., E., D., Bz. Tchl.
94522	< −79	63,85	1,36948	733	2,07 W.; mb. E., D.
34683	99				unl. W.; ll. E., D.; l. Lg.
98274	−41,2	85	1,4667	1022,5	0,154 W. 30°; mb. E., D.
22069	115	293 ... 295	1,5898/133°	1203/0°	unl. W.; wl. k. E.; ll. D.; l. Bz., Sk.
80658	−26,5	103,4	1,36470/18,4°	1111,24/18,3°	mb. W., E., D.
89233	33	165			l. W., E.
53190	−141,8	−78,4			ll. D., E.
25565	102 ... 104	z.	1,5101/108 ... 110°	1669/18°	355 W.; 8,5 E. 18°; l. D.
83299		32	1,4217/19,3°	938,8/19,7°	unl. W.; ll. E., D.; l. Bz.

4. Konstanten organischer Verbindungen

Name	Summenformel	Strukturformel	M
Furan-2-karbonsäure	$C_5H_4O_3$	HC——CH ‖ ‖ HC C—COOH \\O/	112,085
Furfural	$C_5H_4O_2$	HC——CH ‖ ‖ HC C—CHO \\O/	96,086
Furfuralkohol	$C_5H_6O_2$	HC——CH ‖ ‖ HC C—CH$_2$—OH \\O/	98,101
D-Galaktose	$C_6H_{12}O_6$	HO—CH$_2$—C—C—C—C—CHO (H OH OH H / OH H H OH)	180,157
D-Glukonsäure	$C_6H_{12}O_7$	HO—CH$_2$—(CHOH)$_4$—COOH	196,157
Glukose	$C_6H_{12}O_6$	HO—CH$_2$—C—C—C—C—CHO (H H OH H / OH OH H OH)	180,157
Guanidin	CH_5N_3	H$_2$N—C—NH$_2$ ‖ NH	59,071
Heptadekan	$C_{17}H_{36}$	CH_3—$(CH_2)_{15}$—CH_3	240,471
Heptan	C_7H_{16}	CH_3—$(CH_2)_5$—CH_3	100,203
Heptanal	$C_7H_{14}O$	CH_3—$(CH_2)_5$—CHO	114,187
Heptan-1-ol	$C_7H_{16}O$	CH_3—$(CH_2)_5$—CH—OH	116,202
Heptan-4-on	$C_7H_{14}O$	CH_3—CH_2—CH_2\\ CO CH_3—CH_2—CH_2/	114,187
Heptansäure	$C_7H_{14}O_2$	CH_3—$(CH_2)_5$—COOH	130,186
Hexabrombenzen	C_6Br_6	Br-C$_6$-Br (hexabromobenzene ring)	551,520
Hexabromethan	C_2Br_6	Br_3C—CBr_3	503,446
Hexachlorbenzen	C_6Cl_6	Cl-C$_6$-Cl (hexachlorobenzene ring)	284,784
Hexachlorethan	C_2Cl_6	Cl_3C—CCl_3	236,740
gamma-Hexachlorzyklohexan	$C_6H_6Cl_6$	(Hexachlorcyclohexane ring structure)	290,831

4. Konstanten organischer Verbindungen

lg	F. in °C	K. in °C	n_D	ϱ in kg·m⁻³	Lösbarkeit
04955	132 ... 133	subl. Va.			2,7 W. 0°; 3,85 W. 15°; 26 sd. W.; l. E.; ll. D.
98266	−36,5	161,6	1,52608	1159,8	8,3 W.; ll. E., D.
99168		170 ... 171	1,4852	1135,7	mb. W., D., E.; l. Bz.
25565	165,5	z.			10,3 W. 0°; 68 W. 25°
29260	130 ... 132	z.			l. W.; unl. E., D.
25565	146	z. 200	1,5101/142 ... 145°	1544/25°	54,32 W. 0,5°; 120,5 W. 30°; 243,8 W. 50°; l. E.; unl. D.
77137	50	z.			ll. W., E.
38106	22,5	303	1,43581/23,7°	776,6/23°	unl. W.; l. E., D.
00088	−90	98,4	1,3877	683,8	0,005 W. 15°; ll. E.; mb. D., Tchl.
05762	−43,7	155	1,4077/25°	821,9/15°	wl. W.; l. E.; mb. D.
C6521	−34,6	176	1,42045/16°	818,5	swl. W.; mb. E., D.
05762	−34	144,2	1,40732/22°	817,5	swl. W.; mb. E., D.
11457	−10	222	1,42146	921,6/14°	0,24 W. 15°; l. E., sd. Pr.; unl. D.
74156	316	subl.			unl. W., E., D.; l. Bz.
70195	148 ... 149 z.	−		3823	unl. W.; wl. sd. E., D.; ll. Sk.
45452	227,6	326	1,5299/250 ... 255°	2044/23°	unl. W. k. E.; swl. sd. E.; ll. sd. D., sd. Bz.
37427	187	185,5/103,4 kPa		2091	unl. W.; ll. E., D.
46364	112,2	20/4,0 kPa	1,5101/171°	1850	unl. W.; l. D., Pr., E., Tchl., Es., 1,4-Dioxan

Name	Summenformel	Strukturformel	M
Hexadekan	$C_{16}H_{34}$	$CH_3-(CH_2)_{14}-CH_3$	226,445
Hexadekan-1-ol	$C_{16}H_{34}O$	$CH_3-(CH_2)_{14}-CH_2-OH$	242,443
Hexadekansäure	$C_{16}H_{32}O_2$	$CH_3-(CH_2)_{14}-COOH$	256,427
Hexadek-1-en	$C_{16}H_{32}$	$CH_3-(CH_2)_{13}-CH=CH_2$	224,429
Hexa-2,4-diendisäure	$C_6H_6O_4$	$HOOC-CH=CH-CH=CH-COOH$	142,111
Hexa-2,4-diensäure	$C_6H_8O_2$	$CH_3-CH=CH-CH=CH-COOH$	112,128
Hexahydroxyzyklohexan	$C_6H_{12}O_6$	(Strukturformel)	180,157
Hexamethylentetramin	$C_6H_{12}N_4$	(Strukturformel)	140,188
Hexan	C_6H_{14}	$CH_3-(CH_2)_4-CH_3$	86,177
Hexanal	$C_6H_{12}O$	$CH_3(CH_2)_4-CHO$	100,160
Hexan-2,5-dion	$C_6H_{10}O_2$	$CH_3-CO-CH_2-CH_2-CO-CH_3$	114,144
Hexandisäure	$C_6H_{10}O_4$	$HOOC-(CH_3)_4-COOH$	146,143
Hexandisäuredimethylester	$C_8H_{14}O_4$	$CH_3-OOC-(CH_2)_4-COO-CH_3$	174,196
D-Hexanhexol	$C_6H_{14}O_6$	$CH_2-CH-CH-CH-CH-CH_2$ mit OH an jedem C	182,173
Hexan-1-ol	$C_6H_{14}O$	$CH_3-(CH_2)_4-CH_2-OH$	102,176
Hexan-2-on	$C_6H_{12}O$	$CH_3-CO-CH_2-CH_2-CH_2-CH_3$	100,160
Hexan-3-on	$C_6H_{12}O$	$CH_3-CH_2-CO-CH_2-CH_2-CH_3$	100,160
Hexansäure	$C_6H_{12}O_2$	$CH_3-(CH_2)_4-COOH$	116,160
Hexansäurenitril	$C_6H_{11}N$	$CH_3-(CH_2)_4-CN$	97,160
Hex-1-en	C_6H_{12}	$CH_3(CH_2)_3-CH=CH_2$	84,161
Hex-1-in	C_6H_{10}	$CH_3-(CH_2)_3-C\equiv CH$	82,145
Hex-2-in	C_6H_{10}	$CH_3-(CH_2)_2-C\equiv C-CH_3$	82,145
Hex-3-in	C_6H_{10}	$CH_3-CH_2-C\equiv C-CH_2-CH_3$	82,145
Hydantoin	$C_3H_4O_2N_2$	(Strukturformel)	100,077
Hydrinden	C_9H_{10}	(Strukturformel)	118,178
Hydrind-1-on	C_9H_8O	(Strukturformel)	132,162
Hydrind-2-on	C_9H_8O	(Strukturformel)	132,162

lg	F. in °C	K. in °C	n_D	ϱ in kg · m⁻³	Lösbarkeit
35496	17,8	156/1,9 kPa	1,4368	775,1	unl. W.; mb. E., D.; ll. Bz.
38461	50 ... 51	189,5/2,0 kPa	1,43911/51°	809,7/64°	unl. W.; l. E., D., Bz.
40896	62,65	219/2,7 kPa	1,4303/70°	853/62°	unl. W.; 9,3 E. 19°; l. D.
35108	4	155/2,0 kPa	1,442/19°	780,7	l. D.
15263	298 z.	–			0,02 k. W.; l. k. E.; l. sd. Es.; swl. D.
04971	134,5	228 z.			ll. E., D.; wl. k. W.; l. h. W.
25565	225	319/2,0 kPa		1752/15°	16,3 W. 19°; unl. E., D.
14671	263 z.	subl. Va.			81,3 W. 12°; 3,2 E. 12°; unl. D.; 8,1 Tchl. 12°
93539	–94,3	68,6	1,3754	659,5	0,01 W. 15°; l. E., D., Tchl.
00070		128	1,42785	837,0/15°	ll. E., D.; unl. W.
15745	–9	194/100,5 kPa	1,449	970	mb. W., E., D.
16478	151	265/13,3 kPa		1360/25°	1,44 W. 15°; ll. E.; 0,87 D. 19°
24104	8,5	112/1,3 kPa	1,42864	1062,6	
26048	166,1	290/0,4 kPa	1,4936/156 ... 157°	1489	15,6 W. 18°; 0,07 E. 14°; unl. D.
00935	–51,6	155,8	1,41790	820,4	wl. W.; l. E.; mb. D.
00069	–56,9	127,2		830/0°	swl. W.; mb. E., D.
00069		124	1,39889/22°	813,0/22°	swl. W., mb. E., D.
06506	–3,9	205	1,4149/25°	929,4	unl. W.; l. E., D.
98749	–79,4	163,9	1,40529/25°	809	unl. W.; ll. E., D.
92511	–98,5	63,5	1,3870	673,2	l. E., D.; unl. W.
91458	–150	71,5	1,402/19°	719,3/15°	l. E., D.; unl. W.
91458	–92	83,7	1,414/21°	735,2/15°	l. E., D.; unl. W.
91458	–51	79 ... 80	1,422	724	l. E., D.; unl. W.
00033	220				40 h. W.; 1,6 sd. E.; unl. D.
07254		177	1,53703/21,4°	965,2	unl. W.; mb. E., D.
12111	42	243 ... 245	1,56084/44,75°	1099/42°	wl. W.; ll. E.; l. D.
12111	61	220 ... 225 z.	1,5377/66°	1071/67°	unl. W.; ll. E., D.

Name	Summenformel	Strukturformel	M
2-Hydroxy-4-aminobenzenkarbonsäure	$C_7H_7O_3N$	$H_2N-\underset{OH}{\bigcirc}-COOH$	153,137
1-Hydroxyanthrazen	$C_{14}H_{10}O$		194,232
2-Hydroxyanthrazen	$C_{14}H_{10}O$		194,232
2-Hydroxybenzaldehyd	$C_7H_6O_2$	$\underset{OH}{\bigcirc}-CHO$	122,123
3-Hydroxybenzaldehyd	$C_7H_6O_2$		122,123
4-Hydroxybenzaldehyd	$C_7H_6O_2$	$HO-\bigcirc-CHO$	122,123
2-Hydroxybenzamid	$C_7H_7O_2N$	$\underset{OH}{\bigcirc}-CO-NH_2$	137,138
Hydroxybenzen	C_6H_6O	$\bigcirc-OH$	94,113
2-Hydroxybenzenkarbonsäure	$C_7H_6O_3$	$\underset{OH}{\bigcirc}-COOH$	138,123
2-Hydroxybenzenkarbonsäuremethylester	$C_8H_8O_3$	$\underset{OH}{\bigcirc}-OOC-CH_3$	152,149
2-Hydroxybenzenkarbonsäurephenylester	$C_{13}H_{10}O_3$	$\underset{OH}{\bigcirc}-COO-\bigcirc$	214,220
Hydroxybenzen-2-sulfonsäure	$C_6H_6O_4S$	$\underset{SO_3H}{\bigcirc}-OH$	174,17
Hydroxybutandisäure	$C_4H_6O_5$	$HOOC-CH_2-\underset{OH}{CH}-COOH$	134,088
D,L-2-Hydroxybutansäure	$C_4H_8O_3$	$CH_3-CH_2-\underset{OH}{CH}-COOH$	104,105
L-3-Hydroxybutansäure	$C_4H_8O_3$	$HC_3-\underset{OH}{CH}-CH_2-COOH$	104,105
4-Hydroxybutansäure	$C_4H_8O_3$	$HO-CH_2-CH_2-CH_2-COOH$	104,105
2-Hydroxychinolin	C_9H_7ON		145,160
6-Hydroxychinolin	C_9H_7ON		145,160

4. Konstanten organischer Verbindungen

lg	F. in °C	K. in °C	n_D	ϱ in kg·m^{-3}	Lösbarkeit
18 508	220 z.	–			ll. W., E.; wl. D.
28 832	150 ... 153	z.			unl. W.; ll. E., D.
28 832	254 ... 258 z.	–			unl. W.; ll. E., D.; l. Pr.
08 680	1,6	196,5	1,573 58/19,7°	1 166,9	1,7 W. 86°; mb. E., D.; 75,7 Bz. 12°
08 680	106	240	1,5502/124 ... 125°		2,8 W. 43°; ll. E., D.; 67 Bz. 61°
08 680	116	subl.	1,579 5/119 ... 121°	1 129/130°	1,3 W. 30°; ll. E., D.; 3,8 Bz. 65°
13 716	140	181,5/1,9 kPa	1,5502/151 ... 152°	1 174,9/140°	wl. k. W.; l. E., D.
97 365	41	181,4	1,5409/40°	1 054,5/45°	8,2 W. 15°; mb. W. 65,3°, E., D.; l. Sk., Tchl.
14 026	155 ... 156	subl. 76/Va. z. 200	1,5204/155 ... 157°	1 443	0,18 W.; 1,32 W. 70°; 49,6 E. 15°; 50,5 D. 15°; ll. Tchl
18 227	–8,6	101/1,6 kPa	1,538/18°	1 184,3	0,074 W. 30°; mb. E., D.; l. Es., Sk.
33 086	a) 42 b) 38,8 c) 28,5	172 ... 173/1,6 kPa	1,5611/80 ... 81°	1 155,3/50°	0,015 W. 25°; 53,8 E. 25°; ll. D., Bz., Tchl.
24 098	55 z.	–		1 155/16°	l. W., E.
12 739	100	140 z.		1 595	ll. W., E.; 8,4 D. 15°
01 747	43 ... 44	255 ... 260 z. 140/1,9 kPa			ll. W.
01 747	49 ... 50	130/1,6 kPa			ll. W., E., D.; unl. Bz.
01 747	< –17	z.			ll. W.
16 185	199 ... 200	subl.			swl. W.; ll. E., D.
16 185	193	> 360	1,6126/192 ... 196°		swl. D., k. W.; wl. E.

4. Konstanten organischer Verbindungen

Name	Summenformel	Strukturformel	M
8-Hydroxychinolin	C_9H_7ON	(chinolin mit OH an Position 8)	145,160
4-Hydroxy-1-ethanoylbenzen	$C_8H_8O_2$	$CH_3-CO-\phi-OH$	136,150
Hydroxyethansäure	$C_2H_4O_3$	$HO-CH_2-COOH$	76,052
Hydroxyethansäureethylester	$C_4H_8O_3$	$HO-CH_2-COO-CH_2-CH_3$	104,105
1-Hydroxy-2-methoxybenzen	$C_7H_8O_2$	Benzen mit $-O-CH_3$ und $-OH$	124,139
2-Hydroxy-3-methoxybenzenkarbonsäure	$C_8H_8O_4$	Benzen mit COOH, OH, $O-CH_3$	168,149
2-Hydroxy-2-methylpropansäure	$C_4H_8O_3$	$(H_3C)_2C(OH)-COOH$	104,105
2-Hydroxy-3-methylpropansäurenitril	C_4H_7ON	$(H_3C)_2C(OH)-C\equiv N$	85,105
2-Hydroxynaphthalen-1-karbonsäure	$C_{11}H_8O_3$	Naphthalen mit COOH (1), OH (2)	188,182
3-Hydroxynaphthalen-2-karbonsäure	$C_{11}H_8O_3$	Naphthalen mit COOH (2), OH (3)	188,182
2-Hydroxyphenylmethanol	$C_7H_8O_2$	Benzen mit $-CH_2-OH$ und $-OH$	124,139
Hydroxypropandisäure	$C_3H_4O_5$	$HO-CH(COOH)_2$	120,162
2-Hydroxypropan-2-nitril	C_4H_7ON	$CH_3-C(OH)(C\equiv N)-CH_3$	85,105
2-Hydroxypropansäure	$C_3H_6O_3$	$CH_3-CH(OH)-COOH$	90,079
2-Hydroxypropansäureethylester	$C_5H_{10}O_3$	$CH_3-CH(OH)-COO-CH_2-CH_3$	118,132
2-Hydroxypropansäurenitril	C_3H_5ON	$CH_3-CH(OH)-C\equiv N$	71,079
2-Hydroxypropan-1,2,3-trikarbonsäure-Monohydrat	$C_6H_{10}O_8$	CH_2-COOH / $HO-C-COOH \cdot H_2O$ / CH_2-COOH	210,140

lg	F. in °C	K. in °C	n_D	ϱ in kg·m^{-3}	Lösbarkeit
16185	75 ... 76	266,9	1,6131/82 ... 84°		swl. k. W.; wl. D.; ll. E., h. Bz., Tchl.
13402	109			1109,0/109°	l. W. 22°; l. E., D.
88111	a) 78 ... 79 b) 63	z.			l. W., E., D.
01747		160		1083/23°	ll. E., D.
09391	28,3	205	1,5341/35°	1128,70/21°	1,88 W.15°; l. E., D., Es., Tchl.
22569	151	z.			
01747	79	212			ll. W., E., D.; wl. Bz.
92996	−19	82/3,1 kPa	1,40002/19°	932/19°	ll. W., E., D.; wl. Pe.
27458	156 ... 157 z.				swl. W.; ll. E., D., Bz.
27458	216				unl. k. W.; wl. h. W.; ll. E., D.; l. Bz., Tchl.
09391	86	subl.		1161/25°	6,7 W. 22°; ll. sd. W., E., D.; 1,9 Bz. 18°
07941	184	subl. 110			ll. W., E.; wl. D.
92996	−19	82/3,1 kPa	1,6996	932/19°	ll. W., E., Bz., D.
95462	18	119/1,6 kPa	1,44145	1249/15°	mb. W., E., D.
07237		154,5	1,4125	1031/19°	ll. E., D.; mb. W.
85174	−40,0	183 z.	1,40582/18,4°	988	mb. W.; l. D., E.; unl. Pe.
32251	153	z.	1,4584/170 ... 173°	1542	73,3 W.; 75,91 E. 15°; 2,26 D. 15°

4. Konstanten organischer Verbindungen

Name	Summenformel	Strukturformel	M
6-Hydroxypurin	$C_5H_4ON_4$		136,113
Imidazol	$C_3H_4N_2$		68,078
Inden	C_9H_8		116,162
Indigo	$C_{16}H_{10}O_2N_2$		262,267
Indol	C_8H_7N		117,150
Indoxyl	C_8H_7ON		133,149
Iodbenzen	C_6H_5I		204,010
2-Iodbenzenkarbonsäure	$C_7H_5O_2I$		248,020
3-Iodbenzenkarbonsäure	$C_7H_5O_2I$		248,020
4-Iodbenzenkarbonsäure	$C_7H_5O_2I$		248,020
Iodethan	C_2H_5I	CH_3-CH_2-I	155,966
2-Iodethanol	C_2H_5OI	$I-CH_2-CH_2-OH$	171,965
Iodethansäure	$C_2H_3O_2I$	$I-CH_2-COOH$	185,949
Iodmethan	CH_3I	H_3CI	141,939
1-Iodpentan	$C_5H_{11}I$	$CH_3-CH_2-CH_2-CH_2-CH_2-I$	198,046
2-Iodpropan	C_3H_7I	$\begin{array}{c}H_3C\\ \end{array}\!\!\!\!\!CH-I$ $\begin{array}{c}H_3C\end{array}$	169,993
3-Iodprop-1-en	C_3H_5I	$CH_2=CH-CH_2-I$	167,977
alpha-Ionon	$C_{13}H_{20}O$		192,300

lg	F. in °C	K. in °C	n_D	ϱ in kg · m^{-3}	Lösbarkeit
13 390	z. 150	–			0,07 W. 19°; 1,4 sd. W.; wl. E.; l. D.
83 301	90	165 ... 168/2,7 kPa		1 030,3/101°	ll. W., E.; wl. D.; l. Tchl.
06 506	–2	182,4	1,5773/18,5°	999,4/15°	unl. W.; mb. E., D.; l. Pr., Sk.
41 874	390 ... 392 z.	subl.		1 350	unl. W.; wl. sd. E., D., Tchl.; l. h. Es., h. Aminobenzen
06 874	53	253	1,6011/74 ... 75°		l. h. W., Bz., Lg.; ll. E., D.
12 434	85	110			l. W., E., D.; ll. Pr.
30 965	–31,3	188,6	1,62145/18,5°	1 822,8/25°	0,034 W. 30°; l. E., Tchl.; mb. D.
39 449	162 ... 163		1,5795/169 ... 170°	2 249/25°	swl. k. W.; l. E., D.
39 449	187 ... 188	subl. z.		2 171/25°	wl. W., E., D.
39 449	267	subl. z.		2 184/25°	wl. W., E., D.
19 303	–110,9	72,3	1,51307	1 933,0	0,40 W.; l. E., D., Bz., Tchl.
23 544		176 ... 177 z. 86 ... 87/ 3,3 kPa	1,57134	2 196,8	l. W., E., D.
26 939	83	z.			l. W., E., D.
15 210	–66,1	42,5	1,52973	2 279	mb. E., D.
29 677	–85,6	157,0	1,49548	1 517	unl. W.; l. E., mb. D.
23 043	–91,1	89,5	1,49969	1 713,7/15°	0,14 W.; mb. E., D.
22 525	–99,3	103,1	1,49548	1 847,1/12°	l. E., D., Tchl.
28 398		135/2,3 kPa	1,4984/22,3°	932	wl. W.; mb. E., D.; l. Tchl.

Name	Summenformel	Strukturformel	M
beta-Ionon	$C_{13}H_{20}O$	$H_3C\diagdown C \diagup CH_3$ $H_2C-C-CH=CH-CO-CH_3$ $H_2C\diagdown\diagup C-CH_3$ CH_2	192,300
Kampher	$C_{10}H_{16}O$	CH_3 $H_2C-C-C=O$ $\mid H_3C-C-CH_3\mid$ $H_2C\diagdown\diagup CH_2$ CH	152,236
Kamphersäure	$C_{10}H_{16}O_4$	CH_3 $H_2C-C-COOH$ $\mid H_3C-C-CH_3\mid$ $H_2C\diagdownCOOH$ CH	200,234
Kamphan	$C_{10}H_{18}$	CH_3 $H_2C-C-CH_2$ $\mid H_3C-C-CH_3\mid$ $H_2C\diagdown\diagup CH_2$ CH	138,252
Kamphen	$C_{10}H_{16}$	$H_2C\diagup CH\diagdown C=CH_2$ $CH_2\diagup\diagdown CH_3$ $H_2C\diagdown CH\diagup C\diagdown CH_3$	136,236
Kaprolaktam	$C_6H_{11}ON$	$OC-CH_2-CH_2$ $\diagdown CH_2$ $HN-CH_2-CH_2$	113,159
Karbamidsäureethylester	$C_3H_7O_2N$	$H_2N-COO-CH_2-CH_3$	89,094
Karbamidsäurephenylester	$C_7H_7O_2N$	⌬—O—CO—NH$_2$	137,138
Karbanilsäureethylester	$C_9H_{11}O_2N$	⌬—NH—COO—CH$_2$—CH$_3$	165,191
Kohlenoxysulfid	COS	O=C=S	60,07
Kohlensäureamidhydrazid	CH_5ON_3	$H_2N-NH-CO-NH_2$	75,070
Kohlensäurediamid	CH_4ON_2	$H_2N-CO-NH_2$	60,055
Kohlensäuredichlorid	$COCl_2$	Cl—CO—Cl	98,916
Kohlensäurediethylester	$C_5H_{10}O_3$	$O=C\diagup^{O-CH_2-CH_3}_{O-CH_2-CH_3}$	118,132
Kohlensäurediphenylester	$C_{13}H_{10}O_3$	$O=C\diagup^{O-⌬}_{O-⌬}$	214,220
Kohlenstoffdisulfid	CS_2	S=C=S	76,13
Kohlensuboxid	C_3O_2	O=C=C=C=O	68,032

lg	F. in °C	K. in °C	n_D	ϱ in kg · m^{-3}	Lösbarkeit
28398		140/2,4 kPa	1,5198/18,9°	946	wl. W.; mb. E., D.; l. Tchl., Bz.
18252	178,8	204		1000/0°	0,15 k. W.; 190 E. 12°; ll. D., Bz., Tchl.; l. Pr., Sk.
30154	187		1,439/207 ... 209°	1186	0,62 W. 12°; 3,2 W. 80°; ll. E., D.; l. Pr.; unl. Tchl.
14067	156 ... 157	160			unl. W.; l. E., D.
13429	50	161,5	1,4564/50°	822,3/78°	unl. W.; ll. E., D.
05369	69,2	139/1,6 kPa			
98985	49,6	185,25	1,41439/52°	1048,2/60°	35,0 W. 11°; 380,7 W. 40°; 211 E. 22°; ll. Bz., Tchl. D.
13716	143		1,5204/57 ... 58°	1079,2/60°	unl. W.; ll. E.
21799	52	152/1,9 kPa	1,53764/30,4°	1106/30°	wl. k. W.; ll. E., D.; l. Bz.
77866	−138,2	−50,2		2,721	54 ml W.; 800 ml E. 22°; 1500 ml M. 22°
87547	96				ll. W., E.; unl. D., Bz., Tchl.
77855	132,7	z.	1,4683/156°	1335	77,9 W. 5°; 109,4 W. 21°; 5,32 E.; 7,24 E. 40°; swl. D.; unl. Tchl.
99527	−126	8		1432/0°	z. k. W.; ll. Bz., Es., D., M.
07237	−43,0	126	1,38523	974/13°	unl. W.; mb. D., E.
33086	78	301 ... 302		1272/14°	unl. W.; l. E., D., Es., Bz.; ll. h. E.
88156	−108,6	46,45	1,62935/15	1263,2	0,18W. 16°; 0,15 W. 30°; mb. E., D., Bz.
83271	−111,3	7	1,45384/0°	1114/0°	ll. Sk.; z. W.

4. Konstanten organischer Verbindungen

Name	Summenformel	Strukturformel	M
Kumarin	$C_9H_6O_2$		146,145
Kumaron	C_8H_6O		118,135
Limonen	$C_{10}H_{16}$		136,236
Maltose	$C_{12}H_{22}O_{11}$		342,299
D-Mannose	$C_6H_{12}O_6$		180,157
Melamin	$C_3H_6N_6$		126,121
L-Menthol	$C_{10}H_{20}O$		156,267
2-Merkaptobenzthiazol	$C_7H_5NS_2$		167,24
Methan	CH_4		16,043
Methanal	CH_2O		30,026
Methanamid	CH_3ON	$HCO-NH_2$	45,041
Methanol	CH_4O	CH_3-OH	32,043
Methansäure	CH_2O_2	$HCOOH$	46,026
Methansäureethylester	$C_3H_6O_2$	$HCOO-CH_3-CH_3$	74,079

lg	F. in °C	K. in °C	n_D	ϱ in kg·m^{-3}	Lösbarkeit
16478	71	161,25/ 1,9 kPa	1,6011/63 ... 64°	935	unl. k. W.; l. h. W., E., Tchl.; ll. D.
07238	< −18	173 ... 175	1,56897/16,3°	1067,9/25°	unl. W.; l. D., E.
13429	−96,6	177,8	1,47271/19,6°	842	unl. W.; mb. E., D.
53441	102,5	−		1540	79 W. 21°; 140 W. 50°; 569 W. 96° wl. E.; unl. D.
25565	132	−	1,5101/136 ... 139°	1539	248 W. 17°; wl. E.; unl. D.
10079	< 250	subl.		1573/250°	0,029 W. 15°; ll. h. W.; wl. h. A.; unl. D.
19387	41,6	216,4	1,4541/37°	899/15°	0,04 k. W.; ll. E., D.; l. Pe., Es., Tchl.
22335	181	z.		1420	l. sd. E.; swl. D.; unl. W.
20527	−184	−164			5,6 ml W. 0°; 52 ml. E. 0°; 106,6 ml D. 0°
47750	−92	−21		815/−20°	ll. W.; l. E., D.
65361	2,5	105/1,5 kPa	1,4427	1133,9	mb. W., E.; swl. D., Bz.
50573	−97,68	64,7	1,33057/15°	792,3	mb. W., E., D.
66300	8,4	100,5	1,37137	1225,9/18°	mb. W., E., D.
86970	−80,5	54,1	1,35975	922,4	ll. W. 18°; l. E., D.

4. Konstanten organischer Verbindungen

Name	Summenformel	Strukturformel	M
Methansäuremethylester	$C_2H_4O_2$	HCOO—CH_3	60,052
Methanthiol	CH_4S	CH_3—SH	48,11
2-Methoxyaminobenzen	C_7H_9ON	NH_2, O—CH_3 (ortho)	123,154
4-Methoxyaminobenzen	C_7H_9ON	CH_3—O—⟨⟩—NH_2	123,154
4-Methoxyazetophenon	$C_9H_{10}O_2$	CH_3—CO—⟨⟩—O—CH_3	150,177
2-Methoxybenzaldehyd	$C_8H_8O_2$	⟨⟩—CHO, O—CH_3	136,150
4-Methoxybenzaldehyd	$C_8H_8O_2$	CH_3—O—⟨⟩—CHO	136,150
Methoxybenzen	C_7H_8O	CH_3—O—⟨⟩	108,140
4-Methoxybenzenkarbonsäure	$C_8H_8O_3$	CH_3—O—⟨⟩—COOH	152,149
1-Methoxynaphthalen	$C_{11}H_{10}O$	O—CH_3 (1-Naphthyl)	158,199
2-Methoxynaphthalen	$C_{11}H_{10}O$	(2-Naphthyl)—O—CH_3	158,199
Methylamin	CH_5N	CH_3—NH_2	31,057
2-Methylaminobenzen	C_7H_9N	⟨⟩—CH_3, —NH_2	107,155
3-Methylaminobenzen	C_7H_9N	CH_3 (meta), —NH_2	107,155
4-Methylaminobenzen	C_7H_9N	CH_3—⟨⟩—NH_2	107,155
N-Methylaminoethansäure	$C_3H_7O_2N$	CH_3—NH—CH_2—COOH	89,094
Methylbenzen	C_7H_8	⟨⟩—CH_3	92,140
2-Methylbenzensulfochlorid	$C_7H_7O_2SCl$	CH_3, —SO_3—Cl (ortho)	190,64
4-Methylbenzensulfochlorid	$C_7H_7O_2SCl$	CH_3—⟨⟩—SO_2—Cl	190,64
2-Methylbenzensulfonsäure	$C_7H_8O_3S$	CH_3, —SO_3H (ortho)	172,20
4-Methylbenzensulfonsäure	$C_7H_8O_3S$	H_3C—⟨⟩—SO_3H	172,20

4. Konstanten organischer Verbindungen

lg	F. in °C	K. in °C	n_D	ϱ in kg·m^{-3}	Lösbarkeit
77853	−99,8	31,8	1,3415/25°	974,2	mb. E., D.; l. W.
68217	−121,0	5,8/100,2 kPa		896,1/0°	wl. W.; ll. E., D.
09045	5,2	225	1,5754	1092,3	l. E., D.; swl. W.
09045	57,2	243	1,5559/67°	1060,5/67°	swl. W.; ll. E., D.
17660	38	260 138/2,0 kPa	1,54684/41,3°	1081,8/41°	l. E., D.; wl. W.
13402	38	243 ... 244 122/2,7 kPa	1,5597	1133	unl. W.; l. E., ll. D.
13402	−0,02	247 150/3,3 kPa	1,576/12,7° 1,5703/25°	1130,1/13° 1119,2/25°	0,2 W. 15°; mb. E., D.
03398	−37,2	153,8	1,5179	1012,4/0°	wl. W.; l. E., D.
18227	184,2	275 ... 280	1,5000/197 ... 199°	1385/4°	0,04 W. 18°; ll. sd. W., E., D.; l. Es. Tchl.
19920	< −10	269	1,6232/14°	1096,3/14°	unl. W.; ll. E., D.
19920	72,5	271	1,5897/79 ... 80°		unl. W.; wl. E.; ll. D.; l. Bz., Sk.
49216	−92,5	−6,5		1,3425/15°	97200 ml W. 25°; l. E.; mb. D.
03001	a) −24,4 b) −16,3	199,84	1,57276	998,6	1,50 W. 25°; ll. E., D.
03001	−43,6	202,2	1,5707/15°	989,1	wl. W.; mb. E., D.
03001	45	200,4	1,5534/45°	933,9/79°	0,74 W. 21°; 240 E. 22°; ll. D.
94985	210 ... 215 z.	−			ll. W.; wl. E.; unl. D.
96445	−95,3	110,8	1,49985/15°	871,6/15°	0,057 W. 30°; mb. E., D., Bz.; l. Es., Tchl., Sk., Pr.
28022	10	126/1,3 kPa	1,5565	1338,3	l. D.
28022	69	146/2,0 kPa		1261/76°	l. E., D.; ll. Bz.; unl. W.
23603	67,5	128,8/3,3 kPa			l. W., W.; unl. D.
23603	38	140/2,6 kPa			l. W., E., D.

Name	Summenformel	Strukturformel	M
2-Methylbuta-1,3-dien	C_5H_8	$H_2C=CH-C(CH_3)=CH_2$	68,118
2-Methylbutan	C_5H_{12}	$(H_3C)_2CH-CH_2-CH_3$	72,150
3-Methylbutanal	$C_5H_{10}O$	$(H_3C)_2CH-CH_2-CHO$	86,133
3-Methylbutanamid	$C_5H_{11}ON$	$(H_3C)_2CH-CH_2-CO-NH_2$	101,148
2-Methylbutan-1-ol	$C_5H_{12}O$	$H_3C-CH_2-CH(CH_3)-CH_2-OH$	88,149
2-Methylbutan-2-ol	$C_5H_{12}O$	$H_3C-CH_2-C(CH_3)(OH)-CH_3$	88,149
3-Methylbutan-1-ol	$C_5H_{12}O$	$(CH_3)_2CH-CH_2-CH_2-OH$	88,149
3-Methylbutansäure	$C_5H_{10}O_2$	$(CH_3)_2CH-CH_2-COOH$	102,133
3-Methylbutansäureethylester	$C_7H_{14}O_2$	$(H_3C)_2CH-CH_2-COO-CH_2-CH_3$	130,186
2-Methylchinolin	$C_{10}H_9N$	(quinoline)-2-CH$_3$	143,188
3-Methylchinolin	$C_{10}H_9N$	(quinoline)-3-CH$_3$	143,188
4-Methylchinolin	$C_{10}H_9N$	(quinoline)-4-CH$_3$	143,188
6-Methylchinolin	$C_{10}H_9N$	(quinoline)-6-CH$_3$	143,188
8-Methylchinolin	$C_{10}H_9N$	(quinoline)-8-CH$_3$	143,188
Methylethylether	C_3H_8O	$CH_3-O-CH_2-CH_3$	60,096
2-Methylhexan	C_7H_{16}	$CH_3-CH(CH_3)-(CH_2)_3-CH_3$	100,203
2-Methylhydroxybenzen	C_7H_8O	$CH_3-C_6H_4-OH$	108,140

4. Konstanten organischer Verbindungen

lg	F. in °C	K. in °C	n_D	ϱ in kg · m^{-3}	Lösbarkeit
83326	≈ −120	34,08	1,42207/18,3°	684,9/16°	mb. E., D.; unl. W.
85824	−158,6	27,95	1,36127/6,95°	620,6/19°	unl. W.; l. E., D.
93517	−51	92	1,38930	783,1	mb. E., D.; l. Tchl., W.
00496	135	230 ... 232		965	l. E., D., W.
94522		128		815,2/25°	2,67 W.; mb. E., D.
94522	11,9	102	1,4052	806,6/25°	12,5 W. 10°; mb. E., D.; l. Bz. Tchl.
94522	−117,2	131,3	1,4053	813,0	2,67 W.; mb. E., D.
00917	−37,6	176,7	1,4043	933,2/17°	4,24 W.; mb. E., D.
11457	−99,3	134,7	1,38738/18,4°	866,3	mb. D., E., Bz.
15591	−2	247,6	1,60909/25,4°	1058,5	swl. W.; l. E., D., Tchl.
15591	16 ... 17	259,6	1,6171	1067,3	swl. W.; l. D., E.
15591	9 ... 10	246,2	1,6206	1086,8	wl. W.; mb. E., D.
15591	−22	258,6	1,6141/23°	1065,4	wl. W.; l. E., D.
15591		247,8	1,6162/20,8°	1071,9	swl. W.; l. E., D.
77884	7,9			726,0/0°	ll. W.; mb. E., D.
00088	−119,1	90	1,38509	678,9	l. E., D.; unl. W.
03398	31	191	1,5453	1046,5	2,6 W. 25°; mb. h. E., D., l. Tchl.

Name	Summenformel	Strukturformel	M
3-Methylhydroxybenzen	C_7H_8O	CH_3-C$_6$H$_4$-OH	108,140
4-Methylhydroxybenzen	C_7H_8O	H_3C-C$_6$H$_4$-OH	108,140
3-Methylindol	C_9H_9N	(indole with C—CH$_3$, CH, NH)	131,177
Methylisonitril	C_2H_3N	$CH_3-N=C$	41,052
2-Methyl-5-isopropyl-hydroxybenzen	$C_{10}H_{14}O$	HO-C$_6$H$_3$(CH$_3$)(CH(CH$_3$)$_2$)	150,220
Methylisothiozyanat	C_2H_3NS	$CH_3-N=C=S$	73,11
N-Methylkohlensäurediamid	$C_2H_6ON_2$	$CH_3-NH-CO-NH_2$	74,082
1-Methylnaphthalen	$C_{11}H_{10}$	naphthalene-CH$_3$ (1-)	142,200
2-Methylnaphthalen	$C_{11}H_{10}$	naphthalene-CH$_3$ (2-)	142,200
2-Methylpentan	C_6H_{14}	$CH_3-CH(CH_3)-CH_2-CH_2-CH_3$	86,177
4-Methylpentansäure	$C_6H_{12}O_2$	$(H_3C)_2CH-CH_2-CH_3-COOH$	116,160
4-Methylpent-3-en-2-on	$C_6H_{10}O$	$(H_3C)_2C=CH-CO-CH_3$	98,144
2-Methylpropan	C_4H_{10}	$(H_3C)_2HC-CH_3$	58,123
2-Methylpropanal	C_4H_8O	$(H_3C)_2CH-CHO$	72,107
2-Methylpropan-1-ol	$C_4H_{10}O$	$(H_3C)_2CH-CH_2-OH$	74,122
2-Methylpropansäure	$C_4H_8O_2$	$(H_3C)_2CH-COOH$	88,106
2-Methylpropansäureethylester	$C_6H_{12}O_2$	$(H_3C)_2CH-COO-CH_2-CH_3$	116,160
2-Methylpropansäuremethylester	$C_5H_{10}O_2$	$(H_3C)_2CH-COO-CH_3$	102,133

4. Konstanten organischer Verbindungen

lg	F. in °C	K. in °C	n_D	ϱ in kg·m^{-3}	Lösbarkeit
03398	10,9	202	1,5425/18°	1033,6	2,42 W. 25°; 4,4 W. 88°; mb. D., E.; l. Tchl.
03398	36,5	202	1,5395	1034,7	2,29 W. 40°; mb. h. E., D.
11786	95	266	1,5700/100°		0,05 W. 16°; l. D., Lg., Bz., Tchl.; ll. E.
61334	−45	59,6	1,5245/40°	756/4°	10 W. 15°; l. D.; mb. E.
17673	51,5	233,5	1,609	969/24°	0,09 W. 19°; 0,14 W. 40°; 357 E. (91 %); 385 D.; l. Es., Sk., Tchl.
86399	35	119	1,4584/106 ... 108°	1069,1/37°	unl. W.; mb. E.; ll. D.
86971	102	z.		1204	ll. W., E.; swl. D.
15290	−22	240 121 ... 123/ 2,7 kPa	1,6212/13,6°	1000,5/19°	unl. W.; ll. E., D.
93539	34,1	214 ... 242	1,6026/40°	993,9/40°	unl. W.; ll. E., D.
93540	−153,7	60,3	1,3735	654	l. D., E.; unl. W.
06506	−35	199	1,3967/70°	925	l. D., E.; wl. W.
99187	−59	131,4	1,4428/21°	854,2/21°	mb. E., D.; 3 W.
76435	−145	−10,2		2,6726	13,1 ml W. 17°; 1346 ml. E 17°; 2838 mlD. 18°
85798	−65,9	61	1,3730	793,8	8,8 W.; mb. E., D.
86995	−108	108	1,3937	802,7	10 W. 15°; mb. E., D.
94501	−47	154,4	1,39300	968,2/0°	20 W.; mb. E., D.
06506	−88,2	110,7	1,3903	870,9	mb. E., D.; wl. W.
00917	−84,7	92,3	1,3840	890,6	mb. E., D.; wl. W.

4. Konstanten organischer Verbindungen

Name	Summenformel	Strukturformel	M
2-Methylpropen	C_4H_8	$\begin{array}{c}H_3C\\ \diagdown\\ C=CH_2\\ \diagup\\ H_3C\end{array}$	56,107
2-Methylpropensäure	$C_4H_6O_2$	$CH_2=C-COOH$ $\vert$ CH_3	86,090
2-Methylpropensäureethylester	$C_6H_{10}O_2$	$CH_2=C-COO-CH_2-CH_3$ $\vert$ CH_3	114,144
2-Methylpyridin	C_6H_7N	pyridine with $-CH_3$ at 2-position	93,128
3-Methylpyridin	C_6H_7N	pyridine with $-CH_3$ at 3-position	93,128
4-Methylpyridin	C_6H_7N	CH_3-pyridine at 4-position	93,128
Methylzyklohexan	C_7H_{14}	cyclohexane ring with $-CH_3$	98,188
1-Methylzyklohexanol	$C_7H_{14}O$	cyclohexane with $-CH_3$ and $-OH$ on same C	114,187
2-Methylzyklohexanol	$C_7H_{14}O$	cyclohexane with $-OH$, $-CH_3$ adjacent	114,187
3-Methylzyklohexanol	$C_7H_{14}O$	cyclohexane with $-OH$ and $-CH_3$ 1,3	114,187
4-Methylzyklohexanol	$C_7H_{14}O$	cyclohexane with $-OH$ and $-CH_3$ 1,4	114,187
2-Methylzyklohexanon	$C_7H_{12}O$	cyclohexanone with $-CH_3$ at 2-position	112,171
3-Methylzyklohexanon	$C_7H_{12}O$	cyclohexanone with $-CH_3$ at 3-position	112,171
4-Methylzyklohexanon	$C_7H_{12}O$	cyclohexanone with $-CH_3$ at 4-position	112,171
Methylzyklopentan	C_6H_{12}	cyclopentane with $-CH_3$	84,161
Monofluordichlormethan	$CHFCl_2$	$\begin{array}{c}Cl\\ \vert\\ H-C-F\\ \vert\\ Cl\end{array}$	102,923

lg	F. in °C	K. in °C	n_D	ϱ in kg · m⁻³	Lösbarkeit
74902	−139	−6,6			unl. W.; ll. E., D.
93495	16	60 ... 63/1,6 kPa	1,43143	1015	ll. h. W.; mb. E., D.
05745		117	1,414	907	swl. W.; mb. E., D.
96908	−69,9	128	1,4983/25°	950/15°	ll. W.; mb. E., D.
98908		143,4	1,5038/25°	961,3/15°	mb. E., D., W.
96908		143,1	1,5029/25°	957,1/15°	mb. W., E., D.
99206		113		1017/24°	unl. W.; l. Bz., D., E.
05762	26	155	1,45874	938,7/12°	unl. W.; l. E., D.
05762	a) −21,2 ... −20,5 b) −9,5 ... −9,2	a) 166,5 b) 165	a) 1,4611 b) 1,4640	a) 923,8 b) 933,7	swl. W.; l. D.; mb. E.
05762	−47	a) 174 ... 175 b) 173 ... 174	a) 1,45497/ 21,8° b) 1,45403/ 21,8°	a) 914,5/ 21,8° b) 917,3/ 21,8°	1,03 W.; mb. E., D.
05762		a) 173 ... 174,5/ 99,3 kPa b) 173 ... 174/100,0 kPa	a) 1,45307/ 20,7° b) 1,45427/ 21,5°	a) 911,8/ 20,7° b) 912,9/ 21,5°	swl. W.; l. D.; mb. E.
04988	−20 ... −15	162 ... 163	1,4492/16,7°	924,6/18°	l. E., D.; unl. W.
04988	−89	169	1,4464/17,8°	896,1	l. E., D.; unl. W.
04988	−41	170	1,4451	913,2	l. E., D.; unl. W.
92511	−142,4	72	1,4126/15°	753,3/15°	
01251	−135	8,9		1421/0°	l. E., D.; unl. W.

Name	Summenformel	Strukturformel	M
Monofluortrichlormethan	$CFCl_3$	$Cl-CFCl_2$ (F, Cl, Cl, Cl on C)	137,368
Morpholin	C_4H_9ON	O(CH$_2$CH$_2$)$_2$NH (ring)	87,121
Naphthalen	$C_{10}H_8$	(naphthalene)	128,173
Naphthalen-2,6-disulfonsäure	$C_{10}H_8O_6S_2$	HO_3S–naphthalene–SO_3H	288,29
Naphthalen-1-karbonsäure	$C_{11}H_8O_2$	naphthalene–COOH (1-)	172,183
Naphthalen-2-karbonsäure	$C_{11}H_8O_2$	naphthalene–COOH (2-)	172,183
Naphthalen-1-sulfonsäure	$C_{10}H_8O_3S$	naphthalene–SO_3H (1-)	208,23
Naphthalen-2-sulfonsäure	$C_{10}H_8O_3S$	naphthalene–SO_3H (2-)	208,23
Naphtho-1,2-chinon	$C_{10}H_6O_2$	1,2-naphthoquinone	158,156
Naphtho-1,4-chinon	$C_{10}H_6O_2$	1,4-naphthoquinone	158,156
Naphth-1-ol	$C_{10}H_8O$	naphthalene–OH (1-)	144,173
Naphth-2-ol	$C_{10}H_8O$	naphthalene–OH (2-)	144,173
Naphth-1-ol-5-sulfonsäure	$C_{10}H_8O_4S$	1-OH, 5-SO_3H naphthalene	224,23
Naphth-1-ol-8-sulfonsäure	$C_{10}H_8O_4S$	1-OH, 8-SO_3H naphthalene	224,23
Naphth-2-ol-6-sulfonsäure	$C_{10}H_8O_4S$	2-OH, 6-SO_3H naphthalene	224,23

4. Konstanten organischer Verbindungen

lg	F. in °C	K. in °C	n_D	ϱ in kg·m^{-3}	Lösbarkeit
13789	−111	23,7	1,3865/18,5°	1494/17,2°	l. E., D.; unl. W.
94012		128		1000,7	mb. W., E., D.
10780	80,4	217,9	1,5900/85°	1168/22°	0,003 W. 25°; 9,5 E. 19,5°; 80 E. 60°.
45983	167/Va.				
23599	161	300	1,5795/179 ... 181°		500 E. 70°; ll. D., Sk., Tchl.; 59,25 Bz. 21°; 750 Bz. 70°; swl. sd. W.; ll. h. E.
23599	185	>300	1,5795/195 ... 198°	1077/100°	wl. h. W.; ll. E., D.; l. Lg.
31855	90	100 z.			ll. W., E.; wl. D.
31855	105 ... 116 z.			1441/25°	wl. E., D.; ll. W.
19909	115 ... 120 z.				wl. E., Bz.
19909	125,5	subl.		1422	swl. k. W.; wl. h. W.; ll. D., Es., Sk.; l. E., Bz., Tchl.
15888	96,1	278 ... 280	1,6224/99°	1286/10° 1095,4/99°	unl. k. W.; wl. h. W.; ll. E., D.; l. Bz.
15888	123	285 ... 286	1,6011/135 ... 136°	1263/10° 1100/130°	0,075 W. 25°; ll. E., D.; l. Tchl.
35069	110 ... 120				l. W.
35069	106 ... 107	z.-1 H$_2$O 180			ll. W.
35069	125				ll. W., E.; unl. D.

4. Konstanten organischer Verbindungen

Name	Summenformel	Strukturformel	M
Naphth-2-ol-7-sulfonsäure	$C_{10}H_8O_4S$	$HO_3S-\text{(naphthalene)}-OH$	224,23
Naphthyl-1-amin	$C_{10}H_9N$	(1-aminonaphthalene)	143,187
Naphthyl-2-amin	$C_{10}H_9N$	(2-aminonaphthalene)	143,187
Natriumethylat-Diethanolat	$C_6H_{17}O_3Na$	$CH_3-CH_2-ONa \cdot 2\ C_2H_5OH$	160,188
Natriummethylat	CH_3ONa	CH_3-ONa	54,024
3-Nitroaminobenzen	$C_6H_6O_2N_2$	NH_3, NO_3 (on benzene)	138,126
4-Nitroaminobenzen	$C_6H_6O_2N_2$	$O_2N-\text{(benzene)}-NH_2$	138,126
2-Nitro-4-aminohydroxybenzen	$C_6H_6O_3N_2$	OH, NO_2, NH_2 (on benzene)	154,124
3-Nitro-4-aminohydroxybenzen	$C_6H_6O_3N_2$	OH, NO_2, NH_2 (on benzene)	154,124
4-Nitro-2-aminohydroxybenzen	$C_6H_6O_3N_2$	OH, NH_2, NO_2 (on benzene)	154,124
5-Nitro-2-aminohydroxybenzen	$C_6H_6O_3N_2$	OH, NH_2, O_2N (on benzene)	154,124
1-Nitroanthrachinon	$C_{14}H_7O_4N$	(1-nitroanthraquinone)	253,214
2-Nitroanthrachinon	$C_{14}H_7O_4N$	(2-nitroanthraquinone)	253,214
2-Nitrobenzaldehyd	$C_7H_5O_3N$	CHO, NO_2 (on benzene)	151,121
3-Nitrobenzaldehyd	$C_7H_5O_3N$	CHO, NO_2 (on benzene)	151,121

lg	F. in °C	K. in °C	n_D	ϱ in kg·m^{-3}	Lösbarkeit
35069	89	150 z.			ll. W., E.; unl. D., Bz.
15591	50	160/1,6 kPa	1,6703/51°	1108/50°	0,17 W.; ll. E., D.
15591	110	306,1	1,6353/125 ...126°	1049/116°	ll. h. W.; l. E., D., Bz.; unl. k. W.
20463	−2 C$_2$H$_5$OH 200	z.			ll. E.; z. W.
73258	z.				ll. M.; z. W.
14027	114	170/1,5 kPa	1,5795/116 ...117°	1398/18°	0,114 W.; 7,05 E.; 7,89 D.; 2,45 Bz.
14027	147,8	100/1,8 Pa	1,6598/153 ...155°	1424	0,077 W.; 2,2 W. 100°; 5,84 E.; 6,10 D.; 1,98 Bz.
18787	131				l. W., E.
18787	154				l. W., E., D.
18787	143		1,6535/140 ...143°		wl. k. W.; ll. E., D.
18787	202				l. W., sd. E., Es.
40349	232,5 ... 233,5	270/0,93 kPa subl.			unl. W.; swl. E., D.; l. Es.
40349	184,5	subl.			unl. W.; wl. E., D.; ll. Tchl.
17933	a) 43,5 b) 40,4	153/3,1 kPa	1,5611/50 ...51°		0,23 W. 25°; ll. E.
17933	58	164/3,1 kPa	1,5611/67 ...68°	12664/60°	0,16 W. 25°; ll. h. E., D.; l. Tchl.

4. Konstanten organischer Verbindungen

Name	Summenformel	Strukturformel	M
4-Nitrobenzaldehyd	$C_7H_5O_3N$	$O_2N-\langle\rangle-CHO$	151,121
Nitrobenzen	$C_6H_5O_2N$	$\langle\rangle-NO_2$	123,111
2-Nitrobenzenkarbonsäure	$C_7H_5O_4N$	COOH, $-NO_2$ (ortho)	167,121
3-Nitrobenzenkarbonsäure	$C_7H_5O_4N$	COOH, $-NO_2$ (meta)	167,121
4-Nitrobenzensulfonsäure	$C_6H_5O_5NS$	$O_2N-\langle\rangle-SO_3H$	203,169
Nitroethan	$C_2H_5O_2N$	$CH_3-CH_2-NO_2$	75,067
2-Nitrohydroxybenzen	$C_6H_5O_3N$	OH, $-NO_2$ (ortho)	139,110
3-Nitrohydroxybenzen	$C_6H_5O_3N$	OH, $-NO_2$ (meta)	139,110
4-Nitrohydroxybenzen	$C_6H_5O_3N$	$O_2N-\langle\rangle-OH$	139,110
Nitromethan	CH_3O_2N	CH_3-NO_2	61,040
2-Nitromethoxybenzen	$C_7H_7O_3N$	NO_2, $-O-CH_3$ (ortho)	153,137
4-Nitromethoxybenzen	$C_7H_7O_3N$	$CH_3-O-\langle\rangle-NO_2$	153,137
2-Nitromethylbenzen	$C_7H_7O_2N$	CH_3, $-NO_2$ (ortho)	137,138
3-Nitromethylbenzen	$C_7H_7O_2N$	CH_3, $-NO_2$ (meta)	137,138
4-Nitromethylbenzen	$C_7H_7O_2N$	$O_2N-\langle\rangle-CH_3$	137,138
1-Nitronaphthalen	$C_{10}H_7O_2N$	naphthalen-NO_2 (1-position)	173,171
2-Nitronaphthalen	$C_{10}H_7O_2N$	naphthalen-NO_2 (2-position)	173,171
2-Nitronaphth-1-ol	$C_{10}H_7O_3N$	OH, NO_2 on naphthalen	189,171

4. Konstanten organischer Verbindungen 109

lg	F. in °C	K. in °C	n_D	ϱ in kg·m^{-3}	Lösbarkeit
17933	106,5	subl.	1,5299/138 ...139°	1496/0°	wl. k. W.; II. E.; I. D., Bz.
09030	5,7	210,9	1,55291	12034	0,19 W.; 0,27 W. 55°; II. E., D.; I. Bz.
22303	147 ... 147,5		1,5101/174 ...176°	1575/4°	0,68 W.; 2,82 E. 11°; 2,16 D. 11°; 0,05 Tchl. 11°; swl. Bz.; unl. Lg.
22303	140 ... 141		1,5299/157 ...158°	1494/4°	0,31 W.; 3,14 E. 12°; 2,52 D. 10°; 0,57 Tchl. 10°; swl. Bz.; unl. Lg.
30786					II. h. E.
87545	−50	114	1,39007/24,3	1050,2	unl. W.; mb. E., D.; I. Tchl.
14336	45,1	217	1,5611/77 ...78°	1294,5/45°	0,32 W. 38°; 1,08 W. 100°; 245 E. 15°; 95,0 D. 15°
14336	97	194/9,3 kPa	1,5403/145 ...147°	1485	1,35 W. 25°; 13,3 W. 90°; 221 E. 170°; 143,7 D. 16°; I. Bz.
14336	113,6	279 z.	1,5897/117 ...119°	1280,9/114°	1,52 W. 25°; 29,1 W. 90°; 150,9 E. 14°; 130,4 D. 14°; I. Tchl.
78561	−29	100,9	1,3806/22°	1132,2/25°	wl. W.; I. E., D.
18508	9,4	132 ... 133/ 1,3 kPa	1,5619	1252,7	0,169 W. 30°; mb. E., D.; unl. k. W.
18508	54	258 ... 260	1,5707/60°	1233	0,007 W. 15°; 0,059 W. 30°; I. E.; II. D.
13716	a) 9,6 b) −3,9	222,3	1,544/25°	1163	0,065 W. 30°; mb. E., D.; I. Bz., Pe., Tchl.
13716	16	230 ... 231	1,5492/15	1157,1	0,050 W. 30°; mb. E., D.; I. Bz.
13716	51,4	238	1,5299/64°	1122,7/55°	0,044 W. 30°; I. E., Bz.; II. D.
23848	61,5	304	1,6126/93 ...94°	1222,6/62°	unl. W.; I. E.; II. Sk., D., Tchl.
23848	79	182/1,9 kPa			unl. W.; II. E., D.
27685	128				swl. W.; wl. F

4. Konstanten organischer Verbindungen

Name	Summenformel	Strukturformel	M
4-Nitronaphth-1-ol	$C_{10}H_7O_3N$	OH, NO_2 (naphthalene)	189,171
1-Nitronaphth-2-ol	$C_{10}H_7O_3N$	NO_2, OH (naphthalene)	189,171
4-Nitrophenylhydrazin	$C_6H_7O_2N_3$	O_2N—⟨⟩—NH—NH_2	153,140
Nitrosobenzen	C_6H_5ON	⟨⟩—NO	107,112
Nonadekan	$C_{19}H_{40}$	CH_3—$(CH_2)_{17}$—CH_3	268,525
Nonan	C_9H_{20}	CH_3—$(CH_2)_7$—CH_3	128,257
Nonanal	$C_9H_{18}O$	CH_3—$(CH_2)_7$—CHO	142,241
Nonandisäure	$C_9H_{16}O_4$	HOOC—$(CH_2)_7$—COOH	188,223
Nonan-1-ol	$C_9H_{20}O$	CH_3—$(CH_2)_7$—CH_2—OH	144,256
Nonan-2-on	$C_9H_{18}O$	CH_3—CO—$(CH_2)_6$—CH_3	142,241
Nonansäure	$C_9H_{18}O_2$	CH_3—$(CH_2)_7$—COOH	158,240
Non-1-en	C_9H_{18}	CH_3—$(CH_2)_6$—CH=CH_2	126,242
Oktadeka-9,12-diensäure	$C_{18}H_{32}O_2$	CH_3—$(CH_2)_4$—CH=CH—CH_2 | HOOC—$(CH_2)_7$—CH=CH	280,450
Oktadekan	$C_{18}H_{38}$	CH_3—$(CH_2)_{16}$—CH_3	254,498
Oktadekan-1-ol	$C_{18}H_{38}O$	CH_3—$(CH_2)_{16}$—CH_2—OH	270,498
Oktadekansäure	$C_{18}H_{36}O_2$	CH_3—$(CH_2)_{16}$—COOH	284,481
alpha-Oktadeka-9,12,15-triensäure	$C_{18}O_{30}O_2$	CH_3—CH_2—CH=CH—CH_2—CH=CH | HOOC—$(CH_2)_7$—CH=CH—CH_2	278,434
cis-Oktadek-9-ensäure	$C_{18}H_{34}O_2$	CH_3—$(CH_2)_7$—CH=CH—$(CH_2)_7$—COOH	282,465
rans-Oktadek-9-ensäure	$C_{18}H_{34}O_2$	CH_3—$(CH_2)_7$—CH=CH—$(CH_2)_7$—COOH	282,465
Oktan	C_8H_{18}	CH_3—$(CH_2)_6$—CH_3	114,230
Oktanal	$C_8H_{16}O$	CH_3—$(CH_2)_6$—CHO	128,214
Oktandisäure	$C_8H_{14}O_4$	HOOC—$(CH_2)_6$—COOH	174,196
Oktan-1-ol	$C_8H_{18}O$	CH_3—$(CH_2)_6$—CH_2—OH	130,292
Oktan-2-ol	$C_8H_{18}O$	CH_2—$(CH_2)_5$—CH—CH_3 | OH	130,292
Oktan-2-on	$C_8H_{16}O$	CH_3—CO—$(CH_2)_5$—CH_3	128,214
Oktansäure	$C_8H_{16}O_2$	CH_3—$(CH_2)_6$—COOH	144,213
Okt-1-en	C_8H_{16}	CH_3—$(CH_2)_5$—CH=CH_2	112,215
Okt-1-in	C_8H_{14}	CH_3—$(CH_2)_5$—C≡CH	110,199

lg	F. in °C	K. in °C	n_D	ϱ in kg·m^{-3}	Lösbarkeit
27685	164				l. sd. W.; ll. E., Es.
27695	103				swl. E., W.; ll. D.
18509	157	z.			l. h. W., E., D., Tchl.; wl. W., Bz.
02984	68	57 ... 59/ 2,4 kPa			unl. W.; l. E., D., Tchl.; wl. Lg.
42898	32	330	1,436/34,6°	772,0/40°	unl. W.; l. D.; wl. E.
10808	−53,9	150,6	1,412/18°	717,7	unl. W.; ll. E., D.
15302	106,5	286,5/13,3 kPa	1,4303/110,6°	1029	l. h. W.
27467		185	1,42417/18,5°	825,5/19°	l. E., D.
15913	−5	104 ... 105/ 1,7 kPa 213,5	1,4335	827,4	unl. W.; mb. E., D.
15302	−8,2	195,3	1,41817/15°	826,1/15°	unl. W.; l. E., D.
15302	−6	186 ... 187	1,421/15°	821,7/13°	l. E., D.; wl. W.
10120		146,8	1,414/21°	730,2	l. E., D.; wl. W.
44786	−9	228/1,9 kPa	1,471/15°	902,5	mb. D., E.; unl. W.
40568	28 ... 29	177/2,0 kPa	1,4349/35,2°	775,4/30°	unl. W.; l. E.; ll. D., Pr., Hexan
43216	59	210,5/2,0 kPa	1,4339/69 ... 70°	812,4/59°	unl. W.; l. E., D.
45405	69,4	291/13,3 kPa	1,4332/70°	838,6/80°	swl. W.; 2,5 k. E.; 19,7 E. 40°; 22 Bz. 23°; l. sk., Tchl.; ll. D.
44472		197/0,53 kPa 157/1,33 kPa		905	unl. W.; mb. E., D.; 10 Pe. 18°; l. Sk., Lg.
45096	14	203 ... 205/ 0,67 kPa	1,4620	889,6/25°	unl. W.; mb. E., D.; l. Bz. Tchl.
45096	51,6	28/13,3 kPa	1,4339/88 ... 90°	851/79°	unl. W.; l. E., D., Bz., Tchl.
05778	−56,5	125,8	1,3976	702,4	0,001 W. 16°; l. E., D.
10794		169	1,4217	821,1	l. E., D.; wl. W.
24104	410	279/13,3 kPa			0,14 W. 15°; 0,81 E. 15'
11492	−16,3	194 ... 195	1,4304/20,5°	827	swl. W.; mb. E., D.
11492	−38,6	179	1,4260	819,9	0,15 W. 15°; l. E., D.
10794	−16	172,9	1,41613	817,9	unl. W.; mb. E., D.
15900	16,3	238,5	1,4085/70°	910	unl. k. W.; 0,25 W. 100°; l. Bz., Tchl., Sk.; mb. E., D.
05005	−104	123	1,4087	715,5	l. E., D.; unl. W.
04218	−80	126	1,4172	747,0	l. E., D.; unl. W.

4. Konstanten organischer Verbindungen

Name	Summenformel	Strukturformel	M
Paraldehyd	$C_6H_{12}O_3$	(cyclic: O—CH—CH₃ / CH₃—CH O / O—CH—CH₃)	132,159
Pentabrombenzen	C_6HBr_5	Br-substituted benzene (5 Br)	472,594
Pentachlorbenzen	C_6HCl_5	Cl-substituted benzene (5 Cl)	250,339
Pentachlorethan	C_2HCl_5	$Cl_2C-CHCl_2$	202,295
Pentachlorhydroxybenzen	C_6HOCl_5	Cl₅-substituted phenol	266,338
Pentadekan	$C_{15}H_{32}$	$CH_3-(CH_2)_{13}-CH_3$	212,418
Pentadekansäure	$C_{15}H_{30}O_2$	$CH_3-(CH_2)_{13}-COOH$	242,401
Penta-1,2-dien	C_5H_8	$CH_3-CH_2-CH=C=CH_2$	68,118
Penta-1,3-dien	C_5H_8	$CH_3-CH=CH-CH=CH_2$	68,118
Penta-1,4-dien	C_5H_8	$CH_2=CH-CH_2-CH=CH_2$	68,118
Pentan	C_5H_{12}	$CH_3-(CH_2)_3-CH_3$	72,150
Pentanal	$C_5H_{10}O$	$CH_3-(CH_2)_3-CHO$	86,133
Pentan-1,5-diol	$C_5H_{12}O_2$	$HO-CH_2-(CH_2)_3-CH_2-OH$	104,149
Pentan-2,4-dion	$C_5H_8O_2$	$CH_3-CO-CH_2-CO-CH_3$	100,117
Pentandisäure	$C_5H_8O_4$	$HOOC-(CH_2)_3-COOH$	132,116
Pentandisäurediethylester	$C_9H_{16}O_4$	$CH_3-CH_2-OOC-CH_2$\ CH_2 / $CH_3-CH_2-OOC-CH_2$	188,223
Pentandisäuredinitril	$C_5H_6N_2$	$N\equiv C-CH_2$\ CH_2 / $N\equiv C-CH_2$	94,116
Pentan-1-ol	$C_5H_{12}O$	$CH_3-(CH_2)_3-CH_2-OH$	88,149
Pentan-2-ol	$C_5H_{12}O$	$CH_3-CH_2-CH_2-CH(OH)-CH_3$	88,149
Pentan-2-on	$C_5H_{10}O$	$CH_3-CO-CH_2-CH_2-CH_3$	86,133
Pentan-4-on-1-al	$C_5H_8O_2$	$CH_3-CO-CH_2-CH_2-CHO$	100,117
Pentan-4-onsäure	$C_5H_8O_3$	$CH_3-CO-CH_2-CH_2-COOH$	116,116
Pentan-4-onsäureethylester	$C_7H_{12}O_3$	$CH_3-CO-CH_2-CH_2-COO-CH_2-CH_3$	144,170
Pentansäure	$C_5H_{10}O_2$	$CH_3-(CH_2)_3-COOH$	102,132
Pent-1-en	C_5H_{10}	$CH_3-CH_2-CH_2-CH=CH_2$	70,134

lg	F. in °C	K. in °C	n_D	ϱ in kg·m^{-3}	Lösbarkeit
12110	12,6	124	1,4049	992,3	12 W. 13°; 6 W. 100°; mb. E., D., Tchl.
67449	159 ... 160	subl.			unl. W.; wl. E., D.; l. Es., Tchl., Bz.
39853	85 ... 86	275 ... 277		1834,2/16°	unl. W.; swl. k. E.; l. sd. E., Bz., Sk.; ll. D.
30599	−29	161,9	1,5054/15°	1688,1/15°	unl. W.; mb. E., D.
42543	191	310 z.	1,5502/205 ... 206°	1978/22°	unl. W.; ll. E., D.; l. Bz.
32719	9,9	265	1,431/25°	768,4	ll. D., E.; unl. W.
38453	52,5	212/2,1 kPa	1,4254/80°	842,3/80°	l. D.
83326		44,9	1,4149	692,57	
83326		42	1,4340/15°	682,7/15°	l. D.
83326	−148,8	26			
85824	−130,8	36,2	1,3577	633,7/15°	unl. W.; mb. E., D.
93517	−91,5	103,7	1,4080/15°	818,5/11°	wl. W.; ll. E., D.
01766		238 ... 239 133 ... 134/ 1,9 kPa	1,4499	994/18°	mb. W., E.; wl. D.
00051	−23,2	137,7	1,4509/16,7°	977/19°	12,5 W.; mb. E., D.; l. Bz., Es., Tchl., Pr.
12096	97 ... 98	302 ... 304 z.	1,5101/142 ... 145° 1,4339/98 ... 100°	1429/14,5°	83,3 W. 14°; ll. E., D.; l. Bz., Tchl.; swl. Pe.
27467	−23,8	233,7	1,4241	1027,0/15°	swl. W.; ll. E.; l. D.
97366	−29	281*	1,4365/23,2°	995/15°	l. W., E.; unl. D.
94522	−78,5	138	1,4117/15°	826,6/15°	swl. W.; mb. E., D.
94522		119	1,4053	806,8/25°	13,5 W.; mb. E., D.
93517	−77,8	102	1,3895	811,9/15°	swl. W.; mb. E., D.
00051	< −21	186 ... 188	1,4263	1018,4/21°	mb. W., E., D.
06489	33,5	245 z.	1,4429/17°	1143/17°	ll. W., E., D.
15887		205,2	1,4234/15°	1013,46	ll. W.; mb. E., D.
00916	−34,6	187	1,4099/15°	943,5/15°	3,7 W. 16°; mb. E., D.
84593	−138	30	1,3715	640,5	ll. E., D.; unl. W.

4. Konstanten organischer Verbindungen

Name	Summenformel	Strukturformel	M
Pent-1-in	C_5H_8	$CH_3-C(H_2)_3-C\equiv CH$	68,118
Phenanthren	$C_{14}H_{10}$		178,233
Phenanthrenchinon	$C_{14}H_8O_2$		208,216
Phenazin	$C_{12}H_8N_2$		180,209
Phenoxazin	$C_{12}H_9ON$		183,209
N-Phenyl-2-aminoethansäure	$C_8H_9O_2N$	$-NH-CH_2-COOH$	151,165
Phenylaminomethan	C_7H_9N	$-CH_2-NH_2$	107,155
Phenylbrommethan	C_7H_7Br	$-CH_2-Br$	171,036
2-Phenylchinolin-4-karbonsäure	$C_{16}H_{11}O_2N$	COOH	249,268
Phenylchlormethan	C_7H_7Cl	$-CH_2-Cl$	126,585
Phenyldibrommethan	$C_7H_6Br_2$	$-CHBr_2$	249,932
Phenyldichlormethan	$C_7H_6Cl_2$	$-CHCl_2$	161,030
Phenylethanal	C_8H_8O	$-CH_2-CHO$	120,151
2-Phenylethanol	$C_8H_{10}O$	$-CH_2-CH_2-OH$	122,167
Phenylethanoylchlorid	C_8H_7OCl	$-CH_2-CO-Cl$	154,596
Phenylethansäure	$C_8H_8O_2$	$-CH_2-COOH$	136,150
Phenylethansäureethylester	$C_{10}H_{12}O_2$	$-CH_2-COO-CH_2-CH_3$	164,204
Phenylethansäurenitril	C_8H_7N	$-CH_2-C\equiv N$	117,150
Phenylethen	C_8H_8	$-CH=CH_2$	104,151
Phenylhydrazin	$C_6H_8N_2$	$-NH-NH_2$	108,143

4. Konstanten organischer Verbindungen

lg	F. in °C	K. in °C	n_D	ϱ in kg · m^{-3}	Lösbarkeit
83326	−95	40	1,4079/180°	688,2/25°	ll. E., D.; unl. W.
25099	100	340,2	1,657/130°	1063/101°	unl. W.; 2,62 E. 16°; 10,08 sd. E.; 8,93 D. 15,5°; 16,72 Bz. 15,5°; 33 M. 16°; l. Es., Sk., Tchl.
31851	207	> 360		1405	swl. k. W.; wl. h. W.; l. A.; 0,54 Bz.; ll. D., h. Es.
25578	171	> 360 subl.			l. E.; wl. D. Bz.
26295	156	subl.			ll. E., D., Bz., Tchl.; wl. Lg.
17945	127	z.			l. W., E.; wl. D.
03001	36	184,5	1,54406/19,5°	982,6/19°	mb. W., E., D.
23309	−3,9	198	1,5742/22°	1443/17°	unl. W.; mb. E., D.
39667	215,1		1,6353/218 … 219°		unl. k. W.; 6 sd. E.; 0,4 sd. Bz.; l. sd. W.
10238	−39,0	179,3	1,5415/15,4°	1102,6/18°	unl. k. W.; mb. E., D.
39782	0 … 1	156/3,1 kPa	1,541	1510/15°	unl. W.; ll. Bz.; mb. E., D.
20691	−17	205,2	1,5515/19,4°	1255,7/14°	mb. E., D.; unl. W.
07973	33 … 34	193 … 194	1,5255/19,6°	1027	swl. W.; mb. E., D.
08696	−27	219,4	1,5240	1034	mb. E., D.; wl. W.
18920		96/1,9 kPa		1168	ll. D.; z. W., z. E.
13402	78	144/1,6 kPa	1,5000/95 … 96°	1228 1080,9/80°	1,80 W. 25°; ll. E., D., Tchl.
21538		227 120/2,7 kPa	1,4992/18°	1031	mb. D., E.; unl. W.
06874	−24,6	233 … 234	1,5242/20,2°	1016	mb. E., D.; unl. W.
01766		145,8	1,5434/17°	907,4	swl. W.; mb. E., D.
03400	19,6	144/2 kPa	1,60813/20,3°	1097/23°	wl. k. W.; mb. E., D.; l. Tchl., Bz.

4. Konstanten organischer Verbindungen

Name	Summenformel	Strukturformel	M
d,l-Phenylhydroxyethansäure	$C_8H_8O_3$	Ph–CH(OH)–COOH	152,149
d,l-Phenylhydroxyethansäurenitril	C_8H_7ON	Ph–CH(OH)–C≡N	133,149
Phenylmethanol	C_7H_8O	Ph–CH$_2$OH	108,140
N-Phenylnaphthyl-1-amin	$C_{16}H_{13}N$	1-Naphthyl–NH–Ph	219,285
N-Phenylnaphthyl-2-amin	$C_{16}H_{13}N$	2-Naphthyl–NH–Ph	219,285
3-Phenylpropansäure	$C_9H_{10}O_2$	Ph–CH$_2$–CH$_2$–COOH	150,177
trans-3-Phenylpropenal	C_9H_8O	Ph–CH=CH–CHO	132,162
3-Phenylprop-3-en-1-ol	$C_9H_{10}O$	Ph–CH=CH–CH$_2$–OH	134,177
cis-Phenylpropensäure	$C_9H_8O_2$	Ph–CH=CH–COOH (cis)	148,161
trans-Phenylpropensäure	$C_9H_8O_2$	Ph–CH=CH–COOH (trans)	148,161
Phenyltrichlormethan	$C_7H_5Cl_3$	Ph–CCl$_3$	195,476
Phosphorsäuretriethylester	$C_6H_{15}O_4P$	(CH$_3$–CH$_2$–O)$_3$P=O	182,156
Phosphorsäuretriphenylester	$C_{18}H_{15}O_4P$	(Ph–O)$_3$P=O	326,288
alpha-Pinen	$C_{10}H_{16}$	(Strukturformel)	136,236

lg	F. in °C	K. in °C	n_D	ϱ in kg·m⁻³	Lösbarkeit
18227	120,5	z.	1,5101/137 ... 138°	1361/4°	15,97 W.; 20,85 W. 24°; ll. E., D.
12434	22	z. 170		1116	unl. W.; l. E., D.
03398	−15,3	205,2	1,53938/22,1°	1042,7/19°	4 W. 17°; 66,7 E. (50%); mb. D., Tchl.; l. Pr.
34101	62	224/1,6 kPa	1,6715/69°		ll. D.; l. E., Bz., Es., Tchl.; wl. W.
34101	108	237/2,0 kPa	1,6598/123 ... 124°		l. k. E., D., sd. Bz.; ll. Tchl.; unl. W.
17660	48 ... 49	280	1,5101/53 ... 54°	1071,2/49°	0,59 W.; ll. E.; l. D., Lg.
12111	−7,5	127/2,1 kPa	1,61949	1049,7	swl. W.; mb. E., D.
12768	34	139,4/1,9 kPa	1,5754/36°	1044,0	wl. W.; ll. E., D.
17073	a) 68 b) 58 c) 42	125/2,5 kPa		1284	0,69 W. 18°; ll. E., D.
17073	132,5	300		1245	0,04 W. 18°; 23,8 E.; ll. D.; 5,9 Tchl. 17°; l. Bz., Es., Sk.
29109	−5,0	213 ... 214	1,5584/19,2°	1380/14°	unl. W.; l. E., D., Bz.
26044	−56,5	216	1,4062	1068,2	z. W.; l. D., E.
51360	49,5	245/1,5 kPa		1205,5/58°	l. E., D., Bz., Tchl.; unl. W.
13429	−55	155,8	1,4658	858,2	mb. E., D., Tchl.; swl. W.

Name	Summenformel	Strukturformel	M
beta-Pinen	$C_{10}H_{16}$	(bicyclic structure with CH_2, H_2C, CH_3, H_3C-C, CH, H_2C, CH_2, CH)	136,236
Piperazin	$C_4H_{10}N_2$	$HN\begin{smallmatrix}CH_2-CH_2\\CH_2-CH_2\end{smallmatrix}NH$	86,136
Piperidin	$C_5H_{11}N$	$\begin{smallmatrix}CH_2-CH_2\\CH_2\quad\quad NH\\CH_2-CH_2\end{smallmatrix}$	85,149
Piperonal	$C_8H_6O_3$	$H_2C\langle{}^O_O\rangle{}C_6H_3-CHO$	150,134
Propan	C_3H_8	$CH_3-CH_2-CH_3$	44,096
Propanal	C_3H_6O	CH_3-CH_2-CHO	58,079
Propanaldiol	$C_3H_6O_3$	$HO-CH_2-CH(OH)-CHO$	90,079
Propandiamid	$C_3H_6O_2N_2$	$CH_2\begin{smallmatrix}CO-NH_2\\CO-NH_2\end{smallmatrix}$	102,093
Propan-1,2-diol	$C_3H_8O_2$	$CH_3-CH(OH)-CH_2-OH$	76,095
Propan-1,3-diol	$C_3H_8O_2$	$HO-CH_2-CH_2-CH_2-OH$	76,095
Propandisäure	$C_3H_4O_4$	$CH_2\begin{smallmatrix}COOH\\COOH\end{smallmatrix}$	104,062
Propandisäurediethylester	$C_7H_{12}O_4$	$CH_2\begin{smallmatrix}COO-CH_2-CH_3\\COO-CH_2-CH_3\end{smallmatrix}$	160,169
Propansäuredinitril	$C_3H_2N_2$	$H_2C\begin{smallmatrix}C\equiv N\\C\equiv N\end{smallmatrix}$	66,062
Propan-1-ol	C_3H_8O	$CH_3-CH_2-CH_2-OH$	60,095
Propan-2-ol	C_3H_8O	$CH_3-CH(OH)-CH_3$	60,095
Propanolepoxid	$C_3H_6O_2$	$H_2C\langle{}_O\rangle{}CH-CH_2-OH$	74,080
Propanolon	$C_3H_6O_2$	$CH_3-CO-CH_2-OH$	74,080
Propanon	C_3H_6O	$CH_3-CO-CH_3$	58,079
Propanonal	$C_3H_4O_2$	$CH_3-CO-CHO$	72,063
Propanonsäure	$C_3H_4O_3$	$CH_3-CO-COOH$	88,063

4. Konstanten organischer Verbindungen

lg	F. in °C	K. in °C	n_D	ϱ in kg · m⁻³	Lösbarkeit
13429	−50	164	1,4812	870,8	unl. W.; l. E., D.
93518	104	145 ... 146	1,446/113°		ll. W., E.; unl. D.
93018	−9	106	1,4535/19°	862,2	mb. W., E., D.
17648	37	263	1,5795/44 ... 45°		0,35 W.; 0,66 W. 78°; 125 E.; 700 sd. E.; mb. D.; l. sd. W.
64440	−189,9	−42,06	1,2957	2019,6	6,4 ml W. 17,8°; 783 ml E. 16,6°; 925 ml D. 16,6°
76402	−81	48	1,3646/19°	807	20 W.; mb. E., D.
95462	138			1453/18°	wl. W., E., D.
00900	170		1,4842/182 ... 185°		8,3 W. 8°; unl. E., D.
88136		188 ... 189		1040,3/19°	mb. W. E.; 12 D.; l. Bz.
88136		116/2,7 kPa	1,4398	1059,7	mb. W., E.; ll. Bz., D.
01729	135,6	z. 140 ... 150		1631/15°	139,4 W. 15°; l. E.; 8,7 D. 15°
20458	−49,8	198,9	1,4142	1055,0	l. W., Bz., Tchl.; mb. E., D.
81995	32	105 ... 107/ 0,9 kPa	1,41463/34,2°	1051/32°	13,3 W.; 40 E.; 20 D.; 10 Tchl.; l. Bz.
77884	−126	97,2	1,38543	803,5	mb. W., D., E.; l. Bz.
77884	−89,5	82,0	1,37757	785,4	mb. W., E., D.
86970		162 ... 163 z. 62/2,0 kPa	1,4350/16°	1111/22°	mb. W., E., D.; unl. Bz.
86970	−17	145 ... 146 z. 54/2,4 kPa	1,4295	1080,1	mb. W., E., D.
76402	−95	56,1	1,35886/19,4°	795	mb. W., E., D.
85771		72	1,4002/17,5°	1045,5/24°	l. W.; ll. E., D.
94479	13,6	165 z.	1,43025/15,3°	1264,9/25°	mb. W., E., D.

4. Konstanten organischer Verbindungen

Name	Summenformel	Strukturformel	M
Propansäure	$C_3H_6O_2$	CH_3-CH_2-COOH	74,0
Propansäureethylester	$C_5H_{10}O_2$	$CH_3-CH_2-COO-CH_2-CH_3$	102,1
Propansäuremethylester	$C_4H_8O_2$	$CH_3-CH_2-COO-CH_3$	88,1
Propansäurenitril	C_3H_5N	$CH_3-CH_2-C\equiv N$	55,0
Propan-1,2,3-trikarbonsäure	$C_6H_8O_6$	HOOC—CH—CH$_2$—COOH $\|$ CH$_2$—COOH	176,1
Propantriol	$C_3H_8O_3$	CH$_2$—CH—CH$_2$ $\|$ $\|$ $\|$ OH OH OH	92,0
Propen	C_3H_6	$CH_3-CH=CH_2$	42,08
Propenal	C_3H_4O	$CH_2=CH-CHO$	56,06
Propenamid	C_3H_5ON	$H_2C=CH-CO-NH_2$	71,07
Prop-2-en-1-ol	C_3H_6O	$CH_2=CH-CH_2-OH$	58,07
Propensäure	$C_3H_4O_2$	$CH_2=CH-COOH$	72,06
Propensäureethylester	$C_5O_8H_2$	$CH_2=CH-COO-CH_2-CH_3$	100,1
Propensäurenitril	C_3H_3N	$CH_2=CH-C\equiv N$	53,06
Propin	C_3H_4	$CH_3-C\equiv CH$	40,06
Prop-2-in-1-ol	C_3H_4O	$HC\equiv C-CH_2-OH$	56,06
Propiophenon	$C_9H_{10}O$	$CH_3-CH_2-CO-\bigcirc$	134,17
Propylamin	C_3H_9N	$CH_3-CH_2-CH_2-NH_2$	59,11
i-Propylbenzen	C_9H_{12}	$H_3C\diagdown$ $\quad CH-\bigcirc$ $H_3C\diagup$	120,19
Pyrazin	$C_4H_4N_2$	CH—CH N N CH=CH	80,08
Pyrazol	$C_3H_4N_2$	HC——CH $\|\|$ $\|$ HC N $\diagdown$NH$\diagup$	68,07
Pyrazolon	$C_3H_4ON_2$	HC——CO $\|\|$ $\|$ HC NH $\diagdown$NH$\diagup$	84,07
Pyren	$C_{16}H_{10}$		202,25
Pyridazin	$C_4H_4N_2$		80,08
Pyridin	C_5H_5N		79,10
Pyridin-2-karbonsäure	$C_6H_5O_2N$	-COOH	123,11

4. Konstanten organischer Verbindungen

lg	F. in °C	K. in °C	n_D	ϱ in kg·m^{-3}	Lösbarkeit
86970	−19,7	140,7	1,3872	998,5/15°	mb. W., E., D.; l. Tchl.
00917	−73,9	99,1	1,38385	890,7	1,7 W.; mb. E., D.
94501		79,7	1,3775	917,0/18°	mb. E., D.; wl. W.
74099	−91,9	97,1	1,3681/19°	784	11,9 W. 40°; 29 W. 100°; l. D.; mb. E.
24582	166	z.			40,52 W. 14°; II. E.; l. D. 18°
96423	17,9	172 ... 173 1,5 kPa	1,4729	1261,3	mb. E., W.; unl. D., Tchl.
62408	−185,2	−47		674/79°	28 ml W. 10°; II. k. E., k. Es.
74868	−88	52 ... 53	1,39975	838,9	26,7 W.; II. E., D.
85174	84,5	87/0,27 kPa	1,460	1122/30°	63 Pr., 86 E., 155 M., 0,35 Bz., 215,5 W.
76402	−129	97,1	1,41152/15°	870,3/0°	mb. W., E., D.; l. Bz.
85771	13	140 ... 141	1,422/16°	1062/16°	mb. W., D., E.; l. Bz.
00051		98,5	1,405	924	
72479	−82	78	1,3907/22°	811	
60277	−104,7	−23,3		1787	II. E.; l. D., Bz.; wl. W.
74868	−17	114 ... 115	1,43064	971,5	l. W.; mb. E., D.
12768	21	218	1,5290/15,9°	1013,3/16°	l. E., D.; unl. W.
77167	−83	47,8	1,39006/16,6°	718,6	l. W., D., E.
07988	−96,9	152,5	1,4930	862	unl. W.; l. E., D., Bz.
90357	54	116		1031/61°	II. E., D.; mb. W.; l. Tchl.
83301	70	186 ... 188		1001,8/99,8°	II. W., E., D.; l. Bz.
92468	165	subl. z.			l. W., E.; swl. D.
30590	150	260/8,0 kPa 393	1,6877/175 ... 178°	1277/0°	unl. W.; 1,37 E. 16°; 3,08 sd. E.; II. D. 16,54 M. 18°
90357	−8	208	1,5231/23,5°	1104/23°	mb. W.; II. E., D.; l. Bz.; unl. Lg.
89818	−42	115,5	1,50920	977,2/25°	mb. W., E., D.; l. Bz.
09030	137	subl.			II. W.; 9,5 E.; swl. D., Bz., Tchl.

/ 4. Konstanten organischer Verbindungen

Name	Summenformel	Strukturformel	M
Pyridin-3-karbonsäure	$C_6H_5O_2N$	(pyridine)—COOH	123,111
Pyridin-4-karbonsäure	$C_6H_5O_2N$	HOOC—(pyridine)—N	123,111
Pyrrol	C_4H_5N	HC=CH, HC=CH, NH	67,090
Pyrrolidin	C_4H_9N	H_2C—CH_2, H_2C—CH_2, NH	71,122
Pyrrolin	C_4H_7N	HC=CH, H_2C—CH_2, NH	69,106
Saccharin	$C_7H_5O_3NS$	(benzene)—CO—NH—SO_2	183,18
Salpetersäureethylester	$C_2H_5O_3N$	CH_3—CH_2—O—NO_2	91,066
Salpetrigsäureethylester	$C_2H_5O_2N$	CH_3—CH_2—O—NO	75,067
Salpetrigsäuremethylester	CH_3O_2N	CH_3—O—NO	61,040
Schwefelsäurediethylester	$C_4H_{10}O_4S$	CH_3—CH_2—O, SO_2, CH_3—CH_2—O	154,18
Schwefelsäuredimethylester	$C_2H_6O_4S$	CH_3—O—SO_2—O—CH_3	126,13
Schwefelsäuremonoethylester	$C_2H_6O_4S$	CH_3—CH_2—O—SO_2—OH	126,13
Schwefelsäuremonomethylester	CH_4O_4S	CH_3—O—SO_2—OH	112,10
Schwefligsäurediethylester	$C_4H_{10}O_3S$	CH_3—CH_2—O, SO, CH_3—CH_2—O	138,18
D-Sorbit-Semihydrat	$C_6H_{14}O_6 \cdot 1/2\ H_2O$	HO—CH_2—[CH(OH)]$_4$—CH_2 $\cdot$ $1/2 H_2O$, OH	191,181
L-Sorbose	$C_6H_{12}O_6$	HO—CH_2—C(OH,H)—C(H,OH)—C(OH,H)—CO—CH_2—OH	180,157
2-Sulfobenzenkarbonsäure	$C_7H_6O_5S$	(benzene)—COOH, —SO_3H	202,18
3-Sulfobenzenkarbonsäure	$C_7H_6O_5S$	COOH—(benzene)—SO_3H	202.18
4-Sulfobenzenkarbonsäure	$C_7H_6O_5S$	HOOC—(benzene)—SO_3H	202,18
Sulfoethansäure-Monohydrat	$C_2H_6O_6S$	HO_3S—CH_2—COOH $\cdot$ H_2O	158,13

4. Konstanten organischer Verbindungen

lg	F. in °C	K. in °C	n_D	ϱ in kg · m^{-3}	Löslichkeit
09030	236 ... 237	subl.	1,4936/240 ... 241°		ll. h. W., h. E.; swl. D., k. W.
09030	315 ... 316	subl. z.			wl. D., Bz., k. W.; swl. sd. E.
82666		130	1,50347/19,7°	969,1	wl. Bz., W.; ll. E., D.
85200		88		852/22°	mb. W., E., D.
83952		90/99,7 kPa	1,4664	909,7	ll. W.; mb. E., D.
26288	228	subl.	1,5204/244°	828	0,43 W. 25°; 3,1 E.; wl. D., Bz.
95936	−102	87,7	1,38484/21,5°	1105/22°	3,09 W. 55°; mb. E., D.
87545		17		900/16°	mb. E.; l. D.; swl. W.
78561	−17	−12		991/−15°	l. E., D.
18803	−24,5	96/2,0 kPa	1,40171/15°	1186,7/19°	unl. W.; l. Bz.; mb. E., D.
10082	−32	188,5	1,3874	1327,8	l. D., Bz.; mb. E.
10082		280 z.	1,40100/18,1°	1316/17°	ll. W.; l. E., D.
04961	< −30	z.			ll. W.; l. E.; mb. D.
14045		158	1,4198/11°	1077,2	l. E., D.
28144	85 ... 93	−	1,5101/88 ... 91°		mb. W.; swl. k. E.; ll. h. E.; l. Es.
25565	154			1612/17°	83 W. 17°; swl. E.; unl. D.
30574	141				ll. W., E.; unl. D.
30574	141				ll. W., E., D.; unl. Bz.
30574	259 ... 260				ll. W., E., D.
19901	84 ... 86	z. ≈ 245			l. W.; ll. E.; unl. D.

Name	Summenformel	Strukturformel	M
D-Terpineol	$C_{10}H_{18}O$	$H_3C-C\begin{subarray}{c}CH_2-CH_2\\ CH-CH_2\end{subarray}CH-C(CH_3)(OH)CH_3$	154,252
1,2,3,4-Tetrachlorbenzen	$C_6H_2Cl_4$	(Strukturformel)	215,894
1,2,3,5-Tetrachlorbenzen	$C_6H_2Cl_4$	(Strukturformel)	215,894
1,2,4,5-Tetrachlorbenzen	$C_6H_2Cl_4$	(Strukturformel)	215,894
Tetrachlor-1,4-chinon	$C_6O_2Cl_4$	(Strukturformel)	245,877
1,1,1,2-Tetrachlorethan	$C_2H_2Cl_4$	Cl_3C-CH_2-Cl	167,850
1,1,2,2-Tetrachlorethan	$C_2H_2Cl_4$	$Cl_2-CH-CH-Cl_2$	167,850
Tetrachlorethen	C_2Cl_4	$Cl_2C=CCl_2$	165,834
Tetrachlormethan	CCl_4	CCl_4	153,823
Tetradekan	$C_{14}H_{30}$	$CH_3-(CH_2)_{12}-CH_3$	198,391
Tetradekan-1-ol	$C_{14}H_{30}O$	$CH_3-(CH_2)_{12}-CH_2-OH$	214,390
Tetradekansäure	$C_{14}H_{28}O_2$	$CH_3-(CH_2)_{12}-COOH$	228,374
Tetradek-1-en	$C_{14}H_{28}$	$CH_3-(CH_2)_{11}-CH=CH_2$	196,375
Tetrafluormethan	CF_4	$F-C(F)(F)-F$	88,005
Tetrahydrofuran	C_4H_8O	$\begin{subarray}{c}CH_2-CH_2\\ CH_2\quad CH_2\\ \quad O\end{subarray}$	72,107
Tetrahydrofurfurylmethanol	$C_5H_{10}O_2$	$\begin{subarray}{c}CH_2-CH_2\\ CH_2\quad CH-CH_2-OH\\ \quad O\end{subarray}$	102,133
Tetrahydronaphthalen	$C_{10}H_{12}$	(Strukturformel)	132,205

lg	F. in °C	K. in °C	n_D	ϱ in kg·m⁻³	Lösbarkeit
18823	37 ... 38	104/2,0 kPa	1,4819	939/15°	wl. W.; l. E.
33424	a) 47,5 b) 42,0	254			unl. W.; wl. E.; ll. D., Sk.
33424	51	246			wl. k. E.; ll. Bz., Sk.; l. D.
33424	139	243 ... 246		1734/10°	unl. W.; wl. sd. E.; l. D., Bz., Sk.
39072	290	subl.			unl. W.; wl. Sk., Tchl.; l. sd. E., D., Bz.; ll. sd. Es.
22492		130,5	1,48162/23,2°	1542/26°	unl. W.; mb. E., D.
22492	−42,5	146,2	1,4942	1600,2	unl. W.; mb. E., D.
21967	−22,4	121,1	1,50547	1620,7	unl. W.; mb. E., D.
18702	−22,9	76,7	1,46305/15°	1596	0,077 W. 25°; mb. E., D.; l. Bz., Tchl.
29752	5,5	252,6	1,4459	764,5	ll. D., E.; unl. W.
33120	38	159 ... 161/ 1,3 kPa			l. E.; ll. D.
35865	53,8	250,5/ 13,3 kPa	1,4305/60°	862,2/54°	unl. W.; l. E., Bz., Es., Tchl.; wl. D.
29309	−12	246		775	ll. E., D.; wl. W.
94451	−184	−128		3940	
85798	−108,5	65,6 ... 65,8	1,4050	889,2	ll. W.; l. E., D.
00917		72 ... 73/ 2,0 kPa	1,4517	1049,5	mb. W., E., D.
12125	−30	207,2	1,5461/20,2°	973,2/18°	unl. W.; ll. E., D.

4. Konstanten organischer Verbindungen

Name	Summenformel	Strukturformel	M
Tetramethylammoniumhydroxid	$C_4H_{13}ON$	$\left[\begin{array}{c}H_3C\\H_3C\end{array}\!\!>\!\!N\!\!<\!\!\begin{array}{c}CH_3\\CH_3\end{array}\right]^+ OH^-$	91,153
Tetramethylthiuramdisulfid	$C_6H_{12}N_2S_4$	$\begin{array}{c}CH_3\\CH_3\end{array}\!\!>\!\!N\!-\!\underset{\underset{S}{\|}}{C}\!-\!S\!-\!S\!-\!\underset{\underset{S}{\|}}{C}\!-\!N\!\!<\!\!\begin{array}{c}CH_3\\CH_3\end{array}$	240,41
2,3,4,6-Tetranitro-1-methyl-5-aminobenzen	$C_7H_5O_8N_5$	NH_2 / O_2N—/—NO_2 / H_3C—\—NO_2 / NO_2 (benzene ring)	287,145
Thiazol	C_3H_3NS	$\begin{array}{c}HC\!=\!\!=\!\!N\\ \| \quad\quad \|\\ HC\quad CH\\ \quad\!\searrow\!S\!\swarrow\end{array}$	85,12
2-Thiol-benzenkarbonsäure	$C_7H_6O_2S$	Ph–COOH, –SH	154,18
Thiokohlensäurediamid	CH_4N_2S	$H_2N\!-\!\underset{\underset{S}{\|}}{C}\!-\!NH_2$	76,12
Thiokohlensäuredichlorid	$CSCl_2$	$S\!=\!C\!\!<\!\!\begin{array}{c}Cl\\Cl\end{array}$	114,98
Thiophen	C_4H_4S	$\begin{array}{c}HC\!=\!\!=\!\!CH\\ \| \quad\quad \|\\ HC\quad CH\\ \quad\!\searrow\!S\!\swarrow\end{array}$	84,14
Thiolbenzen	C_6H_6S	Ph–SH	110,17
Thiuramdisulfid	$C_2H_4N_2S_4$	$H_2N\!-\!\underset{\underset{S}{\|}}{C}\!-\!S\!-\!S\!-\!\underset{\underset{S}{\|}}{C}\!-\!NH_2$	184,31
Tribromethanal	C_2HOBr_3	$Br_3C\!-\!CHO$	280,741
Tribromethanol	$C_2H_3OBr_3$	$Br_3C\!-\!CH_2\!-\!OH$	282,757
Tribrommethan	$CHBr_3$	$CHBr_3$	252,731
Trichlorethanal	C_2HOCl_3	$Cl_3C\!-\!CHO$	147,388
Trichlorethanal-Hydrat	$C_2H_3O_2Cl_3$	$Cl_3\!-\!CH(OH)_2$	165,404
Trichlorethanoylchlorid	C_2OCl_4	$Cl_3C\!-\!CO\!-\!Cl$	181,833
Trichlorethansäure	$C_2HO_2Cl_3$	$Cl_3C\!-\!COOH$	163,388
Trichlorethen	C_2HCl_3	$ClCH\!=\!CCl_2$	131,389
1,2,3-Trichlorbenzen	$C_6H_3Cl_3$	(benzene with Cl at 1,2,3)	181,449
1,2,4-Trichlorbenzen	$C_6H_3Cl_3$	(benzene with Cl at 1,2,4)	181,449
1,3,5-Trichlorbenzen	$C_6H_3Cl_3$	(benzene with Cl at 1,3,5)	181,449

lg	F. in °C	K. in °C	n_D	ϱ in kg·m^{-3}	Lösbarkeit
95977	63	z.			220 W. 15°; mb. W. 63°; swl. E.; unl. D.
38095	155 ... 156			1290	l. Tchl.; wl. E., D.; unl. W.
45810	z.	—		1900	
93003		116,8	1,5969	1198	mb. W.; l. E., D.
18803	164 ... 165	subl.			wl. h. W.; ll. E.; l. Es., D.
88150	180	z.	1,6483/137 ... 138°	1405	9 k. W.; swl. k. E.; wl. D.
06062		73,5	1,54424	1508,5/15°	l. D.
92500	−40	84	1,528736	1070,5/15°	unl. W.; l. E., Bz.
04206		168,3	1,58613/23,2°	1078/22°	unl. W., ll. E., mb. D.
26555	153 z.	—			unl. W., D.; z. sd. E.
44831		174		2665/25°	l. E., D.
45141	80	92 ... 93/ 1,3 kPa			l. W.
40266	8,05	149,6	1,6005/15°	2889,9	0,319 W. 30°; mb. E., D.; l. Bz., Tchl., Pe.
21855	51,6	96		1908	474 W. 17°; 250 E. 14°
25967		118		1629/16°	mb. D.
21322	57,5	197,5	1,4603/60,8°	1629,8/61°	120,1 W. 25°; l. E., D.
11856	−73	87,2	1,4777	1466,0/18°	mb. E., D.; swl. W.
25875	53 ... 54	218 ... 219			wl. E.; ll. D.; unl. W.
25875	17	213	1,5671	1446/26°	ll. D., E.; unl. W.
25875	63	208,4			l. E.; ll. D.; unl. W.

Name	Summenformel	Strukturformel	M
2,3,4-Trichlorhydroxybenzen	$C_6H_3OCl_3$	Cl—(ring)—OH, Cl, Cl	197,448
2,3,5-Trichlorhydroxybenzen	$C_6H_3OCl_3$	OH, Cl—(ring)—Cl, Cl	197,448
2,4,6-Trichlorhydroxybenzen	$C_6H_3OCl_3$	Cl, HO—(ring)—Cl, Cl	197,448
Trichlormethan	$CHCl_3$	$H-CCl_3$	119,378
Trichlornitromethan	CO_2NCl_3	Cl_3C-NO_2	164,376
1,1,1-Trichlorpropan	$C_3H_5Cl_3$	$Cl_3C-CH_2-CH_3$	147,432
1,1,2-Trichlorpropan	$C_3H_5Cl_3$	$Cl-CH-CH-CH_3$, Cl Cl	147,432
1,2,3-Trichlorpropan	$C_3H_5Cl_3$	$Cl-CH_2-CH-CH_2Cl$, Cl	147,432
1,2,2-Trichlorpropan	$C_3H_5Cl_3$	$Cl-CH_2-C-CH_3$, Cl Cl	147,432
Tridekan	$C_{13}H_{28}$	$CH_3-(CH_2)_{11}-CH_3$	184,364
Tridekan-1-ol	$C_{13}H_{28}O$	$CH_3-(CH_3)_{11}-CH_2-OH$	200,363
Tridekan-7-on	$C_{13}H_{26}O$	$CH_3-(CH_2)_5-\overset{O}{\underset{\parallel}{C}}-(CH_2)_5-CH_3$	198,348
Tridekansäure	$C_{13}H_{26}O_2$	$CH_3-(CH_2)_{11}-COOH$	214,347
Tridek-1-en	$C_{13}H_{26}$	$CH_3-(CH_2)_{10}-CH=CH_2$	182,348
Triethanolamin	$C_6H_{15}O_3$	$HO-CH_2-CH_2$ \ $N-CH_2-CH_2-OH$ / $HO-CH_2-CH_2$	149,189
Triethylamin	$C_6H_{15}N$	CH_3-CH_2 \ $N-CH_2-CH_3$ / CH_3-CH_2	101,191
Trifluormethan	CHF_3	$H-CF_3$	70,014
1,2,3-Trihydroxybenzen	$C_6H_6O_3$	OH, HO—(ring)—OH	126,112
1,2,4-Trihydroxybenzen	$C_6H_6O_3$	OH, HO—(ring)—OH	121,612

lg	F. in °C	K. in °C	n_D	ϱ in kg · m^{-3}	Lösbarkeit
29 545	80 ... 81				
29 545	62	253	1,5725/70°		l. E., D., Lg.; swl. sd. W.
29 545	68	244,5	1,5611/85°	1490,1/75°	ll. E., D.; swl. W.
07 692	−63,5	61,21	1,44309/25°	1498,45/15°	0,82 W.; ll. E., D.
21 584	−64	111,9	1,46075/23°	1651	0,17 W. 18°; mb. E., D.
16 859		145 ... 150			
16 859		140		1372/25°	
16 859	−14,7	156,8		1394	l. E., D.; unl. W.
16 859		123		1318/25°	
26 568	−5,4	234	1,4258	756,2	ll. E., D.; unl. W.
30 182	30,6	155/2,0 kPa		822,3/31°	unl. W.
29 743	33	264			l. E., D.
33 112	51	236/13,3 kPa	1,4249/70°		ll. D., E.; unl. W.
26 090	−22	232,7		797,7	ll. D., E.; unl. W.
17 374	21,2	206 ... 207 2,0 kPa	1,4852	1124,2	mb. W., E.; wl. D.
00 514	−114,8	89,5	1,4003	722,9	mb. W. unterhalb 18,7°; 16,6 W.; 2,0 W 65°; l. E., D.
84 519	−163	−82,2			l. W.
10 076	132,8	309 (293 z.)	1,5611/133 ... 135°	1453	44 W. 13°; ll. E., D.; swl. Bz., Sk., Tchl.
10 076	141				ll. W., E., D.; swl. Bz., Tchl.

Name	Summenformel	Strukturformel	M
1,3,5-Trihydroxybenzen	$C_6H_6O_3$	HO—⌬—OH, OH	126,112
Triiodmethan	CHI_3	H–C(I)(I)I	393,732
Trimethylamin	C_3H_9N	$(CH_3)_2N-CH_3$	59,111
1,3,5-Trimethylbenzen	C_9H_{12}	CH_3–⌬–(CH_3)(H_3C)	120,194
2,2,3-Trimethylbutan	C_7H_{16}	$CH_3-C(CH_3)(CH_3)-CH(CH_3)CH_3$	100,203
2,4,6-Trimethylpyridin	$C_8H_{11}N$	CH_3-pyridin-$(CH_3)_2$	121,182
1,2,3-Trinitrobenzen	$C_6H_3O_6N_3$	O_2N-⌬-NO_2, NO_2	213,106
1,2,4-Trinitrobenzen	$C_6H_3O_6N_3$	O_2N-⌬-NO_2, NO_2	213,106
1,3,5-Trinitrobenzen	$C_6H_3O_6N_3$	O_2N-⌬-NO_2, NO_2	213,106
2,4,6-Trinitrochlorbenzen	$C_6H_2O_6N_3Cl$	Cl-⌬(O_2N)(NO_2)(NO_2)	247,551
2,4,6-Trinitrohydroxybenzen	$C_6H_3O_7N_3$	OH-⌬(O_2N)(NO_2)(NO_2)	229,106
2,3,4-Trinitromethylbenzen	$C_7H_5O_6N_3$	CH_3-⌬(NO_2)(NO_2)(NO_2)	227,133

4. Konstanten organischer Verbindungen   131

lg	F. in °C	K. in °C	n_D	ϱ in kg · m^{-3}	Löslichkeit
10076	217 ... 219	subl.			1,07 W.; l. E., D.
59520	119	subl. expl. 210		4008/17°	unl. W.; 1,5 E. (90%) 18°; ll. sd. E.; 18,5 D.; l. Es., Sk., Tchl.
77167	−124	3,5		2580,4/17°	ll. W., E.; l. D.
07988	−52,7	164,6	1,49804/17,1°	863,4	unl. W.; l. E., D.
00088	−25	80,9	1,38940	689,2	ll. D., E.; unl. W.
08344		171	1,4959/25°	917	20,8 W. 6°; 1,8 W. 100°; l. E.; mb. D.
32860	127				10 sd. E.; unl. W.
32860	61			1730/15°	5,45 E. 15°; 7,13 D. 15°; 14,08 Bz. 15°; swl. W.
32860	123	subl. z.	1,5611/128 ... 130°	1477,5/152°	0,04 k. W.; 1,9 E. 16°; 1,5 D. 17°; 6,2 Bz. 16°
39366	83	z.	1,5795/91 ... 92°	1797	swl. W.; ll. sd. E.; wl. D.; l. Lg.
36004	122,5	subl. expl. > 300°	1,5897/145 ... 146°	1767/19°	1,2 W.; 7,2 sd. W.; 66,2 sd. E.; 2,1 D.
35628	112	z. 290		1620	wl. k. E.; ll. D.; unl. W.

Name	Summenformel	Strukturformel	M
2,4,5-Trinitromethylbenzen	$C_7H_5O_6N_3$		227,133
2,4,6-Trinitromethylbenzen	$C_7H_5O_6N_3$		227,133
2,4,5-Trinitronaphth-1-ol	$C_{10}H_5O_7N_3$		279,165
Triphenylchlormethan	$C_{19}H_{15}Cl$		278,781
Triphenylmethan	$C_{19}H_{16}$		244,335
Triphenylmethanol	$C_{19}H_{16}O$		260,335
Triphenylphosphin	$C_{18}H_{15}P$		262,290
Undekan	$C_{11}H_{24}$	$CH_3-(CH_2)_9-CH_3$	156,31
Undekanal	$C_{11}H_{22}O$	$CH_3-(CH_2)_9-C{\overset{O}{\underset{H}{}}}$	170,294
Undekan-1-ol	$C_{11}H_{24}O$	$CH_3-(CH_2)_9-CH_2-OH$	172,311
Undekan-6-on	$C_{11}H_{22}O$	$CH_3-(CH_2)_4-C-(CH_2)_4-CH_3$ $\overset{\parallel}{O}$	170,29
Undekansäure	$C_{11}H_{22}O_2$	$CH_3-(CH_2)_9-COOH$	186,29
Undek-1-en	$C_{11}H_{22}$	$CH_3-(CH_2)_8-CH=CH_2$	154,29
Xanthen	$C_{13}H_{10}O$		182,22

lg	F. in °C	K. in °C	n_D	ϱ in kg · m^{-3}	Lösbarkeit
35628	104	z. 291		1620	wl. k. E.; ll. D.; l. Pr.; unl. W.
35628	80,8	z. > 335	1,5611/91 ... 93°	1654	1,64 W. 22°; 10 E. 58°; l. D.
44586	189 z.	–			l. Es ; wl. E., Bz., D., sd. W.
44526	112	230 ... 235/ 2,7 kPa			ll. Bz., Sk.; l. Tchl.; wl. E., D.
38799	93	359	1,5839/99°	1014/99°	unl. W.; wl. k. E.; ll. h. E., D.; l. Tchl., Bz.
41553	162,5	380	1,5611/170 ... 172°	1188	unl. W.; ll. E., D., Bz.
41878	79	> 360		1194	unl. W.; l. E., Bz.; ll. D.
19399	–25,6	195,8	1,4173	740,25	ll. D., E.
23120	–4	117/2,4 kPa	1,4334	830	l. E., D.; unl. W.
3631	11	131/2,0 kPa	1,4404	833,4/23°	l. D., E.; unl. W.
23120	15	226	1,42682/25°	824,7	l. E., D.; unl. W.
27020	29,3	228/21,3 kPa	1,4203/70°	890,5	l. D.; unl. W.
18835	–49	192,7	1,4284	750,32	
26060	100,5	315			swl. W.; wl. l. E.; l. D., Tchl., Bz. Sk.

4. Konstanten organischer Verbindungen

Name	Summenformel	Strukturformel	M
Xanthon	$C_{13}H_8O_2$	(Xanthon-Struktur mit CO und O)	196,205
Zyanamid	CH_2N_2	$H_2N-C\equiv N$	42,040
Zyanethansäure	$C_3H_3O_2N$	$N\equiv C-CH_2-COOH$	85,062
Zyansäure	$CHON$	$HO-C\equiv N$	43,025
Zyanurchlorid	$C_3N_3Cl_3$	(Triazin-Ring mit 3 Cl)	184,412
Zyanursäure	$C_3H_3O_3N_3$	(Triazin-Ring mit NH-CO)	129,075
Zyklobutan	C_4H_8	H_2C-CH_2 / H_2C-CH_2	56,107
Zykloheptan	C_7H_{14}	(Siebenring)	98,188
Zykloheptanon	$C_7H_{12}O$	(Siebenring mit C=O)	112,171
Zyklohexa-1,3-dien	C_6H_8	(Sechsring mit 2 Doppelbindungen)	80,129
Zyklohexan	C_6H_{12}	(Sechsring)	84,161
Zyklohexankarbonsäure	$C_7H_{12}O_2$	(Sechsring mit COOH)	128,171
Zyklohexanol	$C_6H_{12}O$	(Sechsring mit CH-OH)	100,160
Zyklohexanon	$C_6H_{10}O$	(Sechsring mit C=O)	98,144
Zyklohexanonoxim	$C_6H_{11}ON$	(Sechsring mit C=N-OH)	113,159
Zyklohexen	C_6H_{10}	(Sechsring mit Doppelbindung)	82,145
Zyklohexylamin	$C_6H_{13}N$	(Sechsring mit CH-NH$_2$)	99,175

lg	F. in °C	K. in °C	n_D	ϱ in kg·m⁻³	Lösbarkeit
29271	173 ... 174	349 ... 350 97,3 kPa	1,5898/181 ... 182°		0,7 k. E., 8,5 sd. E.; wl. D., Bz., Lg., h. W.
62366	43 ... 44	140/2,5 kPa	1,4418/48°	1072,9/48°	ll. W., E.; wl. Sk.; l. D., Bz. Tchl.
92974	65,6	108/2,0 kPa			l. W., E., D.; wl. Tchl. Bz.
63372	−86	z.		1140/0°	l. k. W., D., Es.
26579	146	190		1320	ll. E., Tchl.; l. sd. D., Es., swl. W.
11084	>360°	z.		2500/19°	0,25 W. 17°; 0,1 E. 21°; wl. D.
74902	<−80	11 ... 12	1,3752/0°	703/0°	unl. W.; ll. Pr.; mb. E., D.
99206	−12	118	1,4440	809,9	unl. W.; ll. E., D.
04988		179 ... 181	1,4604/21°	950,0/21°	unl. W.; l. D.; ll. E.
90379	89	80,4	1,4744	840,5	unl. W.; l. E.; ll. D.
92511	6,6	80,8	1,42680	779,1	unl. W.; mb. E., D.
10779	31,2	232 ... 233	1,4561/33,8°	1025,3/34°	0,20 W. 15°; ll. E., D.
00069	23,9	160,6	1,4657	936,9	5,67 W. 15°; l. E., D., Sk.; mb. Bz.
99186	−26	155,8	1,4507/19°	946,6	l. W., E., D.
05369	90	204			
91458	−103,7	82,98	1,4469	810,2	unl. W.; l. E., D.
99640	−21	134	1,43176	819,1	wl. W., E., D.

4. Konstanten organischer Verbindungen

Name	Summenformel	Strukturformel	M
Zyklooktatetraen	C_8H_8	HC=CH—CH=CH |　　　　　| HC=CH—CH=CH	104,151
Zyklopenta-1,3-dien	C_5H_6	HC—CH ‖　　‖＞CH$_2$ HC—CH	66,102
Zyklopentan	C_5H_{10}	H$_2$C—CH$_2$ ＼＿＿＿＞CH$_2$ H$_2$C—CH$_2$	70,134
Zyklopentanon	C_5H_8O	H$_2$C—CH$_2$ ＼＿＿＿＞C=O H$_2$C—CH$_2$	84,118
Zyklopropan	C_3H_6	H$_2$C ＼＞CH$_2$ H$_2$C	42,080

Raum für Ergänzungen

4. Konstanten organischer Verbindungen

lg	F. in °C	K, in °C	n_D	ϱ in kg·m^{-3}	Lösbarkeit
01766	ca. −27	42/2,3 kPa	1,5394	925	l. D.
82021	−97,2	42,5	1,4542/4,1°	804,7/19°	unl. W.; mb. E., D., Bz.
84593	−93,3	49,5	1,4039/20,5°	751,0	unl. W.; mb. E., D.
92489	−52,8	130,5	1,4366	941,6/22°	wl. W.; mb. E., D.
62408	−127	−34,5/ 100,0 kPa		720/−79°	unl. W.; ll. E., D.

5. Siedetemperaturen azeotroper Gemische

Azeotrope Gemische bestehen aus bestimmten Stoffen verschiedener Siedetemperaturen, die in einem bestimmten Mischungsverhältnis eine gemeinsame, konstante Siedetemperatur haben. Diese Siedetemperatur ist von der der reinen Stoffe verschieden.

Spalte K. der reinen Stoffe und K. des azeotropen Gemisches: Die Siedetemperaturen sind in diesen Spalten für 101,325 kPa angegeben.

5.1. Binäre Gemische

Bestandteile	K. des reinen Stoffes in °C	K. des azeotropen Gemisches in °C	Masseanteil des Stoffes I in %
Stoff I			
Benzen	80,12		100
Stoff II			
Butanon	79,6	78,4	62
Hexan	68,6	68,9	19
Zyklohexan	80,8	77,8	52,2
Stoff I			
Butan-1-ol	117,5		100
Stoff II			
Chlorbenzen	131,7	107,2	56
1,3-Dimethylbenzen	139	116,5	71,5
Di-2-methylpropyl-ether	122,4	112,8	45
Methansäurebutylester	106,9	105,8	24
Methylbenzen	110,8	105,5	27
Nitroethan	114	108,0	43
Nitromethan	100,9	98	30
Zyklohexan	80,8	79,8	10
Stoff I			
Butan-2-ol	99,5		100
Stoff II			
1,4-Dioxan	101,4	98,8	≈ 40
Dipropylether	90,6	87	≈ 22
Nitromethan	100,9	91,0	53,5
Propansäureethylester	99,1	85,5	62
Stoff I			
Butanon	79,6		100
Stoff II			
Ethansäureethylester	77,1	77,0	18
Heptan	98,4	77,0	75
Hexan	68,6	64,3	29,5
Methylzyklohexan	100,9	77,7	80
Zyklohexan	80,8	71,8	40
Stoff I			
2-Chlorethanol	128,6		100
Stoff II			
Methylbenzen	110,8	106,8	24,2
Trichlorethen	87,2	88,55	25
Stoff I			
1,3-Dimethylbenzen	139		100

5. Siedetemperaturen azeotroper Gemische

Bestandteile	K. des reinen Stoffes in °C	K. des azeotropen Gemisches in °C	Masseanteil des Stoffes I in %
Stoff II			
Butansäure	164	138,5	94
Chlorethansäure	189	139	93
Methansäure	100,5	94,2	30
Stoff I			
1,4-Dioxan	101,4		100
Stoff II			
1-Brombutan	100,3	98,0	47
1,3-Dimethylbenzen	139	136,0	40,4
Heptan	98,4	91,85	44
Methylzyklohexan	100,9	93,7	≈ 45
Methylzyklopentan	72	71,5	≈ 5
Nitromethan	100,9	100,55	43,5
Stoff I			
Ethandiol	197,4		100
Stoff II			
Aminobenzen	184,4	180,55	24
Dibutylether	142,4	140,0	6,4
N,N-Dimethylaminobenzen	193	175,85	33,5
Di-3-methylbutyl-ether	170 ... 175	161,4	22
Di-2-methylpropyl-ether	122,4	121,9	7
Ethoxybenzen	170,1	161,45	19
N-Ethylaminobenzen	206	183,7	43
Ethylbenzylether	185	169,0	22
Methoxybenzen	153,8	150,45	10,5
N-Methylaminobenzen	193,8	181,6	40,2
4-Methylmethoxybenzen	176,5	166,6	22,8
Nitrobenzen	210,9	185,9	59
2-Nitromethylbenzen	222,3	188,55	48,5
3-Nitromethylbenzen	230 ... 231	192,5	≈ 57
4-Nitromethylbenzen	238	192,4	63,5
Propoxybenzen	190 ... 191	171,0	26
Stoff I			
Ethanol	78,37		100
Stoff II			
Benzen	80,12	68,0	32,7
2-Brompropan	59,4	55,5	88,5
Butanon	79,6	75,7	34
Dipropylether	90,6	74,5	44
Ethansäureethylester	77,1	71,8	30,6
Ethylpropylether	63,85	60,0	15
Heptan	98,4	72,0	48
Hexan	68,6	58,6	21
Kohlenstoffdisulfid	46,45	42,4	9
Methylbenzen	110,8	76,8	68
Nitromethan	100,9	75,95	73,2
Propensäureethylester	99,8	77,5	72,7
Tetrachlormethan	76,7	64,9	15,8
Trichlorethen	87,2	70,8	28
Trichlormethan	61,21	59,4	7
Zyklohexan	80,8	64,9	30,5
Stoff I			
Ethansäure	118,1		100
Stoff II			
Benzen	80,12	98,5	1,5
1,3-Dimethylbenzen	139	115,4	72,5
Methylbenzen	110,8	100,5	22,4
Oktan	125,8	105,1	52,6

5. Siedetemperaturen azeotroper Gemische

Bestandteile	K. des reinen Stoffes in °C	K. des azeotropen Gemisches in °C	Masseanteil des Stoffes I in %
Stoff I			
Heptan	98,4		100
Stoff II			
Methansäure	100,5	78,2	43
Stoff I			
Hexan	68,6		100
Stoff II			
2-Brompropan	59,4	59,3	1,5
Trichlormethan	61,21	60	28
Stoff I			
Hydroxybenzen	181,4		100
Stoff II			
Benzaldehyd	178	185,6	51
Stoff I			
Methanol	64,7		100
Stoff II			
Benzen	80,12	57,9	38,5
1-Brombutan	100,3	63,5	59
2-Brompropan	59,4	49,0	14,5
1,2-Dichlorethan	83,7	59,5	34,5
Dipropylether	90,6	63,8	72
Ethanal	20,2	63,2	65
Ethylpropylether	63,85	55,8	28
Heptan	98,4	59,1	51,5
Hexan	68,6	50,0	27
Iodmethan	42,4	37,8	4,5
Methansäureethylester	54,1	51,0	16
Methylpropylether	41	38,85	≈ 10
Nitromethan	100,9	64,55	92
Propanon	56,1	55,5	12
Tetrachlormethan	76,7	55,7	21
Thiophen	84	59,55	55
Trichlorethen	87,2	59,4	34
Trichlormethan	61,21	53,5	12
Zyklohexan	80,8	54,2	37
Stoff I			
3-Methylbutan-1-ol	131,3		100
Stoff II			
Chlorbenzen	131,7	124,3	36
1,2-Dimethylbenzen	143,6	128	60
1,3-Dimethylbenzen	139	127	53
1,4-Dimethylbenzen	138,4	126,8	51
1,4-Dioxan	101,4	131,3	97,5
Stoff I			
2-Methylhydroxybenzen	191		100
Stoff II			
Ethansäurephenylester	195,8	198,6	37,1
Oktan-2-on	172,9	191,5	96,4
Stoff I			
2-Methylpropan-1-ol	108		100

5. Siedetemperaturen azeotroper Gemische

Bestandteile	K. des reinen Stoffes in °C	K. des azeotropen Gemisches in °C	Masseanteil des Stoffes I in %
Stoff II			
Benzen	80,12	79,8	9
1-Brombutan	100,3	98,6	13
Di-2-methylpropyl-ether	122,4	106,2	≈ 65
Dipropylether	90,6	89,5	12
Methylbenzen	110,8	101,1	44
Nitroethan	114	102,5	60
Nitromethan	100,9	94,55	43,5
Tetrachlormethan	76,7	67,0	21,3
Trichlorethen	87,2	74,0	32,3
Zyklohexan	80,8	78,1	14
Stoff I			
2-Methylpropan-2-ol	82,6		100
Stoff II			
Dipropylether	90,6	79	52
Stoff I			
Phenylmethanol	205,2		100
Stoff II			
Hydroxybenzen	181,4	206,0	93
4-Methylhydroxybenzen	202	207	62
Nitrobenzen	210,9	204	62
2-Nitromethylbenzen	222,3	204,75	91
Stoff I			
Propan-1-ol	97,2		100
Stoff II			
Benzen	80,12	77,1	16,9
Chlorbenzen	131,7	96,5	80
1,3-Dimethylbenzen	139	97,1	94
1,4-Dioxan	101,4	95,3	55
Ethanal	20,2	86,7	14
Ethansäurepropylester	101,6	94,0	62
Hexan	68,6	65,6	4
Kohlenstoffdisulfid	46,45	45,65	5,5
Methylbenzen	110,8	92,6	49
Nitroethan	114	94,7	77
Oktan	125,8	95,0	74
Propansäureethylester	99,1	93,4	51
Tetrachlormethan	76,7	72,8	12
Zyklohexan	80,8	74,3	20
Stoff I			
Propan-2-ol	82		100
Stoff II			
Benzen	80,12	71,9	30
2-Brompropan	59,4	57,7	7,0
Dipropylether	90,6	77,9	45
Ethansäureethylester	77,1	74,8	23
Ethansäure-methylethyl-ester	90 ... 93	80,1	52
Ethylpropylether	63,85	62	10
Heptan	98,4	74,6	50,5
Hexan	68,6	61,0	22
Kohlenstoffdisulfid	46,45	44,2	7,6
Methylbenzen	110,8	80,6	58
Nitromethan	100,9	79,4	71,8
Tetrachlormethan	76,7	67,0	18
Trichlorethen	87,2	74,0	28,9
Zyklohexan	80,8	68,6	33

5. Siedetemperaturen azeotroper Gemische

Bestandteile	K. des reinen Stoffes in °C	K. des azeotropen Gemisches in °C	Masseanteil des Stoffes I in %
Stoff I			
Propanon	56,1		100
Stoff II			
2-Brompropan	59,4	54,1	42
1-Chlorpropan	46,4	45,8	15
Ethansäure-3-methylbutyl-ester	142	31,3	97,5
Heptan	98,4	55,85	89,5
Hexan	68,6	49,7	59
2-Methylbutan	27,95	25,7	12
Stoff I			
Propen-2-ol	97,1		100
Stoff II			
1-Brombutan	100,3	89,5	30
Chlorbenzen	131,7	96,5	82,5
Ethanal	20,2	87,0	11
Ethansäurepropylester	101,6	94,5	52
Methylbenzen	110,8	92,3	52
Stoff I			
Kohlenstoffdisulfid	46,45		100
Stoff II			
Ethansäureethylester	77,1	46,0	92,7
Methansäure	100,5	42,55	83
Nitromethan	100,9	44,25	90,0
Pentan	36,2	35,7	10
Stoff I			
Tetrachlormethan	76,7		100
Stoff II			
Ethansäurepropylester	101,2	74,7	57
Butanon	79,6	73,8	71
Stoff I			
Wasser	100		100
Stoff II			
Bromwasserstoff	−66,8	126	52,1
Butan-1-ol	117,5	92,4	44,5
Butan-2-ol	99,5	88,5	32
Butanon	79,6	73,6	11,3
2-Chlorethanol	128,6	80,55	59,5
Chlorwasserstoff	−85	108,5	79,8
Diethylether	34,6	34,15	1,3
Dibutylether	142,4	94,1	33,4
1,2-Diaminoethan	116,5	118,5	15,25
1,2-Dichlorethan	83,7	72	8,2
1,4-Dioxan	101,4	87,0	18,4
Ethanol	78,37	78,15	4,42
Ethansäureethylester	77,15	70,4	7,9
Hydroxybenzen	181,4	99,6	90,8
Iodwasserstoff	−35,4	127	43,2
Methansäure	100,5	107,3	77,5
Methylbenzen	110,8	84,1	19,6
3-Methylbutan-1-ol	131,3	95,2	49,6
3-Methylbutan-2-ol	113 ... 114	91,0	33,0
2-Methylpropan-1-ol	108	89,9	33,2
2-Methylpropan-2-ol	82,6	79,9	11,75
2-Methylzyklohexanol	165 ... 166	98,4	80
Oktan-1-ol	194 ... 195	99,4	90
Pentan-1-ol	138	95,4	53,3
Phenylmethanol	205,2	99,85	91

Bestandteile	K. des reinen Stoffes in °C	K. des azeotropen Gemisches in °C	Masseanteil des Stoffes I in %
Propan-1-ol	97,2	87,75	28,2
Propan-2-ol	82	80,3	12,0
Propen-2-ol	97,1	88,05	27,5
Salpetersäure	86 z.	120,5	31,5
Schwefelsäure	330 z.	338	1,7
Tetrachlorethen	146,2	87,1	16
Trichlormethan	61,2	56,1	2,5
Zyklohexanol	160,6	97,9	77
Stoff I			
Zyklohexanol	160,6		100
Stoff II			
Di-3-methylbutyl-ether	170 ... 175	159,5	78
Ethoxybenzen	170,1	159,2	72
Furfural	161,6	156,5	94,5
Hydroxybenzen	181,4	82,45	10,6
Methoxybenzen	153,8	152,45	30

5.2. Ternäre Gemische

Stoff I	Masseanteil in %	Stoff II	Masseanteil in %	Stoff III	Masseanteil in %	K.
Wasser	20,2	Chlorwasserstoff	5,3	Chlorbenzen	74,5	96,6
Wasser	64,8	Chlorwasserstoff	15,8	Hydroxybenzen	19,4	107,33
Wasser	0,81	Kohlenstoffdisulfid	75,21	Propanon	23,98	38,04
Wasser	1,09	Kohlenstoffdisulfid	92,36	Ethanol	6,55	41,35
Wasser	7,7	Ethanol	18,3	Benzen	74	64,68
Wasser	8,62	Propen-2-ol	9,33	Benzen	82,05	68,3
Wasser	8,5	Propan-1-ol	9,0	Benzen	82,5	68,5
Wasser	3,4	Tetrachlormethan	86,3	Ethanol	10,3	61,8
Wasser	5	1,2-Dichlorethan	78	Ethanol	17	66,7
Methanol	10	Kohlenstoffdisulfid	39,9	Bromethan	50,1	33,9

6. Dampfdruck

Die Tabelle enthält für Wasser und einige oft gebrauchte Lösungsmittel den zu verschiedenen Temperaturen gehörenden Dampfdruck. Der Druck wird in kPa angegeben.

6.1. Dampfdruck des Wassers

°C	kPa	°C	kPa	°C	kPa
0	0,611	50	12,334	100	101,325
5	0,872	55	15,737	105	120,577
10	1,228	60	19,916	110	142,868
15	1,705	65	25,003	115	169,213
20	2,338	70	31,157	120	198,597
25	3,168	75	38,543	125	232,034
30	4,242	80	47,343	130	270,538
35	5,624	85	57,809	135	313,094
40	7,375	90	70,096	140	377,942
45	9,583	95	84,513	145	415,433

7. Verdampfungswärme

°C	kPa	°C	kPa	°C	kPa
150	476,228	200	1 554,404	300	8 590,334
155	543,102	210	1 906,937	310	9 869,055
160	618,083	220	2 319,329	320	11 290,644
165	710,169	230	2 796,57	330	13 171,236
170	792,362	240	3 374,123	340	14 611,065
175	892,673	250	3 974,980	350	16 532,187
180	1 003,118	260	4 691,348	360	18 650,892
185	1 122,681	270	5 500,934	370	21 023,924
190	1 254,404	280	6 413,873		
195	1 397,272	290	7 439,282		

Bei Siedetemperatur ist der Dampfdruck einer Flüssigkeit gleich dem von außen auf die Flüssigkeit wirkenden Druck. Die Tabelle nennt die Siedetemperatur bei einem bestimmten äußeren Druck in kPa bzw. den Dampfdruck für bestimmte Temperaturen.

6.2. Siedetemperatur verschiedener Lösungsmittel in Abhängigkeit vom äußeren Druck

Lösungsmittel	K. in °C bei kPa										
	1,333	2,0	2,666	3,333	6,666	13,332	101,325	506,625	1 013,25	1 519,875	2 02
Aminobenzen	72,3	78,3	83,0	87,2	100,9	–	184,4	–	–	–	–
Benzen	–12,5	–8	–5	–2	12,1	26,4	80,1	144	180	204	22
Chlorbenzen	26,2	32,8	37,2	41	52,3	–	131,7	–	–	–	–
Diethylether	–49	–43	–39	–34	–25	–12,3	34,6	89	121	141	15
1,2-Dichlorethan	–12,3	–6	–1	3	16	29,7	83,7	–	–	–	–
1,3-Dimethylbenzen, techn.	23	34	41	48	60	78	140	203	245	277	29
Ethanol	–2,3	4	8	11	22	34,9	78,4	126	152	169	18
Ethansäure	17,4	24	29	33	47	63,2	118,1	179	213	235	25
Ethansäureethylester	–14,1	–8	–3	1	13	26,1	77,1	136	169	192	20
Hexan	–24,8	–16	–14	–11	2	16,2	68,6	132	166	190	20
Kohlenstoffdisulfid	–44	–40	–35	–31	–18	–4,8	45,5	105	139	169	19
Methanol	–15,7	–10	–6	–3	9	20,9	64,7	112	128	154	16
Methansäure	15,8	17,9	19,6	22	30,7	–	100,5	–	–	–	–
Methansäure-dimethylamid	39	44	47	50	60	88	153	–	–	–	–
Methylbenzen	5	13	18	23	36,3	51,8	110,8	173	215	241	26
Monochlorethan	–65,8	–	–	–	–	–31,6	13,1	64	93	112	12
Propan-1-ol	14,2	20	24	28	40	52,5	97,2	147	175	194	20
Propanon	–32	–25	–21	–17,3	–5	7,3	56,1	113	144	165	18
Pyridin	15,4	21,5	26,3	30,3	42,2	–	115,5	–	–	–	–
Tetrachlormethan	–20	–14	–9	–5	8	22,2	76,7	140	177	202	22
Tetrahydronaphthalen	83	88	93	98	114	134	207,2	–	–	–	–
1,1,2-Trichlorethen	–11	–4	2	6	18	32	87,2	145	180	197	22

7. Verdampfungswärme

Die molare bzw. spezifische Verdampfungswärme ist die Wärmemenge, die man benötigt, um eine bestimmte Stoffmenge bzw. Masse eines Stoffes (1 mol bzw. 1 g) aus dem flüssigen Zustand in Dampf gleicher Temperatur zu überführen. In den Tabellen sind neben der Meßtemperatur die Verdampfungswärmen in kJ für 1 mol und in J für 1 g angegeben. (Die Meßtemperatur entspricht nicht immer der Siedetemperatur der Stoffe bei 101,325 kPa.)

7.1. Verdampfungswärme anorganischer Stoffe

Stoff	Meß-temperatur in °C	Verdampfungs-wärme in kJ·mol^{-1}	in J·g^{-1}	Stoff	Meß-temperatur in °C	Verdampfungs-wärme in kJ·mol^{-1}	in J·g^{-1}
Aluminiumchlorid	180,2	112,21	841,55	Borfluorid	–100,9	19,26	283,47
Ammoniak	–33,4	23,36	1 373,27	Brom	58	30,98	193,85
Antimon(III)-chlorid	187	60,71	265,86	Bromwasserstoff	–69,7	16,50	203,90
Antimon(V)-chlorid	67	48,57	162,45				
Arsen(III)-chlorid	130,4	31,82	175,85				

Stoff	Meßtemperatur in °C	Verdampfungswärme in kJ·mol⁻¹	in J·g⁻¹
Chlor	−34,1	18,42	259,58
Chlorwasserstoff	−84,3	15,07	413,24
Dischwefeldichlorid	138	36,43	270,05
Distickstoffoxid	−88,7	23,82	540,10
Distickstofftetraoxid	21,2	38,14	414,49
Eisen(III)-chlorid	319	25,12	154,91
Eisenpentakarbonyl	105	37,68	192,59
Fluor	−188	4,70	175,85
Fluorwasserstoff	17	30,23	1 510,60
Germanium (IV)-chlorid	84	29,43	137,33
Iod	184	25,92	100,27
Iodwasserstoff	−37,2	18,13	141,93
Kohlendioxid	−60	16,08	365,09
Kohlenmonoxid	−192	5,90	211,01
Nickeltetrakarbonyl	40	29,31	171,66
Phosphor (weiß)	282	52,42	1 695,65
Phosphor(III)-chlorid	78	29,56	215,20
Phosphor(V)-chlorid	162	64,90	311,92
Phosphoroxychlorid	105,4	35,09	1 373,27
Phosphorwasserstoff	−87,78	14,65	431,24
Quecksilber	357	59,45	296,43
Quecksilber(II)-chlorid	304	59,03	221,06
Quecksilber(II)-iodid	354	59,87	131,47
Salpetersäure (100 %ig)	86	30,35	481,48
Sauerstoff	−183	6,82	213,32
Schwefel	444,6	86,92	270,89
Schwefel(IV)-oxid	−10,0	25,54	399,84
Schwefel(VI)-oxid	44,8	42,71	533,40
Schwefelsäure (100 %ig)	326	50,16	511,21
Schwefelwasserstoff	−60,4	18,84	552,66
Siliziumtetrachlorid	57	25,67	151,14
Siliziumwasserstoff	−111,6	12,35	384,35
Stickstoff	−195,8	5,57	460,55
Stickstoffmonoxid	−151,8	13,82	241,16
Sulfurchlorid	69,5	32,49	240,74
Thionylchlorid	75,7	31,82	267,12
Titanium(IV)-chlorid	136	34,96	184,22
Trichlormonosilan	31,7	26,80	198,04
Wasser	100	40,65	2 257,10
Wasserstoff	−252,8	0,92	460,55
Zink	906	114,84	175,85
Zinn(IV)-chlorid	112	33,03	126,86
Zyanwasserstoff	25,7	28,05	1 038,33

7.2. Verdampfungswärme organischer Stoffe

Stoff	Meßtemperatur in °C	Verdampfungswärme in kJ·mol⁻¹	in J·g⁻¹
Aminobenzen	181	40,61	435,43
Azetophenon	203	38,81	322,38
Benzaldehyd	178,6	38,43	362,16
Benzochin-1,4-on	25	62,80	579,87
Benzen	80,2	30,86	394,82
Benzenkarbonsäure	110	86,16	707,57
Benzenkarbonsäurenitril	191	46,05	445,89
Benzophenon	36	78,29	429,15
Brombenzen	155,9	37,68	239,90
1-Brombutan	100	32,66	238,65
Bromethan	38	27,63	253,72
Brommethan	3,2	23,95	252,05
Buta-1,3-dien	22,5	21,02	388,54
Butan	1	23,45	403,61
Butan-1-ol	117	43,96	594,53
Butan-2-ol	99,2	41,87	565,22
Butan-2-on	78,2	31,99	443,80
Butansäure	163	42,04	477,30
Butansäureethylester	118,9	36,34	312,34
But-1-en	−5	22,61	404,03
But-2-en	19	22,48	401,10
Buten-2-säure	138	39,36	456,36
Chlorbenzen	131,7	36,43	323,22
1-Chlorbutan	78,5	30,98	334,94
Chlorethan	13	25,12	390,21
2-Chlorethanol	128,6	41,45	514,98
Chlorethansäure	50,4	28,60	303,54
Chlormethan	20	20,14	399,00
2-Chlormethylbenzen	158,1	38,48	304,38
1-Chlorpropan	46	27,63	351,69
Dekahydronaphthalen	119,7	41,03	296,43
Dekan	159,9	35,80	252,05
Dekansäure	175	35,17	195,52
1,2-Diaminoethan	20	46,89	780,42
1,2-Dibromethan	130,8	36,43	193,85
Dibutylether	142,4	36,84	282,61
1,2-Dichlorethan	82,3	27,84	323,64
Dichlorethansäure	194,4	42,71	330,76
Dichlorethen	30	29,81	307,73
Dichlormethan	40,4	27,97	329,50
Dichlormonofluormethan	−15	26,25	254,73
Dichlortetrafluorethan	−30	24,91	145,70
Diethylamin	58	27,80	381,0
N,N-Diethylaminobenzen	215,2	46,31	309,82

7. Verdampfungswärme

Stoff	Meßtemperatur in °C	Verdampfungswärme in kJ·mol⁻¹	in J·g⁻¹
Diethylether	30	27,84	375,97
Difluordichlormethan	−29,84	20,22	167,47
Difluormonochlormethan	−15	18,84	217,67
1,2-Dihydroxybenzen	36	80,81	732,69
1,4-Dihydroxybenzen	78,5	99,23	900,16
Dimethylamin	7,3	26,50	588,25
Dimethylether	−24,8	21,54	467,25
1,2-Dimethylbenzen	144,4	36,63	344,99
1,3-Dimethylbenzen	139	36,43	343,99
1,4-Dimethylbenzen	138,4	36,01	339,13
Dimethylphenylamin	192,7	44,38	365,93
Dimethylthioether	17,9	28,01	450,92
1,2-Dinitrobenzen	60	86,67	514,98
1,3-Dinitrobenzen	49	81,22	483,58
Diphenyl	225,3	48,57	314,85
Dodekansäure	301	57,36	286,38
Epoxyethan	15	25,54	579,87
Ethan	−93	16,20	540,10
Ethanal	20	25,12	571,50
Ethandiol	197	48,99	799,68
Ethanol	70	39,36	856,20
Ethanoylchlorid	51	28,47	362,16
Ethansäure	118,2	24,41	406,12
Ethansäureethylester	70	32,24	366,35
Ethansäureanhydrid	137	39,40	386,02
Ethansäuremethylester	57,3	30,14	406,12
Ethansäurenitril	80	29,89	728,50
Ethansäurepropylester	110,4	33,08	324,48
Ethen	−40	13,15	475,20
Ethin	0	16,54	636,39
Ethylamin	16,5	27,21	602,90
Ethylbenzen	21	42,29	400,68
Furan	31,2	27,21	399,84
Furfural	162	43,12	447,99
Heptan	98,5	32,66	325,73
Heptan-1-ol	25	56,94	489,86
Heptan-4-on	143,5	36,17	316,52
Hexachlorethan	185,8	50,24	212,27
Hexan	68,7	29,31	339,97
Hexan-1-ol	25	54,43	532,98
Hydroxybenzen	181	48,15	510,79
Kohlensäuredichlorid	8,3	25,12	254,14
Kohlenstoffdisulfid	46,3	26,71	350,85
Leichtbenzin K. 60 ... 120 °C	20		251,21
Methan	−159	9,25	577,78
Methanal	−21	21,60	719,71
Methanol	64,5	35,29	1 103,22
Methansäure	101	21,44	502,41
Methansäureethylester	53,3	30,14	406,12
Methansäuremethylester	31,3	28,26	470,60
Methanthiol	6	24,58	511,21
Methylamin	−6,7	26,84	862,48
N-Methylaminobenzen	193,6	45,36	422,87
2-Methylaminobenzen	199,3	41,03	382,67
4-Methylaminobenzen	200	41,16	384,35
Methylbenzen	110,8	31,82	345,83
2-Methylbuta-1,3-dien	25	26,25	385,19
2-Methylbutan-2-ol	20	46,05	523,35
3-Methylhydroxybenzen	201,6	45,64	422,87

Stoff	Meßtemperatur in °C	Verdampfungswärme in kJ·mol⁻¹	in J·g⁻¹
2-Methylpropan-1-ol	20	44,80	615,88
3-Methylpropan-2-ol	82,8	39,73	535,91
Methylzyklohexan	25	35,38	360,48
Monochlortrifluormethan	−80	15,53	149,05
Monofluortrichlormethan	23,4	25,20	183,38
Naphthalen	218	40,19	314,01
2-Nitroaminobenzen	41	79,97	578,62
3-Nitroaminobenzen	63	88,34	638,49
4-Nitroaminobenzen	89	103,41	749,44
Nitrobenzen	209,6	48,99	397,75
2-Nitrohydroxybenzen	31	73,27	526,70
3-Nitrohydroxybenzen	57,5	91,69	659,42
4-Nitrohydroxybenzen	72	87,92	632,21
Nitromethan	101,1	34,75	568,57
2-Nitromethylbenzen	143,2	47,10	343,32
3-Nitromethylbenzen	154,1	49,74	363,00
4-Nitromethylbenzen	158,4	49,86	363,83
Nonan-1-ol	25	60,29	417,84
Oktadekansäure	374	66,40	322,62
cis-Oktadek-9-ensäure	233	62,80	222,92
Oktan	25	41,75	363,41
Oktan-1-ol	25	58,62	450,08
Pentachlorethan	20	38,06	188,41
Pentan	36	25,79	357,55
Pentan-1-ol	25	52,13	590,34
Pentansäure	184,6	44,05	431,24
Phenylmethanol	204	50,49	466,83
Piperidin	105,8	31,69	372,63
Propan	−20	13,40	399,00
Propan-1-ol	97,2	41,28	686,64
Propan-2-ol	82,3	40,03	665,70
Propanon	56,2	29,31	504,51
Propansäure	141	28,34	382,67
Propantriol	195	76,07	826,89
Propen	−47,1	18,42	438,36
Propenal	52,2	28,47	506,60
Prop-2-en-1-ol	96	39,69	682,45
Pyridin	114,1	35,59	450,08
Schwerbenzin K. 100 ... 150 °C	20		385,19
Terpentinöl K. 150 ... 175 °C	20		293,08
1,1,2,2-Tetrachlorethan	145	38,69	230,27
Tetrachlorethen	120,7	34,75	209,34
Tetrachlormethan	77	29,98	194,69
Tetradekansäure	328	61,55	269,63
Tetrafluormethan	−128	13,02	147,79
Tetrahydronaphthalen	207,3	43,88	322,85
Trichlorethen	85,7	31,53	239,90
Trichlormethan	61,5	29,73	249,11
Trifluormonochlormethan	−80	15,62	149,26
1,2,3-Trihydroxybenzen	169,9	89,18	707,57
Trimethylamin	3	23,03	388,54
Zyklohexan	80,9	30,73	365,09
Zyklohexanol	160	42,29	422,87
Zyklohexanon	29,2	44,44	456,36
Zyklohexen	81,6	30,48	370,53

8. Erweichungspunkte von Glas, Keramik und feuerfesten Massen

Der Erweichungspunkt eines Stoffes ist die Temperatur, bei der ein aus dem Stoff geformter Körper in sich zusammenzusinken beginnt. Die Gebrauchstemperatur liegt meist 100 °C und mehr unter dem Erweichungspunkt.

Erweichungspunkt in °C	Stoff	Erweichungspunkt in °C	Stoff	Erweichungspunkt in °C	Stoff
490 ... 520	Bleiglas	1 530 ... 1 610	Steinzeug	2 180	Chromit
540 ... 580	Preßglas	1 730 ... 1 770	Silikatsteine	2 250	Chrommagnesit
550 ... 600	gewöhnliches Röhrenglas	1 670	Hartporzellan	2 250	Siliziumkarbid
600	Spiegelglas	1 690	Hartsteingut	2 430	Zirkonsteine
600 ... 700	Geräteglas	1 810	Andalusit	2 500	Zirkon
1 145	Kieselglas	1 820	Sillimanit	2 680	Zirkonoxid
1 300 ... 1 600	Schamotte	1 825	Marquardtmasse	2 800	Magnesiumoxid
1 350 ... 1 400	Quarzschamotte	1 990	Chromerzstein	3 000	Thoriumoxid
1 400	Quarz	2 050	Aluminiumoxid	sublimiert ab 3 900	Graphit
1 400 ... 1 450	Magnesit	2 050	Korundstein		
		2 100	Magnesiaspinell		

9. Dichte von festen und flüssigen Stoffen

Die Dichte eines Stoffes ist definiert als das Verhältnis von Masse zu Volumen.

$$\varrho = \frac{\text{Masse}}{\text{Volumen}}$$

Die Dichte wird einheitlich in $kg \cdot m^{-3}$ angegeben. Die Dichte der Elemente, reiner anorganischer bzw. organischer Stoffe sind aus den jeweiligen Tabellen zu entnehmen.

9.1. Dichte technisch wichtiger Stoffe

Stoff	Dichte bei 20 °C in $kg \cdot m^{-3}$	Stoff	Dichte bei 20 °C in $kg \cdot m^{-3}$	Stoff	Dichte bei 20 °C in $kg \cdot m^{-3}$
Anthrazit	1 350 ... 1 700	Braunkohlenteeröl für Dieselmotoren	800 ... 900	Fensterglas	2 480
Asbest	2 100 ... 2 800			Fichtenharz	1 090
Ätzkali	2 044	Buna S	920	Flachs, lufttrocken	1 500
Ätznatron	2 130	Butylstearat	859	Flugbenzin	700 ... 750
Basalt	2 600 ... 3 300	Chromgelb	6 000	Flußsand	1 520 ... 1 640
Baumwollfaser	1 470 ... 1 500	Dachschiefer	2 770 ... 2 840	Gabbro	2 550 ... 2 980
Beton, Leicht-	300 ... 1 600	Diabas	2 780 ... 2 950	Gasöl	840 ... 860
Beton, Naturbims-	700 ... 1 000	Dieselöl	850 ... 880	Gichtstaub	250 ... 350
Beton, Schwer-	1 900 ... 2 800	Dinasstein	1 550 ... 1 920	Glas	2 400 ... 2 600
Bienenwachs	959 ... 967	Diorit	2 700 ... 2 980	Glyptalharz	1 050
Bimsstein	370 ... 900	Diphenylmethan	1 060 (25 °C)	Gneis	2 660 ... 2 720
Bleiglas (25 % PbO)	2 890	Eis (0 °C)	850 ... 918	Granit	2 300 ... 3 100
Bleiweiß	6 400 ... 6 460	Elfenbein	1 830 ... 1 920	Graphit, Natur	2 000 ... 2 500
Borglas	2 510	Erde	1 300 ... 2 000	Grauwacke	2 670 ... 2 740
Braunkohle	1 200 ... 1 400	Erdwachs, Ozokerit	940	Grobkohle	1 200 ... 1 500

9. Dichte von festen und flüssigen Stoffen

Stoff	Dichte bei 20 °C in kg · m⁻³	Stoff	Dichte bei 20 °C in kg · m⁻³	Stoff	Dichte bei 20 °C in kg · m⁻³
Gummi, arabischer	1310 ... 1450	Meerschaum	990 ... 1280	Silikasteine	2380 ... 2430
		Mennige	9070	Sillimanit	2450 ... 2500
Guttapercha	1010	Motorenbenzin	720 ... 750	Sinteraluminium-	2800
Hanffaser, lufttrocken	1550	Motorenbenzin mit 10% Alkohol	740 ... 760	pulver (SAP) Sprenggelatine	1500
Harnstoffform- aldehydharz	1450 ... 1500	Motorenbenzol	860 ... 880	Steinkohlenteer- Heizöl	1040 ... 1080
		Mullit	≈ 2200		
Hartgummi	1150 ... 1500	Muschelkalk	2400	Steinkohlenteeröl	950 ... 970
Hartholz	1200 ... 1400	Natronglas, weiches	2450	(Dieselm.)	
Hartporzellan	2300 ... 2500			Thomasschlacke	3300 ... 3500
Harz	1070	Papier	700 ... 1200	Ton, trocken	1600
Hochofenschlacke	2500 ... 3000	Paraffin	860 ... 920	Tonschiefer	2700 ... 2760
Holz	400 ... 1200	Pech	1050 ... 1350	Torf, Trocken- gestochen	200 ... 800
Holzkohle, luftfrei	1400 ... 1500	Perbunan	960		
Holzschliff- faserplatten	250 ... 500	Petroleum	800 ... 820	Trikresylphos- phat C II	1179
		Phenolform- aldehydharz	1260 ... 1340		
Kalk, gebrannter	900 ... 1300			Vulkanfiber	1100 ... 1500
Kasein	1350	Plexiglas M 222	1180	Wachs, Bienen-	959 ... 967
Kautschuk, roh	910 ... 960	Plexigumm BB	1070	Wachs, Zeresin-	910 ... 940
Kies, trocken	1800 ... 1850	Polierrot	5200	Wolle	1200 ... 1400
Klinker	2600 ... 2700	Portlandzemente, frisch	3100 ... 3200	Zechenkoks	1600 ... 1900
Knochen	1700 ... 2000			Zelluloid	1400
Koks, Zechen-	1600 ... 1900	Porzellan	2300	Zemente, Port- land, frisch	3100 ... 3200
Kolophonium	1070 ... 1090	Pyrex-Glas	2250		
Kork	200 ... 350	Quarzglas	2200	Ziegelmauer- werk, frisch	1570 ... 1630
Korund	3500 ... 4000	Ruß	1700 ... 1800		
Kronglas	2450 ... 2720	Sand, trocken	1580 ... 1650	Ziegelstein	1400 ... 2000
Lackbenzin	760 ... 810	Schamottesteine	2500 ... 2700	Ziegelstein, hochporös	1710 ... 1810
Leder, lohgares	860	Schellack	1200		
Leichtbenzin	650 ... 720	Schiefer	2650 ... 2790	Zucker, weißer	1610
Leim	1270	Schlacke, Hochofen	2500 ... 3000	Ziegelmauerwerk, trocken	1420 ... 1460
Magnesitsteine	2400 ... 2700				
Marmor	2620 ... 2840	Schmirgel	4000	Ziegelstein, Klinker	1600 ... 1900
Mauerziegel	2600 ... 2700	Seide	1370		

9.2. Dichte von Legierungen

Legierung	Zusammensetzung in %	Dichte in kg · m⁻³
Stähle[1]:		
Alustahl	20 Al	6300
Austenitstahl	18 Cr, 8 Ni, ≦ 0,1 C	7800
Chrom–Nickelstahl	25 Cr, 20 Ni, 0,5 Si, 0,12 C	7900
Chrom–Nickel–Wolframstahl	15 Cr, 13 Ni, 2,5 W, 1,5 Si, 1,0 Mn, 0,45 C	7970
Chromstahl	6,0 Cr, 1,5 Si, 0,5 C	7700
Flußstahl FNCT	3,5 Ni, 0,4 Cr, 0,3 C	7850
Invarstahl	36 Ni, 0,2 C	8000
Kobaltstahl	15 Co	7800
Kobaltstahl	35 Co	8000
Nickel-Manganstahl	15 Ni, 5 Mn	8030
Nickelstahl	36 Ni	8130
Nirostastahl	20 Cr, 8 Ni, 0,2 Si, 0,2 Co, 0,2 Mn	7300 ... 7400
Remanit 1880	18 Cr, 8 Ni	7860
Stahl	1 C	7830
Ventilstahl	4 Si, 2,8 Cr, 0,4 Mn, 0,4 C	7750
Wolframstahl	6 W	8200

[1]) Der Eisengehalt ist nicht angegeben.

9. Dichte von festen und flüssigen Stoffen

Legierung	Zusammensetzung in %	Dichte in kg · m^{-3}
Sonstige Legierungen:		
Aluminium–Kupfer	10 Al, 90 Cu	7690
Aluminium–Kupfer	5 Al, 95 Cu	8370
Aluminium–Kupfer	3 Al, 97 Cu	8690
Aluminium–Zink	91 Al, 9 Zn	2800
Antimon–Blei	≈ 93 Pb, ≈ 7 Sb	11000
Blei–Lot	67 Pb, 33 Sn	9400
Blei–Zinn	87,5 Pb, 12,5 Sn	10600
Blei–Zinn	84 Pb, 16 Sn	10330
Blei–Zinn	77,8 Pb, 22,2 Sn	10050
Blei–Zinn	63,7 Pb, 36,3 Sn	9430
Blei–Zinn	46,7 Pb, 53,3 Sn	8730
Blei–Zinn	30,5 Pb, 69,5 Sn	8240
Bronze	90 Cu, 10 Sn	8780
Bronze	85 Cu, 15 Sn	8890
Bronze	80 Cu, 20 Sn	8740
Bronze	78 Cu, 22 Sn	8700
Duralumin	90,3 ... 96,3 Al, 5,5 ... 2,5 Cu, 2 ... 0,5 Mg, 1,2 ... 0,5 Mn, 1 ... 0,2 Si	2750 ... 2870
Elektron	95,7 Mg, 4,0 Al, 0,3 Mn	1760
Glockenmetall	75 ... 80 Cu, 25 ... 20 Sn	≈ 8800
Gold–Kupfer	98 Au, 2 Cu	18840
Gold–Kupfer	96 Au, 4 Cu	18360
Gold–Kupfer	94 Au, 6 Cu	17950
Gold–Kupfer	92 Au, 8 Cu	17520
Gold–Kupfer	90,00 Au, 10 Cu	17160
Gold–Kupfer	88 Au, 12 Cu	16810
Gold–Kupfer	86 Au, 14 Cu	16470
Gußeisen, weißes	97 Fe, 3 C	7580 ... 7730
Kadmium–Zinn	32 Cd, 68 Sn	7700
Konstantan	60 Cu, 40 Ni	8880
Lagermetall (Weißmetall)	75 Pb, 19 Sb, 5 Sn, 1 Cu	9500
Lautal	≈ 94 Al, ≈ 4 Cu, ≈ 2 Si	≈ 2750
Magnalium	90 Al, 10 Mg	2500
Magnalium	70 Al, 30 Mg	2000
Mangal	98,5 Al, 1,5 Mn	2750
Manganin	84 Cu, 12 Mn, 4 Ni	8500
Mangan–Kupfer	5 Mn, 95 Cu	8800
Messing, gelb (Guß)	70 Cu, 30 Zn	8440
Messing, gelb, gewalzt		8560
Messing, gelb, gezogen		8700
Messing, rot	90 Cu, 10 Zn	8800
Messing, weiß	50 Cu, 50 Zn	8200
Monelmetall	71 Ni, 27 Cu, 2 Fe	8900
Neusilber	26,3 Cu, 36,6 Zn, 36,8 Ni	8300
Neusilber	52 Cu, 26 Zn, 22 Ni	8450
Neusilber	59 Cu, 30 Zn, 11 Ni	8340
Neusilber	63 Cu, 30 Zn, 6 Ni	8300
Nickelin	80 Cu, 20 Ni	8770
Phosphorbronze	79,7 Cu, 10 Sn, 9,5 Sb, 0,8 P	8800
Platin–Iridium	90 Pt, 10 Ir	21620
Platin–Iridium	85 Pt, 15 Ir	21620
Platin–Iridium	66,67 Pt, 33,33 Ir	21870
Platin–Iridium	5 Pt, 95 Ir	22380
Roheisen, graues	2,5 ... 5 C	6700 ... 7600
Roheisen, weißes	2,5 ... 5 C	7000 ... 7800
Rosesches Metall	50 Bi, 25 Pb, 25 Sn	10700
Schnellschneidmetalle		
Akrit	38 Co, 30 Cr, 16 W, 9 Ni, 3 Mo, 2 ... 3 C, 1 ... 2 Fe	9000
Kaedit	47 Co, 33 Cr, 15 W, 3 C, 2 Fe	≈ 9000
Widia	90 Wolframkarbid, 10 Co	14400
Sikromal	90 ... 76 Fe, 6 ... 20 Cr, 0,6 ... 4,0 Al, 0,5 ... 1 Si, <0,12 C	7600 ... 7800
Skleron	12 Zn, 3 Cu, 0,6 Mn, 0,08 Li, ≦ 0,5 Fe, ≦ 0,5 Si	2900 ... 3000
Silumin	12 ... 14 Si, 88 ... 86 Al	2500 ... 2650
Temperguß	≈ 96 Fe, 0,6 ... 1,4 Si, 0,2 ... 3 C, 0,1 ... 0,2 Cu, 0,07 ... 0,6 Mn, 0,06 ... 0,12 P, 0,03 .. 0,5 S	7200 ... 7600
Woodsches Metall	50 Bi, 25 Pb, 12,5 Cd, 12,5 Sn	10560

9.3. Dichte wäßriger Lösungen

Die Dichte dieser Lösungen wurde bei einer Meßtemperatur von 20 oder 15 °C bestimmt und ist auf die Dichte des Wassers bei 4 °C = 1,0000 g · cm^{-3} bezogen. (Ma.-% ≈ Masseanteile in %, Vol.-% ≈ Volumenanteile in %.)

Ethanol bei 20°/4 °C

Dichte in kg · m^{-3}	Ma.-%	Vol.-%	Dichte in kg · m^{-3}	Ma.-%	Vol.-%	Dichte in kg · m^{-3}	Ma.-%	Vol.-%
998	0,15	0,19	928	43,52	51,17	858	74,03	80,46
996	1,22	1,54	926	44,47	52,17	856	74,86	81,17
994	2,34	2,95	924	45,41	53,15	854	75,68	81,87
992	3,50	4,40	922	46,34	54,12	852	76,50	82,57
990	4,70	5,90	920	47,26	55,07	850	77,32	83,26
988	5,94	7,44	918	48,17	56,02	848	78,14	83,94
986	7,25	9,05	916	49,08	56,95	846	78,95	84,61
984	8,60	10,72	914	49,99	57,87	844	79,76	85,28
982	10,01	12,45	912	50,89	58,79	842	80,58	85,94
980	11,47	14,24	910	51,78	59,69	840	81,38	86,60
978	12,97	16,06	908	52,66	60,58	838	82,19	87,25
976	14,50	17,92	906	53,54	61,45	836	82,99	87,89
974	16,05	19,81	904	54,42	62,32	834	83,79	88,52
972	17,59	21,66	902	55,30	63,18	832	84,59	89,15
970	19,11	23,48	900	56,18	64,04	830	85,37	89,76
968	20,60	25,26	898	57,05	64,89	828	86,15	90,36
966	22,04	26,97	896	57,91	65,73	826	86,92	90,95
964	23,45	28,64	894	58,78	66,56	824	87,70	91,53
962	24,82	30,25	892	59,64	67,39	822	88,47	92,11
960	26,15	31,80	890	60,50	68,21	820	89,24	92,69
958	27,44	33,30	888	61,36	69,03	818	90,00	93,26
956	28,68	34,74	886	62,22	69,83	816	90,76	93,81
954	29,90	36,13	884	63,08	70,63	814	91,50	94,34
952	31,09	37,49	882	63,93	71,43	812	92,23	94,86
950	32,24	38,80	880	64,78	72,22	810	92,95	95,38
948	33,36	40,06	878	65,63	73,00	808	93,67	95,88
946	34,45	41,28	876	66,48	73,78	806	94,38	96,37
944	35,52	42,48	874	67,33	74,54	804	95,09	96,85
942	36,58	43,65	872	68,17	75,30	802	95,78	97,32
940	37,62	44,80	870	69,01	76,06	800	96,48	97,77
938	38,64	45,92	868	69,85	76,80	798	97,16	98,21
936	39,63	47,00	866	70,69	77,55	796	97,84	98,65
934	40,62	48,05	864	71,52	78,28	794	98,51	99,08
932	41,60	49,10	862	72,36	79,02	792	99,16	99,49
930	42,57	50,15	860	73,20	79,74			

Methanol bei 20°/4 °C

Dichte in kg · m^{-3}	Ma.-%	Dichte in kg · m^{-3}	Ma.-%	Dichte in kg · m^{-3}	Ma.-%	Dichte in kg · m^{-3}	Ma.-%
998,2	0	972,5	16	948,3	32	919,6	48
996,5	1	971,0	17	946,6	33	917,6	49
994,8	2	969,6	18	945,0	34	915,6	50
993,1	3	968,1	19	943,3	35	913,5	51
991,4	4	966,6	20	941,6	36	911,4	25
989,6	5	965,1	21	939,8	37	909,4	53
988,0	6	963,6	22	938,1	38	907,3	54
986,3	7	962,2	23	936,3	39	905,2	55
984,7	8	960,7	24	934,5	40	903,2	56
983,1	9	959,2	25	932,7	41	901,0	57
981,5	10	957,6	26	930,9	42	898,8	58
979,9	11	956,2	27	929,0	43	896,8	59
978,4	12	954,6	28	927,2	44	894,6	60
976,8	13	953,1	29	925,2	45	892,4	61
975,4	14	951,5	30	923,4	46	890,2	62
974,0	15	949,9	31	921,4	47	887,9	63

9. Dichte von festen und flüssigen Stoffen

Dichte in kg·m⁻³	Ma.-%	Dichte in kg·m⁻³	Ma.-%	Dichte in kg·m⁻³	Ma.-%	Dichte in kg·m⁻³	Ma.-%
885,6	64	864,1	73	839,4	83	814,6	92
883,4	65	861,6	74	836,6	84	811,8	93
881,1	66	859,2	75	834,0	85	809,0	94
878,7	67	856,7	76	831,4	86	806,2	95
876,3	68	851,8	78	828,6	87	803,4	96
873,8	69	849,4	79	825,8	88	800,5	97
871,5	70	846,9	80	823,0	89	797,6	98
869,0	71	844,6	81	820,2	90	794,8	99
866,5	72	842,0	82	817,4	91	791,7	100

Ethansäure (Essigsäure) bei 20°/4 °C

Dichte in kg·m⁻³	Ma.-% CH_3COOH	g·l⁻¹	mol·l⁻¹	Dichte in kg·m⁻³	Ma.-% CH_3COOH	g·l⁻¹	mol·l⁻¹
999,6	1	9,996	0,166	1 043,8	35	365,3	6,086
1 001,2	2	20,02	0,333	1 048,8	40	419,5	6,986
1 002,5	3	30,08	0,501	1 053,4	45	474,0	7,886
1 004,0	4	40,16	0,669	1 057,5	50	528,8	8,806
1 005,5	5	50,28	0,837	1 061,1	55	583,6	9,718
1 006,9	6	60,41	1,006	1 064,2	60	638,5	10,63
1 008,3	7	70,58	1,175	1 066,6	65	693,3	11,55
1 009,7	8	80,78	1,345	1 068,5	70	748,0	12,46
1 011,1	9	91,00	1,515	1 069,6	75	802,2	13,36
1 012,5	10	101,3	1,687	1 070,0	80	856,0	14,25
1 013,9	11	111,5	1,857	1 068,9	85	908,6	15,13
1 015,4	12	121,8	2,028	1 066,1	90	959,5	15,98
1 016,8	13	132,2	2,201	1 065,2	91	969,3	16,14
1 018,2	14	142,5	2,373	1 064,3	92	979,2	16,31
1 019,5	15	152,9	2,546	1 063,2	93	988,8	16,47
1 020,9	16	163,3	2,719	1 061,9	94	998,2	16,62
1 022,3	17	173,8	2,894	1 060,5	95	1 007	16,77
1 023,6	18	184,2	3,067	1 058,8	96	1 016	16,92
1 025,0	19	194,8	3,244	1 057,0	97	1 025	17,04
1 026,3	20	205,3	3,419	1 054,9	98	1 034	17,22
1 032,6	25	258,2	4,300	1 052,4	99	1 042	17,35
1 038,4	30	311,5	5,187	1 049,8	100	1 050	17,48

Methansäure (Ameisensäure) bei 20°/4 °C

Dichte in kg·m⁻³	Ma.-% $HCOOH$	g·l⁻¹	mol·l⁻¹	Dichte in kg·m⁻³	Ma.-% $HCOOH$	g·l⁻¹	mol·l⁻¹
1 002,0	1	10,02	0,218	1 110,9	46	511,0	11,10
1 004,5	2	20,09	0,437	1 120,8	50	560,4	12,18
1 007,0	3	30,21	0,656	1 129,6	54	609,9	13,25
1 009,4	4	40,37	0,877	1 138,2	58	660,1	14,34
1 011,7	5	50,58	1,099	1 147,4	62	711,3	15,45
1 014,2	6	60,85	1,322	1 156,6	66	763,3	16,58
1 017,1	7	71,19	1,547	1 165,6	70	815,9	17,73
1 019,6	8	81,57	1,772	1 175,3	74	869,6	18,89
1 022,2	9	91,99	1,997	1 181,9	78	921,8	20,03
1 024,7	10	102,5	2,227	1 186,1	80	948,8	20,61
1 029,7	12	123,6	2,686	1 189,7	82	975,5	21,19
1 034,6	14	144,8	3,146	1 193,0	84	1 002	21,77
1 039,4	16	166,3	3,613	1 197,7	86	1 030	22,38
1 044,2	18	187,9	4,083	1 201,3	88	1 057	22,97
1 053,8	22	231,8	5,036	1 204,5	90	1 084	23,55
1 063,4	26	276,5	6,008	1 207,9	92	1 111	24,14
1 073,0	30	321,8	6,994	1 211,8	94	1 139	24,75
1 082,4	34	368,0	7,996	1 215,9	96	1 167	25,36
1 092,0	38	414,9	9,014	1 218,4	98	1 194	25,94
1 101,6	42	462,6	10,05	1 221,3	100	1 221	26,53

9. Dichte von festen und flüssigen Stoffen

Phosphorsäure bei 20°/4 °C

Dichte in kg · m^{-3}	Ma.-% H$_3$PO$_4$	g · l^{-1}	mol · l^{-1}	Dichte in kg · m^{-3}	Ma.-% H$_3$PO$_4$	g · l^{-1}	mol · l^{-1}
1 003,8	1	10,04	0,102	1 254	40	501,6	5,118
1 009,2	2	20,18	0,206	1 293	45	581,9	5,938
1 020,0	4	40,80	0,416	1 335	50	667,5	6,811
1 030,9	6	61,85	0,631	1 379	55	758,5	7,740
1 042,0	8	83,36	0,851	1 426	60	855,6	8,731
1 053,2	10	105,3	1,074	1 476	65	958,8	9,784
1 064,7	12	127,8	1,304	1 526	70	1 068	10,90
1 076,4	14	150,7	1,538	1 579	75	1 184	12,08
1 088,4	16	174,1	1,777	1 633	80	1 306	13,33
1 100,8	18	198,1	2,021	1 689	85	1 436	14,65
1 113,4	20	222,7	2,272	1 746	90	1 571	16,03
1 126,3	22	247,8	2,529	1 770	92	1 628	16,61
1 139,5	24	273,5	2,791	1 794	94	1 686	17,20
1 152,9	26	299,8	3,059	1 819	96	1 746	17,82
1 166,5	28	326,6	3,333	1 844	98	1 807	18,44
1 180,5	30	354,2	3,614	1 870	100	1 870	19,08
1 216	35	425,6	4,333				

Salpetersäure bei 20°/4 °C

Dichte in kg · m^{-3}	Ma.-% HNO$_3$	g · l^{-1}	mol · l^{-1}	Dichte in kg · m^{-3}	Ma.-% HNO$_3$	g · l^{-1}	mol · l^{-1}
1 003,6	1	10,04	0,159	1 252,7	41	513,6	8,150
1 009,1	2	20,18	0,320	1 259,1	42	528,8	8,392
1 014,6	3	30,44	0,483	1 265,5	43	544,2	8,636
1 020,1	4	40,80	0,647	1 271,9	44	559,6	8,880
1 025,6	5	51,28	0,814	1 278,3	45	575,2	9,128
1 031,2	6	61,87	0,982	1 284,7	46	591,0	9,379
1 036,9	7	72,58	1,153	1 291,1	47	606,8	9,629
1 042,7	8	83,42	1,324	1 297,5	48	622,8	9,883
1 048,5	9	94,37	1,497	1 304,0	49	639,0	10,14
1 054,3	10	105,4	1,673	1 310,0	50	655,0	10,39
1 060,2	11	116,6	1,850	1 316,0	51	671,2	10,65
1 066,1	12	127,9	2,030	1 321,9	52	687,4	10,91
1 072,1	13	139,4	2,212	1 327,8	53	703,7	11,16
1 078,1	14	150,9	2,395	1 333,6	54	720,1	11,42
1 084,2	15	162,6	2,580	1 339,3	55	736,6	11,69
1 090,3	16	174,9	2,768	1 344,9	56	753,1	11,95
1 096,4	17	186,4	2,958	1 350,5	57	769,8	12,22
1 102,6	18	198,5	3,150	1 356,0	58	786,5	12,48
1 108,8	19	210,7	3,344	1 361,4	59	803,2	12,75
1 115,0	20	223,0	3,539	1 366,7	60	820,0	13,01
1 121,3	21	235,5	3,737	1 371,9	61	836,9	13,28
1 127,6	22	248,1	3,937	1 376,9	62	853,7	13,55
1 134,0	23	260,8	4,139	1 381,8	63	870,5	13,81
1 140,4	24	273,7	4,343	1 386,6	64	887,4	14,08
1 146,9	25	286,7	4,550	1 391,3	65	904,3	14,35
1 153,4	26	299,9	4,759	1 395,9	66	921,3	14,62
1 160,0	27	313,2	4,954	1 400,4	67	938,3	14,89
1 166,6	28	326,6	5,183	1 404,8	68	955,3	15,16
1 173,3	29	340,3	5,400	1 409,1	69	972,3	15,43
1 180,1	30	354,0	5,618	1 413,4	70	989,4	15,70
1 186,7	31	367,9	5,838	1 417,6	71	1 006	15,93
1 193,4	32	381,9	6,060	1 421,8	72	1 024	16,25
1 200,2	33	396,1	6,286	1 425,8	73	1 041	16,52
1 207,1	34	410,4	6,513	1 429,8	74	1 058	16,79
1 214,0	35	424,9	6,743	1 433,7	75	1 075	17,06
1 220,5	36	439,4	6,973	1 437,5	76	1 093	17,34
1 227,0	37	454,0	7,205	1 441,3	77	1 110	17,61
1 233,5	38	468,7	7,438	1 445,0	78	1 127	17,88
1 239,9	39	483,6	7,674	1 448,6	79	1 144	18,15
1 246,3	40	498,5	7,911	1 452,1	80	1 162	18,44

9. Dichte von festen und flüssigen Stoffen

Dichte in kg·m⁻³	Ma.-% HNO₃	g·l⁻¹	mol·l⁻¹	Dichte in kg·m⁻³	Ma.-% HNO₃	g·l⁻¹	mol·l⁻¹
1 455,5	81	1 179	18,71	1 485,0	91	1 351	21,44
1 458,9	82	1 196	18,98	1 487,3	92	1 368	21,71
1 462,2	83	1 214	19,27	1 489,2	93	1 385	21,98
1 465,5	84	1 231	19,54	1 491,2	94	1 402	22,25
1 468,6	85	1 248	19,80	1 493,2	95	1 419	22,52
1 471,6	86	1 266	20,09	1 495,2	96	1 435	22,77
1 474,5	87	1 283	20,36	1 497,4	97	1 452	23,04
1 477,3	88	1 300	20,63	1 500,8	98	1 471	23,34
1 480,0	89	1 317	20,90	1 505,6	99	1 491	23,66
1 482,6	90	1 334	21,17	1 512,9	100	1 513	24,01

Salzsäure bei 20°/4 °C

Dichte in kg·m⁻³	Ma.-% HCl	g·l⁻¹	mol·l⁻¹	Dichte in kg·m⁻³	Ma.-% HCl	g·l⁻¹	mol·l⁻¹
1 003,2	1	10,03	0,275	1 098,0	20	219,6	6,022
1 008,2	2	20,16	0,553	1 108,3	22	243,8	6,686
1 018,1	4	40,72	1,117	1 118,7	24	268,5	7,363
1 027,9	6	61,67	1,691	1 129,0	26	293,5	8,049
1 037,6	8	83,01	2,276	1 139,2	28	319,0	8,748
1 047,4	10	104,7	2,871	1 149,3	30	344,8	9,416
1 057,4	12	126,9	3,480	1 159,3	32	371,0	10,27
1 067,5	14	149,5	4,100	1 169,1	34	397,5	10,90
1 077,6	16	172,4	4,728	1 178,9	36	424,4	11,64
1 087,8	18	195,8	5,370	1 185,5	38	451,6	12,38
				1 198,0	40	479,2	13,14

Schwefelsäure bei 20°/4 °C

Dichte in kg·m⁻³	Ma.-% H₂SO₄	g·l⁻¹	mol·l⁻¹	Dichte in kg·m⁻³	Ma.-% H₂SO₄	g·l⁻¹	mol·l⁻¹
1 005,1	1	10,05	0,103	1 218,5	30	365,6	3,728
1 011,8	2	20,24	0,206	1 226,7	31	380,3	3,877
1 018,4	3	30,55	0,312	1 234,9	32	395,2	4,029
1 025,0	4	41,00	0,418	1 243,2	33	410,3	4,183
1 031,7	5	51,59	0,526	1 251,5	34	425,5	4,338
1 038,5	6	62,31	0,635	1 259,9	35	441,0	4,496
1 045,3	7	73,17	0,746	1 268,4	36	456,6	4,655
1 052,2	8	84,18	0,858	1 276,9	37	472,5	4,817
1 059,1	9	95,32	0,972	1 285,5	38	488,5	4,981
1 066,1	10	106,6	1,087	1 294,1	39	504,7	5,146
1 073,1	11	118,0	1,203	1 302,8	40	521,1	5,313
1 080,2	12	129,6	1,321	1 311,6	41	537,8	5,483
1 087,4	13	141,4	1,442	1 320,5	42	554,6	5,655
1 094,7	14	153,3	1,563	1 329,4	43	571,6	5,827
1 102,0	15	165,3	1,685	1 338,4	44	588,9	6,004
1 109,4	16	177,5	1,810	1 347,6	45	606,4	6,183
1 116,8	17	189,9	1,936	1 356,9	46	624,2	6,364
1 124,3	18	202,4	2,064	1 366,3	47	642,2	6,548
1 131,8	19	215,0	2,192	1 375,8	48	660,4	6,733
1 139,4	20	227,9	2,324	1 385,4	49	678,8	6,921
1 147,1	21	240,9	2,456	1 395,1	50	697,6	7,113
1 154,8	22	254,1	2,591	1 404,9	51	716,5	7,305
1 162,6	23	267,4	2,726	1 414,8	52	735,7	7,501
1 170,4	24	280,9	2,864	1 424,8	53	755,1	7,699
1 178,3	25	294,6	3,004	1 435,0	54	774,9	7,901
1 186,2	26	308,4	3,144	1 445,3	55	794,9	8,095
1 194,2	27	322,4	3,287	1 455,7	56	815,2	8,311
1 202,3	28	336,6	3,432	1 466,2	57	835,7	8,521
1 210,4	29	351,0	3,579	1 476,8	58	856,5	8,733

9. Dichte von festen und flüssigen Stoffen

Dichte in kg·m^{-3}	Ma.-% H_2SO_4	g·l^{-1}	mol·l^{-1}	Dichte in kg·m^{-3}	Ma.-% H_2SO_4	g·l^{-1}	mol·l^{-1}
1 487,5	59	877,6	8,950	1 727,2	80	1 382	14,07
1 498,3	60	899,0	9,166	1 738,3	81	1 408	14,36
1 509,1	61	920,6	9,386	1 749,1	82	1 434	14,62
1 520,0	62	942,4	9,609	1 759,4	83	1 460	14,89
1 531,0	63	964,5	9,834	1 769,3	84	1 486	15,15
1 542,1	64	986,9	10,09	1 778,6	85	1 512	15,42
1 553,3	65	1 010	10,30	1 787,2	86	1 537	15,66
1 564,6	66	1 033	10,53	1 795,1	87	1 562	15,93
1 576,0	67	1 056	10,77	1 802,2	88	1 586	16,17
1 587,4	68	1 079	11,00	1 808,7	89	1 610	16,42
1 598,9	69	1 103	11,25	1 814,4	90	1 633	16,65
1 610,5	70	1 127	11,49	1 819,5	91	1 656	16,88
1 622,1	71	1 152	11,75	1 824,0	92	1 678	17,11
1 633,8	72	1 176	11,99	1 827,9	93	1 700	17,33
1 645,6	73	1 201	12,24	1 831,2	94	1 721	17,55
1 657,4	74	1 226	12,50	1 833,7	95	1 742	17,76
1 669,2	75	1 252	12,77	1 835,5	96	1 762	17,97
1 681,0	76	1 278	13,03	1 836,4	97	1 781	18,16
1 692,7	77	1 303	13,29	1 836,1	98	1 799	18,34
1 704,3	78	1 329	13,55	1 834,2	99	1 816	18,52
1 715,8	79	1 355	13,82	1 830,5	100	1 831	18,68

Ammoniakwasser bei 15°/4 °C

Dichte in kg·m^{-3}	Ma.-% NH_3	g·l^{-1}	mol·l^{-1}	Dichte in kg·m^{-3}	Ma.-% NH_3	g·l^{-1}	mol·l^{-1}
998	0,45	4,5	0,264	938	16,22	152,1	8,930
996	0,91	9,1	0,534	936	16,82	157,4	9,241
994	1,37	13,6	0,799	934	17,42	162,7	9,553
992	1,84	18,2	1,069	932	18,03	168,1	9,870
990	2,31	22,9	1,345	930	18,64	173,4	10,18
988	2,80	27,7	1,626	928	19,25	178,6	10,49
986	3,30	32,5	1,908	926	19,87	184,2	10,81
984	3,80	37,4	2,196	924	20,49	189,3	11,14
982	4,30	42,2	2,478	922	21,12	194,7	11,43
980	4,80	47,0	2,760	920	21,75	200,1	11,75
978	5,30	51,8	3,041	918	22,39	205,6	12,07
976	5,80	56,6	3,323	916	23,03	210,9	12,38
974	6,30	61,4	3,605	914	23,68	216,3	12,70
972	6,80	66,1	3,881	912	24,33	221,9	13,03
970	7,31	70,9	4,163	910	24,99	227,4	13,35
968	7,82	75,7	4,445	908	25,65	232,9	13,67
966	8,33	80,5	4,727	906	26,31	238,3	13,99
964	8,84	85,2	5,002	904	26,98	243,9	14,32
962	9,35	89,9	5,278	902	27,65	249,4	14,64
960	9,91	95,1	5,584	900	28,33	255,0	14,97
958	10,47	100,3	5,889	898	29,01	260,5	15,30
956	11,03	105,4	6,188	896	29,69	266,0	15,62
954	11,60	110,7	6,500	894	30,37	271,5	15,94
952	12,17	115,9	6,796	892	31,05	277,0	16,26
950	12,72	121,0	7,105	890	31,75	282,6	16,60
948	13,31	126,2	7,410	888	32,50	288,6	16,94
946	13,88	131,3	7,709	886	33,25	294,6	17,30
944	14,46	136,5	8,014	884	34,10	301,4	17,70
942	15,04	141,7	8,320	882	34,95	308,3	18,10
940	15,63	146,9	8,625				

9. Dichte von festen und flüssigen Stoffen

Kaliumhydroxid bei 15°/4 °C

Dichte in kg · m^{-3}	Ma.-% KOH	g · l^{-1}	mol · l^{-1}	Dichte in kg · m^{-3}	Ma.-% KOH	g · l^{-1}	mol · l^{-1}
1 008,3	1	10,08	0,176	1 208,3	22	265,8	4,738
1 017,5	2	20,35	0,363	1 228,5	24	294,8	5,255
1 026,7	3	30,80	0,549	1 248,9	26	324,7	5,788
1 035,9	4	41,44	0,739	1 269,5	28	355,5	6,337
1 045,2	5	52,26	0,929	1 290,5	30	387,2	6,902
1 054,4	6	63,26	1,128	1 311,7	32	419,7	7,481
1 063,7	7	74,46	1,327	1 333,1	34	453,3	8,080
1 073,0	8	85,84	1,530	1 354,9	36	487,8	8,688
1 082,4	9	97,42	1,736	1 376,9	38	523,2	9,326
1 091,8	10	109,2	1,946	1 399,1	40	559,6	9,975
1 110,8	12	133,3	2,376	1 421,5	32	597,0	10,64
1 129,9	14	158,2	2,820	1 444,3	44	635,5	11,33
1 149,3	16	183,9	3,278	1 467,3	46	675,0	12,03
1 168,8	18	210,4	3,750	1 490,7	48	715,5	12,75
1 188,4	20	237,7	4,237	1 514,3	50	757,2	13,87

Natriumhydroxid bei 20°/4 °C

Dichte in kg · m^{-3}	Ma.-% NaOH	g · l^{-1}	mol · l^{-1}	Dichte in kg · m^{-3}	Ma.-% NaOH	g · l^{-1}	mol · l^{-1}
1 009,5	1	10,10	0,252	1 241,1	22	273,0	6,823
1 020,7	2	20,41	0,510	1 262,9	24	303,1	7,575
1 031,8	3	30,95	0,773	1 284,8	26	334,0	8,347
1 042,8	4	41,71	1,042	1 306,4	28	365,8	9,142
1 053,8	5	52,69	1,317	1 327,9	30	398,4	9,957
1 064,8	6	63,89	1,597	1 349,0	32	431,7	10,79
1 075,8	7	75,31	1,882	1 369,6	34	465,7	11,64
1 086,9	8	86,95	2,173	1 390,0	36	500,4	12,51
1 097,9	9	98,81	2,469	1 410,1	38	535,8	13,39
1 108,9	10	110,9	2,772	1 430,0	40	572,0	14,30
1 130,9	12	135,7	3,391	1 449,4	42	608,7	15,21
1 153,0	14	161,4	4,034	1 468,5	44	646,1	16,15
1 175,1	16	188,0	4,698	1 487,3	46	684,2	17,10
1 197,2	18	215,5	5,386	1 506,5	48	723,1	18,07
1 219,1	20	243,8	6,093	1 525,3	50	762,7	19,06

Natriumchlorid bei 20°/4 °C

Dichte in kg · m^{-3}	Ma.-% NaCl	g · l^{-1}	mol · l^{-1}	Dichte in kg · m^{-3}	Ma.-% NaCl	g · l^{-1}	mol · l^{-1}
1 005,3	1	10,05	0,172	1 100,9	14	154,1	2,636
1 012,5	2	20,25	0,346	1 116,2	16	178,5	3,054
1 026,8	4	41,07	0,703	1 131,9	18	203,7	3,485
1 041,3	6	62,47	1,068	1 147,8	20	229,5	3,926
1 055,9	8	84,47	1,445	1 164,0	22	256,0	4,380
1 070,7	10	107,07	1,832	1 180,4	24	283,2	4,845
1 085,7	12	130,2	2,227	1 197,2	26	311,2	5,324

Natriumkarbonat bei 20°/4 °C[1])

Dichte in kg · m^{-3}	Ma.-% Na$_2$CO$_3$	g · l^{-1}	mol · l^{-1}	Dichte in kg · m^{-3}	Ma.-% Na$_2$CO$_3$	g · l^{-1}	mol · l^{-1}
1 008,6	1	10,086	0,095	1 081,6	8	86,52	0,816
1 019,0	2	20,38	0,192	1 092,2	9	98,29	0,927
1 029,4	3	30,88	0,291	1 102,9	10	110,2	1,039
1 039,8	4	41,59	0,392	1 113,6	11	122,4	1,154
1 050,2	5	52,51	0,495	1 124,4	12	134,9	1,272
1 060,6	6	63,63	0,600	1 135,4	13	147,6	1,392
1 071,1	7	74,97	0,707				

[1]) Die Konzentrationsangaben sind auf wasserfreies Natriumkarbonat bezogen.

10. Löslichkeit fester Stoffe

Diese Tabelle enthält Angaben über die Löslichkeit anorganischer und einiger organischer Stoffe in Wasser bei verschiedenen Temperaturen und über die Löslichkeit anorganischer Stoffe in organischen Lösungsmitteln sowie eine Umrechnungstabelle von Löslichkeiten in Gramm wasserfreier Substanz in 100 g Lösungsmittel auf Gramm wasserfreier Substanz in 100 g Lösung und umgekehrt.

Spalte Löslichkeit: Die Löslichkeit ist in Gramm wasserfreier Substanz in 100 g Lösungsmittel (Wasser) für 0, 20, 40, 60, 80 und 100 °C angegeben. Unter »wasserfreier Substanz« ist zu verstehen, daß die Werte auf wasserfreie Substanzen umgerechnet sind. In Klammern stehende Werte sind interpolierte Werte.

Spalte Konzentration der gesättigten Lösung Masseanteil in %: Die Konzentration ist in Gramm wasserfreier Substanz in 100 g der gesättigten Lösung angegeben. Die Werte gelten — wenn nicht anders vermerkt — für 20 °C.

Spalte Dichte der gesättigten Lösung: Angabe in $kg \cdot m^{-3}$

10.1. Löslichkeit anorganischer und einiger organischer Verbindungen in Wasser in Abhängigkeit von der Temperatur

Bodenkörper	Löslichkeit in $\frac{g}{100 \text{ g } H_2O}$ bei °C						Masseanteil der ges. Lsg. in % bei 20 °C	Dichte der gesättigten Lösung bei 20 °C
	0	20	40	60	80	100		
Aluminiumchlorid-6-Wasser	44,9	45,6	46,3	(47,0)	47,7	—	31,32	—
Aluminiumnitrat-9-Wasser	61	75,44	89	108	—	—	43,0	—
Aluminiumnitrat-8-Wasser	—	—	—	—	154 (90°)	166	—	—
Aluminiumsulfat-18-Wasser	31,2	36,44	45,6	58	73	89	26,7	1308
Ammoniumaluminium-sulfat-12-Wasser	2,60	6,59	12,36	21,1	35,2	109,2 (95°)	6,18	1045,9 (15,5°)
Ammoniumbromid	60,6	75,5	91,1	107,8	126,7	145,6	43,9	—
Ammoniumchlorid	29,7	37,56	46,0	55,3	65,6	77,3	27,3	1075
Ammoniumdihydrogen-phosphat	22,7	36,8	56,7	82,9	120,7	174	26,90	—
Ammoniumeisen(II)-sulfat-6-Wasser	17,8	26,9	38,5	53,4	73,0	—	21,20	1180
Ammoniumhydrogen-karbonat	11,9	21,22	36,6	59,2	109,2	355	17,5	1070
Ammoniumiodid	154,2	172,3	190,5	208,9	228,8	250,3	63,3	—
Ammoniummagnesium-phosphat	0,023	0,052	0,036	0,04	0,019	—	0,0519	—
Ammoniumnitrat	118,5	187,7	283	415	610	1000	65,0	1308
Ammoniumphosphat-3-Wasser	9,40	20,3	—	37,7 (50°)	—	—	16,87	1343,6 (14,5°)
Ammoniumsulfat	70,4	75,44	81,2	87,4	94,1	102	43,0	1247
Ammoniumthiozyanat	115	163	235	347	(525)	—	61,98	—
Antimon(III)-chlorid	601,6	931,5	1368,0	4531,0	—	—	90,31	—
Antimon(III)-sulfid	—	$1,75 \cdot 10^{-4}$ (18°)	—	—	—	—	$1,75 \cdot 10^{-4}$ (18°)	—
Arsen(V)-oxid	59,5	65,83	71,2	73,0	75,1	76,7	39,70	—
Arsen(III)-sulfid	—	$5,17 \cdot 10^{-5}$ (18°)	—	—	—	—	$5,17 \cdot 10^{-5}$ (18°)	—
Bariumchlorat	16,90	25,26	33,16	40,05	45,90	51,2	20,17	—
Bariumchlorid-2-Wasser	30,7	35,7	40,8	46,4	52,5	58,7	26,3	1280
Bariumchromat	—	$3,7 \cdot 10^{-4}$	—	—	—	—	$3,7 \cdot 10^{-4}$	—
Bariumhydroxid-8-Wasser	1,50	3,48	8,2	21,0	—	—	3,36	1040
Bariumhydroxid-3-Wasser	—	—	—	—	90,8	159 (109°)	—	—
Bariumkarbonat	—	$2,2 \cdot 10^{-3}$ (18°)	—	—	—	—	$2,2 \cdot 10^{-3}$ (18°)	—
Bariumnitrat	4,95	9,06	14,4	20,3	27,2	34,2	8,3	1069,1

10. Löslichkeit fester Stoffe

Bodenkörper	Löslichkeit in $\frac{g}{100 \text{ g H}_2\text{O}}$ bei °C						Masseanteil der ges. Lsg. in % bei 20 °C	Dichte der gesättigten Lösung bei 20 °C
	0	20	40	60	80	100		
Bariumoxalat	–	$1,7 \cdot 10^{-2}$ (30°)	–	–	–	–	$1,7 \cdot 10^{-2}$ (30°)	–
Bariumsulfat	–	$2,4 \cdot 10^{-4}$	–	–	–	–	$2,4 \cdot 10^{-4}$	–
Bleibromid	0,4554	0,85	1,53	2,36	3,34	4,76	0,843	–
Bleichlorid	0,6728	0,99	1,45	1,98	2,62	3,31	0,98	1007
Bleichromat	–	$7 \cdot 10^{-6}$	–	–	–	–	$7 \cdot 10^{-6}$	–
Bleiiodid	0,0442	0,068	0,125	0,20	0,302	0,435	0,0679	–
Bleikarbonat	–	$1,1 \cdot 10^{-4}$	–	–	–	–	$1,1 \cdot 10^{-4}$	–
Bleinitrat	36,4	52,22	69,4	88,0	107,5	127,3	34,3	1400
Bleiphosphat	–	$13 \cdot 10^{-6}$	–	–	–	–	$13 \cdot 10^{-6}$	–
Bleisulfat	–	$4,1 \cdot 10^{-3}$	–	–	–	–	$4,1 \cdot 10^{-3}$	–
Bleisulfid	–	$8,6 \cdot 10^{-5}$ (18°)	–	–	–	–	$8,6 \cdot 10^{-5}$ (18°)	–
Bor(III)-oxid	1,1	2,2	4,0	6,2	9,5	15,7	2,15	–
Borsäure	2,66	5,042	8,7	14,8	23,6	39,7	4,8	1015
Chromium(VI)-oxid	163	166,72	171	176	189	199	62,5	1710,0 (16,5°)
Diammoniumhydrogenphosphat	57,5	68,6	81,8	97,6	(115,5)	–	40,7	1343,6 (14,5°)
Dikaliumhydrogenphosphat-6-Wasser	85,6	–	–	–	–	–	–	–
Dikaliumhydrogenphosphat-3-Wasser	–	159	212,5	–	–	–	61,39	–
Dikaliumhydrogenphosphat	–	–	–	266	–	–	–	–
Dinatriumhydrogenphosphat-12-Wasser	1,63	7,7	–	–	–	–	7,2	1080
Dinatriumhydrogenphosphat-7-Wasser	–	–	55,0	–	–	–	–	–
Dinatriumhydrogenphosphat 2 Wasser	–	–	–	83,0	92,4	–	–	–
Dinatriumhydrogenphosphat	–	–	–	–	–	104,1	–	–
Eisen(II)-chlorid-6-wasser	49,9	–	–	–	–	–	–	–
Eisen(II)-chlorid-4-Wasser	–	62,35	68,6	78,3	–	–	38,4	1490
Eisen(II)-chlorid-2-Wasser	–	–	–	–	90,1 (76,5°)	94,2	–	–
Eisen(III)-chlorid-6-Wasser	74,5	91,94	–	–	–	–	47,9	1520
Eisen(III)-chlorid-2-Wasser	–	–	–	373	–	–	–	–
Eisen(III)-chlorid	–	–	–	–	525,1	537	–	–
Eisen(II)-sulfat-7-Wasser	15,65	26,58	40,3	47,6 (50°)	–	–	21,0	1225
Eisen(II)-sulfat-1-Wasser	–	–	–	–	43,8	(31,6)	–	–
Eisen(II)-sulfid	–	$6,16 \cdot 10^{-4}$ (18°)	–	–	–	–	$6,16 \cdot 10^{-4}$ (18°)	–
Iod	–	$2,9 \cdot 10^{-2}$	–	–	–	–	$2,9 \cdot 10^{-2}$	–
Iodsäure	249,5	269,0	295	331,9	378,1	443,6	72,9	–
Kadmiumchlorid-$^5/_2$-Wasser	90,1	111,4	–	–	–	–	52,7	1710
Kadmiumchlorid-1-Wasser	–	–	135,3	136,9	140,4	147	–	–
Kadmiumnitrat-9-Wasser	106	–	–	–	–	–	–	–
Kadmiumnitrat-4-Wasser	–	153	199	–	–	–	60,47	–
Kadmiumnitrat	–	–	–	619	646	682	–	–
Kadmiumsulfat-$^8/_3$-Wasser	75,75	76,69	79,26	81,9	84,6	–	43,4	1616
Kadmiumsulfid	–	$9 \cdot 10^{-7}$ (18°)	–	–	–	–	$9 \cdot 10^{-7}$ (18°)	–

10. Löslichkeit fester Stoffe

Bodenkörper	Löslichkeit in $\frac{g}{100 \text{ g H}_2\text{O}}$ bei °C						Masseanteil der ges. Lsg. in % bei 20 °C	Dichte der gesättigten Lösung bei 20 °C
	0	20	40	60	80	100		
Kaliumaluminiumsulfat-12-Wasser	2,96	6,01	13,6	33,3	72	109 (90°)	5,67	1053
Kaliumaluminiumsulfat-x-Wasser	–	–	–	–	–	154	–	–
Kaliumbromat	3,1	6,84	13,1	22,0	33,9	49,7	6,4	1048
Kaliumbromid	54,0	65,85	76,1	85,9	95,3	104,9	39,7	1370
Kaliumchlorat	3,3	7,3	14,5	25,9	39,7	56,2	6,8	1042
Kaliumchlorid	28,15	34,24	40,3	45,6	51,0	56,20	25,5	1174
Kaliumchromat	59,0	63,68	67,0	70,9	75,1	79,2	38,9	1378
Kaliumdichromat	4,68	12,49	26,3	45,6	73,0	103	11,1	1077
Kaliumdihydrogenphosphat	14,3	22,7	33,9	48,6	68,0	–	18,50	–
Kaliumhexazyanoferrat(II)-3-Wasser	15,0	28,87	42,7	56,0	68,9	(82,7)	22,4	1160
Kaliumhexazyanoferrat(III)	29,9	46,0	59,5	70,9	81,8	91,6	31,51	1180
Kaliumhydrogenkarbonat	22,6	33,3	45,3	60,0	–	–	24,98	1180
Kaliumhydrogensulfat	36,3	51,4	76,3	–	–	121,6	33,95	–
Kaliumhydroxid-2-Wasser	95,3	111,88	–	–	–	–	52,8	1530
Kaliumhydroxid-1-Wasser	–	–	136,4	147	160	178	–	–
Kaliumiodat	4,7	8,11	12,9	18,5	24,8	32,3	7,5	1064
Kaliumiodid	127,8	144,51	161,0	176,2	191,5	208	59,1	1710
Kaliumkarbonat-$^3/_2$-Wasser	105,5	111,5	117	127	140	156	52,8	1580
Kaliumnitrat	13,25	31,66	63,9	109,9	169	245,2	24,1	1160
Kaliumoxalat-1-Wasser	–	35,88	–	–	–	–	26,4	–
Kaliumperchlorat	0,76	1,73	3,63	7,18	13,38	22,2	1,7	1008
Kaliumperiodat	0,168	0,42	0,93	2,16	4,44	7,87	0,418	–
Kaliumpermanganat	2,83	6,43	12,56	22,4	–	–	6,0	1040
Kaliumperoxosulfat	0,18	0,47	1,10	–	–	–	0,468	–
Kaliumpyrosulfit	27,5	44,9	63,9	85	108	133	30,99	–
Kaliumsulfat	7,33	11,11	14,79	18,2	21,29	24,10	10,0	1 080,7
Kaliumsulfit	106	107	108	109,5	111,5	114	51,69	–
Kaliumthiozyanat	177	218	–	–	–	–	68,55	1420
Kaliumzyanid	(63)	71,6 (25°)	–	81 (50°)	(95) (75°)	122 (103,3°)	41,73 (25°)	–
Kalziumchlorid-6-Wasser	60,3	74,53	–	–	–	–	42,7	1430
Kalziumchlorid-2-Wasser	–	–	128,1	136,8	147,0	159,0	–	–
Kalziumfluorid	–	$1,7 \cdot 10^{-3}$ (26°)	–	–	–	–	$1,7 \cdot 10^{-3}$ (26°)	–
Kalziumhydrogenphosphat-2-Wasser	–	0,020 (24,5)	0,038	0,105	–	0,075	0,0199 (24,5°)	–
Kalziumkarbonat	–	$1,5 \cdot 10^{-3}$ (18°)	–	–	–	–	$1,5 \cdot 10^{-3}$ (18°)	–
Kalziumnitrat-4-Wasser	101	129,39	196	–	–	–	56,4	–
Kalziumoxid-1-Wasser	0,130	0,1238	0,100	0,083	0,066	0,052	0,123	1001
Kalziumsulfat-2-Wasser	0,176	0,2036	0,2122	0,2047	0,1966	0,1619	0,204	1001
Kobaltchlorid-6-Wasser	41,9	53,62	69,5	–	–	–	34,9	–
Kobaltchlorid-2-Wasser	–	–	–	(90,5)	100	107,5	–	–
Kobaltnitrat-6-Wasser	83,5	100	126	169,5 (56°)	–	–	50,0	–
Kobaltnitrat-3-Wasser	–	–	–	163,2	217	–	–	–
Kobaltsulfat-7-Wasser	25,5	36,26	49,9	–	–	–	26,6	–
Kobaltsulfat-6-Wasser	–	–	–	55,0	–	–	–	–
Kobaltsulfat-1-Wasser	–	–	–	–	53,8	38,9	–	–
Kobaltsulfid	–	$3,79 \cdot 10^{-4}$ (18°)	–	–	–	–	$3,79 \cdot 10^{-4}$ (18°)	–
Kupfer(I)-chlorid	–	1,52 (25°)	–	–	–	–	1,497 (25°)	–
Kupfer(II)-chlorid-2-Wasser	70,65	77,0	83,8	91,2	99,2	107,9	43,5	1550
Kupfer(II)-nitrat-6-Wasser	81,8	125,25	–	–	–	–	55,6	–

10. Löslichkeit fester Stoffe

Bodenkörper	Löslichkeit in $\frac{g}{100 \text{ g H}_2\text{O}}$ bei °C						Masseanteil der ges. Lsg. in % bei 20 °C	Dichte der gesättigten Lösung bei 20 °C
	0	20	40	60	80	100		
Kupfer(II)-nitrat-3-Wasser	–	–	160	179	208	(257)	–	–
Kupfer(II)-sulfat-5-Wasser	14,8	20,77	29,0	39,1	53,6	73,6	17,2	1196,5
Kupfer(II)-sulfid	–	3,3·10⁻⁵ (18°)	–	–	–	–	3,3·10⁻⁵ (18°)	–
Lithiumchlorid-2-Wasser	69,2	–	–	–	–	–	–	–
Lithiumchlorid-1-Wasser	–	82,82	90,4	100	113	(127,5)	45,3	1290
Lithiumchlorid	–	–	–	–	–	133	–	–
Lithiumhydroxid-1-Wasser	12,0	12,36	–	13,4 (50°)	14,9 (75°)	17,9	11,0	–
Lithiumkarbonat	–	1,33	–	–	–	–	1,31	–
Lithiumsulfat-1-Wasser	36,2	34,8	33,5	32,3	31,5	31,0	25,6	1230
Magnesiumchlorid-6-Wasser	52,8	54,57	57,5	60,7	65,87	72,7	35,3	1331
Magnesiumhydroxid	–	9·10⁻⁴ (18°)	–	–	–	–	9·10⁻⁴ (18°)	–
Magnesiumnitrat-6-Wasser	63,9	70,07	81,8	93,7	–	–	41,2	1388 (25°)
Magnesiumnitrat-2-Wasser	–	–	–	214,5	233	264	–	–
Magnesiumsulfat-7-Wasser	30,05 (10°)	35,6	45,4	–	–	–	26,25	1310
Magnesiumsulfat-6-	–	–	–	54,4	–	–	–	–
Magnesiumsulfat-1-Wasser	–	–	–	–	54,2 (83°)	(48,0)	–	–
Mangan(II)-chlorid-4-Wasser	63,6	73,62	88,7	(106) (58,1°)	–	–	42,4	1499
Mangan(II)-chlorid-2-Wasser	–	–	–	–	110,5	115	–	–
Mangan(II)-sulfat-7-Wasser	52,9	–	–	–	–	–	–	–
Mangan(II)-sulfat-5-Wasser	–	62,88	–	–	–	–	38,6	1487
Mangan(II)-sulfat-1-Wasser	–	–	60,0	58,6	45,5	35,5	–	–
Natriumaluminiumsulfat-12-Wasser	37,4	39,7	44,3	–	–	–	28,41	–
Natriumazetat-3-Wasser	36,3	46,42	65,4	138 (58°)	–	–	31,7	1170
Natriumbromat	25,8	38,32	48,8	62,6	75,8	90,8	27,7	1048
Natriumbromid-2-Wasser	79,5	90,49	105,8	–	–	–	47,5	1540
Natriumbromid	–	–	–	118	118,3	121,2	–	–
Natriumchlorat	80,5	98,82	115,2	(138)	(167)	204	49,7	–
Natriumchlorid-2-Wasser	35,60	–	–	–	–	–	–	–
Natriumchlorid	35,6	35,8	36,42	37,05	38,05	39,2	26,4	1201
Natriumchromat-10-Wasser	31,7	88,7	–	–	–	–	47	–
Natriumchromat-4-Wasser	–	–	95,3	115,1	–	–	–	–
Natriumchromat	–	–	–	–	124	125,9	–	–
Natriumdichromat-2-Wasser	163,2	180,16	220,5	283	385	–	64,3	–
Natriumdichromat	–	–	–	–	–	440	–	–
Natriumdihydrogen-phosphat-2-Wasser	57,7	85,2	138,2	–	–	–	46,0	–
Natriumdihydrogen-phosphat	–	–	–	179,3	207,3	248,4	–	–
Natriumfluorid	(3,6)	4,1	–	–	–	–	3,94	1040
Natriumformiat-2-Wasser	–	85,3	–	–	–	–	46,5	–
Natriumhydrogenkarbonat	6,89	9,6	12,7	16,0	19,7	23,6	8,76	1080
Natriumhydroxid-4-Wasser	43,2	–	–	–	–	–	–	–
Natriumhydroxid-1-Wasser	–	109,22	126	178	–	–	52,2	1550
Natriumhydroxid	–	–	–	–	313,7	341	–	–

10. Löslichkeit fester Stoffe

Bodenkörper	Löslichkeit in $\frac{g}{100\ g\ H_2O}$ bei °C						Masseanteil der ges. Lsg. in % bei 20 °C	Dichte der gesättigten Lösung bei 20 °C
	0	20	40	60	80	100		
Natriumiodat-5-Wasser	2,48	–	–	–	–	–	–	–
Natriumiodat-1-Wasser	–	9,1	13,25	20,0	–	–	8,34	1077 (25°)
Natriumiodat	–	–	–	–	27,0	32,8	–	–
Natriumiodid-2-Wasser	159,1	179,37	204,9	257,1	–	–	64,2	1920
Natriumiodid	–	–	–	–	295	303	–	–
Natriumkarbonat-10-Wasser	6,86	21,66	–	–	–	–	17,8	1194,1
Natriumkarbonat-1-Wasser	–	–	48,9	46,2	44,5	44,5	–	–
Natriumnitrat	70,7	88,27	104,9	124,7	148	176	46,8	1380
Natriumnitrit	73,0	84,52	95,7	112,3	135,5	163	45,8	1330
Natriumperchlorat-1-Wasser	167	181	243	–	–	–	64,41	1757 (25°)
Natriumperchlorat	–	–	–	289	(304)	(324)	–	–
Natriumphosphat-12-Wasser	1,5	12,11	31	55	81	108	10,8	1106
Natriumpyrophosphat-10-Wasser	2,70	5,48	12,5	21,9	30,0	40,26	5,2	1050
Natriumpyrosulfit-7-Wasser	45,5	–	–	–	–	–	–	–
Natriumpyrosulfit	–	65,3	71,1	79,9	88,7	(100)	39,5	–
Natriumsulfat-10-Wasser	4,56	19,19	–	–	–	–	16,1	1150
Natriumsulfat	–	–	48,1	45,26	43,09	42,3	–	–
Natriumsulfid-9-Wasser	12,4	18,77	29,0	–	–	–	15,8	1180
Natriumsulfid-6-Wasser	–	–	–	39,1	49,2	–	–	–
Natriumsulfit-7-Wasser	14,2	26,9	–	–	–	–	21,2	1200
Natriumsulfit	–	–	37,0	33,2	29,0	26,6	–	–
Natriumthiosulfat-5-Wasser	52,5	70,07	102,6	–	–	–	41,2	1390
Natriumthiosulfat-2-Wasser	–	–	–	206,6	–	–	–	–
Natriumthiosulfat	–	–	–	–	245	266	–	–
Nickelchlorid-6-Wasser	51,7	55,30	–	–	–	–	35,6	1460
Nickelchlorid-4-Wasser	–	–	72,5	80,5	–	–	–	–
Nickelchlorid-2-Wasser	–	–	–	–	86,9	88,0	–	–
Nickelnitrat-6-Wasser	79,2	94,1	118,8	–	–	–	48,5	–
Nickelnitrat-2-Wasser	–	–	–	–	–	218,5	–	–
Nickelsulfat-7-Wasser	27,9	37,8	50,4	–	–	–	27,4	–
Nickelsulfat-6-Wasser	–	–	–	57,0	–	–	–	–
Nickelsulfat-1-Wasser	–	–	–	–	–	77,9	–	–
Nickelsulfid	–	$3,6 \cdot 10^{-4}$ (18°)	–	–	–	–	$3,6 \cdot 10^{-4}$ (18°)	–
Quecksilber(I)-bromid	–	$3,9 \cdot 10^{-6}$ (25°)	–	–	–	–	$3,9 \cdot 10^{-6}$ (25°)	–
Quecksilber(II)-bromid	–	0,62 (25°)	(0,96)	1,67	2,77	4,9	0,62 (25°)	–
Quecksilber(I)-chlorid	–	$0,23 \cdot 10^{-3}$	–	–	–	–	$0,23 \cdot 10^{-3}$	–
Quecksilber(II)-chlorid	4,29	6,61	9,6	13,9	24,2	54,1	6,2	1052
Quecksilber(I)-iodid	–	$0,02 \cdot 10^{-6}$ (25°)	–	–	–	–	$0,02 \cdot 10^{-6}$ (25°)	–
Quecksilber(II)-iodid (rot)	–	$20 \ldots 40 \cdot 10^{-6}$ (18°)	–	–	–	–	$20 \ldots 40 \cdot 10^{-6}$ (18°)	–
Quecksilber(II)-oxid (gelb)	–	$5,2 \ldots 15 \cdot 10^{-4}$ (25°)	–	–	–	–	$5,2 \ldots 15 \cdot 10^{-3}$ (25°)	–
Quecksilber(II)-oxid (rot)	–	$4,24 \ldots 5,15 \cdot 10^{-3}$ (25°)	–	–	–	–	$4,24 \ldots 5,15 \cdot 10^{-3}$ (25°)	–
Quecksilber(I)-sulfat	–	$60 \cdot 10^{-3}$ (25°)	–	–	–	–	$60 \cdot 10^{-3}$ (25°)	–
Quecksilbersulfid	–	$1,25 \cdot 10^{-6}$ (18°)	–	–	–	–	$1,25 \cdot 10^{-6}$ (18°)	–

10. Löslichkeit fester Stoffe

Bodenkörper	Löslichkeit in $\frac{g}{100 \text{ g H}_2\text{O}}$ bei °C						Masseanteil der ges. Lsg. in % bei 20 °C	Dichte der gesättigten Lösung bei 20 °C
	0	20	40	60	80	100		
Silberarsenat	–	$8,5 \cdot 10^{-4}$	–	–	–	–	$8,5 \cdot 10^{-4}$	–
Silberbromid	–	$8,4 \cdot 10^{-6}$	–	–	–	–	$8,4 \cdot 10^{-6}$	–
Silberchlorid	–	$1,5 \cdot 10^{-4}$	–	–	–	–	$1,5 \cdot 10^{-4}$	–
Silberchromat	–	$2,6 \cdot 10^{-3}$	–	–	–	–	$2,6 \cdot 10^{-3}$	–
Silberiodid	–	$2,5 \cdot 10^{-7}$	–	–	–	–	$2,5 \cdot 10^{-7}$	–
Silberkarbonat	–	$3,2 \cdot 10^{-3}$	–	–	–	–	$3,2 \cdot 10^{-3}$	–
Silbernitrat	115	219,2	334,8	471	652	1024	68,6	2180
Silbersulfat	0,573	0,796	0,979	1,15	1,30	1,46	0,75	–
Silbersulfid	–	$1,4 \cdot 10^{-5}$	–	–	–	–	$1,4 \cdot 10^{-5}$	–
Silberzyanid	–	$2,2 \cdot 10^{-5}$	–	–	–	–	$2,2 \cdot 10^{-5}$	–
Strontiumbromid-6-Wasser	87,9	98	113	135	175	222,5	49,5	–
Strontiumchlorid-6-Wasser	44,1	53,85	66,6	85,2	–	–	35,0	1390
Strontiumchlorid-2-Wasser	–	–	–	–	92,3	102	–	–
Strontiumfluorid	–	$11,7 \cdot 10^{-3}$	–	–	–	–	$11,7 \cdot 10^{-3}$	–
Strontiumhydroxid-8-Wasser	0,35	0,70	1,50	3,13	7,02	24,2	0,69	–
Strontiumnitrat-4-Wasser	39,5	70,95	–	–	–	–	41,5	1393,8 (14,71°)
Strontiumnitrat	–	–	91,2	94,2	97,2	101,2	–	–
Strontiumoxalat	–	$4,6 \cdot 10^{-3}$	–	–	–	–	$4,6 \cdot 10^{-3}$	–
Strontiumsulfat	–	$1,14 \cdot 10^{-2}$	–	–	–	–	$1,14 \cdot 10^{-2}$	–
Thallium(I)-chlorid	0,17	0,33	0,60	1,02	1,60	2,38	0,329	–
Thallium(I)-karbonat	–	3,92	–	–	–	–	3,77	–
Thallium(I)-nitrat	3,81	9,528	20,9	46,2	111,0	413	8,7	–
Thallium(I)-sulfat	2,70	4,823	7,59	10,9	14,6	18,4 (99,7°)	4,6	–
Uranylnitrat-6-Wasser	98,0	125,76	163	203 (50°)	–	–	55,71	–
Zinkchlorid-3-Wasser	208	–	–	–	–	–	–	–
Zinkchlorid-$^3/_2$-Wasser	–	367,53	–	–	–	–	78,6	2080
Zinkchlorid	–	–	453	488	541	614	–	–
Zinkhydroxid	–	$5,62 \cdot 10^{-4}$ (18°)	–	–	–	–	$5,62 \cdot 10^{-4}$ (18°)	–
Zinknitrat-6-Wasser	92,7	118,34	–	–	–	–	54,2	1670
Zinknitrat-4-Wasser	–	–	211,5	–	–	–	–	–
Zinknitrat-1-Wasser	–	–	–	700	1250 (73°)	–	–	–
Zinksulfat-7-Wasser	41,6	53,8	–	–	–	–	35	1470
Zinksulfat-6-Wasser	–	–	70,4	–	–	–	–	–
Zinksulfat-1-Wasser	–	–	–	76,5	66,7	60,5	–	–
Zink(II)-chlorid	83,9	269,8 (15°)	–	–	–	–	72,96 (15°)	2070

10.2. Löslichkeit anorganischer Verbindungen in organischen Lösungsmitteln bei 18 bis 20 °C

Die Löslichkeit ist in Gramm wasserfreier Substanz in 100 g reinem Lösungsmittel angegeben.

Bodenkörper	Löslichkeit in $\frac{g}{100 \text{ g L.M.}}$			
	Ethanol (absolut)	Methanol	Propanon	Pyridin
Aluminiumbromid	–	–	–	8,14 (25°)
Ammoniak	11,9	23,8	–	–
Ammoniumbromid	3,2	12,5	–	–
Ammoniumchlorid	0,6 (15°)	3,4	–	–
Ammoniumiodid	26,3 (25°)	–	–	–
Ammoniumnitrat	3,8	17,1	–	–
Ammoniumperchlorat	2,2 (25°)	6,8 (25°)	2,2 (25°)	–
Antimon(III)-chlorid	–	–	538	–

10. Löslichkeit fester Stoffe

Bodenkörper	Löslichkeit in $\frac{g}{100 \text{ g L.M.}}$			
	Ethanol (absolut)	Methanol	Propanon	Pyridin
Bariumbromid	4,1	–	–	–
Bariumchlorid	–	2,2 (15°)	–	–
Bariumnitrat	–	0,5 (25°)	–	–
Bismut(III)-iodid	3,5	–	–	–
Bismut(III)-nitrat-5-Wasser	–	–	41,7	–
Bleichlorid	–	–	–	0,45
Bleiiodid	–	–	–	0,21 (15°)
Bleinitrat	0,04	1,4	–	5,8 (25°)
Borsäure	11 (25°)	–	0,5	–
Chlorwasserstoff	41	88,7	–	–
Eisen(III)-chlorid	–	–	63	–
Iod	19 (15°)	–	–	–
Kadmiumbromid	–	–	1,56	–
Kadmiumchlorid	1,5 (15°)	1,71 (15°)	–	0,8 (15°)
Kadmiumiodid	102 (15°)	–	25	0,43 (25°)
Kaliumbromid	0,14 (25°)	2 (25°)	0,02 (25°)	–
Kaliumchlorid	0,0034	0,5	–	–
Kaliumhydroxid	37 (30°)	–	–	–
Kaliumiodid	1,75	16,5	–	–
Kaliumthiozyanat	–	–	20,8 (22,5°)	–
Kaliumzyanid	0,9	4,9 (25°)	–	–
Kalziumbromid	53,5	–	–	–
Kalziumchlorid	–	–	–	1,66 (25°)
Kobaltchlorid	–	–	2,8	0,6 (25°)
Kobaltsulfat	–	1,04	–	–
Kobaltsulfat-7-Wasser	2,5 (3°)	5,5	–	–
Kupfer(II)-chlorid	–	–	2,9	0,35 (25°)
Kupfer(II)-chlorid-2-Wasser	–	–	8,9 (15°)	–
Kupfer(II)-iodid	–	–	–	1,74 (25°)
Kupfersulfat	–	1,05	–	–
Kupfersulfat-5-Wasser	1,1 (3°)	15,6	–	–
Lithiumbromid	72 (25°)	–	–	–
Lithiumchlorid	24	–	2,3 (25°)	13,5 (28°)
Magnesiumbromid	–	–	–	0,5
Magnesiumsulfat	1,3 (3°)	1,2	–	–
Magnesiumsulfat-7-Wasser	–	41	–	–
Natriumbromid	2,3	17,4	–	–
Natriumchlorid	0,07	1,41	–	–
Natriumchromat	–	0,35 (25°)	–	–
Natriumiodid	43,1 (22,5°)	77,7 (22,5°)	–	–
Natriumnitrat	0,036 (25°)	0,41	–	–
Natriumnitrit	0,31	4,4	–	–
Nickelchlorid	10	–	–	–
Nickelchlorid-6-Wasser	53,7	–	–	–
Nickelsulfat	–	4 (15°)	–	–
Nickelsulfat-7-Wasser	2,2	20 (15°)	–	–
Phosphor	0,31	–	–	–
Quecksilber(II)-bromid	23 (25°)	46 (25°)	–	–
Quecksilber(II)-chlorid	49 (25°)	53	143	25
Quecksilber(II)-iodid	2,2 (25°)	3,4 (25°)	2 (25°)	32
Quecksilber(II)-zyanid	9,5 (25°)	32 (25°)	–	65
Schwefel	0,05	0,03	2,5 (25°)	–
Silberchlorid	–	–	–	1,9
Silbernitrat	2,1	3,7	0,44	36,6
Strontiumchlorid-6-Wasser	–	63,3 (6°)	–	–

Bodenkörper	Löslichkeit in $\dfrac{g}{100 \text{ g L.M.}}$			
	Ethanol (absolut)	Methanol	Propanon	Pyridin
Zerium(III)-chlorid	–	–	–	1,58 (0°)
Zinkchlorid	–	–	43,5	2,6
Zinksulfat	–	0,65	–	–
Zinksulfat-7-Wasser	–	5,9	–	–

10.3. Umrechnungstabelle von Gramm Substanz/100 g Lösungsmittel auf Gramm Substanz/100 g Lösung und umgekehrt

Spalte A enthält die gewünschte Konzentration des gelösten Stoffes in Gramm Substanz/100 g Lösung (= Ma.-%).
Spalte B enthält die Anzahl Gramm des Stoffes, die in 100 g Lösungsmittel gelöst sind.

A	Einer									
	0	1	2	3	4	5	6	7	8	9
Zehner	B									
0	0,00	1,01	2,04	3,09	4,17	5,26	6,38	7,53	8,70	9,89
10	11,11	12,36	13,64	14,94	16,28	17,65	19,05	20,48	21,95	23,46
20	25,00	26,58	28,21	29,87	31,58	33,33	35,14	36,99	38,89	40,85
30	42,86	44,93	47,06	49,25	51,52	53,85	56,25	58,73	61,29	63,93
40	66,67	69,49	72,41	75,44	78,57	81,19	85,19	88,68	92,30	96,08
50	100,00	104,08	108,33	112,77	117,39	122,22	127,27	132,56	138,10	143,90
60	150,00	156,41	163,16	170,27	177,78	185,71	194,12	203,03	212,50	222,58
70	233,33	244,83	257,14	270,37	284,62	300,00	316,67	334,78	354,55	376,19
80	400,00	426,32	455,56	488,24	525,00	566,67	614,29	669,23	733,33	809,09
90	900	1 011	1 150	1 329	1 567	1 900	2 400	3 233	4 900	9 900

A	Zehntel									
	0,0	0,1	0,2	0,3	0,4	0,5	0,6	0,7	0,8	0,9
Einer	B									
0	0,000	0,100 1	0,200 4	0,300 9	0,401 6	0,502 5	0,603 6	0,704 9	0,806 5	0,908 2
1	1,010	1,112	1,215	1,317	1,420	1,523	1,626	1,729	1,833	1,937
2	2,041	2,145	2,249	2,354	2,459	2,564	2,669	2,775	2,881	2,987
3	3,093	3,199	3,306	3,413	3,520	3,627	3,734	3,842	3,950	4,058
4	4,167	4,275	4,384	4,493	4,603	4,712	4,822	4,932	5,042	5,152
5	5,263	5,374	5,485	5,597	5,708	5,820	5,932	6,045	6,157	6,270
6	6,383	6,496	6,610	6,724	6,838	6,952	7,066	7,181	7,296	7,411
7	7,527	7,643	7,759	7,875	7,991	8,108	8,225	8,342	8,460	8,578
8	8,696	8,814	8,932	9,051	9,170	9,290	9,409	9,529	9,649	9,769
9	9,890	10,01	10,13	10,25	10,38	10,50	10,62	10,74	10,86	10,99

Beispiele zur Arbeit mit der Tabelle

1. *Bei 20°C lösen sich 35,8 g Natriumchlorid in 100 g Wasser. Wieviel Prozent Natriumchlorid enthält die Lösung?*

   Gegeben: Löslichkeit von NaCl in 100 g Wasser bei 20°C: 35,8 g
   Gesucht: Prozentgehalt an Natriumchlorid

   Nach der Tabelle, Spalte B, liegt der Wert 35,8 g zwischen 35,14 und 36,99. Dem entspricht in der Spalte A eine Löslichkeit von 26...27%
   Durch Interpolieren erhält man den genauen Wert von 26,35%. Die Lösung enthält 26,35% NaCl.

2. *Eine bei 25°C gesättigte alkoholische Ammoniumiodidlösung enthält 20,82% NH_4I. Wieviel Gramm NH_4I sind in 100 g Ethanol enthalten?*

   Gegeben: 20,82%ige alkoholische Ammoniumiodidlösung
   Gesucht: Masse an NH_4I in 100 g Ethanol bei 25°C

Dem Wert 20,82 der Spalte A entspricht ein Wert der Spalte B zwischen 25,00 und 26,85. Durch Interpolieren erhält man den genauen Wert:

$$26,3 \frac{g\, NH_4 I}{100\, g\, Lösungsmittel}$$

100 g Ethanol enthalten bei 25 °C maximal 26,3 g Ammoniumiodid.

3. *Wieviel Gramm Kupfersulfat-5-Wasser müssen in 100 g Wasser gelöst werden, um eine 2,5 %ige Lösung zu erhalten?*

Gegeben: 2,5 %ige Lösung, d. h. 2,5 g Substanz   *Gesucht:* Substanz in 100 g Wasser
in 100 g Lösung

Dem Wert 2,5 der Spalte A der zweiten Tabelle entspricht der Wert 2,564 der Spalte B.

2,564 g Kupfersulfat-5-Wasser müssen in 100 g Wasser gelöst werden, um eine 2,5 %ige Lösung zu erhalten.

11. Löslichkeit von Gasen

Spalte α nennt den Bunsenschen Absorptionskoeffizienten. Darunter versteht man das von der Volumeneinheit des Lösungsmittels aufgenommene Gasvolumen (berechnet auf 0 °C und 101 308 Pa, wenn der Partialdruck des Gases 101,308 kPa beträgt.

Spalte λ: Absorptionskoeffizient wie α, bezogen auf einen Gesamtdruck von 101,308 kPa.

Spalte β gibt den Kuenenschen Absorptionskoeffizienten an. Darunter versteht man das auf 0 °C und 101,308 kPa reduzierte Volumen des Gases in ml, das von einem Gramm des Lösungsmittels bei einem Partialdruck des Gases von 101,308 kPa aufgenommen wird.

Spalte q: Masse des Gases in Gramm, das von 100 g Lösungsmittel bei einem Gesamtdruck von 101,308 kPa aufgenommen wird.

Spalte g · l⁻¹: Masse des Gases in Gramm, das bei der jeweiligen Temperatur und einem Gesamtdruck von 101,308 kPa in einem Liter des Lösungsmittels löslich ist.

11.1. Löslichkeit von Ammoniak in Wasser

Temperatur in °C	Normaldruck			erhöhter Druck in n · 101,308 kPa					
				2		5		10	
	q	α	g · l^{-1}	q	g · l^{-1}	q	g · l^{-1}	q	g · l^{-1}
0	89,9	1 176	907,2	130,4	1 303,7	–	–	–	–
10	68,4	989	764,7	–	–	376,2	3 762,6	–	–
20	51,8	702	541,5	71,82	716,5	159,6	1 593,1	–	–
30	40,8	–	406,2	–	–	–	–	468,2	4 661,3
40	33,8	–	335,3	45,77	454,1	82,81	821,7	170,3	1 689,7
50	28,4	–	280,6	–	–	–	–	–	–
60	23,8	–	234,0	29,03	285,4	53,85	529,5	89,85	882,4
70	19,4	–	189,7	–	–	–	–	–	–
80	15,4	–	149,7	16,41	159,5	36,05	350,3	59,23	575,6
90	11,4	–	110,0	–	–	–	–	–	–
100	7,4	–	70,9	7,18	68,8	22,85	219,0	40,85	391,5

11.2. Löslichkeit von Bromwasserstoff in Wasser bei Normaldruck

Temperatur in °C	l	q	g · l^{-1}
−25	–	255,0	2 544
−15	–	239,0	2 388
0	612	221,2	2 211,5
25	533	193,0	1 839,3
50	469	171,5	1 694,5
75	406	150,5	1 467,1
100	345	130,0	1 245,8

11.3. Löslichkeit von Chlor in Wasser bei Normaldruck

Temperatur in °C	l	q	$g \cdot l^{-1}$
0	4,61	1,46	14,6
10	3,148	0,9972	9,97
20	2,299	0,7293	7,28
30	1,799	0,5723	5,70
50	1,225	0,3925	3,88
70	0,862	0,2793	2,73
90	0,39	0,127	1,23
100	0,00	0,000	0,00

11.4. Löslichkeit von Chlor in Tetrachlormethan bei Normaldruck

Temperatur in °C	α	$g \cdot l^{-1}$
0	97,7	314,6
19	54,8	176,5
40	34,2	110,1

11.5. Löslichkeit von Chlorwasserstoff in Wasser bei Normaldruck

Temperatur in °C	l	q	α	$g \cdot l^{-1}$
−24	−	101,2	−	1011
0	517	84,2	525,2	842
20	442	72,1	−	720
30	412	67,3	−	670
50	362	59,6	−	589

11.6. Löslichkeit von Ethan in Wasser bei Normaldruck

Temperatur in °C	α	$g \cdot l^{-1}$
0	0,09874	0,1339
10	0,06561	0,08897
20	0,04724	0,06406
30	0,03624	0,04914
40	0,02915	0,03953
50	0,02459	0,03334
60	0,02177	0,02952
70	0,01948	0,02642
80	0,01826	0,02476
90	0,0176	0,02387
100	0,0172	0,02332

11.7. Löslichkeit von Ethen in Wasser bei Normaldruck

Temperatur in °C	α	$g \cdot l^{-1}$
0	0,226	0,285
10	0,162	0,204
20	0,122	0,154
30	0,098	0,113

11.8. Löslichkeit von Ethin in Wasser bei Normaldruck

Temperatur in °C	α	$g \cdot l^{-1}$
0	1,73	2,03
10	1,31	1,53
20	1,03	1,21
30	0,84	0,98

11.9. Löslichkeit von Kohlendioxid in Wasser bei Normaldruck

Temperatur in °C	α	q	$g \cdot l^{-1}$
0	1,713	0,3346	3,38
10	1,194	0,2318	2,36
20	0,878	0,1688	1,73
25	0,759	0,1449	1,50
30	0,665	0,1257	1,31
40	0,530	0,0973	1,05
50	0,436	0,0761	0,86
60	0,359	0,0576	0,71

11.10. Löslichkeit von Kohlendioxid in Wasser bei erhöhtem Druck

Druck in MPa	Temperatur in °C					
	20		60		100	
	β	$g \cdot l^{-1}$	β	$g \cdot l^{-1}$	β	$g \cdot l^{-1}$
2,451	16,3	32,2	–	–	–	–
3,922	22,0	47,2	8,5	16,5	–	–
4,902	25,7	50,2	10,2	19,8	–	–
5,883	–	–	12,1	23,5	–	–
6,804	–	–	14,2	27,6	6,5	12,3
7,844	–	–	16,3	31,7	7,4	14,0
8,824	–	–	18,8	36,5	–	–
9,005	–	–	21,4	41,6	9,7	18,4
10,785	–	–	24,3	47,2	10,8	20,5
12,746	–	–	–	–	12,7	24,1
14,707	–	–	–	–	15,1	28,5

11.11. Löslichkeit von Kohlenmonoxid in Wasser bei Normaldruck

Temperatur in °C	α	$g \cdot l^{-1}$
0	0,03537	0,044
20	0,02319	0,029
40	0,01775	0,022
50	0,01615	0,020
60	0,01488	0,019
80	0,01430	0,018
100	0,01411	0,0175

11.12. Löslichkeit von Methan in Wasser bei Normaldruck

Temperatur in °C	α	$g \cdot l^{-1}$
0	0,05563	0,040
20	0,03308	0,024
40	0,02369	0,017
50	0,02134	0,015
60	0,01954	0,014
80	0,01770	0,013
100	0,0170	0,012

11.13. Löslichkeit von Methan in Schwefelsäure bei Normaldruck

Lösungsmittel	Temperatur in °C	α	$g \cdot l^{-1}$
Schwefelsäure 40%	20	0,0158	0,011
Schwefelsäure 60%	20	0,013	0,009
Schwefelsäure 96%	20	0,031	0,022

11.14. Löslichkeit von Sauerstoff in verschiedenen Lösungsmitteln bei Normaldruck

Lösungsmittel	Temperatur in °C	α	q	$g \cdot l^{-1}$
Silber	200	0,138	0,00188	–
	400	0,085	0,00116	–
	800	0,346	0,00470	–
	1024	21,5	0,295	–
Wasser	0	0,04889	0,006945	0,070
	20	0,03103	0,004339	0,044
	40	0,02306	0,003082	0,033
	60	0,01946	0,002274	0,028
	80	0,01761	0,001381	0,025
	100	0,0170	0,00000	0,026
Benzen	19	0,163	–	0,233
	25	0,1905	–	0,272
Dimethylbenzen	16	0,169	–	0,241
Ethanol	20	0,143	–	0,204
Ethansäureethylester	20	0,163	–	0,233
Methanol	10	0,280	–	0,400
	20	0,237	–	0,339
	30	0,194	–	0,277
Propanon	10	0,257	–	0,367
	15	0,237	–	0,339
	25	0,194	–	0,277
Tetrachlormethan	18	0,230	–	0,329

11.15. Löslichkeit von Schwefeldioxid in Wasser bei Normaldruck

Temperatur in °C	q	l	$g \cdot l^{-1}$
10	15,39	56,647	153,9
20	10,64	39,374	106,6
40	5,54	18,766	55,84
50	4,14	–	41,90
70	2,61	–	26,69
90	1,805	–	18,70

11.16. Löslichkeit von Schwefeldioxid in Kupfer bei Normaldruck

Temperatur in °C	α	q
1 123	13,8	0,453
1 327	21,4	0,705
1 400	25,4	0,835
1 500	28,8	0,950

11.17. Löslichkeit von Schwefelwasserstoff in Wasser bei Normaldruck

Temperatur in °C	α	$g \cdot l^{-1}$
0	4,670	7,188
10	3,399	5,232
20	2,582	3,974
40	1,660	2,555
50	1,392	2,143
60	1,190	1,832
80	0,917	1,411
100	0,81	1,25

11.18. Löslichkeit von Stickstoff in Wasser bei Normaldruck

Temperatur in °C	α	q	$g \cdot l^{-1}$
0	0,023 54	0,002 942	0,029 6
20	0,015 45	0,001 901	0,0194
40	0,011 84	0,001 391	0,0149
50	0,010 88	0,001 216	0,0137
60	0,010 23	0,001 052	0,0129
80	0,009 58	0,000 660	0,0120
100	0,009 5	0,000 00	0,0119

11.19. Löslichkeit von Luftstickstoff[1]) in Wasser bei erhöhtem Druck

Druck in MPa	Temperatur in °C			
	50		100	
	β	$g \cdot l^{-1}$	β	$g \cdot l^{-1}$
24,51	0,273	0,339	0,266	0,320
49,03	0,533	0,662	0,516	0,621
98,05	1,011	1,255	0,986	1,187
294,2	2,534	3,146	2,546	3,066
490,3	3,720	4,619	3,799	4,575
980,5	6,123	7,602	6,256	7,534

11.20. Löslichkeit von Stickstoff in Metallen bei Normaldruck

Lösungsmittel	Temperatur in °C	α	q
Molybdän	800	0,19	0,0023
	1000	0,11	0,0014
	1200	0,04	0,0005
Eisen	910	1,57	0,0250
	1000	1,41	0,0225
	1100	1,24	0,0198

11.21. Löslichkeit von Wasserstoff in Wasser bei Normaldruck

Temperatur in °C	α	q	$g \cdot l^{-1}$
0	0,02148	0,0001922	0,0019
20	0,01819	0,0001603	0,0016
40	0,01644	0,0001384	0,0015
50	0,0160	0,0001287	0,0014
60	0,0160	0,0001178	0,0014
80	0,0160	0,000079	0,0014
100	0,0160	0,000000	0,0014

11.22. Löslichkeit von Wasserstoff in Wasser bei erhöhtem Druck

Druck in MPa	Temperatur in °C					
	0		50		100	
	β	$g \cdot l^{-1}$	β	$g \cdot l^{-1}$	β	$g \cdot l^{-1}$
2,53	0,536	0,0482	0,407	0,0370	0,462	0,0437
5,06	1,068	0,0960	0,809	0,0736	0,912	0,0855
10,13	2,130	0,1915	1,612	0,1466	1,805	0,1693
30,39	6,139	0,5518	4,695	0,4271	5,220	0,4895
60,78	11,626	1,045	9,017	0,8202	9,994	0,9372
101,31	18,001	1,618	14,404	1,3102	15,775	1,480

[1]) 98,815 Vol.-% N_2 + 1,185 Vol.-% Ar

11.23. Löslichkeit von Wasserstoff in Metallen bei Normaldruck

Lösungsmittel	Temperatur in °C	α	q	β
Titanium (ausgeglüht)	20	1840	3,66	403
	400	1750	3,48	384
	800	640	1,27	140
Vanadium (ausgeglüht)	300	353	0,56	–
	400	216	0,342	–
	600	58	0,092	–
Tantal	400	401	0,217	24
	500	204	0,1105	13
	600	104,4	0,0565	6,3
Chromium	400	0,02	0,00003	–
	800	0,07	0,00009	–
	1200	0,40	0,00051	–
Palladium	300	18,85	0,01473	3,3
	600	10,67	0,00835	1,8
	1000	9,04	0,00706	1,55

12. Dissoziationsgrad und Dissoziationskonstanten von Elektrolyten

12.1. Dissoziationsgrad von Säuren in 1 N Lösung bei 18 °C

Name der Säure	Formel	Dissoziationsgrad
Sehr starke Säuren		1 ... 0,7
Salpetersäure	HNO_3	0,82
Chlorwasserstoffsäure	HCl	0,784
Chlorwasserstoffsäure	HCl	0,876[1])
Bromwasserstoffsäure	HBr	0,899[1])
Iodwasserstoffsäure	HI	0,901[1])
Chlorsäure	$HClO_3$	0,878[1])
Perchlorsäure	$HClO_4$	0,88[1])
Starke Säuren		0,7 ... 0,2
Schwefelsäure	H_2SO_4	0,510
Ethandisäure (Oxalsäure)	$C_2H_2O_4$	0,50[2])
Mäßig starke Säuren		0,2 ... 0,01
Phosphorsäure	H_3PO_4	0,170[1])
Fluorwasserstoffsäure	HF	0,07
Dihydroxybutandisäure (Weinsäure)	$C_4H_6O_6$	0,082[2])
Schwache Säuren		0,01 ... 0,001
Ethansäure (Essigsäure)	CH_3COOH	0,004
Sehr schwache Säuren		unter 0,001
Kohlensäure	H_2CO_3	0,0017[2])
Schwefelwasserstoff	H_2S	0,0007[2])
Zyanwasserstoffsäure	HCN	0,00012[2])
Borsäure	H_3BO_3	0,0001[2])

[1]) Die Werte gelten für 0,5 N Lösungen bei 25 °C.
[2]) Die Werte sind für 0,1 N Lösungen bestimmt (Dissoziation in erster Stufe).

12.2. Dissoziationsgrad von Basen in 1 N Lösung bei 18 °C

Name der Base	Formel	Dissoziationsgrad
Sehr starke Basen		1,0 ... 0,7
Kaliumhydroxid	KOH	0,77
Natriumhydroxid	NaOH	0,73
Bariumhydroxid	$Ba(OH)_2$	0,69
Bariumhydroxid	$Ba(OH)_2$	0,92[1])
Tetramethylammoniumhydroxid	$[(CH_3)_4N]-OH$	0,96
Starke Basen		0,7 ... 0,2
Lithiumhydroxid	LiOH	0,63
Kalziumhydroxid	$Ca(OH)_2$	0,90[1])
Strontiumhydroxid	$Sr(OH)_2$	0,93[1])
Mäßig starke Basen		0,2 ... 0,01
Silberhydroxid	AgOH	–
Schwache Basen		0,01 ... 0,001
Ammoniumhydroxid	NH_4OH	0,004
Sehr schwache Basen		unter 0,001
Aluminiumhydroxid	$Al(OH)_3$	–

[1]) Die hohen Werte für Kalzium-, Strontium- und Bariumhydroxid gelten für $\frac{n}{64}$-Lösungen bei 25 °C (α geht mit zunehmender Verdünnung gegen 1).

12.3. Mittlerer Dissoziationsgrad von Salzen in 0,1 N Lösung

Salztyp	Beispiel	Dissoziationsgrad
A^+B^-	KCl	0,86
$A^{2+}(B^-)_2$	$BaCl_2$	0,72
$(A^+)_2B^{2-}$	K_2SO_3	0,72
$A^{2+}B^{2-}$	$CuSO_4$	0,45

12.4. Dissoziationskonstanten anorganischer Säuren bei Konzentrationen zwischen 0,1 und 0,01 N wäßrigen Lösungen

Säure	Formel	Stufe	°C	Konstante in $mol \cdot l^{-1}$
Aluminiumhydroxid	H_3AlO_3		25	$6 \cdot 10^{-12}$
arsenige Säure	H_3AsO_3	I	20	$4 \cdot 10^{-10}$
		II	20	$3 \cdot 10^{-14}$
Arsensäure	H_3AsO_4	I	18	$5,62 \cdot 10^{-3}$
		II	18	$1,70 \cdot 10^{-7}$
		III	18	$3,95 \cdot 10^{-12}$
Borsäure	H_3BO_3	I	≈20	$7,3 \cdot 10^{-10}$
		II	≈20	$1,8 \cdot 10^{-13}$
		III	≈20	$1,6 \cdot 10^{-14}$
Chromiumsäure	H_2CrO_4	II	25	$3,20 \cdot 10^{-7}$
Fluorwasserstoffsäure (10^{-4} N)	H_2F_2		25	$3,53 \cdot 10^{-4}$
Germaniumsäure	H_2GeO_3	I	25	$0,9 \cdot 10^{-9}$
		II	25	$1,9 \cdot 10^{-13}$
Iodsäure	HIO_3		25	$1,9 \cdot 10^{-13}$
Metakieselsäure	H_2SiO_3	I	20	$10^{-9,7}$
		II	20	10^{-12}
Orthokieselsäure	H_4SiO_4	I	30	$2,2 \cdot 10^{-10}$
		II	30	$2,0 \cdot 10^{-12}$
		III	30	$1 \cdot 10^{-12}$
		IV	30	$1 \cdot 10^{-12}$

12. Dissoziationsgrad und Dissoziationskonstanten von Elektrolyten

Säure	Formel	Stufe	°C	Konstante in mol·l^{-1}
Kohlensäure, scheinbare Dissoziationskonstante	H_2CO_3	I	25	$4,31 \cdot 10^{-7}$
		II	25	$5,61 \cdot 10^{-11}$
phosphorige Säure	H_3PO_3	I	18	$1,0 \cdot 10^{-2}$
		II	18	$2,6 \cdot 10^{-7}$
Phosphorsäure	H_3PO_4	I	25	$7,52 \cdot 10^{-3}$
		II	25	$6,23 \cdot 10^{-8}$
		III	25	$3,5 \cdot 10^{-13}$
Pyrophosphorsäure	$H_4P_2O_7$	I	18	$1,4 \cdot 10^{-1}$
		II	18	$3,2 \cdot 10^{-2}$
		III	18	$1,7 \cdot 10^{-6}$
		IV	18	$6,0 \cdot 10^{-9}$
Salpetersäure	HNO_3		20	$\approx 1,2$
salpetrige Säure (0,5 N)	HNO_2		12,5	$4,6 \cdot 10^{-4}$
Schwefelsäure	H_2SO_4	II	20	$1,20 \cdot 10^{-2}$
Schwefelwasserstoff	H_2S	I	18	$9,1 \cdot 10^{-8}$
		II	18	$1,1 \cdot 10^{-12}$
schweflige Säure	H_2SO_3	I	18	$1,54 \cdot 10^{-2}$
		II	18	$1,02 \cdot 10^{-7}$
selenige Säure	H_2SeO_3	I	18	$2,88 \cdot 10^{-3}$
		II	18	$9,55 \cdot 10^{-9}$
Selensäure	H_2SeO_4		25	fast wie H_2SO_4
Stickstoffwasserstoffsäure	HN_3		18	$2,14 \cdot 10^{-5}$
tellurige Säure	H_2TeO_3	I	25	$3 \cdot 10^{-3}$
		II	25	$2 \cdot 10^{-8}$
Tellursäure	H_2TeO_4	I	18	$2,09 \cdot 10^{-8}$
		II	18	$6,46 \cdot 10^{-12}$
Tellurwasserstoffsäure	H_2Te		25	$1,88 \cdot 10^{-4}$
Thioschwefelsäure	$H_2S_2O_3$	II	25	$1 \cdot 10^{-2}$
Periodsäure	HIO_4		25	$2,3 \cdot 10^{-2}$
hypochlorige Säure	$HClO$		18	$2,95 \cdot 10^{-8}$
hypoiodige Säure	HIO		20	$2 \ldots 3 \cdot 10^{-11}$
hypophosphorige Säure	$H_4P_2O_6$	I	≈ 20	$6,4 \cdot 10^{-3}$
		II	≈ 20	$1,55 \cdot 10^{-3}$
		III	20	$5,4 \cdot 10^{-8}$
		IV	20	$9,4 \cdot 10^{-11}$
Zinnsäure	$SnO_2 \cdot n\, H_2O$		25	$4 \cdot 10^{-10}$
Zyansäure	$HCNO$		20	$2,2 \cdot 10^{-4}$
Zyanwasserstoffsäure	HCN		25	$4,79 \cdot 10^{-10}$

12.5. Dissoziationskonstanten anorganischer Basen

Base	Formel	Stufe	°C	Konstante in mol·l^{-1}
Ammoniumhydroxid	NH_4OH		25	$1,79 \cdot 10^{-5}$
Berylliumhydroxid	$Be(OH)_2$	II	25	$5 \cdot 10^{-11}$
Bleioxid, rot	$PbO \cdot H_2O$		25	$2,7 \cdot 10^{-4}$
Bleioxid, weiß			25	$9,6 \cdot 10^{-4}$
Deutammoniumdeutoxid	ND_4OD		25	$\approx 1,1 \cdot 10^{-5}$
Hydrazin	$N_2H_4 \cdot H_2O$		20	$1,4 \ldots 1,7 \cdot 10^{-6}$
Hydroxylamin	$NH_2OH \cdot H_2O$		20	$1,07 \cdot 10^{-8}$
Kalziumhydroxid	$Ca(OH)_2$		25	$3,74 \cdot 10^{-3}$
Silberhydroxid	$AgOH$		25	$1,1 \cdot 10^{-4}$
Zinkhydroxid	$Zn(OH)_2$	II	25	$1,5 \cdot 10^{-9}$

12.6. Dissoziationskonstanten organischer Säuren in wäßrigen Lösungen

Säure	Formel	Stufe	°C	Konstante in mol·l^{-1}
4-Aminobenzensulfonsäure	$C_6H_7O_3NS$	–	25	$5,81 \cdot 10^{-4}$
Askorbinsäure	$C_6H_8O_6$	I	24	$7,94 \cdot 10^{-5}$
Benzendikarbonsäure-1,2	$C_8H_6O_4$	II	25	$4,7 \cdot 10^{-6}$

12. Dissoziationsgrad und Dissoziationskonstanten von Elektrolyten

Säure	Formel	Stufe	°C	Konstante in mol·l^{-1}
Benzenkarbonsäure	$C_7H_6O_2$	–	25	$6{,}46 \cdot 10^{-5}$
Benzensulfonsäure	$C_6H_6O_3S$	–	25	$2 \cdot 10^{-1}$
Butandisäure	$C_4H_6O_4$	I	25	$6{,}4 \cdot 10^{-5}$
		II	25	$3{,}3 \cdot 10^{-6}$
Chlorethansäure	$C_2H_3O_2Cl$	–	25	$1{,}4 \cdot 10^{-3}$
1,2-Dihydroxybenzen		–	20	$1{,}4 \cdot 10^{-10}$
1,3-Dihydroxybenzen	$C_6H_6O_2$	–	25	$1{,}55 \cdot 10^{-10}$
1,4-Dihydroxybenzen		–	20	$4{,}5 \cdot 10^{-11}$
d-Dihydroxybutandisäure	$C_4H_6O_6$	I	25	$1{,}04 \cdot 10^{-3}$
		II	25	$4{,}55 \cdot 10^{-5}$
meso-Dihydroxybutandisäure	$C_4H_6O_6$	I	25	$6{,}0 \cdot 10^{-4}$
		II	25	$1{,}53 \cdot 10^{-5}$
Ethandisäure	$C_2H_2O_4$	I	25	$5{,}9 \cdot 10^{-2}$
		II	25	$6{,}4 \cdot 10^{-5}$
Ethansäure	$C_2H_4O_2$	–	25	$1{,}76 \cdot 10^{-5}$
2-Hydroxybenzenkarbonsäure	$C_7H_6O_3$	I	19	$1{,}07 \cdot 10^{-3}$
		II	18	$4{,}0 \cdot 10^{-14}$
Hydroxybutandisäure	$C_4H_6O_5$	I	25	$3{,}8 \cdot 10^{-4}$
		II	25	$7{,}4 \cdot 10^{-6}$
Hydroxyethansäure	$C_2H_4O_3$	–	18	$1{,}48 \cdot 10^{-4}$
2-Hydroxypropansäure	$C_3H_6O_3$	–	100	$8{,}4 \cdot 10^{-4}$
Methansäure	CH_2O_2	–	20	$1{,}765 \cdot 10^{-4}$
2-Methylhydroxybenzen		–	25	$6{,}3 \cdot 10^{-11}$
3-Methylhydroxybenzen	C_7H_8O	–	25	$9{,}8 \cdot 10^{-11}$
4-Methylhydroxybenzen		–	25	$6{,}7 \cdot 10^{-11}$
2-Nitrohydroxybenzen		–	25	$6{,}8 \cdot 10^{-8}$
3-Nitrohydroxybenzen	$C_6H_5O_3N$	–	25	$5{,}3 \cdot 10^{-9}$
4-Nitrohydroxybenzen		–	25	$7 \cdot 10^{-8}$
Hydroxybenzen	C_6H_6O	–	20	$1{,}28 \cdot 10^{-10}$
Propandisäure	$C_3H_4O_4$	I	25	$1{,}40 \cdot 10^{-3}$
		II	25	$2{,}03 \cdot 10^{-6}$

12.7. Dissoziationskonstanten organischer Basen in wäßrigen Lösungen

Base	Formel	Stufe	°C	Konstante in mol·l^{-1}
1-Aminonaphthalen	$C_{10}H_9N$	–	25	$8{,}36 \cdot 10^{-11}$
2-Aminonaphthalen		–	25	$1{,}29 \cdot 10^{-10}$
Aminobenzen	C_6H_7N	–	25	$3{,}82 \cdot 10^{-10}$
Benzylamin	C_7H_9N	–	25	$2{,}35 \cdot 10^{-5}$
Chinolin	C_9H_7N	–	25	$6{,}3 \cdot 10^{-10}$
1,2-Diaminobenzen	$C_6H_8N_2$	–	21	$2{,}35 \cdot 10^{-10}$
4,4-Diaminodiphenyl	$C_{12}H_{12}N_2$	I	30	$9{,}3 \cdot 10^{-10}$
		II	30	$5{,}6 \cdot 10^{-11}$
Diaminoethan	$C_2H_8N_2$	–	25	$8{,}5 \cdot 10^{-5}$
Diethylamin	$C_4H_{11}N$	–	25	$9{,}60 \cdot 10^{-4}$
N,N-Diethylaminobenzen	$C_{10}H_{15}N$	–	25	$3{,}65 \cdot 10^{-8}$
Dimethylamin	C_2H_7N	–	25	$5{,}20 \cdot 10^{-4}$
N,N-Dimethylaminobenzen	$C_8H_{11}N$	–	25	$1{,}15 \cdot 10^{-9}$
Diphenylamin	$C_{12}H_{11}N$	–	15	$7{,}6 \cdot 10^{-14}$
Ethylamin	C_2H_7N	–	25	$3{,}4 \cdot 10^{-4}$
N-Ethylanilin	$C_8H_{11}N$	–	25	$1{,}29 \cdot 10^{-9}$
Kohlensäurediamid	CH_4ON_2	–	25	$1{,}5 \cdot 10^{-14}$
Methylamin	CH_5N	–	25	$4{,}38 \cdot 10^{-4}$
N-Methylaminobenzen	C_7H_9N	–	25	$5 \cdot 10^{-10}$
2-Nitroaminobenzen	$C_6H_6O_2N_2$	–	0	$0{,}6 \cdot 10^{-5}$
3-Nitroaminobenzen		–	0	$2{,}7 \cdot 10^{-5}$
Phenylhydrazin	$C_6H_7N_2$	–	40	$1{,}6 \cdot 10^{-9}$
Pyrazol	$C_3H_4N_2$	–	25	$3{,}0 \cdot 10^{-12}$
Pyridin	C_5H_5N	–	20	$1{,}71 \cdot 10^{-9}$
Triethylamin	$C_6H_{15}N$	–	25	$5{,}65 \cdot 10^{-4}$
Trimethylamin	C_3H_9N	–	25	$5{,}45 \cdot 10^{-5}$

12.8. Löslichkeitsprodukte von in Wasser schwer löslichen Elektrolyten

Die in der Tabelle aufgeführten Löslichkeitsprodukte (L) sind, wenn nicht anders vermerkt, auf die Temperatur 25 °C bezogen.

Elektrolyt	L in $mol^n \cdot l^{-n}$	Elektrolyt	L in $mol^n \cdot l^{-n}$
AgBr	$6{,}3 \cdot 10^{-15}$	$Fe(OH)_3$	$3{,}8 \cdot 10^{-38}$ (18 °C)
AgCN	$7 \cdot 10^{-15}$	FeS	$3{,}7 \cdot 10^{-19}$
AgSCN	$1{,}16 \cdot 10^{-12}$	Hg_2Cl_2	$1{,}1 \cdot 10^{-18}$
Ag_2CO_3	$6{,}15 \cdot 10^{-12}$	Hg_2I_2	$3{,}7 \cdot 10^{-29}$
AgCl	$1{,}56 \cdot 10^{-10}$	HgS	$4 \cdot 10^{-53}$ (18 °C)
Ag_2CrO_4	$4 \cdot 10^{-12}$	Hg_2S	$1 \cdot 10^{-47}$ (18 °C)
AgI	$1{,}5 \cdot 10^{-16}$	$KClO_4$	$1 \cdot 10^{-2}$
Ag_2S	$5{,}7 \cdot 10^{-51}$	$Mg(NH_4)PO_4$	$2{,}5 \cdot 10^{-13}$
As_2S_3	$4 \cdot 10^{-29}$ (18 °C)	$Mn(OH)_2$	$4 \cdot 10^{-14}$ (18 °C)
$BaCO_3$	$8 \cdot 10^{-9}$	MnS	$5{,}6 \cdot 10^{-16}$ (18 °C)
$BaCrO_4$	$2{,}3 \cdot 10^{-10}$	$Ni(OH)_2$	$1{,}6 \cdot 10^{-14}$
$BaSO_4$	$1{,}08 \cdot 10^{-10}$	$PbCO_3$	$1{,}5 \cdot 10^{-13}$
Bi_2S_3	$1{,}6 \cdot 10^{-72}$ (18 °C)	$PbCl_2$	$1{,}7 \cdot 10^{-5}$
$Ca(COO)_2 \cdot H_2O$	$2{,}57 \cdot 10^{-9}$	$PbCrO_4$	$1{,}77 \cdot 10^{-14}$
$CaHPO_4$	$5 \cdot 10^{-6}$	PbS	$1{,}1 \cdot 10^{-29}$
$Ca_3(PO_4)_2$	$1 \cdot 10^{-25}$	$PbSO_4$	$1{,}8 \cdot 10^{-8}$
$CaSO_4$	$6{,}26 \cdot 10^{-5}$	$Sn(OH)_2$	$5 \cdot 10^{-26}$
$CaSO_4 \cdot 2 H_2O$	$1{,}3 \cdot 10^{-4}$	$Sn(OH)_4$	$1 \cdot 10^{-56}$
$Co(OH)_3$	$2{,}5 \cdot 10^{-43}$	SnS	$1 \cdot 10^{-28}$
$Cr(OH)_3$	$6{,}7 \cdot 10^{-31}$	$SrCO_3$	$9{,}42 \cdot 10^{-10}$
$CuCO_3$	$2{,}36 \cdot 10^{-10}$	$SrSO_4$	$2{,}8 \cdot 10^{-7}$
$Cu(OH)_2$	$5{,}6 \cdot 10^{-20}$	$Zn(OH)_2$	$4 \cdot 10^{-16}$ (20 °C)
CuS	$4 \cdot 10^{-38}$	ZnS	$7 \cdot 10^{-26}$
$FeCO_3$	$2{,}1 \cdot 10^{-11}$		

13. Van-der-Waalssche Konstanten

Stoff	a in $kPa \cdot l^2 \cdot mol^{-2}$	b in $l \cdot mol^{-1}$
H_2	24,82	0,0267
CO_2	365	0,0427
NH_3	405,30	0,036
Cl_2	656	0,0561
SO_2	695	0,051
C_2H_4	483	0,0570
N_2	136,78	0,0385
O_2	137,80	0,0318
CO	147	0,0395
C_2H_6	547,15	0,0638
C_2H_2	445,83	0,0514

14. Verteilungskoeffizienten

Der Verteilungskoeffizient ist das Verhältnis der Gleichgewichtskonzentrationen c_1/c_2 des zu verteilenden Stoffes in 2 Flüssigkeitsschichten, die sich nicht oder nur teilweise mischen.
c_1 ist die Gleichgewichtskonzentration des zu verteilenden Stoffes (in mol · l^{-1}) in der Schicht, welche hauptsächlich die an 1. Stelle genannte Flüssigkeit enthält; c_2 ist die Gleichgewichtskonzentration dieses Stoffes in der 2. Schicht.

Lösungsmittelsystem	Zu verteilender Stoff	Konzentrationen im Gleichgewicht in mol · l^{-1}		c_1/c_2	°C
Stoff 1 – Stoff 2		Stoff 1	Stoff 2		
Wasser – Benzen	Ethanol	0,867	0,834	1,04	25
		5,677	4,195	1,35	
Wasser – Benzen	Propanon	0,2200	0,2065	1,066	25
		1,2083	1,2045	1,033	
		2,2167	2,3947	0,926	
Wasser – Tetrachlormethan	Ethanol	0,406	0,0097	41,8	25
		1,477	0,0553	41,8	
Wasser – Tetrachlormethan	Hydroxybenzen	0,605	0,0247	2,44	25
		0,489	1,47	0,332	
		0,525	2,49	0,211	
Wasser – Diethylether	Ethanol	0,252	0,356	0,707	25
		2,215	4,118	0,538	
Wasser – Diethylether	Benzenkarbonsäure	0,00090	0,0639	0,0141	10
		0,00249	0,226	0,110	
Wasser – Diethylether	Ethansäure	0,01323	0,00610	2,17	
		0,1341	0,06355	2,11	
		0,1260	0,7413	1,70	
Wasser – Diethylether	Methanol	0,0577	0,0058	8,5	0
		0,0582	0,0063	9,2	10 ... 20
Wasser – Methylbenzen	Propanon	0,0338	0,0165	2,05	20
		0,0332	0,0165	1,95	30

Analytische Tabellen

15. Maßanalytische Äquivalente

Die Tabellen enthalten für einige beim maßanalytischen Arbeiten gebräuchliche Titriermittel Angaben über die Masse eines gesuchten Stoffes in mg (bzw. g), die einem ml (bzw. l) des Titriermittels der angegebenen Normalität äquivalent ist (Masse in mg/ml Titriermittel). Außerdem sind die zu diesen Angaben gehörenden Logarithmen aufgeführt worden. Näheres zur Maßanalyse siehe »Rechenpraxis in Chemieberufen« und »Laborpraxis-Einführung und quantitative Analyse«.

15.1. Titriermittel Salzsäure, Schwefelsäure oder Salpetersäure

Gesuchter Stoff	Normalität 0,1 N Masse	lg	Gesuchter Stoff	Normalität 0,1 N Masse	lg
KOH	5,6106	74901	NH_4OH	3,5046	54464
$KHCO_3$	10,0115	00050	$(NH_4)_2CO_3$	4,8043	68163
K_2CO_3	6,9103	83950	NH_4Cl	5,3491	72828
$Na_2B_4O_{10} \cdot 10\,H_2O$	19,0684	28031	NH_4NO_3	8,0043	90332
NaOH	3,9997	60203	$(NH_4)_2SO_4$	6,6067	81998
$NaHCO_3$	8,4007	92431	Li_2CO_3	3,6946	56756
$Na_2CO_3 \cdot 2\,H_2O$	7,1010	85132	$Ba(OH)_2$	8,5672	93284
$Na_2CO_3 \cdot 10\,H_2O$	14,3070	15555	CaO	2,8040	44777
N	1,4007	14634	$Ca(OH)_2$	3,7047	56875
Casein 6,37	8,9223	95048	$CaCO_3$	5,0045	69936
Eiweiß 6,25	8,7542	94222	MgO	2,0152	30432
Gelatine 5,55	7,7737	89063	$MgCO_3$	4,2157	62487
Hautsubstanz 5,62	7,8718	89607	CO_2	2,2005	34252
NH_3	1,7030	23122	CO_3^{2-}	3,0005	47719
NH_4^+	1,8038	25619			

15.2. Titriermittel Natronlauge oder Kalilauge

Gesuchter Stoff	Normalität 0,1 N Masse	lg	Gesuchter Stoff	Normalität 0,1 N Masse	lg
HBr	8,0912	90801	HCOOH	4,6026	66300
HCl	3,6461	56183	CH_3COOH	6,0052	77853
HI	12,7912	10691	$(COOH)_2$	4,5018	65338
HNO_3	6,3013	79943	$(COOH)_2 \cdot 2\,H_2O$	6,3033	79957
$HClO_4$	10,0459	00199	$KHC_4H_4O_6$	18,8178	27457
H_2SO_4	4,9037	69052	$C_4H_6O_6$	7,5044	87532
SO_3^{2-}	4,0029	60237	Al	0,8994	95394
SO_4^{2-}	4,8029	68150	Al_2O_3	1,6994	23029
H_3PO_4 } Methylorange	9,7995	99120	B	1,081	03383
PO_4^{3-}	9,4971	97759	B_2O_3	3,4809	54169
P_2O_5	7,0972	85109	H_3BO_3	6,1832	79121
H_3PO_4 } Phenolphthalein	4,8998	69018			
PO_4^{3-}	4,7496	67656			
P_2O_5	3,5486	55006			

15.3. Titriermittel Kaliumpermanganat

Gesuchter Stoff	Normalität 0,1 N Masse	lg	Gesuchter Stoff	Normalität 0,1 N Masse	lg
O	0,7997	90307	$FeSO_4 \cdot 7 H_2O$	27,8011	44406
H_2O_2	1,7007	23064	$(NH_4)_2Fe(SO_4)_2 \cdot 6 H_2O$	39,213	59343
HCOOH	2,3013	36197	$Fe(SO_4)_3 \cdot 9 H_2O$	28,1002	44871
$(COOH)_2$	4,5018	65338	Mn	1,6481	21698
$(COOH)_2 \cdot 2 H_2O$	6,3033	79957	MnO	2,1281	32799
$(COOHNa)_2$	6,7000	82607	MnO_2	2,6081	41632
HNO_2	2,3507	37119	PbO_2	11,9599	07773
$NaNO_2$	3,4498	53779	Sb	6,0875	78444
$NaNO_3$	2,8332	45227	Sb_2O_3	7,2875	86258
N_2O_4	4,6006	66281	V	5,0941	70707
Ca	2,0040	30190	V_2O_5	9,0940	95874
CaO	2,8040	44777	SO_2	3,2029	50555
$Ca(OH)_2$	3,7047	56876	SO_3	4,0029	60238
$CaCO_3$	5,0045	69936	$S_2O_3^{2-}$	5,6059	74865
Cr	1,7332	23885	H_2SO_3	4,1037	61318
Cr_2O_3	2,5332	40366	HSCN	5,9086	77148
CrO_4^{2-}	3,8665	58731	SCN^-	5,8078	76401
Cu	6,3546	80309	S_2O_8	9,6056	98253
Fe	5,5847	74700	U	11,9015	07560
FeO	7,1846	85641	U_3O_8	14,0347	14720
Fe_2O_3	7,9846	90225			

15.4. Titriermittel Silbernitrat

Gesuchter Stoff	Normalität 0,1 N Masse	lg	Gesuchter Stoff	Normalität 0,1 N Masse	lg
Br^-	7,9904	90257	HI	12,7912	10691
HBr	8,0912	90801	KI	16,6003	22012
KBr	11,9002	07556	NaI	14,9894	17579
NaBr	10,2894	01239	NH_4I	14,4943	16120
NH_4Br	9,7942	99097	CN^-	2,6018	41527
Cl^-	3,5453	54965	HCN	2,7026	43178
$BaCl_2$	10,4118	01753	KCN	6,5116	81369
$CaCl_2$	5,5493	74424	NaCN	4,9007	69026
HCl	3,6461	56183	SCN^-	5,8078	76401
KCl	7,4551	87246	HSCN	5,9086	77148
$MgCl_2$	4,7606	67766	KSCN	9,7176	98756
NaCl	5,8443	76673	NaSCN	8,1067	90885
NH_4Cl	5,3491	72828	NH_4SCN	7,6116	88148
I^-	12,6905	10348			

15.5. Titriermittel Kaliumdichromat

Gesuchter Stoff	Normalität 0,1 N Masse	lg
Fe	5,5847	74670
FeO	7,1846	85641

15.6. Titriermittel Ammoniumthiozyanat

Gesuchter Stoff	Normalität 0,1 N Masse	lg	Gesuchter Stoff	Normalität 0,1 N Masse	lg
Ag	10,7868	03289	AsO_4^{3-}	4,6306	66564
$AgNO_3$	16,9873	23012	Cu	6,3546	80309
As	2,4974	39749	Hg	10,0295	00128
AsO_3^{3-}	4,0973	61250	HgO	10,8295	03461

15.7. Titriermittel Natriumthiosulfat

Gesuchter Stoff	Normalität 0,1 N Masse	lg	Gesuchter Stoff	Normalität 0,1 N Masse	lg
Cl^-	3,5453	54965	Na	1,1495	06051
Br^-	7,9904	90257	Cr	1,7332	23885
I^-	12,6905	10348	Cr_2O_3	2,5332	40367
HClO	2,6230	41880	K_2CrO_4	6,4730	81111
NaClO	3,7221	57079	$K_2Cr_2O_7$	4,9031	69047
$HClO_3$	1,4077	14851	$Na_2Cr_2O_7$	4,3661	64009
$KClO_3$	2,0425	31016	Cu	6,3546	80309
$NaClO_3$	1,7740	24895	$CuSO_4$	15,9604	20304
BrO_3^-	2,1317	32873	$CuSO_4 \cdot 5 H_2O$	24,9680	39738
$KBrO_3$	2,7833	44456	Fe	5,5847	74700
HI	12,7912	10691	Fe_2O_3	7,9846	90225
IO_3^-	2,9150	46464	$FeCl_3$	16,2206	21007
HIO_3	2,9318	46713	$FeSO_4$	15,1905	18157
IO_4^-	2,3863	37773	$FeSO_4 \cdot 7 H_2O$	27,8011	44406
HIO_4	2,3989	38001	$[Fe(CN)_6]^{4-}$	21,1953	32624
H_2O_2	1,7007	23064	$[Fe(CN)_6]^{3-}$	21,1953	32624
As	3,7461	57358	$Na_2S_2O_3 \cdot 5 H_2O$	24,8174	39476
MnO_2	4,3468	63817	CN^-	1,3009	11424
C_6H_5OH	1,5687	19554	HCN	1,3513	13075
CO	7,0026	84526	SCN^-	2,9039	46298
$Ca(OH)_2$	14,819	17082	HSCN	2,9543	47045

15.8. Titriermittel Iod-Kaliumiodid

Gesuchter Stoff	Normalität 0,1 N Masse	lg	Gesuchter Stoff	Normalität 0,1 N Masse	lg
As	3,7461	57358	PO_3^{3-}	3,9486	59644
As_2O_3	4,4960	69425	H_3PO_3	4,0998	61276
AsO_3^{3-}	6,1460	78859	S	1,603	20493
As_2O_5	5,7460	75937	H_2S	1,7038	23142
Sb	6,0875	78444	NaHS	2,8029	44761
Sb_2O_3	7,2875	86258	Na_2S	3,9020	59129
$KSbOC_4H_4O_6 \cdot 1/2 H_2O$	16,6964	22262	SO_2	3,2029	50555
Hg	10,0295	00128	H_2SO_3	4,1037	61318
$HgCl_2$	13,5748	13273	$NaHSO_3$	5,2028	71624
HgO	10,8295	03461	Na_2SO_3	15,8098	19893
$HgClNH_2$	12,6033	10048	$Na_2S_2O_3 \cdot 5 H_2O$	24,8174	39476
Sn	5,9345	77338	$S_2O_3^{2-}$	11,2118	04968
SnO	6,7345	82831	$N_2H_4 \cdot H_2SO_4$	3,2530	51228

15.9. Titriermittel Zerium(IV)-sulfat

Gesuchter Stoff	Normalität 0,1 N		Gesuchter Stoff	Normalität 0,1 N	
	Masse	lg		Masse	lg
As	3,7461	57358	NO_2^-	4,6006	66281
As_2O_3	4,9460	69425	HNO_2	4,7013	67222
AsO_3^{3-}	6,1460	78859	$S_2O_3^{2-}$	11,2118	04968
$(COOH)_2$	4,5018	65338	Sb	6,0875	78444
$(COONa)_2$	6,7000	82607	Sb_2O_3	7,2875	86258
$C_4H_6O_6$	1,5009	17635	Sn	5,9345	77338
Fe	5,5847	74700	Sr	4,381	64157
$[Fe(CN)_6]^{4-}$	21,1953	32624	Tl	10,2185	00939
Hg	20,059	30231	U	11,9015	07560
HgO	21,6589	33564	V	5,0941	70707

15.10. Titriermittel Kaliumbromat

Gesuchter Stoff	Normalität 0,1 N		Gesuchter Stoff	Normalität 0,1 N	
	Masse	lg		Masse	lg
As	3,7461	57358	Sb	6,0875	78444
As_2O_3	4,9460	69425	Sb_2O_3	7,2875	86258
AsO_3^{3-}	6,1460	78859	Sn	5,9345	77338
Bi	6,9660	84298	S	0,4008	60293
Bi_2O_3	7,7660	89020	Tl	10,2185	00939

15.11. Titriermittel EDTA[1])

Gesuchter Stoff	Indikator	Farbumschlag	Normalität 0,1 N	
			Masse	lg
Kationen				
Ag	Murexid	gelb–purpur	21,5736	33382
Al	Chromazurol S	violett–orange	2,6982	43107
Ba	Phthaleinpurpur	rotviolett–blaßviolett	13,733	13776
Bi	Brenzkatechinviolett	blau–gelb	20,8980	32010
Ca	Eriochromschwarz T	rot–blau	4,008	60293
Cd	Eriochromschwarz T	rot–blau	11,241	05080
Ce	PAN[2])	gelb–rot	14,012	14650
Co	Murexid	gelb–purpur	5,8933	77036
Cr	Eriochromschwarz T	blau–rot	5,1996	71597
Cu(II)	Chromazurol S	blau–grün	6,3546	80308
Fe(III)	Sulfosalizylsäure	rot–gelblich	5,5847	74700
Ga	Gallozyanin	blau–rot	6,972	84336
Hg(II)	Eriochromschwarz T	blau–weinrot	20,059	30231
In	Eriochromschwarz T	weinrot–blau	11,482	06002
K	Eriochromschwarz T	grün–rot	7,8197	89319
La	Xylenolorange	rotviolett–gelb	13,8906	14272
Mg	Eriochromschwarz T	weinrot–blau	2,4305	38570
Mn	Eriochromschwarz T	weinrot–blau	5,4938	73987
Na	Eriochromschwarz T	rot–grün	2,2990	36154
Ni	Murexid	gelb–blauviolett	5,870	76684
Pb	Eriochromschwarz T	rot–blau	20,72	31639
Pd	Murexid	gelb–purpur	10,64	02694
Sc	Eriochromschwarz T	rot–blau	4,4956	65279
Sn	Xylenolorange	gelb–rot	11,869	07441
Sr	Phthaleinpurpur	rotviolett–blaßviolett	8,762	94260
Th	Brenzkatechinviolett	rot–gelb	23,2038	36556
Ti	Eriochromschwarz T	blau–violett	4,790	68034
Tl(III)	PAN[2])	rot–gelb	20,437	31042
Zn	Eriochromschwarz T	rot–blau	6,538	81545
Zr	Sulfosalizylsäure	farblos–orange	9,122	96009

[1]) Dinatriumsalz der Ethylendiamintetraessigsäure
[2]) α-Pyridyl-β-azonaphthol.

Gesuchter Stoff	Indikator	Farbumschlag	Normalität 0,1 N Masse	lg
Anionen				
Br	Murexid	gelb–violett	15,9808	20360
Cl	Murexid	gelb–violett	7,0906	85068
CN	Murexid	gelb–violett	10,4071	01733
F	Eriochromschwarz T	rot–grün	3,7997	57975
I	Murexid	gelb–violett	25,3804	40461
PO_4	Eriochromschwarz T	rot–grün	9,4971	97759
P_2O_5	Eriochromschwarz T	rot–grün	7,0972	85109
SO_4	Phthaleinpurpur	rotviolett–blaßviolett	9,6058	98253
WO_4	Murexid	orange–violett	24,7848	39419

16. pH-Werte und Indikatoren

16.1. Umrechnungstabellen pH und c_{H^+} und umgekehrt

Umrechnungsformel:
$$pH = -\lg c_{H^+}$$
$$c_{H^+} = 10^{-pH}$$

Beim Berechnen von pH-Werten bzw. Wasserstoffionenkonzentrationen nach dieser Tabelle ist für n stets ein ganzer Teil der pH-Zahl bzw. der Dezimalzahl des Exponenten zu setzen. Will man aus einer bekannten Wasserstoffionenkonzentration den pH-Wert berechnen, so muß der Wert der Wasserstoffionenkonzentration als Produkt aus einem Dezimalbruch zwischen 0 und 1 in der Form 0, ... und der Zehnerpotenz vorliegen.

pH	c_{H^+}	pH	c_{H^+}	pH	c_{H^+}
n,00	$1,000 \cdot 10^{-n}$	n,34	$0,457 \cdot 10^{-n}$	n,67	$0,214 \cdot 10^{-n}$
n,01	$0,977 \cdot 10^{-n}$	n,35	$0,447 \cdot 10^{-n}$	n,68	$0,209 \cdot 10^{-n}$
n,02	$0,955 \cdot 10^{-n}$	n,36	$0,437 \cdot 10^{-n}$	n,69	$0,204 \cdot 10^{-n}$
n,03	$0,933 \cdot 10^{-n}$	n,37	$0,427 \cdot 10^{-n}$	n,70	$0,200 \cdot 10^{-n}$
n,04	$0,912 \cdot 10^{-n}$	n,38	$0,417 \cdot 10^{-n}$	n,71	$0,195 \cdot 10^{-n}$
n,05	$0,891 \cdot 10^{-n}$	n,39	$0,407 \cdot 10^{-n}$	n,72	$0,191 \cdot 10^{-n}$
n,06	$0,871 \cdot 10^{-n}$	n,40	$0,398 \cdot 10^{-n}$	n,73	$0,186 \cdot 10^{-n}$
n,07	$0,851 \cdot 10^{-n}$	n,41	$0,389 \cdot 10^{-n}$	n,74	$0,182 \cdot 10^{-n}$
n,08	$0,832 \cdot 10^{-n}$	n,42	$0,380 \cdot 10^{-n}$	n,75	$0,178 \cdot 10^{-n}$
n,09	$0,813 \cdot 10^{-n}$	n,43	$0,372 \cdot 10^{-n}$	n,76	$0,174 \cdot 10^{-n}$
n,10	$0,794 \cdot 10^{-n}$	n,44	$0,363 \cdot 10^{-n}$	n,77	$0,170 \cdot 10^{-n}$
n,11	$0,776 \cdot 10^{-n}$	n,45	$0,355 \cdot 10^{-n}$	n,78	$0,166 \cdot 10^{-n}$
n,12	$0,759 \cdot 10^{-n}$	n,46	$0,347 \cdot 10^{-n}$	n,79	$0,162 \cdot 10^{-n}$
n,13	$0,741 \cdot 10^{-n}$	n,47	$0,339 \cdot 10^{-n}$	n,80	$0,159 \cdot 10^{-n}$
n,14	$0,724 \cdot 10^{-n}$	n,48	$0,331 \cdot 10^{-n}$	n,81	$0,155 \cdot 10^{-n}$
n,15	$0,708 \cdot 10^{-n}$	n,49	$0,324 \cdot 10^{-n}$	n,82	$0,151 \cdot 10^{-n}$
n,16	$0,692 \cdot 10^{-n}$	n,50	$0,316 \cdot 10^{-n}$	n,83	$0,148 \cdot 10^{-n}$
n,17	$0,676 \cdot 10^{-n}$	n,51	$0,309 \cdot 10^{-n}$	n,84	$0,145 \cdot 10^{-n}$
n,18	$0,661 \cdot 10^{-n}$	n,52	$0,302 \cdot 10^{-n}$	n,85	$0,141 \cdot 10^{-n}$
n,19	$0,646 \cdot 10^{-n}$	n,53	$0,295 \cdot 10^{-n}$	n,86	$0,138 \cdot 10^{-n}$
n,20	$0,631 \cdot 10^{-n}$	n,54	$0,288 \cdot 10^{-n}$	n,87	$0,135 \cdot 10^{-n}$
n,21	$0,617 \cdot 10^{-n}$	n,55	$0,282 \cdot 10^{-n}$	n,88	$0,132 \cdot 10^{-n}$
n,22	$0,603 \cdot 10^{-n}$	n,56	$0,275 \cdot 10^{-n}$	n,89	$0,129 \cdot 10^{-n}$
n,23	$0,589 \cdot 10^{-n}$	n,57	$0,269 \cdot 10^{-n}$	n,90	$0,126 \cdot 10^{-n}$
n,24	$0,575 \cdot 10^{-n}$	n,58	$0,263 \cdot 10^{-n}$	n,91	$0,123 \cdot 10^{-n}$
n,25	$0,562 \cdot 10^{-n}$	n,59	$0,257 \cdot 10^{-n}$	n,92	$0,120 \cdot 10^{-n}$
n,26	$0,550 \cdot 10^{-n}$	n,60	$0,251 \cdot 10^{-n}$	n,93	$0,118 \cdot 10^{-n}$
n,27	$0,537 \cdot 10^{-n}$	n,61	$0,246 \cdot 10^{-n}$	n,94	$0,115 \cdot 10^{-n}$
n,28	$0,525 \cdot 10^{-n}$	n,62	$0,240 \cdot 10^{-n}$	n,95	$0,112 \cdot 10^{-n}$
n,29	$0,513 \cdot 10^{-n}$	n,63	$0,234 \cdot 10^{-n}$	n,96	$0,110 \cdot 10^{-n}$
n,30	$0,501 \cdot 10^{-n}$	n,64	$0,229 \cdot 10^{-n}$	n,97	$0,107 \cdot 10^{-n}$
n,31	$0,490 \cdot 10^{-n}$	n,65	$0,224 \cdot 10^{-n}$	n,98	$0,105 \cdot 10^{-n}$
n,32	$0,479 \cdot 10^{-n}$	n,66	$0,219 \cdot 10^{-n}$	n,99	$0,102 \cdot 10^{-n}$
n,33	$0,468 \cdot 10^{-n}$				

16.2. Temperaturabhängigkeit des Ionenprodukts, der Wasserstoff- bzw. Hydroxidionenkonzentration und des pH-Wertes des reinen Wassers

Temperatur in °C	Ionenprodukt K_W in mol² · l⁻²	p_{K_W}	c_{H^+} bzw. c_{OH^-} in mol · l⁻¹	pH
0	$0,13 \cdot 10^{-14}$	14,89	$0,36 \cdot 10^{-7}$	7,44
18	$0,74 \cdot 10^{-14}$	14,13	$0,86 \cdot 10^{-7}$	7,07
20	$0,86 \cdot 10^{-14}$	14,07	$0,93 \cdot 10^{-7}$	7,03
22	$1,01 \cdot 10^{-14}$	14,00	$1,0 \cdot 10^{-7}$	7,00
25	$1,27 \cdot 10^{-14}$	13,90	$1,13 \cdot 10^{-7}$	6,95
30	$1,89 \cdot 10^{-14}$	13,73	$1,37 \cdot 10^{-7}$	6,86
50	$5,95 \cdot 10^{-14}$	13,23	$2,96 \cdot 10^{-7}$	6,53
100	$74 \cdot 10^{-14}$	12,13	$8,6 \cdot 10^{-7}$	6,07

16.3. pH-Wert der wäßrigen Lösungen einiger Elektrolyte bei 18 °C

pH = 1,05	0,1 N Mineralsäuren	pH = 2,87	0,1 N Ethansäure (Essigsäure)
pH = 1,18	0,1 N Ethandisäure (Oxalsäure)	pH = 3,73	0,1 N Kohlensäure
pH = 1,47	0,1 N schweflige Säure	pH = 4,02	0,1 N Schwefelwasserstoff
pH = 1,52	0,1 N Phosphorsäure	pH = 5,16	0,1 N Zyanwasserstoffsäure
pH = 2,18	0,1 N salpetrige Säure	pH = 11,13	0,1 N Ammoniumhydroxid
pH = 2,38	1 N Ethansäure (Essigsäure)	pH = 13,18	0,1 N Alkalilauge

16.4. Indikatoren

In Tabelle 16.4 sind die Umschlagbereiche, Farbänderungen, Gebrauchslösungen und Zugabemengen der aufgeführten Indikatoren zusammengestellt.
Ein A in der Spalte «Gebrauchslösung» bedeutet *alkoholische* Lösung, W heißt *wäßrige* Lösung.
Die in Tropfen angegebene Zusatzmenge des Indikators ist für etwa 200 ml Gesamtlösung bestimmt.

Indikator	Grenz-pH des Umschlagbereiches	Umschlagfarben		Gebrauchslösung	Indikatorzusatz (Tropfen)
Methylviolett	0,1 ... 1,5	gelb	blau	0,05 % in W	5
Metanilgelb	1,2 ... 2,3	rot	gelb	0,1 % in W	2
m-Kresolpurpur	1,2 ... 2,8	rot	gelb	0,04 % in 90 % A	1
Thymolblau	1,2 ... 2,8	rot	gelb	0,1 % in 20 % A	1 ... 5
p-Xylenolblau	1,2 ... 2,8	purpurrot	gelbbraun	0,04 % in 90 % A	1 ... 5
Benzopurpurin	1,2 ... 4,0	violett	orange	0,5 % in 90 % A	1 ... 3
Tropäolin 00	1,3 ... 3,2	rot	gelb	1 % in W	1
Methylviolett	1,5 ... 3,2	blau	violett	0,01 % in W	5
Benzylorange	1,9 ... 3,3	rot	gelb	0,04 % in W	1 ... 3
Dinitrophenol	2,4 ... 4,0	farblos	gelb	0,1 % in 50 % A	1 ... 2
Dimethylgelb	2,9 ... 4,0	rot	gelb	0,1 % in 90 % A	1
Bromchlorphenolblau	3,0 ... 4,6	gelb	purpur	0,04 % in 90 % A	1
Bromphenolblau	3,0 ... 4,6	gelb	blau	0,1 % in 20 % A	1
Kongorot	3,0 ... 5,2	blau	rot	1 % in W	1
Methylorange	3,1 ... 4,4	rot	orangegelb	0,1 % in W	1 ... 3
Naphthylamin-1	3,5 ... 5,7	rot	gelb	0,01 % in 60 % A	1 ... 3
Alizarinsulfosaures Natrium (Alizarin S)	3,7 ... 5,2	gelb	violett	0,1 % in W	1
Bromkresolgrün	3,8 ... 5,4	gelb	blau	0,04 % in 90 % A	1
Bromkresolblau	4,0 ... 5,6	gelb	blau	0,1 % in 20 % A	1
Methylrot	4,2 ... 6,3	rot	gelb	0,2 % in 90 % A	1 ... 5
Lackmus (S) (Lackmoid)	4,4 ... 6,6	rot	blau	0,2 % in 90 % A	1
Chlorphenolrot	4,8 ... 6,6	gelb	rot	0,1 % in 20 % A	1
p-Nitrophenol	5,0 ... 7,0	farblos	gelb	0,1 % in W	1 ... 5
Lackmus	5,0 ... 8,0	rot	blau	1 % in W	1

Indikator	Grenz-pH des Umschlagbereiches	Umschlagfarben		Gebrauchslösung			Indikatorzusatz (Tropfen)	
Bromkresolpurpur	5,2 ... 6,8	gelb	purpur	0,1 %	in 20 %	A	1	
Bromphenolrot	5,2 ... 6,8	gelb	rot	0,1 %	in 20 %	A	1	
Nitrazingelb	6,0 ... 7,0	gelb	violett	0,1 %	in	W	1 ... 3	
Bromthymolblau	6,0 ... 7,6	gelb	blau	0,1 %	in 20 %	A	1	
Neutralrot	6,8 ... 8,0	rot	gelb	0,1 %	in 70 %	A	1	
Rosolsäure	6,8 ... 8,0	gelbbraun	rot	0,1 %	in 90 %	A	1	
Phenolrot	6,8 ... 8,4	gelb	rot	0,1 %	in 20 %	A	1	
o-Kresolrot	7,2 ... 8,8	gelb	purpur	0,1 %	in 20 %	A	1	
α-Naphtholphthalein	7,3 ... 8,7	rosa	grün	0,1 %	in 33 %	A	1 ... 5	
Brillantgelb	7,4 ... 8,5	gelb	braunrot	0,1 %	in	W	1 ... 3	
Kurkumin	7,4 ... 8,6	gelb	rot	0,1 %	in	W		
m-Kresolpurpur	7,4 ... 9,0	gelb	purpur	0,04 %	in 90 %	A	1	
Tropäolin 000	7,6 ... 8,9	gelbgrün	rosa	1 %	in	W	1	
Thymolblau	8,0 ... 9,6	gelb	blau	0,1 %	in 20 %	A	1 ... 5	
p-Xylenolblau	8,0 ... 9,6	gelbbraun	blau	0,04 %	in 90 %	A	1 ... 5	
o-Kresolphthalein	8,2 ... 9,8	farblos	rot	0,02 %	in 90 %	A	1 ... 5	
Phenolphthalein	8,2 ... 10,0	farblos	rot	0,1 %	in 70 %	A	1 ... 5	
p-Xylenolphthalein	9,3 ... 10,5	farblos	blau	0,1 %	in 90 %	A	1	
Thymolphthalein	9,3 ... 10,5	farblos	blau	0,1 %	in 90 %	A	1 ... 5	
Alkaliblau 6B	9,4 ... 14,0	blaurot	orange	0,1		W	1 ... 5	
Alizaringelb RS	10,0 ... 12,0	gelb	braunrot	0,1 %	in 50 %	A	1	
β-Naphtholviolett	10,0 ... 12,0	orange	violett	0,04 %	in	W	1 ... 3	
Alizaringelb GG (Salizylgelb)	10,1 ... 12,1	hellgelb	dkl. orange	0,1 %	in 50 %	A	1 ... 5	
Kurkumin	10,2 ... 11,8	rot	orange	0,1 %	in	W		
Nitramin	10,8 ... 13,0	farblos	braun	0,1 %	in 70 %	A	2	
Tropäolin 0 (Rezorsingelb)	11,0 ... 13,0	gelb	braunrot	0,1 %	in	W	2 ... 5	

17. Puffergemische

Die Tabelle enthält wichtige Puffergemische, d. h. Gemische der Lösungen von schwachen Säuren bzw. schwachen Basen und zugehörigen Salzen, die bei Säure- bzw. Alkalizusatz oder bei Verdünnung ihren pH-Wert[1]) praktisch nicht ändern.
Puffergemische bestehen gewöhnlich aus zwei Lösungen A und B, mit denen man je nach dem Mischungsverhältnis einen Puffer mit festliegendem pH-Wert herstellen kann. Die Dissoziationskonstanten der Säure bzw. Base bestimmen den Anwendungsbereich des Gemisches.
In der Tabelle 17.1 sind für einige Puffergemische Zusammensetzung und Anwendung aufgeführt.
In der Tabelle 17.2 sind die pH-Bereiche angegeben, in denen die Puffergemische (Tabelle 17.1) verwendet werden können.
Anmerkung: *Für Puffergemische dürfen nur reinste Chemikalien und kohlendioxidfreies Wasser verwendet werden.*

17.1. Pufferlösungen

1. *Kaliumchlorid-Salzsäure nach Clark und Lubs*

   Lösung A: 0,2 N Kaliumchloridlösung.
   Lösung B: 0,2 N Salzsäure.
   Anwendung: 100 ml Lösung A + x ml Lösung B mit Wasser auf 400 ml auffüllen.

2. *Glykokoll-Puffer nach Sörensen*

   Lösung A: 7,505 g Aminoethansäure (Glykokoll) + 5,85 g Natriumchlorid mit Wasser auf 1 000 ml auffüllen.
   Lösung B: a) 0,1 N Salzsäure.
   b) 0,1 N Natronlauge.
   Anwendung: A + B = 100 ml.

---

[1]) Nach G. Jander/K. F. Jahr: Maßanalyse Bd. 1.

3. Zitratpuffer nach Sörensen

Lösung A: 21,008 g 2-Oxypropantrikarbonsäure-1,2,3 (Zitronensäure; $C_6H_8O_7 \cdot H_2O$) + 200 ml 1 N Natronlauge mit Wasser auf 1 000 ml auffüllen.
Lösung B: a) 0,1 N Salzsäure.
b) 0,1 N Natronlauge.
Anwendung: A + B = 100 ml.

4. Kaliumhydrogenphthalat nach Clark und Lubs

Lösung A: 0,2 M Kaliumhydrogenphthalatlösung.
Lösung B: a) 0,1 N Salzsäure.
b) 0,1 N Natronlauge.
Anwendung: 50 ml Lösung A + x ml Lösung B mit Wasser auf 200 ml auffüllen.

5. Zitronensäure-Phosphat-Puffer nach McIloaine

Lösung A: 0,2 M Dinatriumhydrogenphosphatlösung.
Lösung B: 0,1 M 2-Oxypropantrikarbonsäure-1,2,3 (Zitronensäure).
Anwendung: A + B = 100 ml.

6. Puffer nach Theorell und Stenhagen

Lösung A: Die je 100 ml 1 N Natronlauge entsprechenden Mengen an 2-Oxypropantrikarbonsäure-1,2,3 (Zitronensäure) und Phosphorsäurelösung werden in einem 1000-ml-Meßkolben mit 3,54 g krist. Borsäure und 343 ml 1 N Natronlauge versetzt und dann mit Wasser auf 1 000 ml aufgefüllt.
Lösung B: 0,1 N Salzsäure.
Anwendung: 100 ml Lösung A + x ml Lösung B mit Wasser auf 500 ml auffüllen.

7. Borat-Bernsteinsäure-Puffer nach Kolthoff

Lösung A: 19,1 g Borax ($Na_2B_4O_7 \cdot 10\,H_2O$) mit Wasser auf 1 000 ml auffüllen.
Lösung B: 5,9 g Butandisäure (Bernsteinsäure) auf 1 000 ml auffüllen.
Anwendung: A + B = 100 ml.

8. Phosphatpuffer nach Sörensen

Lösung A: 9,078 g Kaliumdihydrogenphosphat mit Wasser auf 1 000 ml auffüllen.
Lösung B: 11,876 g Dinatriumhydrogenphosphat ($Na_2HPO_4 \cdot 2\,H_2O$) auf 1 000 ml auffüllen.
Anwendung: A + B = 100 ml.

9. Borax-Kaliumhydrogenphosphat-Puffer nach Kolthoff

Lösung A: 19,1 g Borax ($Na_2B_4O_7 \cdot 10\,H_2O$) mit Wasser auf 1 000 ml auffüllen.
Lösung B: 13,62 g Kaliumdihydrogenphosphat auf 1 000 ml auffüllen.
Anwendung: A + B = 100 ml.

10. Borsäure-Borax-Puffer nach Palitzsch

Lösung A: 0,05 M Boraxlösung.
Lösung B: 0,2 M Borsäure.
Anwendung: A + B = 100 ml.

11. Natriumborat-Puffer nach Sörensen und Clark

Lösung A: 12,404 g Borsäure (H_3BO_3) + 100 ml 1 N Natronlauge mit Wasser auf 1 000 ml auffüllen.
Lösung B: a) 0,1 N Salzsäure.
b) 0,1 N Natronlauge.
Anwendung: A + B = 100 ml.

12. Borsäure-Puffer nach Clark und Lubs

Lösung A: 6,2 g Borsäure (H_3BO_3) mit 0,1 N Kaliumchloridlösung auf 1 000 ml auffüllen.
Lösung B: 0,1 N Natronlauge.
Anwendung: 100 ml Lösung A + x ml Lösung B.

13. Ammoniak-Ammoniumchlorid-Puffer

Lösung A: 0,1 N Ammoniumhydroxid.
Lösung B: 0,1 N Ammoniumchloridlösung.
Anwendung: A + B = 100 ml.

14. Soda-Salzsäure-Puffer nach Kolthoff

Lösung A: 0,1 M Natriumkarbonatlösung.
Lösung B: 0,1 M Salzsäure.
Anwendung: 50 ml Lösung A + x ml Lösung B mit Wasser auf 100 ml auffüllen.

15. Veronalpuffer nach Michaelis

Stammlösung: 9,714 g ethansaures Natrium ($CH_3COONa \cdot 3 H_2O$) + 14,714 g Veronal-Natrium werden mit Wasser auf 500 ml aufgefüllt.

Anwendung: Von dieser Stammlösung werden jeweils 5 ml mit 2 ml 8,5 %iger Natriumchloridlösung sowie mit x ml 0,1 N Salzsäure und y ml Wasser versetzt. (Zahlenwerte von x und y siehe Tabelle 17.2).

16. Pufferreihe nach Thiel, Schulz und Coch

Innerhalb dieser Reihe weisen die einzelnen Stufen praktisch den gleichen Ionengehalt auf. Man benötigt dazu folgende Stammlösungen:

I: 0,05 M Ethandisäure (Oxalsäure) und gleichzeitig 0,20 M Borsäure.
II: 0,20 M Borsäure und gleichzeitig 0,05 M Butandisäure (Bernsteinsäure) sowie 0,05 M Natriumsulfatlösung.
III: 0,05 M Boraxlösung.
IV: 0,05 M Natriumkarbonatlösung.

Wieviel ml je zweier Stammlösungen zur Einstellung eines bestimmten pH-Wertes zu mischen sind, entnimmt man der Tabelle 17.2.

17.2. pH-Bereiche der Pufferlösungen bei 18 °C

Aus der folgenden Tabelle kann man die ml Lösung B entnehmen, die man bei Verwendung der in der Kopfspalte mit ihrer Nummer verzeichneten Puffergemische anwenden muß, um den in der ersten (bzw. letzten) senkrechten Spalte angegebenen pH-Wert zu erreichen.

pH	1	2a	2b	3a	3b	4a	4b	5	6	7	8	9	10	11a	11b	12	13	14	pH
1,0	194	100		100															
1,2	129	85		89															
1,4	83	71		80,2															
1,6	52,6	62		75,5															
1,8	33,2	54		71,8															
2,0	21,2	48		69,1				366,5											2,0
2,2	13,4	42		67,2		46,6		98,0	339,3										2,2
2,4		36		65,2		39,6		93,8	319,5										2,4
2,6		30		63,5		32,95		89,1	304,0										2,6
2,8		24		61,7		26,4		84,15	292,3										2,8
3,0		18		59,6		20,3		79,45	282,5	98,8									3,0
3,2		13		57,2		14,7		75,3	274,8	96,5									3,2
3,4		8,5		54,2		9,9		71,5	268,5	93,6									3,4
3,6				51,6		6,0		67,8	263,3	90,5									3,6
3,8				48		2,6		64,5	257,3	86,8									3,8
4,0				44			0,4	61,45	252,5	82,5									4,0
4,2				39,2			3,7	58,6	247,3	77,7									4,2
4,4				32			7,5	55,9	241,8	73,5									4,4
4,6				24			12,15	53,25	236,3	70,0									4,6
4,8				12			17,3	50,7	231,1	66,0									4,8
5,0					4		23,85	48,5	225,9	62,5									5,0
5,2					15		29,95	46,4	220,3	60,0									5,2
5,4					23,5		35,45	44,25	214,7	57,5	3,1								5,4
5,6					31		39,85	42,0	206,0	55,5	5,0								5,6
5,8					36		43,0	39,55	203,1	53,5	8,0	92,0							5,8
6,0					40,5		45,45	36,85	197,1		12,0	87,7							6,0
6,2					43,5		47,0	33,9	190,5		18,5	83,0							6,2
6,4					45,6			30,75	183,7		26,2	78,2							6,4
6,6								27,25	176,5		36,0	73,5							6,6
pH	1	2a	2b	3a	3b	4a	4b	5	6	7	8	9	10	11a	11b	12	13	14	pH

17. Puffergemische

pH	1	2a	2b	3a	3b	4a	4b	5	6	7	8	9	10	11a	11b	12	13	14	pH
6,8								22,25	169,6		50,0	67,5	96,8						6,8
7,0									17,65	163,3	61,0	62,5	94,1						7,0
7,2									13,05	157,3	72,0	58,0	92,4						7,2
7,4									9,15	151,8	80,8	55,0	89,2						7,4
7,6									6,35	147,2	87,0	52,0	85,0						7,6
7,8									4,25	143,4	91,5	49,0	79,4	47,1					7,8
8,0								2,75		140,1	94,5	46,5	72,9	44,75					8,0
8,2										137,3		43,5	65,0	42,2	11,0	93,5			8,2
8,4										134,5		38,0	55,2	38,15	16,0	90,45			8,4
8,6										130,5		32,5	45,0	33,4	23,0	85,15			8,6
8,8										124,5		26,0	32,7	26,8	32,0	79,15			8,8
9,0		11,0								118,8		17,0	18,5	17,0	42,0	70,3			9,0
9,2		15,0								111,9		4,0	3,1	5,0	52,0	60,0			9,2
9,4		20,5								105,6					15,4	64,0	48,9		9,4
9,6		26,5								99,7					26,8	72,0	37,9		9,6
9,8		32,0								94,1					36,3	80,0	27,8		9,8
10,0		37,5								89,6					41,0	87,0	19,4		10,0
10,2		41,0								84,9					44,0		13,7	19,2	10,2
10,4		44,0								81,8					46,3			13,75	10,4
10,6		46,0								79,8					48,0			8,8	10,6
10,8		47,5								77,0					49,1			6,4	10,8
11,0		48,5								72,6					49,9			3,45	11,0
11,2		49,5								66,0								1,5	11,2
11,4		50,2								56,2									11,4
11,6		51,0								42,0									11,6
11,8		52,1								23,5									11,8
12,0		54,0									2,0								12,0
12,2		56,0																	12,2
12,4		60,3																	12,4
12,6		67,5																	12,6
12,8		77,5																	12,8
13,0		92,5																	13,0
pH	1	2a	2b	3a	3b	4a	4b	5	6	7	8	9	10	11a	11b	12	13	14	pH

pH-Bereich des Veronalpuffers nach Michaelis

pH	x	y	pH	x	y	pH	x	y	pH	x	y
2,8	15,65	2,35	4,4	10,8	7,2	6,0	7,15	10,85	7,6	4,25	13,75
3,0	15,3	2,7	4,6	10,2	7,8	6,2	6,9	11,1	7,8	3,4	14,6
3,2	15,0	3,0	4,8	9,5	8,5	6,4	6,8	11,2	8,0	2,65	15,35
3,4	14,5	3,5	5,0	8,8	9,2	6,6	6,6	11,4	8,2	1,95	16,05
3,6	14,05	3,95	5,2	8,3	9,7	6,8	6,4	11,6	8,4	1,4	16,6
3,8	13,3	4,7	5,4	7,9	10,1	7,0	6,0	12,0	8,6	0,8	17,2
4,0	12,5	5,5	5,6	7,65	10,35	7,2	5,6	12,4	8,8	0,6	17,4
4,2	11,65	6,35	5,8	7,4	10,6	7,4	5,05	12,95	9,0	0,4	17,6

pH-Bereich der Pufferreihe nach Thiel, Schulz und Coch

pH	Stammlösung				pH	Stammlösung			
	I	II	III	IV		I	II	III	IV
1,5	84,10	15,90			3,0		98,00	2,00	
2,0	34,30	65,70			3,5		89,85	10,15	
2,5	10,00	90,00			4,0		79,20	20,80	

pH	Stammlösung				pH	Stammlösung			
	I	II	III	IV		I	II	III	IV
4,5		69,10	30,90		8,0		35,90	64,10	
5,0		60,85	39,15		8,5		24,40	75,60	
5,5		55,20	44,80		9,0		8,30	91,70	
6,0		51,75	48,25		9,5			54,60	45,40
6,5		49,78	50,22		10,0			25,30	74,70
7,0		47,60	52,40		10,5			11,00	89,00
7,5		43,40	56,80		11,0			3,00	97,00

18. Analytische Faktoren

Aluminium

Wägeform	Berechnung als	Al	$Al_2(SO_4)_3$	$Al_2(SO_4)_3 \cdot 18\,H_2O$
Al_2O_3	F	0,5293	3,5555	6,5359
	lg F	72370	52576	81531

Antimon

Wägeform	Berechnung als	Sb	Sb_2O_3	Sb_2O_5	Sb_2S_3	Sb_2S_5
Sb_2O_4[1])	F	0,7919	0,9484	1,052	1,108	1,314
	lg F	89867	97699	02202	04454	11860
Pyrogallat	F	0,4632	0,5545	0,6153	0,6462	0,7682
$Sb(C_6H_5O_4)$	lg F	66577	74390	78909	81037	88547

Arsen

Wägeform	Berechnung als	As	As_2O_3	As_2O_5	AsO_3	AsO_4
Ag_3AsO_4	F	0,1620	0,2139	0,2485	0,2658	0,3004
	lg F	20951	33021	39533	42455	47770
Ag_2TlAsO_4	F	0,1340	0,1770	0,2056	0,2199	0,2485
	lg F	12710	24797	31302	34223	39533
$Mg_2As_2O_7$	F	0,4827	0,6373	0,7403	0,7919	0,8949
	lg F	68367	80434	86941	89867	95177
$(NH_4MgAsO_4)_2 \cdot H_2O$	F	0,3937	0,5199	0,6040	0,6460	0,7301
	lg F	59517	71592	78104	81023	86338

Barium

Wägeform	Berechnung als	Ba	$BaCO_3$	$BaCl_2$	$BaCl_2 \cdot 2\,H_2O$
$BaSO_4$	F	0,5884	0,8455	0,8922	1,0466
	lg F	76967	92711	95046	01978
$BaCO_3$	F	0,6959		1,0552	1,2378
	lg F	84255		02333	09265
BaC_2O_4	F	0,6094	0,8757	0,9243	1,0839
	lg F	78490	94236	96581	03499
$BaCrO_4$	F	0,5421	0,7790	0,8223	0,9642
	lg F	73408	89154	91503	98418

[1]) Alle für die Wägeform angegebenen Werte sind empirische Faktoren, also solche, die sich aus der Praxis ergaben und die mit den stöchiometrischen Faktoren nicht genau übereinstimmen (gilt für gesamten Abschn. 18.).

18. Analytische Faktoren

Wägeform	Berechnung als	$Ba(NO_3)_2$	BaO	$Ba(OH)_2$	$Ba(OH)_2 \cdot 8 H_2O$
$BaSO_4$	F	1,1198	0,6570	0,7392	1,3517
	lg F	04914	81757	86581	13088
$BaCO_3$	F	1,3243	0,7770	0,8683	1,5986
	lg F	12199	89042	93867	20374
BaC_2O_4	F	1,1597	0,6804	0,7604	0,3999
	lg F	06435	83276	88104	14609
$BaCrO_4$	F	1,0316	0,6053	0,6764	1,2453
	lg F	01351	78197	83020	09527

Beryllium

Wägeform	Berechnung als	Be	BeO
BeO	F	0,3603	
	lg F	55666	
$Be_2P_2O_7$	F	0,0939	0,2606
	lg F	97267	41597

Bismut

Wägeform	Berechnung als	Bi
Bi_2O_3	F	0,8970
	lg F	95279
$BiPO_4$	F	0,6875
	lg F	83727
BiOI	F	0,5939
	lg F	77371
$BiCr(SCN)_6$	F	0,3429
	lg F	53517
Pyrogallat	F	0,6293
	lg F	79886

Blei

Wägeform	Berechnung als	Pb	PbO	PbS	$PbSO_4$	PbO_2
$PbSO_4$	F	0,6832	0,7360	0,7890		0,7888
	lg F	83455	86688	89708		89697
$PbCrO_4$[1])	F	0,6411	0,6906	0,7403	0,9383	0,7401
	lg F	80693	83923	86941	97234	86929
$PbCl_2$	F	0,7450	0,8026	0,8603	1,0904	0,8601
	lg F	87216	90450	93465	03759	93455
Pb(OH)SCN	F	0,7340	0,7907	0,8476	1,0743	0,8474
	lg F	86569	89801	92819	03113	92809
PbO_2	F	0,8662	0,9331	1,0003	1,2678	
	lg F	93762	96993	00013	10305	
Salizylaldoxim $Pb(C_7H_6O_2N)_2$	F	0,4322	0,4655	0,4990	0,6325	0,4989
	lg F	63568	66792	69810	80106	69801
Pikrolonat $Pb(C_{10}H_7N_4O_5)_2$ $3/2 H_2O$	F	0,2724	0,2935	0,3146	0,3987	0,3145
	lg F	43521	46761	49776	60065	49762

Bor

Wägeform	Berechnung als	B	BO_2	BO_3	B_4O_7
B_2O_3	F	0,3106	1,2298	1,6894	1,1149
	lg F	49220	08983	22773	04724

Chlor

Wägeform	Berechnung als	Cl	HCl	ClO$_3$	HClO$_3$	ClO$_4$	HClO$_4$
AgCl	F	0,2474	0,2550	0,5823	0,5893	0,6939	0,7009
	lg F	39340	40654	76511	77034	84130	84566
KClO$_4$	F					0,7180	0,7255
	lg F					85612	86040
Nitronverbindung	F			0,2103	0,2128		
C$_{20}$H$_{16}$O$_4$ · HClO$_3$	lg F			32284	32797		
C$_{20}$H$_{16}$O$_4$ · HClO$_4$	F					0,2409	0,2433
	lg F					38184	38614
α-Dinaphthodimethyl-	F			0,2186	0,2212		
aminverbindung	lg F			33965	34479		
(C$_{10}$H$_7$CH$_2$)$_2$NH · HClO$_3$							
(C$_{10}$H$_7$CH$_2$)$_2$NH · HClO$_4$	F					0,2500	0,2525
	lg F					39794	40226

Chromium

Wägeform	Berechnung als	Cr	Cr$_2$O$_3$	CrO$_3$	Cr$_2$O$_7$	CrO$_4$
Ag$_2$CrO$_4$	F	0,1567	0,2291	0,3014	0,3255	0,3497
	lg F	19507	36003	47914	51255	54370
BaCrO$_4$	F	0,2053	0,3000	0,3947	0,4263	0,4579
	lg F	31239	47712	59627	62972	66077
Cr$_2$O$_3$	F	0,6842		1,3158	1,4211	1,5263
	lg F	83518		11919	15262	18364
PbCrO$_4$	F	0,1609	0,2351	0,3094	0,3341	0,3589
	lg F	20656	37125	49052	52388	55497

Eisen

Wägeform	Berechnung als	Fe	FeCl$_2$	FeCl$_3$	FeO
Fe$_2$O$_3$	F	0,6994	1,5875	2,0315	0,8998
	lg F	84473	20071	30782	95415
Fe	F		2,2696	2,9045	1,2865
	lg F		35595	46307	10941

Wägeform	Berechnung als	Fe$_2$O$_3$	FeS$_2$	FeSO$_4$ · 7 H$_2$O	Fe$_2$(SO$_4$)$_3$
Fe$_2$O$_3$	F		1,5025	3,4818	2,5040
	lg F		17681	54182	39863
Fe	F	1,4297	2,1481	4,9781	3,5800
	lg F	15525	33205	69706	55388

Fluor

Wägeform	Berechnung als	F	CaF$_2$	NaHF$_2$
CaF$_2$	F	0,4867		0,7940
	lg F	68726		89982
PbClF	F	0,0726	0,1492	0,1185
	lg F	86094	17377	07372
LaF$_3$	F	0,2909	0,5978	0,4747
	lg F	46374	77656	67642

Germanium

Wägeform	Berechnung als	Ge
GeO$_2$	F	0,6941
	lg F	84142

Iod

Wägeform	Berechnung als	I	HI	IO_3
AgI	F	0,5405	0,5448	0,7450
	lg F	73280	73623	87216
PdI_2	F	0,7046	0,7102	0,9711
	lg F	84795	85138	98726
TlI	F	0,3831	0,3861	0,5280
	lg F	58331	58670	72263

Kadmium

Wägeform	Berechnung als	Cd	CdO
Cd	F		1,1423
	lg F		05778
CdO	F	0,8754	
	lg F	94221	
$CdSO_4$	F	0,5392	0,6160
	lg F	73175	78958
Pyridinthiozyanat	F	0,2063	0,2356
$Cd(C_5H_5N)_4(CNS)_2$	lg F	31450	37218
Chinaldinat	F	0,2461	0,2811
$Cd(O_{10}H_6O_2N)_2$	lg F	39111	44886
Anthranilat	F	0,2922	0,3338
$Cd(C_7H_6O_2N)_2$	lg F	46568	52349
Merkaptobenzthiazol	F	0,2527	0,2886
$Cd(C_7H_4NS_2)_2$	lg F	40260	46030
$Cd_2P_2O_7$	F	0,5638	0,6440
	lg F	75113	80889

Kalium

Wägeform	Berechnung als	K	KCl	K_2O	K_2SO_4
KCl	F	0,5244		0,6318	1,1687
	lg F	71966		80058	06770
K_2SO_4	F	0,4488	0,8557	0,5406	
	lg F	65205	93232	73288	
$KClO_4$	F	0,2822	0,5381	0,3399	0,6285
	lg F	45056	73086	53135	79831

Kalzium

Wägeform	Berechnung als	Ca	CaO	$CaCO_3$	$CaCl_2$	CaF_2
CaO	F	0,7147		0,7848	1,9791	1,3923
	lg F	85412		25159	29647	14373
$CaCO_3$	F	0,4004	0,5603		1,1089	0,7801
	lg F	60249	74842		04489	98215
$CaSO_4$	F	0,2944	0,4119	0,7352	0,8152	0,5735
	lg F	46894	61481	86641	91126	75853
$CaC_2O_4 \cdot H_2O$	F	0,2745	0,3838	0,6850	0,7596	0,5344
	lg F	43854	58411	83569	88059	72787
$CaMoO_4$	F	0,2004	0,2804	0,5004	0,5549	0,3903
	lg F	30190	44778	69932	74421	59140
$CaWO_4$	F	0,1392	0,1948	0,3476	0,3855	0,2712
	lg F	14364	28959	54108	58602	43329
Pikrolonat	F	0,0564	0,0789	0,1409	0,1562	0,1099
$Ca(C_{10}H_7O_5N_4)_2 \cdot 8 H_2O$	lg F	75128	89708	14891	19368	04100

18. Analytische Faktoren

Kalzium (Fortsetzung)

Wägeform	Berechnung als	$Ca_3(PO_4)_2$	$Ca(NO_3)_2$	$CaSO_4$	$CaSO_4 \cdot 2 H_2O$	$Ca_3(PO_4)_2 \cdot Ca(OH)_2$
CaO	F	1,8437	2,9260	2,4276	3,0701	1,7915
	lg F	26569	46627	38518	48715	25322
$CaCO_3$	F	1,0330	1,6394	1,3602	1,7201	1,0037
	lg F	01410	21468	13360	23555	00160
$CaSO_4$	F	0,7595	1,2053		1,2647	0,7380
	lg F	88053	08110		10199	86806
$CaC_2O_4 \cdot H_2O$	F	0,7076	1,1230	0,9317	1,1783	0,6876
	lg F	84979	05038	96928	07126	83734
$CaMoO_4$	F	0,5169	0,8204	0,6806	0,8608	0,5023
	lg F	71341	91403	83289	93490	70096
$CaWO_4$	F	0,3591	0,5699	0,4728	0,5980	0,3489
	lg F	55522	75580	67468	77670	54270
Pikrolonat $Ca(C_{10}H_7O_5N_4) \cdot 8 H_2O$	F	0,1455	0,2309	0,1916	0,2423	0,1414
	lg F	16286	36342	28240	38435	15045

Kobalt

Wägeform	Berechnung als	Co	CoO
Co_3O_4	F	0,7342	0,9336
	lg F	86581	97016
Co	F	1,2715	
	lg F	10432	
$Co(NH_4)PO_4 \cdot H_2O$	F	0,3102	0,3945
	lg F	49164	59605
Pyridinthiozyanat $Co(C_5H_5N)_4(CNS)_2$	F	0,1199	0,1526
	lg F	07782	18355
α-Nitroso-β-naphthol $Co(C_{10}H_6O_2N)_3 \cdot 2H_2O$	F	0,0964	0,1224
	lg F	98408	08778
Anthranilat $Co(C_7H_6O_2N)_2$	F	0,1779	0,2263
	lg F	25018	35468

Kohlenstoff

Wägeform	Berechnung als	C	CO_2	CO_3
CO_2	F	0,2729		1,3635
	lg F	43600		13465
$CaCO_3$	F		0,4397	0,5996
	lg F		64316	77786

Wägeform	Berechnung als	C_2H_2	CN	SCN
AgCl	F	0,0908		
	lg F	95809		
CuO	F	0,1637		
	lg F	21405		
AgCN	F		0,1943	
	lg F		28847	
AgSCN	F			0,3500
	lg F			54407

Kupfer

Wägeform	Berechnung als	Cu	$CuCl_2$	Cu_2O	$CuSO_4$	$CuSO_4 \cdot 5 H_2O$
Cu	F		2,1158	1,1259	2,5116	3,9291
	lg F		32547	05150	39995	59429
CuSCN	F	0,5225	1,1055	0,5883	1,3123	2,0529
	lg F	71809	04356	76960	11803	31237
CuO	F	0,7989	1,6904	0,8994	2,0064	3,1388
	lg F	90249	22798	95395	30242	49676

18. Analytische Faktoren

Wägeform	Berechnung als	Cu	CuCl$_2$	Cu$_2$O	CuSO$_4$	CuSO$_4 \cdot$ 5 H$_2$O
Pyridinthiozyanat	F	0,1881	0,3979	0,2117	0,4723	0,7389
Cu(C$_5$H$_5$N)$_2$(CNS)$_2$	lg F	27439	59977	32572	67422	86859
Cupron	F	0,2200	0,4656	0,2477	0,5527	0,8646
Cu(O$_{14}$H$_{11}$O$_2$N)	lg F	34242	66801	39393	74249	93682
Chinaldinat	F	0,1492	0,3157	0,1680	0,3748	0,5863
Cu(C$_{10}$H$_6$O$_2$N)$_2 \cdot$ H$_2$O	lg F	17376	49927	22531	57380	76812
Salizylaldoxim	F	0,1892	0,4004	0,2131	0,4753	0,7435
Cu(C$_7$H$_6$O$_2$N)$_2$	lg F	27692	60249	32858	67697	87128

Lithium

Wägeform	Berechnung als	Li	Li$_2$O
Li$_2$SO$_4$	F	0,1263	0,2718
	lg F	10140	43425
2 Li$_2$O $\cdot$ 5 Al$_2$O$_3$	F	0,0487	0,1049
	lg F	68753	02078
LiCl	F	0,1637	0,3524
	lg F	21405	54704
Li$_3$PO$_4$	F	0,1798	0,3871
	lg F	25479	58782

Magnesium

Wägeform	Berechnung als	Mg	MgO	Mg(OH)$_2$	MgCO$_3$	MgCl$_2$	MgSO$_4$
Mg$_2$P$_2$O$_7$	F	0,2184	0,3622	0,5241	0,7577	0,8556	1,0817
	lg F	33925	55895	71941	87950	93227	03411
Mg(NH$_4$)PO$_4 \cdot$ 6 H$_2$O	F	0,0990	0,1642	0,2376	0,3436	0,3880	0,4905
	lg F	99564	21537	37585	53605	58883	69064
MgO	F	0,6030		1,4470	2,0919	2,3623	2,9863
	lg F	78032		16047	32054	37334	47513
MgSO$_4$	F	0,2019	0,3349	0,4845	0,7005	0,7910	
	lg F	30514	52492	68529	84541	89818	

Mangan

Wägeform	Berechnung als	Mn	MnO	MnO$_2$	MnO$_4$
MnO$_2$	F	0,6319	0,8160		0,3681
	lg F	80065	91169		13612
Mn$_3$O$_4$	F	0,7203	0,9301	1,1398	1,5594
	lg F	85751	96853	05683	19296
MnSO$_4$	F	0,3638	0,4698	0,5758	0,7877
	lg F	56086	67191	76027	89636
Mn$_2$P$_2$O$_7$	F	0,3871	0,4999	0,6126	0,8381
	lg F	58782	69888	78718	92330
Mn(NH$_4$)PO$_4 \cdot$ H$_2$O	F	0,2954	0,3815	0,4675	0,6396
	lg F	47041	58149	66978	80591
Pyridinthiozyanat	F	0,1127	0,1455	0,1763	0,2440
Mn(C$_5$H$_5$N)$_4$ (SCN)$_2$	lg F	05192	16286	25115	38739

Molybdän

Wägeform	Berechnung als	Mo	MoO$_4$
MoO$_3$	F	0,6665	1,1112
	lg F	82380	04579
PbMoO$_4$	F	0,2613	0,4356
	lg F	41714	63909

Natrium

Wägeform	Berechnung als		Na	Na_2O	NaCl	Na_2CO_3
NaCl	F		0,3934	0,5303		0,9068
	lg F		59483	72452		95751
Na_2SO_4	F		0,3237	0,4364	0,8229	0,7462
	lg F		51014	63988	91535	87286
$NaClO_4$	F		0,1878	0,2531	0,4773	0,4328
	lg F		27370	40329	67879	63629
$NaMg(UO_2)_3 \cdot$	F		0,0154	0,0207	0,0390	0,0354
$(CH_3COO)_9 \cdot 6 H_2O$	lg F		18875	31597	59106	54900
$NaZn(UO_2)_3 \cdot$	F		0,0149	0,0201	0,0380	0,0345
$(CH_3COO)_9 \cdot 6 H_2O$	lg F		17319	30320	57978	53782

Nickel

Wägeform	Berechnung als	Ni	NiO	$NiSO_4 \cdot 7 H_2O$
Ni	F		1,2726	4,7847
	lg F		10469	67985
NiO	F	0,7858		3,7599
	lg F	89531		57518
$NiSO_4$	F	0,3793	0,4827	1,8149
	lg F	57898	68368	25885
Dimethylglyoxim	F	0,2032	0,2585	0,7921
$Ni(C_4H_7O_2N_2)_2$	lg F	30792	41246	98771
Pyridinthiozyanat	F	0,1195	0,1521	0,5717
$Ni(C_5H_5N)_4(SCN)_2$	lg F	07737	18213	75717

Phosphor

Wägeform	Berechnung als	P	PO_2	P_2O_5	PO_3	P_2O_7	PO_4
MgP_2O_7	F	0,2783	0,5659	0,6378	0,7079	0,7816	0,8535
	lg F	44451	75274	80468	85107	89298	93120
$Zn_2P_2O_7$	F	0,2033	0,4133	0,4658	0,5184	0,5709	0,6234
	lg F	30814	61627	66820	71467	75656	79477
Ag_2TlPO_4	F	0,0601	0,1223	0,1378	0,1533	0,1689	0,1844
	lg F	77887	08743	13925	18554	22763	26576
$P_2O_5 \cdot 24 MoO_3$	F	0,0172	0,0350	0,0395	0,0439	0,0484	0,0528
	lg F	23553	54407	59660	64246	68485	72263
$(NH_4)_3PO_4 \cdot$	F	0,0164	0,0333	0,0376	0,0418	0,0460	0,0503
$12 MoO_2$[1])	lg F	21484	52244	57519	62118	66276	70157
$(NH_4)_3PO_4 \cdot$	F	0,0145	0,0295	0,0333	0,0370	0,0408	0,0445
$14 MoO_3$[1])	lg F	16137	46982	52244	56820	61066	64836

Platin

Wägeform	Berechnung als	Pt
$(NH_4)_2PtCl_6$[1])	F	0,4402
	lg F	64365

[1]) siehe Fußnote S. 186

Quecksilber

Wägeform	Berechnung als	Hg	HgO	$HgCl_2$
Hg_2Cl_2	F	0,8498	0,9176	1,1502
	lg F	92932	96265	06077
Cr_2O_3	F	1,3198	1,4250	1,7863
	lg F	12051	15381	25195
Pyridinpyrochromat	F	0,3490	0,3768	0,4723
$Hg(C_5H_5N)_2Cr_2O_7$	lg F	54283	57611	67421
Anthranilat	F	0,4242	0,4581	0,5742
$Hg(C_7H_6O_2N)_2$	lg F	62757	66096	75906

Schwefel

Wägeform	Berechnung als	S	H$_2$S	SO$_2$	SO$_3$
BaSO$_4$	F	0,1374	0,1460	0,2745	0,3430
	lg F	13799	16435	43854	53529

Wägeform	Berechnung als	SO$_4$	H$_2$SO$_4$	S$_2$O$_3$
BaSO$_4$	F	0,4116	0,4202	0,2402
	lg F	61448	62346	38057

Selen

Wägeform	Berechnung als	SeO$_2$	SeO$_3$
Se	F	1,4053	1,6079
	lg F	14777	20626

Silber

Wägeform	Berechnung als	Ag	Ag$_2$O	AgNO$_3$
Ag	F		1,0742	1,5748
	lg F		03109	19723
AgCl	F	0,7526	0,8084	1,1853
	lg F	87656	90763	07383
AgBr	F	0,5745	0,6171	0,9047
	lg F	75929	79036	95650

Silizium

Wägeform	Berechnung als	Si	SiO$_3$	Si$_2$O$_7$	SiO$_4$
SiO$_2$	F	0,4674	1,2663	1,3994	1,5326
	lg F	66969	10254	14594	18542

Stickstoff

Wägeform	Berechnung als	NO$_2$	N$_2$O$_5$	NO$_3$	HNO$_3$
Nitronnitrat (C$_{20}$H$_{16}$N$_4$) · HNO$_3$	F	0,1226	0,1439	0,1652	0,1679
	lg F	08849	15806	21801	22505
α-Dinaphthodimethyl-aminnitrat (C$_{10}$H$_7$CH$_2$)$_2$ · NH · HNO$_3$	F	0,2553	0,2997	0,3441	0,3479
	lg F	40705	47669	53668	54370

Wägeform	Berechnung als	N	NH$_3$	NH$_4$	N$_2$O$_5$	NO$_3$
(NH$_4$)$_2$PtCl$_6$ [1])	F	0,0629	0,0764	0,0809	0,2423	0,2782
	lg F	79865	88309	90795	38435	44436

[1]) siehe Fußnote S. 186

Strontium

Wägeform	Berechnung als	Sr	SrS	SrCO$_3$	SrSO$_4$	Sr(NO$_3$)$_2$	Sr(OH)$_2$ · 8 H$_2$O
SrCO$_3$	F	0,5935	0,8107		1,2442	1,4335	1,8002
	lg F	77342	90886		09489	15640	25532
SrC$_2$O$_4$ · H$_2$O	F	0,4525	0,6180	0,7623	0,9485	1,0928	1,3723
	lg F	65556	79099	88213	97704	03854	13745
SrSO$_4$	F	0,4770	0,6516	0,8037		1,1522	1,4469
	lg F	67852	81398	90509		06153	16044

Tellur

Wägeform		Berechnung als TeO_2	TeO_3
Te	F	1,2508	1,3762
	lg F	09719	13868

Thallium

Wägeform		Berechnung als Tl
TlI	F	0,6169
	lg F	79022
$Co(NH_3)_6 \cdot TlCl_6$	F	0,3535
	lg F	54839
Merkaptobenzthiazol	F	0,5514
$Tl(C_7H_4NS_2)$	lg F	74147

Thorium

Wägeform		Berechnung als Th	ThO_2
ThO_2	F	0,8788	
	lg F	94389	
$Th(NO_3)_4 \cdot 4\,H_2O$	F	0,4203	0,4782
	lg F	62356	67961
Pikrolonat	F	0,1781	0,2026
$Th(C_{10}H_7O_5N_4)_4 \cdot H_2O$	lg F	25067	30664

Titanium

Wägeform		Berechnung als Ti
TiO_2	F	0,5995
	lg F	77779

Uranium

Wägeform		Berechnung als U	UO_2
UO_2	F	0,8815	
	lg F	94522	
U_3O_8	F	0,8480	0,9620
	lg F	92840	98318
$Na_2U_2O_7$	F	0,7508	0,8518
	lg F	87552	93034
$(UO_2)_2P_2O_7$	F	0,6667	0,7564
	lg F	82393	87875

Vanadium

Wägeform		Berechnung als V
V_2O_5	F	0,5602
	lg F	74834
$Pb_2V_2O_7$	F	0,1622
	lg F	21005
$AgVO_3$	F	0,2463
	lg F	39146
Ag_3VO_4	F	0,1162
	lg F	06521

Wasserstoff

Wägeform	Berechnung als H	
H_2O	F	0,1119
	lg F	04883

Wolfram

Wägeform	Berechnung als W	
WO_2	F	0,7930
	lg F	89927

Zerium

Wägeform	Berechnung als Ce		Ce_2O_3
CeO_2	F	0,8141	0,9535
	lg F	91068	97932
Ce_2O_3	F	0,8538	
	lg F	93136	

Zink

Wägeform	Berechnung als Zn		ZnO	ZnS	$ZnCO_3$	$ZnCl_2$	$ZnSO_4$
Zn	F		1,2447	1,4904	1,9179	2,0845	2,4692
	lg F		09506	17330	28283	31900	39256
ZnO	F	0,8034		1,1974	1,5408	1,6747	1,9838
	lg F	90493		07824	18775	22394	29750
$Zn_2P_2O_7$	F	0,4291	0,5342	0,6396	0,8230	0,8945	1,0596
	lg F	63256	72770	80591	91540	95158	02514
$Zn(NH_4)PO_4$	F	0,3665	0,4562	0,5462	0,7029	0,7640	0,9050
	lg F	56407	65916	73735	84689	88309	95665
Pyridinthiozyanat $Zn(C_5H_5N)_2(SCN)_2$	F	0,1924	0,2395	0,2868	0,3691	0,4012	0,4752
	lg F	28421	37931	45758	56714	60336	67688
Anthranilat $Zn(C_7H_6O_2N)_2$	F	0,1936	0,2410	0,2886	0,3714	0,4036	0,4781
	lg F	28691	38202	46030	56984	60595	67952
Chinaldinat $Zn(C_{10}H_6O_2N)_2 \cdot H_2O$	F	0,1529	0,1903	0,2278	0,2932	0,3186	0,3774
	lg F	18440	27944	35755	46716	50325	57680

Zinn

Wägeform	Berechnung als Sn		SnO_2
Sn	F		1,2696
	lg F		10367
SnO_2	F	0,7876	
	lg F	89631	

19. Kryoskopische und ebullioskopische Konstanten von Lösungsmitteln

Die Tabelle enthält für einige Lösungsmittel die kryoskopischen und ebullioskopischen Konstanten sowie deren Logarithmen, die für die Bestimmung der molaren Masse durch Gefriertemperaturerniedrigung bzw. Siedetemperaturerhöhung geeignet sind. Bei verdünnten Lösungen ist die Gefriertemperaturerniedrigung bzw. die Siedetemperaturerhöhung der Molalität (Mole gelöster Stoffe je 1000 g Lösungsmittel) direkt proportional (s. a. »Laborpraxis – Einführung und quantitative Analyse«)
Die molare Masse eines Stoffes kann nach folgenden Formeln berechnet werden:

$$M = E_g \frac{a \cdot 1000}{\Delta t_g \cdot b} \quad \text{und} \quad M = E_s \frac{a \cdot 1000}{\Delta t_s \cdot b}$$

M = molare Masse des gelösten Stoffes
E_g = kryoskopische Konstante des Lösungsmittels (Gefriertemperaturerniedrigung nach Auflösen eines Moles in 1 000 g Lösungsmittel)
E_s = ebullioskopische Konstante des Lösungsmittels (Siedetemperaturerhöhung nach Auflösen eines Moles in 1 000 g Lösungsmittel)
a = Masse des gelösten Stoffes in Gramm
b = Masse des Lösungsmittels in Gramm
$\Delta t_g = (t_{1g} - t_{2g})$ = Gefriertemperaturerniedrigung
$\Delta t_s = (t_{1s} - t_{2s})$ = Siedetemperaturerhöhung
t_{1g} bzw. t_{1s} = Gefrier- bzw. Siedetemperatur des reinen Lösungsmittels
t_{2g} bzw. t_{2s} = Gefrier- bzw. Siedetemperatur der Lösung

Lösungsmittel	F. in °C	E_g	lg E_g	K. in °C	E_s	lg E_s
Aminobenzen	−6,2	5,87	76 864	184,4	3,69	56 703
Anthrachinon	266	14,8	17 026	(377)	–	–
Benzen	5,49	5,07	70 501	80,12	2,64	42 160
Bromkampher	76 ... 77	11,87	07 445	–	–	–
2-Bromnaphthalen	59	12,4	09 342	(281 ... 282)	–	–
Diethylether	(−116,4)	1,79	25 285	34,6	1,83	26 245
1,2-Dibromethan	10	12,5	09 691	131,6	6,43	80 821
1,4-Dioxan	11,3	4,7	67 210	101,4	3,13	49 554
Diphenyl	70,5	8,0	90 309	256,1	7,06	84 880
Ethanol	(−114,2)	–	–	78,37	1,04	01 703
Ethansäure	16,6	3,9	59 106	118,1	3,07	48 714
Ethansäureethylester	(−83)	–	–	77,1	2,83	45 179
Ethansäureanhydrid	(−73)	–	–	139,4	3,53	54 777
Hydroxybenzen	41	7,27	86 153	181,4	3,6	55 630
Kampher	178,8	40,0	60 206	204	6,09	78 462
Kohlenstoffdisulfid	(−108,6)	–	–	46,45	2,29	35 984
Naphthalen	80,4	6,9	83 885	217,9	5,8	76 343
Naphthen-2-ol	123	11,25	05 115	(285 ... 286)	–	–
Nitrobenzen	5,7	6,89	83 822	210,9	5,27	72 181
Propanon	(−95)	–	–	56,1	1,48	17 026
Propansäure	(−19,7)	–	–	140,7	3,51	54 531
Pyridin	−42	4,97	69 636	115,5	2,69	42 975
Tetrachlorethen	(−22,4)	–	–	121,1	5,5	74 036
Tetrachlormethan	−22,9	29,8	47 422	76,7	4,88	68 842
Trichlorethansäure	57,5	12,1	08 279	(197,5)	–	–
Trichlormethan	−63,5	4,90	69 020	61,21	3,80	57 978
Wasser	0	1,86	26 951	100	0,52	71 600
Zyklohexan	6,6	20,2	30 535	80,8	2,75	43 933
Zyklohexanol	23,9	38,28	58 297	(160,6)	–	–

Anmerkung: Die Bestimmung der molare Masse nach Beckmann liefert nur dann brauchbare Werte, wenn mit chemisch reinen Lösungsmitteln in verdünnter Lösung gearbeitet und die Temperatur mit einem Beckmann-Thermometer auf 0,005 °C genau abgelesen wird.

20. Elektrochemische Äquivalente

Die Tabelle enthält die Wertigkeiten, Äquivalentmassen und elektrochemischen Äquivalente ($Ä_1$, $Ä_2$) von einigen Elementen und Anionen.

Spalte $Ä_1$ gibt die Masse in Milligramm an, die von 1 Amperesekunde abgeschieden wird:

$$Ä_1 \text{ in } \frac{\text{mg}}{A \cdot s}$$

Spalte $Ä_2$ gibt die Masse in Gramm an, die von 3 600 Amperesekunden abgeschieden wird:

$$Ä_2 \text{ in } \frac{g}{A \cdot h}$$

Angabe der Äquivalentmasse in g · mol^{-1} (s. auch »Rechenpraxis in Chemieberufen«).

20.1. Kationen

Element	Wertigkeit	Äquivalentmasse	$Ä_1$	lg	$Ä_2$	lg
Aluminium	III	8,9938	0,0932	96942	0,3355	52569
Antimon	III	40,58	0,4205	62377	1,5138	18007
Barium	II	68,67	0,7117	85230	2,5621	40860
Beryllium	II	4,5061	0,0467	66932	0,1681	22557
Blei	II	103,595	1,0737	03088	3,8653	58718
Bismut	III	69,66	0,7219	85848	2,5988	41477
Chromium	III	17,332	0,1796	25431	0,6466	81064
Eisen	II	27,923	0,2894	46150	1,0418	01779
Eisen	III	18,616	0,1929	28533	0,6944	84161
Gold	III	65,656	0,6804	83276	2,4494	38906
Kadmium	II	56,21	0,5825	76530	2,0970	32160
Kalium	I	39,098	0,4052	60767	1,4587	16397
Kalzium	II	20,04	0,2077	31744	0,7477	87373
Kobalt	II	29,4666	0,3054	48487	1,0994	04116
Kupfer	II	31,773	0,3293	51759	1,1848	07365
Lithium	I	6,941	0,0719	85673	0,2588	41296
Magnesium	II	12,1525	0,1259	10003	0,4532	65629
Mangan	II	27,469	0,2847	45439	1,0249	01068
Natrium	I	22,9898	0,2383	37712	0,8579	93344
Nickel	II	29,355	0,3042	48316	1,0951	03945
Platin	IV	48,7725	0,5055	70372	1,8198	26002
Quecksilber	I	200,59	2,0789	31783	7,4840	87413
Rubidium	I	85,478	0,8858	94734	3,1889	50364
Silber	I	107,868	1,1179	04840	4,0244	60470
Strontium	II	43,81	0,454	65706	1,6344	21336
Thallium	I	204,37	2,1180	32593	7,6248	88223
Wasserstoff	I	1,0079	0,0104	01703	0,0374	57287
Zaesium	I	132,905	1,3774	13906	4,9586	69540
Zink	II	32,69	0,3388	52994	1,2197	08625
Zinn	II	59,345	0,6150	78888	2,2140	34518

20.2. Anionen

Anion	Wertigkeit	Äquivalentmasse	$Ä_1$	lg	$Ä_2$	lg
Bromid	I	79,909	0,8282	91811	2,9815	47443
Chlorid	I	35,453	0,3674	56514	1,3226	12143
Fluorid	I	18,9984	0,1969	29425	0,7088	85052
Hydroxyl	I	17,0073	0,1763	24625	0,6347	80257
Iodid	I	126,9045	1,3152	11899	4,7347	67529
Karbonat	II	30,0046	0,3110	49276	1,1196	04906
Nitrat	I	62,0049	0,6426	80794	2,3144	35444
Sauerstoff	II	7,9997	0,0829	91855	0,2984	47480
Sulfat	II	48,0288	0,4979	69714	1,7924	25343
Sulfid	II	16,03	0,1661	22037	0,5980	77670

21. Elektrochemische Standardpotentiale, galvanische Elemente und Akkumulatoren, Weston-Normalelement und Eichflüssigkeiten für DK-Meter

Standardpotential: Als Standardpotential $\varphi°$ eines Systems, dessen Elektrodenvorgang z. B. durch die Gleichung Li $\rightleftharpoons$ Li$^+$ + e beschrieben wird, bezeichnet man die elektromotorische Kraft (EMK) einer Kette, deren eine Elektrode die Standardwasserstoffelektrode ist. Die andere Elektrode besteht aus einem Metall — im Beispiel Lithium Li/Li$^+$ — oder einem Nichtmetall oder ist mit dem Nichtmetall unter Atmosphärendruck gesättigt.
Beide Elektroden befinden sich in einer Lösung der entsprechenden Ionen. Die am Redoxsystem teilnehmenden gelösten Stoffe müssen in den Konzentrationseinheiten, alle gasförmigen Teilnehmer in den Druckeinheiten (Pa) vorliegen.
Definitionsgemäß erhält die Standardwasserstoffelektrode das Potential $\varphi°H_2 = \pm 0$ Volt.

Die Tabellenwerte beziehen sich auf wäßrige Lösungen, in denen die Ionenaktivität 1 beträgt, und auf Normalbedingungen (25 °C, 98,05 kPa). Tabelle 21.6 enthält die Standardpotentiale der gebräuchlichsten Bezugselektroden.
Wegen ihrer großen praktischen Bedeutung sind in Tabelle 21.7 die EMK-Werte galvanischer Elemente und Sammler aufgenommen worden.
Die Tabelle 21.8 enthält die Zusammensetzung des Weston-Normalelementes und seine EMK bei verschiedenen Temperaturen.

21.1. Standardpotentiale kationenbildender Elemente (Spannungsreihe)

Red	⇌	Ox	+	e	$\varphi°$ (in Volt)	Red	⇌	Ox	+	e	$\varphi°$ (in Volt)
Li	⇌	Li^+	+	1	−3,02	Ga	⇌	Ga^{3+}	+	3	−0,52
Rb	⇌	Rb^+	+	1	−2,99	Fe	⇌	Fe^{2+}	+	2	−:,41
K	⇌	K^+	+	1	−2,922	Cd	⇌	Cd^{2+}	+	2	−0,402
Cs	⇌	Cs^+	+	1	−2,92	In	⇌	In^{3+}	+	3	−0,34
Ba	⇌	Ba^{2+}	+	2	−2,90	Co	⇌	Co^{2+}	+	2	−0,277
Sr	⇌	Sr^{2+}	+	2	−2,89	Ni	⇌	Ni^{2+}	+	2	−0,25
Ca	⇌	Ca^{2+}	+	2	−2,87	Sn	⇌	Sn^{2+}	+	2	−0,136
Na	⇌	Na^+	+	1	−2,712	Pb	⇌	Pb^{2+}	+	2	−0,126
La	⇌	La^{3+}	+	3	−2,37	H_2	⇌	$2 H^+$	+	2	±0,000
Hg	⇌	Hg^{2+}	+	2	−2,34	Sb	⇌	Sb^{3+}	+	3	+0,2
H	⇌	H^+	+	1	−2,10	Bi	⇌	Bi^{3+}	+	3	+0,28
Ti	⇌	Ti^{2+}	+	2	−1,75	As	⇌	As^{3+}	+	3	+0,3
Be	⇌	Be^{2+}	+	2	−1,70	Cu	⇌	Cu^{2+}	+	2	+0,337
Al	⇌	Al^{3+}	+	3	−1,66	Tl	⇌	Tl^{3+}	+	3	+0,72
U	⇌	U^{4+}	+	4	−1,4	Ag	⇌	Ag^+	+	1	+0,7991
Mn	⇌	Mn^{2+}	+	2	−1,05	Pd	⇌	Pd^{2+}	+	2	+0,83
Zn	⇌	Zn^{2+}	+	2	−0,763	Hg	⇌	Hg^{2+}	+	2	+0,854
Cr	⇌	Cr^{3+}	+	3	−0,74	Pt	⇌	Pt^{2+}	+	2	+1,2
Te	⇌	Te^{4+}	+	4	−0,57	Au	⇌	Au^{3+}	+	3	+1,50

21.2. Standardpotentiale anionenbildender Elemente

Red	⇌	Ox	+	e	$\varphi°$ (in Volt)	Red	⇌	Ox	+	e	$\varphi°$ (in Volt)
$2 H^-$	⇌	H_2	+	2	−2,23	$2 I^-$	⇌	I_2	+	2	+0,535
Te^{2-}	⇌	Te	+	2	−0,92	$2 Br^-$	⇌	Br_2	+	2	+1,065
Se^{2-}	⇌	Se	+	2	−0,78	$2 Cl^-$	⇌	Cl_2	+	2	+1,3587
S^{2-}	⇌	S	+	2	−0,508	$2 F^-$	⇌	F_2	+	2	+2,85
O^{2-}	⇌	$^1/_2 O_2$	+	2	+0,401[1])						

[1]) Der Wert +0,401 bezieht sich auf die der OH^--Ionenaktivität 1 entsprechende O^{2-}-Konzentration.

21.3. Standardpotentiale von Ionen

Red	⇌	Ox	+	e	$\varphi°$ (in Volt)	Red	⇌	Ox	+	e	$\varphi°$ (in Volt)
Eu^{2+}	⇌	Eu^{3+}	+	1	−0,43	Tl^+	⇌	Tl^{3+}	+	2	+1,25
Cr^{2+}	⇌	Cr^{3+}	+	1	−0,41	Au^+	⇌	Au^{3+}	+	2	+1,29
V^{2+}	⇌	V^{3+}	+	1	−0,20	Mn^{2+}	⇌	Mn^{3+}	+	1	+1,51
Ti^{3+}	⇌	Ti^{4+}	+	1	+0,1	Ce^{3+}	⇌	Ce^{4+}	+	1	+1,61
Sn^{2+}	⇌	Sn^{4+}	+	2	+0,15	Mn^{2+}	⇌	Mn^{4+}	+	2	+1,64
Cu^+	⇌	Cu^{2+}	+	1	+0,167	Pb^{2+}	⇌	Pb^{4+}	+	2	+1,69
Ti^{2+}	⇌	Ti^{3+}	+	1	+0,37	Co^{2+}	⇌	Co^{3+}	+	1	+1,84
Fe^{2+}	⇌	Fe^{3+}	+	1	+0,771	Ag^+	⇌	Ag^{2+}	+	1	+1,98
Hg_2^{2+}	⇌	$2 Hg^{2+}$	+	2	+0,91						

21.4. Standardpotentiale von Komplexionenumladungen

Red	⇌ Ox	+ e	φ° in Volt	Red	⇌ Ox	+ e	φ° in Volt
$[Co(CN_6)]^{4-}$	⇌ $[Co(CN)_6]^{3-}$	+ 1	−0,83	MnO_4^{2-}	⇌ MnO_4^-	+ 1	+0,54
$[Mn(CN)_6]^{4-}$	⇌ $[Mn(CN)_6]^{3-}$	+ 1	−0,22	$[W(CN)_8]^{4-}$	⇌ $[W(CN)_8]^{3-}$	+ 1	+0,57
$[Co(NH_3)_6]^{2+}$	⇌ $[Co(NH_3)_6]^{3+}$	+ 1	+0,1	$[Mo(CN)_6]^{4-}$	⇌ $[Mo(CN)_6]^{3-}$	+ 1	+0,73
$[Fe(CN)_6]^{4-}$	⇌ $[Fe(CN)_6]^{3-}$	+ 1	+0,36	$[IrCl_6]^{3-}$	⇌ $[IrCl_6]^{2-}$	+ 1	+1,02

21.5. Standardpotentiale von Metallen in alkalischer Lösung

Red	⇌ Ox	+ e	φ° in Volt	Red	⇌ Ox	+ e	φ° in Volt
Ca + 2 OH⁻	⇌ Ca(OH)₂	+ 2	−3,02	H₂ + 2 OH⁻	⇌ 2 H₂O	+ 2	0,828
Sr + 2 OH⁻	⇌ Sr(OH)₂	+ 2	−2,99	Cd + 2 OH⁻	⇌ Cd(OH)₂	+ 2	−0,815
Ba + 2 OH⁻	⇌ Ba(OH)₂	+ 2	−2,97	Re + 8 OH⁻	⇌ ReO₄⁻ + 4 H₂O	+ 7	−0,81
La + 3 OH⁻	⇌ La(OH)₃	+ 3	−2,76	Sn + 3 OH⁻	⇌ HSnO₃⁻ + H₂O	+ 2	−0,79
Mg + 2 OH⁻	⇌ Mg(OH)₂	+ 2	−2,67	Co + 2 OH⁻	⇌ Co(OH)₂	+ 2	−0,73
Th + 4 OH⁻	⇌ ThO₂ + 2 H₂O	+ 4	−2,64	Ni + 2 OH⁻	⇌ Ni(OH)₂	+ 2	−0,66
Hf + 4 OH⁻	⇌ HfO₂ + 2 H₂O	+ 4	−2,60	Pb + 3 OH⁻	⇌ HPbO₂⁻ + H₂O	+ 2	−0,54
Al + 4 OH⁻	⇌ H₂AlO₃⁻ + H₂O	+ 3	−2,35	Bi + 3 OH⁻	⇌ BiO(OH) + H₂O	+ 3	−0,46
Zr + 4 OH⁻	⇌ H₂ZrO₃ + H₂O	+ 4	−2,32	Tl + OH⁻	⇌ TlOH	+ 1	−0,344
2 Be + 6 OH⁻	⇌ Be₂O₃²⁻ + 3 H₂O	+ 4	−2,28	Cu + 2 OH⁻	⇌ Cu(OH)₂	+ 2	−0,224
Mn + 2 OH⁻	⇌ Mn(OH)₂	+ 2	−1,47	Hg + 2 OH⁻	⇌ HgO + H₂O	+ 2	+0,098
Ga + 4 OH⁻	⇌ H₂GaO₃⁻ + H₂O	+ 3	−1,22	Pd + 2 OH⁻	⇌ Pd(OH)₂	+ 2	+0,1
Zn + 4 OH⁻	⇌ ZnO₂²⁻ + 2 H₂O	+ 2	−1,216	2 Ir + 6 OH⁻	⇌ Ir₂O₃ + 3 H₂O	+ 6	+0,1
Cr + 4 OH⁻	⇌ CrO₂²⁻ + 2 H₂O	+ 3	−1,2	Pt + 2 OH⁻	⇌ Pt(OH)₂	+ 2	+0,16
Fe + 2 OH⁻	⇌ Fe(OH)₂	+ 2	−0,877	2 Ag + 2 OH⁻	⇌ Ag₂O + H₂O	+ 2	+0,344

21.6. Standardpotentiale der gebräuchlichsten Bezugselektroden bei 25 °C

Halbelement		Standardpotential in Millivolt	Halbelement		Standardpotential in Millivolt
Ag/AgCl (fest), KCl			Hg/Hg₂Cl₂ (fest), KCl		
	ml = 0,1	289,4		ml = 0,1	333,65
	m_{kg} = 0,1	289,5		m_{kg} = 0,1	333,8
Ag/AgCl (fest), HCl				ml = 1,0	280,0
	ml = 0,1	288,2		m_{kg} = 1,0	280,7
	m_{kg} = 0,1	288,3		$a_\pm$ = 1,0	267,9
	$a_\pm$ = 1,0	222,4		ml = 4,13	241,5
			gesättigt	m_{kg} = 4,81	
Hg/Hg₂SO₄ (fest), ½ H₂SO₄			Hg/HgO (fest), NaOH		
	ml = 0,1	682[1]		ml = 0,1	165
	m_{kg} = 0,1	733,1		$a_\pm$ = 1,0	98,4
	ml = 1,0	–	Pt(H₂)/OH⁻	ml = 1,0	820
	m_{kg} = 1,0	673,9		$a_\pm$ = 1,0	828,0
	$a_\pm$ = 1,0	615,3	Au(H₂)/Chinhydron (fest), HCl		699,2
	m_{kg} = 3,826	615,4		$a_\pm$ = 1,0	

[1]) Der Wert ist ungenau und dient nur der Orientierung.

21.7. Galvanische Elemente und Akkumulatoren

Name	System + −	Elektrolyt	EMK in Volt
de Lalande-Element	Cu/CuO ... NaOH ... Zn	NaOH-Lsg.	0,85
Brennstoffelement	$Fe_2O_3(O_2)/Fe//(C, CH_4$ usw.$)^1)$		1,0
Gaskette	$Pt/O_2 ... Pt/H_2$ in H_2SO_4		1,10
Volta-Element	$Cu/CuSO_4 ... ZnSO_4/Zn$		1,12
Daniell-Element	$Cu/CuSO_4//ZnSO_4/Zn$	$CuSO_4$-Lsg. gesättigt $ZnSO_4$ 5 ... 10%ig	1,13 (maximal)
Kupronelement	Cu/CuO ... NaOH ... Zn (porös)	NaOH 15 ... 18%ig	1,12
Luftsauerstoffelement (alkal., naß)	C (Aktivkohle) ... KOH ... Zn	KOH 39%ig	1,28 1,31
Gaskette	$C/Cl_2 ... Pt/H_2$ in N HCl		1,36
Leclanché-Element	$C/MnO_2 ... NH_4Cl ... Zn$	NH_4Cl 20%ig	1,5
Trockenelement	$C/MnO_2 ... NH_4Cl ... Zn$	NH_4Cl (pastenförmig)	1,5 ... 1,7³)
Grove-Element	$Pt/HNO_3//H_2SO_4/Zn$		1,90
Bunsen-Element	$C/HNO_3//H_2SO_4/Zn$	HNO_3 rauchend H_2SO_4 8%ig	~1,9
Gaskette	$C/Cl_2 ... Pt/H_2$ in N NaOH		1,96
Chromsäureelement	$C/H_2SO_4//K_2Cr_2O_7/Zn^2)$	C in H_2SO_4 8%ig Zn in $K_2Cr_2O_7$ 12%ig + H_2SO_4 25%ig	2,0
Nickel-Kadmium-Akkumulator	$Ni(OH)_3$ ... KOH ... Cd	KOH 20%ig	~1,36 ~1,8 ... 1,1⁴)
Nickel-Eisen-Akkumulator	Ni_2O_3 ... KOH ... Fe	KOH 20%ig	~1,4 1,8 ... 1,1⁴)
Bleiakkumulator	$PbO_2 ... H_2SO_4 ... Pb$	H_2SO_4 28%ig	~2,1 2,6 ... 1,8⁴,⁵)

[1]) Bedeutet Diaphragma.
[2]) Die Zinkelektrode muß als Tauchelektrode ausgebildet sein.
[3]) Die EMK hängt von der Natur des Braunsteins ab.
[4]) Maximalspannung (kurz nach der Ladung) bis Endspannung bei der Entladung.
[5]) Das Potential des Bleiakkumulators ist in guter Näherung stets $\varrho = e + 0,84$ (ϱ = Säuredichte).

21.8. Weston-Normalelement

Nach internationaler Vereinbarung ist die EMK des Weston-Normalelementes bei 20 °C mit 1,018 30 V festgelegt. Es wird nur zu Vergleichsmessungen (Eichen von Meßgeräten, Messen von galvanischen Ketten usw.) benutzt.

Zusammensetzung:

Die Anode besteht aus reinem Quecksilber, über dem sich eine Paste, die sich aus Hg_2SO_4, $CdSO_4 \cdot 8/3 H_2O$ und Hg zusammensetzt, befindet. Die Katode wird von 12,5%igem Kadmiumamalgam mit $CdSO_4 \cdot 8/3 H_2O$ gebildet. Die Elektrolyte sind gesättigte Lösungen von Kadmiumsulfat und Quecksilber(I)-sulfat.

Die EMK des Weston-Normalelementes beträgt bei den Temperaturen:

Temperatur in °C	EMK in V	Temperatur in °C	EMK in V
0	1,0187	18	1,018 38
5	1,0187	19	1,018 34
10	1,0186	20	1,018 30
15	1,018 48	25	1,018 07
16	1,018 45	30	1,017 81
17	1,018 41		

21.9. Eichflüssigkeiten für DK-Meter

Die Tabelle enthält die Dielektrizitätskonstanten (ε) von reinen Verbindungen und von Dioxan-Wasser-Gemischen, die zum Eichen von DK-Metern verwendet werden. Die Werte werden in $A \cdot s \cdot V^{-1} \cdot m^{-1}$ angegeben und gelten bei 20 °C.

Reine Verbindungen

Verbindung	ε	Verbindung	ε
Dioxan	2,235	Pyridin	12,4
Benzen	2,283	Benzaldehyd	18,3
Trichlorethen	3,43	Propanon	21,4
Trichlormethan	4,81	o-Nitromethylbenzen	27,1
Monochlorbenzen	4,54	Methanol	33,8
Tetrachlorethen	8,10	Nitrobenzen	35,7
Chlorethen	10,5		

Dioxan-Wasser-Gemische

Ma.-% Dioxan	ε	Ma.-% Dioxan	ε
100	2,235	50	36,89
95	3,99	40	45,96
90	6,23	30	54,81
80	12,19	20	63,50
70	19,73	10	72,02
60	28,09	0	80,38

22. Faktoren zur Umrechnung eines Gasvolumens auf den Normalzustand (0 °C/101,325 kPa)

Zur Umrechnung auf den Normalzustand (0 °C, 101,325 kPa) ist das bei bestimmten Meßbedingungen abgelesene Gasvolumen (idealer Gase) mit einem von der Meßtemperatur (t °C) und dem Barometerstand (p) abhängigen Faktor zu multiplizieren. *Tabelle 22.1* beinhaltet diese Faktoren für den Bereich von 10 bis 35 °C und 90,7 bis 104,0 kPa.
Enthält das Gas Feuchtigkeit, so ist von dem abgelesenen Luftdruck der bei der Meßtemperatur herrschende Druck des Wasserdampfes abzuziehen. *Tabelle 22.2* enthält die Werte für den Sättigungsdruck des Wasserdampfes (p H_2O) für die in Tabelle 23.1 erforderlichen Temperaturen.

22.1. Faktoren für die Reduktion eines Gasvolumens von bestimmter Temperatur und bestimmtem

t in °C → ↓ p in kPa	10	11	12	13	14	15	16	17	18	19	20	21	22
90,7	0,8631	8600	8570	8540	8510	8481	8451	8422	8393	8364	8336	8307	8279
90,8	44	13	83	53	23	93	64	35	405	77	48	20	91
90,9	56	26	95	65	35	506	76	47	18	89	60	32	303
91,0	69	38	608	78	48	18	88	59	30	401	72	44	16
91,2	82	51	21	91	61	31	501	72	42	14	85	56	28
91,3	94	64	33	603	73	43	13	84	55	26	97	68	40
91,4	707	76	36	15	85	55	26	96	67	38	409	80	51
91,6	20	89	58	28	98	68	38	509	80	50	22	93	64
91,7	33	702	71	41	611	80	51	21	92	61	34	405	76
91,8	45	14	84	53	23	93	63	34	504	75	46	17	89
91,9	58	27	96	66	35	605	75	46	16	87	58	29	401
92,1	70	49	709	78	48	18	88	58	29	99	70	42	13
92,2	83	52	21	91	60	30	600	71	41	512	83	54	25
92,4	96	65	34	703	73	43	13	83	53	24	95	66	37
92,5	808	77	47	16	85	55	25	95	66	36	507	78	49
92,6	21	90	59	29	98	68	38	608	78	49	19	91	62
92,8	34	803	72	41	710	80	50	20	90	61	32	503	74
92,9	46	15	84	54	23	93	63	33	603	73	44	15	87
93,0	59	28	97	66	36	705	75	45	15	86	56	27	98
93,2	72	42	809	79	48	17	87	57	27	98	68	39	510
93,3	85	53	23	92	61	31	700	70	40	611	81	52	23
93,5	98	66	35	804	73	43	13	82	52	23	93	64	35
93,6	910	78	48	17	85	56	25	95	64	35	605	76	47
93,7	23	91	60	29	98	68	37	707	77	47	18	88	59
93,8	35	903	73	41	810	80	49	19	89	59	30	600	71
93,9	48	16	86	54	24	93	62	32	702	72	43	13	84
94,1	61	29	98	67	36	805	75	45	15	85	55	26	96
94,2	74	42	911	80	49	18	87	57	27	97	67	38	609
94,4	86	55	23	92	61	30	800	69	39	709	80	50	21
94,5	99	67	36	905	74	43	12	82	52	22	92	62	33
94,7	9012	80	49	17	86	55	25	94	64	34	704	74	45
94,8	25	93	61	30	99	68	37	807	76	46	16	87	57
95,0	37	9005	74	42	911	80	49	19	89	59	29	99	69
95,1	50	18	86	55	24	93	62	31	801	71	41	711	82
95,2	63	31	99	67	36	905	74	44	13	83	53	23	94
95,3	75	43	9012	80	49	18	87	56	26	95	65	36	706
95,5	88	56	24	93	61	30	99	69	38	808	78	48	18
95,6	101	69	37	9005	74	43	912	81	50	20	90	60	30
95,7	13	81	49	18	86	55	24	93	63	32	802	72	42
95,8	26	94	62	30	99	68	36	906	75	45	14	84	55
96,0	39	107	75	43	9011	80	49	18	87	57	27	97	67
96,1	51	19	87	55	24	92	61	30	900	69	39	809	79
96,3	64	32	100	68	36	9005	74	43	12	82	51	21	91
96,4	77	44	12	81	49	17	86	55	24	94	63	33	803
96,5	90	57	25	93	61	30	99	68	37	906	76	46	16
96,7	202	70	38	106	74	42	9011	80	49	18	88	58	28
96,8	15	82	50	18	86	55	23	92	61	31	900	70	40
97,0	28	95	63	31	99	67	36	9005	74	43	13	82	52

Druck auf Normalbedingungen (0 °C/101,325 kPa)

23	24	25	26	27	28	29	30	31	32	33	34	35	t in ← °C / p in ↓ kPa
8251	8223	8196	8168	8141	8114	8087	8060	8034	8007	7981	7955	7928	90,7
63	36	208	80	53	26	99	72	46	19	93	67	40	90,8
75	47	19	92	65	38	111	84	57	31	8004	78	51	90,9
87	60	32	204	77	50	23	96	69	43	16	90	63	91,0
300	72	44	16	89	62	35	108	81	55	28	8002	75	91,2
12	84	56	28	201	74	47	20	93	66	39	13	86	91,3
24	96	68	40	13	85	58	31	105	78	51	25	98	91,4
36	308	80	52	25	98	70	43	17	90	63	37	8010	91,6
48	20	92	64	39	209	82	55	28	102	75	49	22	91,7
60	31	304	76	49	21	94	67	40	13	87	60	33	91,8
72	44	16	88	61	33	206	79	52	25	98	72	45	91,9
84	56	28	300	73	45	18	91	64	37	110	84	57	92,1
97	68	40	12	85	57	30	202	75	49	22	95	68	92,2
409	81	52	24	97	69	42	14	87	60	34	107	80	92,4
21	92	64	36	308	81	53	26	99	72	45	19	92	92,5
33	405	76	48	21	93	65	38	211	84	57	30	103	92,6
45	17	88	60	32	305	77	50	23	96	69	42	15	92,8
57	29	401	72	45	17	89	62	35	208	81	54	27	92,9
69	41	13	84	56	29	301	74	46	19	92	65	38	93,0
81	53	25	96	68	40	13	85	58	31	204	77	50	93,2
94	65	37	409	80	52	25	98	70	43	16	89	62	93,3
506	77	49	21	92	64	37	309	81	54	27	200	74	93,5
18	89	61	33	404	76	49	21	93	66	39	12	85	93,6
30	501	73	44	16	88	61	33	305	78	51	24	97	93,7
42	13	85	56	28	400	73	45	17	90	62	36	209	93,8
55	26	98	69	41	13	85	57	29	301	74	47	20	93,9
67	38	510	81	53	24	97	69	41	13	86	59	32	94,1
79	51	22	93	65	37	409	81	52	25	98	71	44	94,2
92	63	34	505	77	49	21	93	64	37	309	82	55	94,4
604	75	46	17	89	61	33	405	76	48	21	94	67	94,5
16	87	58	29	501	73	45	17	88	60	33	306	79	94,7
28	99	70	41	13	85	56	29	400	72	45	17	90	94,8
40	611	82	53	25	97	68	40	11	84	56	29	302	95,0
52	23	94	65	37	508	80	52	23	96	68	41	14	95,1
64	35	606	77	49	20	92	64	35	407	80	53	25	95,2
77	47	18	89	61	32	504	76	48	20	93	65	38	95,3
89	59	30	601	73	44	16	88	60	32	405	77	50	95,5
701	71	42	13	85	56	28	500	72	44	16	89	62	95,6
13	84	54	25	97	68	40	12	84	56	28	401	73	95,7
25	96	66	37	609	80	52	23	95	67	40	12	85	95,8
37	708	79	49	21	92	64	35	507	79	52	24	97	96,0
49	20	91	61	33	604	75	47	19	91	63	36	408	96,1
61	32	703	74	45	16	87	59	31	503	75	47	20	96,3
74	44	15	86	57	28	99	71	43	15	87	59	32	96,4
86	56	27	98	69	40	611	83	54	26	98	71	43	96,5
98	68	39	710	80	52	23	95	66	38	510	82	55	96,7
810	80	51	22	92	64	35	606	78	50	22	94	67	96,8
22	92	63	34	704	76	47	18	90	62	34	506	78	97,0

22. Faktoren zur Umrechnung eines Gasvolumens auf den Normalzustand

t in °C → p in ↓ kPa	10	11	12	13	14	15	16	17	18	19	20	21	22
97,1	0,9240	9208	9175	9143	9111	9080	9048	9017	8986	8955	8925	8894	8864
97,2	53	20	88	56	24	92	61	30	98	68	37	907	76
97,3	66	33	201	68	36	105	73	42	9011	80	49	19	89
97,5	78	46	13	81	49	17	86	54	23	92	62	31	901
97,6	91	58	26	94	62	30	98	67	36	9005	74	43	13
97,7	304	71	38	206	74	42	110	79	48	17	86	55	25
97,8	16	84	51	19	87	55	23	91	60	29	98	68	37
98,0	29	96	64	31	99	67	35	104	73	41	9011	80	49
98,1	42	309	76	44	212	80	48	16	85	54	23	92	62
98,3	55	22	89	56	24	92	60	29	97	66	35	9004	74
98,4	67	34	301	69	37	205	73	41	110	78	47	17	86
98,5	80	47	14	81	49	17	85	53	22	91	60	29	98
98,7	93	60	27	94	62	29	97	65	34	103	72	41	9010
98,8	405	72	39	307	74	42	210	78	47	15	84	53	23
98,9	18	85	52	19	87	54	22	91	59	28	96	65	35
99,0	31	97	64	32	99	67	35	203	71	40	109	78	47
99,2	43	410	77	44	312	79	47	15	84	52	21	90	59
99,3	56	23	90	57	24	92	60	28	96	64	33	102	71
99,5	69	35	402	69	37	304	72	40	208	77	45	14	83
99,6	81	48	15	82	49	17	85	52	21	89	58	27	96
99,7	94	61	27	95	62	29	97	65	33	201	70	39	108
99,9	507	73	40	407	74	42	309	77	45	14	82	51	20
100,0	20	86	53	20	87	54	22	90	58	26	94	63	32
100,1	32	99	65	32	99	67	34	302	70	38	207	75	44
100,3	45	511	78	45	412	79	47	14	82	51	19	88	56
100,4	58	24	91	57	24	92	59	27	95	63	31	200	68
100,5	70	37	503	70	37	404	72	39	307	75	44	12	81
100,7	83	49	16	82	49	17	84	52	19	87	56	24	93
100,8	96	62	28	95	62	29	96	64	32	300	68	36	205
100,9	608	75	41	508	74	41	409	76	44	13	80	49	17
101,0	21	87	54	20	87	54	21	89	56	24	93	61	30
101,2	34	600	66	33	99	66	34	401	69	37	305	73	42
101,3	46	12	79	45	12	79	46	13	81	49	17	85	54
101,5	59	25	91	58	24	91	59	26	93	61	29	98	66
101,6	72	38	604	70	37	504	71	38	406	74	42	310	78
101,7	85	50	17	83	49	16	83	51	18	86	54	22	90
101,9	97	63	29	95	62	29	96	63	31	98	66	34	303
102,0	710	76	42	608	75	41	508	75	43	410	78	46	15
102,1	23	88	54	21	87	54	21	88	55	23	91	59	27
102,3	35	701	67	33	600	66	33	500	68	35	403	71	39
102,4	48	14	80	46	12	79	46	13	80	47	15	83	51
102,5	61	26	92	58	25	91	58	25	92	60	27	95	63
102,7	73	39	705	71	37	604	70	37	505	72	40	408	76
102,8	86	52	17	83	50	16	83	50	17	84	52	20	88
102,9	99	64	30	96	62	29	95	62	29	97	64	32	400
103,0	811	77	43	708	75	41	608	75	42	509	76	44	12
103,2	24	90	55	21	87	54	20	87	54	21	89	56	24
103,3	37	802	68	34	700	66	33	99	66	34	501	69	37
103,5	50	15	80	46	12	78	45	612	78	46	13	81	49
103,6	62	27	93	59	25	91	57	24	91	58	25	93	61
103,7	75	40	806	71	37	703	70	36	603	70	38	505	73
103,9	88	53	18	84	50	16	82	49	16	83	50	17	85
104,0	900	65	31	96	62	28	95	61	28	95	62	30	97

22.2. Sättigungsdruck des Wasserdampfes zwischen 10 und 35 °C in kPa

t in °C	10	11	12	13	14	15	16	17	18	19	20	21	22
p H$_2$O in kPa	1,2	1,3	1,4	1,5	1,6	1,7	1,8	1,9	2,0	2,2	2,5	2,3	2,7

22. Faktoren zur Umrechnung eines Gasvolumens auf den Normalzustand

23	24	25	26	27	28	29	30	31	32	33	34	35	t in °C ← / p in kPa ↓
8834	8805	8775	8746	8716	8687	8659	8630	8602	8573	8545	8518	8490	97,1
46	17	87	58	28	99	71	42	13	85	57	29	502	97,2
59	29	99	70	40	711	82	54	25	97	69	41	13	97,3
71	41	811	82	52	23	94	66	37	609	81	53	25	97,5
83	53	23	94	64	35	706	77	49	21	92	64	37	97,6
95	65	35	806	76	47	18	89	61	32	604	76	48	97,7
907	77	47	18	88	59	30	701	73	41	16	88	60	97,8
19	89	59	30	800	71	42	13	84	56	28	99	72	98,0
31	901	71	42	12	83	54	25	96	68	39	611	83	98,1
43	13	83	54	24	95	66	37	708	79	51	23	95	98,3
56	25	95	66	36	807	78	49	20	91	63	35	607	98,4
68	38	908	78	48	19	89	60	32	703	75	46	18	98,5
80	50	20	90	60	31	801	72	43	15	86	58	30	98,7
92	62	32	902	72	43	13	84	55	27	98	70	42	98,8
9004	74	44	14	84	55	25	96	67	38	710	81	53	98,9
16	86	56	26	96	66	37	808	79	50	21	93	65	99,0
28	98	68	38	908	78	49	20	91	62	33	705	76	99,2
41	9010	80	50	20	90	61	32	803	74	45	16	88	99,3
53	22	92	62	32	902	73	43	14	85	57	28	700	99,5
65	34	9004	74	44	14	85	55	26	97	68	40	11	99,6
77	46	16	86	56	26	97	67	38	809	80	52	23	99,7
89	58	28	98	68	38	908	79	50	21	92	63	35	99,9
101	71	40	9010	80	50	20	91	62	33	804	75	46	100,0
13	83	52	22	92	62	32	903	73	44	15	87	58	100,1
26	95	64	34	9004	74	44	15	85	56	27	98	70	100,3
38	107	76	46	16	86	56	26	97	68	39	810	81	100,4
50	19	88	58	28	98	68	38	909	80	51	22	93	100,5
62	31	100	70	40	9010	80	50	21	91	62	33	805	100,7
74	43	12	82	52	22	92	62	33	903	74	45	16	100,8
86	55	24	94	64	34	9004	74	44	15	86	57	28	100,9
98	67	37	106	76	45	15	86	56	27	98	69	40	101,0
210	79	49	18	88	57	27	98	68	39	909	80	51	101,2
23	92	61	30	100	69	39	9009	80	50	21	92	63	101,3
35	204	73	42	12	81	51	21	92	62	33	904	75	101,5
47	16	85	54	23	93	63	33	9003	74	45	15	86	101,6
59	28	97	66	35	105	75	45	15	86	56	27	98	101,7
71	40	209	78	47	17	87	57	27	97	68	39	910	101,9
83	52	21	90	59	29	99	69	39	9009	80	50	21	102,0
95	64	33	202	71	41	111	81	51	21	91	62	33	102,1
308	76	45	14	83	53	23	92	62	33	9003	74	45	102,3
20	88	57	26	95	65	34	104	74	45	15	86	56	102,4
32	300	69	38	207	77	46	16	86	56	27	97	68	102,5
44	12	81	50	19	89	58	28	98	68	38	9009	80	102,7
56	25	93	62	31	201	70	40	110	80	50	21	91	102,8
68	37	305	74	43	13	82	52	22	92	62	32	9003	102,9
80	49	17	86	55	24	94	64	33	103	74	44	15	103,0
92	61	29	98	67	36	206	75	45	15	85	56	26	103,2
405	73	41	310	79	48	18	87	57	27	97	67	38	103,3
17	85	54	22	91	60	30	99	69	39	109	79	50	103,5
29	97	66	34	303	72	42	211	81	51	21	91	61	103,6
41	409	78	46	15	84	53	23	92	62	32	103	73	103,7
53	21	90	58	27	96	65	35	204	74	44	14	85	103,9
65	3	402	70	39	308	77	47	16	86	56	26	96	104,0

23	24	25	26	27	28	29	30	31	32	33	34	35	t in °C
2,8	3,0	3,2	3,4	3,6	3,8	4,0	4,2	4,5	4,8	5,0	5,3	5,6	$p\,H_2O$ in kPa

23. Absorptionsmittel für die Gasanalyse

Die Tabelle enthält in der Gasanalyse verwendete Absorptionsmittel sowie Stoffe, die indirekt zur quantitativen Bestimmung eines Gases verwendet werden.

Zu absorbierender Stoff	Absorptionsmittel Name	Zusammensetzung	1 ml Absorptionsmittel absorbiert x ml Gas	Bemerkungen
Ammoniak	Natriumhypobromit	wäßrige Lösung		oxydiert NH_3 zu N_2
Benzen und Homologe	Nickel(II)-nitrat	Mischung von 16 g $Ni(NO_3)_2$, 180 ml H_2O und 2 ml HNO_2 in 100 ml wäßrige NH_4OH-Lsg. ($\varrho = 0{,}908$) eingießen		J. chem. Soc. 83, 503 (1903)
	Nickel(II)-zyanid	50 g $NiSO_4$ in 75 ml H_2O lösen, 25 g KCN in 40 ml H_2O lösen und mit 125 ml wäßriger NH_4OH-Lsg. ($\varrho = 0{,}91$) versetzen; beide Lösungen vermischen, 20 Minuten auf 0 °C abkühlen, vom ausgeschiedenen K_2SO_4 abgießen; mit einer Lösung von 18 g 2-Hydroxypropantrikarbonsäure-(1,2,3) (Zitronensäure) in 10 ml H_2O versetzen, 10 Minuten kühlen auf 0 °C, abgießen und mit zwei Tropfen Benzen versetzen		J. f. Gasbel. 51, 1034 (1908)
Blausäure	Natriumkarbonat	10%ige Lösung in H_2O		
Brom, Chlor, Iod	Eisen(II)-sulfat	wäßrige Lösung		
	Arsen(III)-oxid	hydrogenkarbonathaltige, wäßrige Lösung		
	Alkalihydroxid	wäßrige Lösung		
Kohlendioxid Kohlenmonoxid	Kalilauge	30%ige Lösung	40 ml CO_2	
	Kupfer(I)-chlorid	ammoniakalische Lösung: Lösung von 200 g CuCl und 250 g NH_4Cl in 750 ml H_2O: 3 Vol.-Tl. dieser Lösung mit 1 Vol.-Tl. wäßriger NH_4OH-Lsg. ($\varrho = 0{,}91$) versetzen saure Lösung: Lösung von 35 g CuCl in 250 ml konz. HCl mit metall. Kupfer entfärben	16 ml CO 16 ml CO	
	Kupfer(I)-oxid	5 g Cu_2O in 100 ml 96%iger H_2SO_4 suspendieren		
	Iodpentoxid	25 g feinstgepulvertes Iodpentoxid mit 150 g 10%igem Oleum anreiben und anschließend mit 120 g 10%igem Oleum verdünnen		oxydiert das CO zu CO_2
	Silber(I)-oxid	Ag_2O bei niederer Temperatur gefällt, getrocknet und gekörnt		oxydiert das CO zu CO_2 < 30% CO
Kohlenwasserstoffe, schwere (Ethen, Benzen)	rauch. Schwefelsäure	H_2SO_4 mit 25% SO_3	8 ml C_2H_4	
	Bromwasser	gesättigte wäßrige Lösung		J. f. Gasbel. 39, 804 (1896)
Ozon	Kaliumiodid	alkalische Kaliumiodidlösung		nach dem Ansäuern mit H_2SO_4 wird das ausgeschiedene Iod titriert
Sauerstoff	Benzen-1,2,3-triol (Pyrogallol)	1 Teil 25%iges Pyrogallol und 5 bis 6 Teile 60%ige Kalilauge	12 ml O_2	
	Triazetylhydroxyhydrochinon	20 g Triazetylhydroxyhydrochinon mit wenig H_2O aufschwemmen + 40 g KOH in 80 ml H_2O; H_2 einleiten		Ber. dtsch. chem. Ges. 48, 2006 (1915)

Zu absorbierender Stoff	Absorptionsmittel			Bemerkungen
	Name	Zusammensetzung	1 ml Absorptionsmittel absorbiert x ml Gas	
Sauerstoff	gelber Phosphor	fest in dünnen Stangen	1 g P absorbiert ≈ 600 ml O_2	Gehalt an O_2 muß < 60 % sein; bei O_2 ≧ 60 % mit N_2 oder H_2 verdünnen
	Chromium(II)-chlorid	20 %ige wäßrige Lösung		
	metallisches Kupfer	in ammoniakalischer Lösung		
	Hydroxyhydrochinon u. Alkali	Hydroxyhydrochinon und Alkali im Verhältnis 1 : 14,8		für O_2 > 25 %
Schwefeldioxid	Natronlauge			
Schwefeltrioxid	Kühlfalle			
Schwefelwasserstoff	MnO_2-Kugeln	mit Phosphorsäure getränkt		
	Kupfersulfat	auf Bimsstein		
	Bleinitrat	saure Lösung		
Stickstoffmonoxid	Eisen(II)-sulfat	Lösung von 28 g $FeSO_4 \cdot 7\,H_2O$ in 64 ml H_2O und 8,5 ml konz. H_2SO_4		bei viel NO^- erfolgt die Absorption schwer
	Bromwasser	gesättigte wäßrige Lösung		
Wasserstoff	Kaliumpermanganat	wäßrige Lösung		
	Palladiumschwarz	aus $PdCl_2$ mit C_2H_5OH im alkalischen Bereich reduziert		
	Palladiumsol	2,44 g Palladiumsol (61,63 %ige Lösung) und 2,74 g Natriumpikrat in 130 ml H_2O	bis zu 3000 ml H_2	
	Nickelpulver	3 % Nickelpulver in konz. wäßriger Lösung von Natriumoleat, Zusatz von wenig C_2H_5OH		Z. angew. Chem. 28, 365
	Kupfer(II)-oxid Anthrachinon-2,7-disulfo-saures Natrium + Palladium	fest		
	Natriumchlorat	35 g $NaClO_3$, 5 g $NaHCO_3$, 0,5 g $PdCl_2$, 0,02 g OsO_2 in 250 ml H_2O		bei 80 ... 90 °C

24. Sperrflüssigkeiten

Die nachstehende Tabelle enthält in der Gasanalyse am häufigsten verwendete Sperrflüssigkeiten mit Angaben über die Löslichkeit der zu untersuchenden Gase und ihre Anwendbarkeit.

Sperrflüssigkeit	Löslichkeit reiner Gase $\dfrac{cm^3\ Gas}{cm^3\ Lösung}$ bei 25 °C		Anwendbarkeit
Wasser	H_2	0,0175	ungeeignet für Cl_2, HCl, NH_3 und SO_2, bedingt anwendbar für CO_2; nach Sättigung mit dem zu untersuchenden Gas in der technischen Gasanalyse brauchbar
	O_2	0,0283	
	N_2	0,0147	
	CO	0,0214	
	CO_2	0,759	
gesättigte Natriumchloridlösung	für H_2, O_2, N_2 praktisch wie Wasser		Verwendung wie Wasser
	Cl_2	0,36	
	H_2S	3	

Sperrflüssigkeit	Löslichkeit reiner Gase $\frac{cm^3 \text{ Gas}}{cm^3 \text{ Lösung}}$ bei 55° C		Anwendbarkeit
20%ige Natriumsulfatlösung mit 5 Vol.-% Schwefelsäure	H_2 O_2 N_2 SO_2 N_2O CH_4 C_2H_6 C_2H_4 C_2H_2 CO CO_2	0,0073 0,0089 0,0049 13,6 0,159 0,0093 0,0108 0,024 0,343 0,0039 0,270	nur bei Temperaturen über 16 °C anwendbar, da bei etwa 15 °C das Dekahydrat auskristallisiert; hat sich sowohl in der technischen als auch in der wissenschaftlichen Gasanalyse gut bewährt
Quecksilber	für alle Gase praktisch gleich 0		nicht zu verwenden für Cl_2, H_2S und SO_2, beste Sperrflüssigkeit, wird wegen des hohen Preises fast ausschließlich in der wissenschaftlichen Gasanalyse verwendet

25. Härte des Wassers

Die Härte des Wassers wird häufig in Millimol (mmol) Kalziumoxid je Liter Wasser angegeben.

$$1 \text{ mmol CaO} \triangleq \frac{56,08}{2} \text{ mg CaO} \triangleq 28,04 \text{ mg CaO}$$

Vorhandene Magnesiumsalze gibt man ebenfalls in äquivalenten Massen Kalziumoxid an. Man multipliziert zu diesem Zweck die den Magnesiumsalzen entsprechende Masse Magnesiumoxid mit dem Faktor, der dem Quotienten aus den molaren Massen von CaO und MgO entspricht:

$$F = \frac{CaO}{MgO} = \frac{56,08 \text{ g} \cdot \text{mol}^{-1}}{40,32 \text{ g} \cdot \text{mol}^{-1}} \approx 1,39$$

1 mg MgO $\triangleq$ 1,39 mg CaO

Weitere in der Praxis gebräuchliche Einheiten der Härte:

Land	Einheit
BRD	1 Grad Deutscher Härte (1 ° dH): 10 mg CaO je Liter Wasser
England	1 Grad Englischer Härte: 1 grain (= 0,0648 g) $CaCO_3$ in einer Gallone (= 4,546 l) Wasser
Frankreich	1 Grad Französischer Härte: 10 mg $CaCO_3$ je Liter Wasser
UdSSR	Angabe der Härte in Milligrammäquivalent CaO je Liter Wasser
USA	Härteangabe direkt durch Anzahl Gramm $CaCO_3$ je 1 Million Kubikzentimeter Wasser

In folgender Tabelle sind Faktoren zur Umrechnung in die verschiedenen Einheiten der Härte zusammengestellt:

Umzurechnen von:	in:					Der Einheit der Härteangaben entsprechen:	
	CaO in mmol $\cdot$ l^{-1}	° dH	° engl. Härte	° franz. Härte	USA-Härte	CaO in mg $\cdot$ l^{-1}	MgO in mg $\cdot$ l^{-1}
CaO in mmol $\cdot$ l^{-1}	1,00	2,80	3,50	5,00	50,0	28,04	20,13
lg:	00000	44778	54407	69897	69897		
° dH	0,357	1,00	1,25	1,78	17,9	10	7,19
lg:	55267	00000	09691	25139	25285		
° engl. Härte	0,285	0,800	1,00	1,43	14,3	8,004	5,76
lg:	45484	90331	00000	15534	15534		
° franz. Härte	0,200	0,560	0,700	1,00	10,0	5,608	4,04
lg:	30103	74819	84510	00000	00000		
USA-Härte	0,020	0,056	0,070	0,100	1,00	0,56	0,40
lg:	30103	74819	84510	00000	00000		
CaO in mg $\cdot$ l^{-1}	0,0357	0,100	0,125	0,178	1,79	1,00	0,719
lg:	55267	00000	09691	25139	25285		
MgO in mg $\cdot$ l^{-1}	0,0496	0,139	0,174	0,248	2,49	1,391	1,000
lg:	69548	14301	24055	39445	36620		

25. Härte des Wassers

Durchschnittliche Gesamthärte des Leitungswassers ausgewählter Städte

Stadt	durchschnittliche Gesamthärte in °dH	Stadt	durchschnittliche Gesamthärte in °dH	Stadt	durchschnittliche Gesamthärte in °dH
Berlin[1] (Innenstadt)	14,0	Ilmenau	3,15	Rudolstadt	15,0
Bitterfeld	15,0	Jena	18 ... 24	Schkopau	20,0
Cottbus	12,6	Chemnitz	3 ... 5	Schwedt/Oder	28,0
Dresden[1]	22,0	Leipzig (Innenstadt)	14 ... 18	Schwerin	13,1
Eisenach	16 ... 60	Leuna	25 ... 55	Staßfurt	27,9
Eisenhüttenstadt	11,4	Magdeburg	10,3	Suhl	2,2
Erfurt	35,0	Neubrandenburg	21,8 ... 23,5	Vockerode	11,0
Frankfurt/Oder	12,5	Potsdam	16,6	Wittenberg	11,0
Genthin	11,8	Premnitz	12 ... 14	Wittenberge	17,3
Halle/Saale[2]	35,0	Rathenow	10,9	Wolfen	15,0
Henningsdorf	18,7	Rostock	14 ... 16	Zeitz	30 ... 43

[1] Unterschiedlich, je nach zulieferndem Wasserwerk.
[2] Durch Fernwasserversorgung teilweise Gebiete mit 6 ... 8 ° dH.
[3] Belieferung aus Verbundnetz.

Technische Tabellen

26. Spezifische und molare Wärmekapazität von Elementen und Verbindungen

Spalte c: Die spezifische Wärmekapazität c ist die Wärmemenge in kJ, die man 1 kg eines einheitlichen Stoffes zuführen muß, um seine Temperatur um 1 K zu erhöhen. Die Einheit der spezifischen Wärmekapazität ist kJ · K^{-1} · kg^{-1}.

Spalte C: Um die Temperatur von 1 Mol (M) eines Stoffes mit der spezifischen Wärmekapazität c um 1 K zu erhöhen, muß man die molare Wärmekapazität $C = c \cdot M$ zuführen. Die Einheit der molaren Wärmekapazität ist J · mol^{-1} · K^{-1}. Da die spezifische Wärmekapazität temperaturabhängig ist, sind in den Tabellen Werte bei verschiedenen Temperaturen angegeben.

26.1. Spezifische und molare Wärmekapazität von wichtigen Elementen

Die Tabelle enthält Werte für die spezifische und die molare Wärmekapazität bei 0 °C, 300 °C und 600 °C. Hiervon abweichende Temperaturen sind besonders aufgeführt.

Element	0 °C c	C	300 °C c	C	600 °C c	C
Aluminium	0,8817	23,79	1,0316	27,834	1,1815	31,879
Antimon	0,2060	25,08	0,2244	27,32	0,2428	29,56
Arsen	0,3245	24,31	0,3638	27,26	0,4028	30,18
Bismut	0,1239	25,89	0,1432	29,93		
Blei	0,1269	26,29	0,1398	28,97	0,1415	29,32
Brom	0,4480	35,80	0,2332	18,63	0,2361	18,87
Chlor	0,4731	16,77	0,5179	18,36	0,5234	18,56
Chromium	0,4379	22,77	0,5259	27,34	0,5966	31,02
Eisen	0,4396	24,55	0,5652	31,56	0,7662	42,79
Fluor	0,8290	15,75	0,9211	17,50	0,9504	18,06
Germanium	0,3023	21,94	0,3416	24,80		
Iod	0,2156	27,36	ab 27 °C 0,1486/18,86			
Kalium	0,7578	29,63	0,8332	32,58		
Kalzium	0,6573	26,34	0,7536	30,20		
Kobalt	0,4271	25,17	0,5024	29,61	0,5736	33,80
Kohlenstoff	0,6448	7,74	1,3733	16,49	1,6873	20,27
Kupfer	0,3810	24,21	0,4137	26,29	0,4386	27,93
Magnesium	1,0090	24,52	1,1430	27,78	1,2728	30,94
Mangan	0,4689	25,76	0,6113	33,58	0,7871	43,24
Molybdän	0,2420	23,22	0,2855	27,39	0,3132	30,05
Natrium	1,2184	28,01				
Nickel	0,4312	25,31	0,5778	33,92	0,5422	31,83
Phosphor (rot)	0,6699	20,75	0,8583	26,58		
Platin	0,1315	25,65	0,1394	27,20		
Quecksilber	0,1403	28,14	0,1038/20,82			

26. Spezifische und molare Wärmekapazität von Elementen und Verbindungen

Element	0 °C		300 °C		600 °C	
	c	C	c	C	c	C
Sauerstoff	0,9169	14,67	0,9965	15,94	1,0760	17,22
Schwefel	0,6824	21,88	1,0802	34,63	1,1472	36,78
Silber	0,2319	25,01	0,2495	26,91	0,2659	28,68
Silizium	0,6783	19,05	0,8625	24,22	0,9169	25,75
Stickstoff	1,0383	14,54	1,0760	15,07	1,1472	16,07
Titanium	0,2424	19,75	0,6029	28,88	0,6406	30,68
Vanadium	0,5024	25,59	0,5317	27,09	0,5778	29,43
Wasserstoff	14,1430	14,25	14,5449	14,66	14,7878	14,90
Wolfram	0,1340	24,64	0,1398	25,70	0,1461	26,86
Zink	0,3852	25,18	0,4354	28,47	0,4564	29,84
Zinn	0,2244	26,63	0,2345	27,83		

26.2. Spezifische und molare Wärmekapazität anorganischer Verbindungen

Verbindung	Temperatur in °C	c	C
Aluminiumchlorid	0	0,6573	87,65
Aluminiumoxid	100	0,9002	91,79
Aluminiumsulfat	0 ... 100	0,7997	273,62
Ammoniak (flüssig)	−30	4,4548	75,87
Ammoniak (gasförmig)	0	2,0515	34,94
Ammoniumbromid	0	0,9588	93,91
Ammoniumchlorid	0	1,5617	83,54
Ammoniumdihydrogenphosphat	0 ... 100	1,2937	148,81
Ammoniumnitrat	0	2,1269	170,24
Ammoniumsulfat	0	1,9469	257,26
Antimon(III)-chlorid	0 ... 73	0,4480	102,19
Arsen(III)-chlorid	14 ... 96	0,7369	133,59
Arsen(III)-oxid	0	0,4564	90,29
Bariumchlorid	0	0,3601	74,99
Bariumkarbonat	16 ... 47	0,4061	80,14
Bariumnitrat	13 ... 98	0,6364	166,32
Bariumsulfat	0	0,4522	105,54
Berylliumoxid	0	0,9169	22,93
Bismut(III)-oxid	0	0,2345	109,27
Blei(II)-chlorid	0	0,2721	75,67
Bleichromat	19 ... 50	0,3768	121,77
Bleinitrat	17 ... 100	0,4899	162,25
Blei(II)-oxid	0	0,2093	46,71
Blei(IV)-oxid	0	0,2638	63,10
Blei(II,IV)-oxid	25	0,2135	146,37
Bleisulfat	22 ... 99	0,3643	110,53
Borfluorid (flüssig)	−120	1,5198	103,05
Boroxid	0	0,8332	58,01
Bromwasserstoff	0	0,3601	29,14
Chlorwasserstoff	25	0,7955	29,00
Chromium(III)-oxid	0	0,7453	113,28
Diammoniumhydrogenphosphat	0 ... 100	1,4277	188,54
Dinatriumhydrogenphosphat-12-Wasser	2 ... 74	1,5575	557,81
Dizyan	0	1,0593	55,12
Eisenkarbid	0	0,5443	97,73
Eisen(III)-chlorid	25	0,6573	83,31
Eisen(II)-oxid	0	0,7076	50,84

26. Spezifische und molare Wärmekapazität von Elementen und Verbindungen

Verbindung	Temperatur in °C	c	C
Eisen(III)-oxid	25	0,6573	104,97
Eisen(II,III)-oxid	0	0,5820	134,76
Eisen(II)-sulfat	20 ... 100	0,6029	91,59
Eisen(III)-sulfat	0 ... 100	0,6908	276,24
Eisensulfid	0	0,5024	44,17
Fluorwasserstoff	25	1,4570	29,15
Germanium(IV)-oxid	0	0,6196	64,80
Iodwasserstoff	0	0,2261	28,92
Kadmiumchlorid	0	0,4229	77,52
Kaliumaluminiumsulfat-12-Wasser	15 ... 22	1,4612	693,18
Kaliumbromid	0	0,4396	52,32
Kaliumchlorid	0	0,6783	50,57
Kaliumchromiumsulfat-12-Wasser	19 ... 51	1,3565	677,44
Kaliumdihydrogenphosphat	17 ... 48	0,8709	118,52
Kaliumfluorid	0	0,8332	48,41
Kaliumhexazyanoferrat(II)	0 ... 46	0,9085	383,76
Kaliumhydrogensulfat	19 ... 51	1,0216	139,11
Kaliumkarbonat	23 ... 99	0,9043	124,99
Kaliumnitrat	0	0,8667	87,63
Kaliumpermanganat	14 ... 45	0,7494	118,43
Kaliumsulfat	15 ... 98	0,7955	138,63
Kalziumchlorid	0	0,9965	110,60
Kalziumchlorid-6-Wasser	34 ... 99	2,3111	508,32
Kalziumfluorid	0	0,8457	66,03
Kalziumhydroxid	0	1,1344	84,05
Kalziumkarbid	50 ... 500	1,0048	64,41
Kalziumkarbonat	0	1,2519	125,30
Kalziumoxid	0	0,7494	42,03
Kalziumphosphat	25	0,7369	228,57
Kalziumsulfat	25	0,7327	99,75
Kalziumsulfat-2-Wasser (Gips)	0 ... 100	1,1388	196,07
Kaolin	20 ... 300	1,1221	290,15
Karnallit	20 ... 100	1,15533	427,05
Kohlendioxid	0	0,8332	36,67
Kohlenmonoxid	0	1,0383	29,08
Kryolith	0	1,0300	216,05
Kupfer(II)-chlorid	17 ... 98	0,5778	77,69
Kupfer(II)-oxid	0	0,5192	41,30
Kupfersulfat	0 ... 20	0,6322	100,90
Lithiumchlorid	0	1,1765	49,87
Magnesiumchlorid	0	0,8039	76,55
Magnesiumhydroxid	0	1,2519	73,02
Magnesiumkarbonat	25	0,5192	43,78
Magnesiumoxid	0	0,8709	35,11
Magnesiumsulfat	25 ... 90	0,9420	143,39
Mangan(IV)-oxid	0	0,6071	52,78
Mangansulfat	21 ... 100	0,7620	115,06
Molybdän(VI)-oxid	0	0,5359	77,14
Molybdän(IV)-sulfid	0	0,5359	85,78
Natriumbromid	0	0,5024	51,70
Natriumchlorid	0	0,8709	50,85
Natriumkarbonat	16 ... 98	1,1430	121,15
Natriumnitrat	0	1,0048	85,40
Natriumsilikat	20	0,9881	120,61
Natriumsulfat	17 ... 98	0,9672	137,38
Natriumsulfat-10-Wasser	0	1,6705	538,23
Natriumtetraborat	16 ... 98	0,9965	200,51
Natriumthiosulfat-5-Wasser	25 ... 100	0,9253	229,64
Nickelsulfat	15 ... 100	0,9043	139,96

Verbindung	Temperatur in °C	c	C
Phosphor(III)-chlorid	14 ... 98	0,8750	120,17
Phosphor(V)-oxid	25	0,7118	101,04
Quecksilber(II)-chlorid	0	0,2805	76,16
Quecksilber(II)-oxid	0	0,2010	43,53
Salpetersäure (100%)	20	1,7124	107,90
Schwefel(IV)-oxid	0	0,6155	39,43
Schwefelsäure (100%)	20	1,3900	136,33
Schwefelwasserstoff	25	0,9965	33,96
Silberbromid	0	0,2763	51,88
Silberchlorid	0	0,3643	52,21
Silberiodid	0	0,2219	52,10
Silbernitrat	0	0,5736	97,44
Silizium(IV)-chlorid	0	0,5192	31,20
Siliziumdioxid (Quarz, kristallin)	0	0,7201	43,27
Siliziumdioxid, gefällt	100	0,8122	48,80
Siliziumkarbid	0	0,6155	24,68
Sulfurylchlorid	19 ... 98	0,4773	64,48
Thoriumdioxid	0	0,2261	59,70
Titanium(IV)-chlorid	21	0,8081	153,30
Titaniumdioxid	0	0,6992	55,87
Vanadium(V)-oxid	0	0,6824	124,12
Wasser	0	4,1868	75,95
Wasserdampf	100	1,9427	35,00
Wolfram(VI)-oxid	0	0,3266	75,72
Zinkchlorid	0	0,5568	75,88
Zinkoxid	0	0,4731	38,50
Zinksulfat	22 ... 100	0,7285	117,60
Zinn(II)-chlorid	0	0,4145	78,59
Zinn(IV)-chlorid (flüssig)	0	0,6155	160,34
Zinn(IV)-oxid	0	0,3349	50,47
Zyanwasserstoff	10	2,6168	70,72

26.3. Spezifische und molare Wärmekapazität organischer Verbindungen

Verbindung	Temperatur in °C	c	C
Aminoethansäure	20	1,3105	98,38
Aminobenzen	25	1,8824	175,30
Anthrachinon	20 ... 132	1,2728	265,02
Anthrazen	0	1,0634	189,53
Azobenzen	13 ... 40	1,4026	255,59
Benzaldehyd	113	1,7417	184,84
Benzen	20	1,7417	136,05
Benzen-1,2-dikarbonsäure	0 ... 99	1,2142	201,72
Benzen-1,4-dikarbonsäure	0 ... 99	1,2016	199,63
Benzen-1,2-dikarbonsäureanhydrid	0	1,0048	148,83
Benzen-1,2-dikarbonsäurediethylester	20	1,6287	361,97
Benzenkarbonsäure	20	1,1849	144,70
Benzenkarbonsäureethylester	20	1,6245	243,96
Benzenkarbonsäurenitril	21 ... 186	1,8464	190,41
Benzophenon	3 ... 41	2,1143	385,27
Brombenzen	0	0,9797	153,82
Brombutan	20	1,1137	152,60
Bromethan	25	0,8081	87,81
Buta-1,3-dien	16,8	2,2441	121,39
Butan	0	1,4319	83,23
Butan-1,3-diol	25	2,4870	224,13
Butandisäure	20	1,2812	151,30
Butandisäureimid	0 ... 100	1,3272	131,51

26. Spezifische und molare Wärmekapazität von Elementen und Verbindungen

Verbindung	Temperatur in °C	c	C
Butan-1-ol	20	2,4744	183,41
Butanon	23,8	2,2358	161,22
Butansäure	18	2,0013	176,33
Butansäurenitril	21 ... 113	2,2902	158,27
Butendisäure, cis-	0	1,0886	126,36
Chinolin	0	1,4612	188,73
Chlorbenzen	0	1,3188	148,44
Chlordifluorethan	18	1,3147	107,15
Chlordifluormethan	20	1,2477	107,89
Chlorethan	20	1,6705	107,77
Chlorethansäure (fest)		1,5240	144,01
Chlorethansäure (flüssig)		1,7878	168,94
2-Chlorhydroxybenzen	25	1,6370	210,45
Chlormethan	5	0,7411	37,42
1-Chlornaphthalen	20	1,2142	197,44
Dekahydronaphthalen, cis-	13 ... 18	1,6203	224,01
Dekahydronaphthalen, trans-	19,1	1,7250	238,48
1,4-Dibrombenzen	20	0,7243	170,87
1,2-Dibromethan	20	0,7243	136,08
1,4-Dichlorbenzen	20	1,1430	168,03
1,2-Dichlorethan	25	1,3021	128,86
Dichlorethansäure	22 ... 196	1,4654	188,95
Diethylether	0	2,2692	168,20
Difluordichlormethan	20	1,0593	89,68
1,2-Dihydroxybenzen	25	1,2016	132,31
1,3-Dihydroxybenzen	25	1,1891	130,93
1,4-Dihydroxybenzen	25	1,2728	140,15
d-Dihydroxybutandisäure	0'... 100	1,2393	186,00
Dimethylamin	73	3,0354	136,85
N,N-Dimethylaminobenzen	0 ... 20	1,7501	212,08
1,2-Dimethylbenzen	0	1,6873	179,14
1,3-Dimethylbenzen	0	1 6454	174,69
1,4-Dimethylbenzen	0	1,6454	174,69
Dimethylether	−27,7	2,2399	103,05
1,3-Dinitrobenzen	25	1,1137	187,22
1,4-Dioxan	13 ... 18	1,7333	152,72
Diphenyl	30	1,2853	198,21
Diphenylamin	20 ... 50	1,3607	230,27
1,2-Diphenylethen	20	1,2686	228,41
Diphenylether	0	1,1514	195,98
Diphenylsulfon	0	1,0341	225,71
Diphenylthioether	0	1,4026	194,21
Dodekansäure		2,1436	429,41
Epoxyethan	−20	1,9050	83,92
Ethan	0	1,6747	50,36
Ethanamid	20	1,3044	61,10
Ethandiol	20	2,3488	145,79
Ethandisäure		1,3105	117,99
Ethandisäuredimethylester	10 ... 35	1,3147	155,25
Ethanol	20	2,3320	107,43
Ethanoylbenzen	0 ... 99	1,4193	170,53
Ethansäure	20	2,0557	123,45
Ethansäureanhydrid	23 ... 122	1,8171	185,51
Ethansäureethylester	20	1,9217	169,31
Ethansäuremethylester	15	2,0222	149,80
Ethen	0	1,4612	40,99
Ethin	0	1,6580	43,17
Ethylamin		2,8889	130,25
Furan	44	1,0593	72,02
Furfural	20	1,6580	159,10
Glukose	0	1,1304	203,47
Harnstoff	20	1,5407	93,36
Hexachlorbenzen	20	0,8876	252,77

26. Spezifische und molare Wärmekapazität von Elementen und Verbindungen

Verbindung	Temperatur in °C	c	C
Hexachlorethan	18 ... 37	0,7453	176,44
Hexadekansäure	19,4	1,8045	278,10
Hexan	20	2,2399	193,03
2-Hydroxybenzenkarbonsäure	0	1,0802	149,20
2-Hydroxybenzenkarbonsäuremethylester	22	1,6370	249,07
2-Hydroxybenzenkarbonsäurephenylester	20	1,1053	236,78
2-Hydroxypropansäure	20	1,3900	125,21
Kampfer	20	1,9427	295,75
Kohlensäuredichlorid	6,3	1,0174	100,64
Kohlenstoffdisulfid	0	0,5903	144,94
Methan	20	2,2148	35,53
Methanal	0	1,1597	52,23
Methanamid	20	2,3655	106,54
Methanol	25	2,5539	81,83
Methansäure	25	2,1520	99,05
Methansäureethylester	21,5	2,0013	120,18
Methanthiol	−2	1,8380	88,43
Methoxybenzen	24	1,7710	191,52
Methylamin	−13,9	3,2825	101,94
N-Methylaminobenzen	20 ... 190	2,1478	230,15
Methylbenzen	0	1,6538	152,38
4-Methylbenzensulfochlorid	28 ... 57	1,4235	271,38
2-Methylbuta-1,3-dien	25,3	2,4367	165,98
2-Methylbutan-1-ol	30 ... 80	2,3865	210,37
3-Methylbuta-2-on	20 ... 91	2,1981	189,33
2-Methylhydroxybenzen	0 ... 20	2,0892	225,93
3-Methylhydroxybenzen	0 ... 20	2,0055	216,87
4-Methylhydroxybenzen	9 ... 28	2,0390	220,50
2-Methylpropan-2-ol	27	3,0438	225,61
2-Methylzyklohexanol	15 ... 18	1,7501	199,84
3-Methylzyklohexanol	15 ... 18	1,7668	201,75
4-Methylzyklohexanol	15 ... 18	1,7710	202,23
Monofluordichlormethan	20	1,0589	108,99
Monofluortrichlormethan	20	0,8919	122,52
Naphthalen	20	1,2644	162,06
Naphth-1-ol	25	1,1597	167,20
Naphth-2-ol	25	1,2016	173,24
Naphthyl-1-amin	20 ... 25	1,3984	200,23
Naphthyl-2-amin	20	0,8792	125,89
2-Nitroaminobenzen	25	1,1932	164,81
3-Nitroaminobenzen	25	1,2184	168,29
4-Nitroaminobenzen	25	1,2267	169,44
Nitrobenzen	20	1,5031	185,05
Nitromethan	15 ... 19	1,7250	105,29
1-Nitronaphthalen	10 ... 15	1,1053	191,41
Oktadekansäure	0 ... 30	1,6622	472,86
Oktadek-9-ensäure	17	2,0599	581,85
Oktan-1-ol	0	2,1520	280,39
Oktansäure	18 ... 46	2,1143	304,91
Pentan	0	2,2064	159,19
Phenanthren	0	1,0676	190,28
Phenylethen	0	1,6538	172,24
Phenylhydrazin	20	1,9176	207,38
Piperidin	17	2,0097	171,12
Propan	2	1,5114	66,65
Propandisäurediethylester	21,5	1,7878	286,35
Propan-1-ol	0	2,2232	133,60
Propan-2-ol	20	2,4995	150,21
Propanon	0	2,1143	122,80
Propantriol	6 ... 11	1,6329	150,38
Propen	0	1,4026	24,84

Verbindung	Temperatur in °C	c	C
Pyridin	17	1,7124	135,45
Rohrzucker	20	1,2142	415,76
Tetrachlormethan	20	0,9002	138,47
Tetrafluormethan	−170	0,8876	78,11
Tetrahydronaphthalen	15 … 18	1,6873	223,07
Thiophen	0	1,4193	119,42
Trichlorethanal	17 … 81	1,0844	159,83
Trichlorethansäure (fest)		1,9217	313,98
Trichlorethansäure (flüssig)		1,4947	244,22
Trichlorethansäuremethylester	8 … 82	1,5556	324,26
Trichlorethen	20	0,9504	124,87
Trifluortrichlorethan	20	0,9169	158,98
Trimethylamin	2,7	2,2316	131,91
2,4,6-Trinitrohydroxybenzen	−183 … 12	0,9169	210,07
Zyklohexanol	15 … 18	1,7459	174,87
Zyklohexanon	15 … 18	1,8129	177,93
Zyklopentan	0	1,6915	118,63

27. Plaste

Tabelle 27.1 gibt eine Übersicht über die verschiedenen Plasttypen. In Tabelle 27.2 und 27.3 werden für einige technisch wichtige Plaste mechanische, chemische und elektrische Eigenschaften angeführt.

27.1. Plasttypen

Polykondensationsprodukte
 Aminoplaste
  Harnstoffharze (Piatherm)
  Dicyandiamidharze (Didi-Preßmasse)
  Melaminharze (Meladur, Sprelacart)
 Phenoplaste (Plastadur, Plastacart, Plastatex, Prestafol)
 Polyesterharze (Polyester G Schkopau)
 Polyamide (Polyamid AH Schkopau, Miramid)

Polymerisationsprodukte
 Polyethen (Gölzathen, Mirathen)
 Polypropen (Mosten/ČSSR)
 Polystyren (Polystyrol S, G, C)
 Polyvinylchlorid
  hart (Ekadur, Decelith-H, Gölzalit)
  weich (Ekalit, Decelith-W)
 Polyvinylazetat (Polyvinylazetat Schkopau)
 Polymethacrylsäuremethylester (Piacryl)
 Polytetrafluorethen (Heydeflon)
 Polytrifluorchlorethen (Ekafluvin)

Polyadditionsprodukte
 Polyurethane (Syspur)
 Epoxidharze (Epilox)

Plaste aus Naturstoffen (Basis Zellulose)
 Pergamentiertes Zellulosehydrat (Vulkanfiber)
 Zelluloseazetat (Prenaphan, Reilit)
 Zellulosehydrat (Zellglas, Wilaphan)
 Zellulosenitrat (Zelluloid)

27.2. Physikalische Daten von Plasten

	Dichte in kg·m⁻³	Zugfestigkeit in kN·cm⁻²	Druckfestigkeit in kN·cm⁻²	Kugeldruckhärte (60 s) in kN·cm⁻²	Formbeständigkeit nach Martens[1] in °C	Wasseraufnahme in mg	Dielektrischer Verlustfaktor tan δ	Durchschlagsfestigkeit in kV·mm⁻¹
Acetylzellulose	1270 … 1320	1,96 … 5,1	5,39	5,49	45 … 60	120 … 150	0,02 … 0,06	15
Epoxidharz	1200 … 1300	5,88 … 7,85	11,77 … 19,61	7,85 … 14,71	50 … 120	20 … 50	0,03 … 0,1	5
Harnstoffharz	1450 … 1550	2,45	19,61	9,81 … 17,65	120	200 … 300	0,1	8 … 15
Melaminharz + Zellulose	1500	2,94	19,61	17,65	100	300	0,1	8 … 15
Phenolpreßharz	1400 … 1900	3,92 … 11,77	29,42	7,85 … 18,63	125	300 … 500	4,3	4 … 15
Polyethen (Hochdruck)	920 … 930	0,88 … 1,37		0,88 … 1,37	[2]	0,01	0,0004	20
Polyethen (Niederdruck nach Ziegler)	940 … 960	2,16 … 3,33	3,53	2,16 … 2,94	[2]	0,01	0,0004	20
Polyamide	1090 … 1130	3,92 … 7,85	[2]	3,92 … 11,77	[2]	400	0,03	19 … 24
Polyesterharz	1200 … 1270	4,41 … 7,85		3,92 … 17,65	35 … 100	50 … 100	0,005 … 0,04	10
Polymethacrylsäureester	1180 … 1190	7,35 … 9,81	9,81 … 12,75	14,71 … 17,65	80	35 … 50	0,03	40
Polypropen	900 … 910	2,94 … 3,73	10,79	10,79	[2]	0,005	0,0005	75
Polystyren	1040 … 1090	3,43 … 6,86	4,41 … 11,77	9,81 … 10,79	68 … 90	0 … 3	0,0002	25 … 60
Polytetrafluorethen	2100 … 2300	0,98 … 2,94	1,18	2,94	250	0	0,0005	50
Polytrifluorchlorethen	2100	3,14 … 3,43		6,57	150		0,025	20 … 100
Polyurethan	1200 … 1210	2,94 … 5,39	2,94 … 8,83	2,94 … 7,85	45	50 … 135	0,05	20
Polyvinylchlorid (hart)	1380	3,92 … 5,88	7,85	8,83 … 12,26	70	5 … 20	0,015	50
Polyvinylchlorid (weich)	1200 … 1350	2,45 … 2,75	5,59	2,94	40		0,03	20 … 50

[1] Zur Ermittlung wird das obere Ende eines senkrecht stehenden, unten festgeklemmten Normstabes durch einen Gewichtshebel mit 490 N·cm⁻² Biegespannung belastet. Der Stab wird in der Stunde um 50 °C erwärmt. Die Temperatur, bei der der Stab bricht bzw. bei der das Ende des Gewichthebels um 6 mm absinkt, wird als Martensgrad ermittelt.
[2] nicht bestimmbar

27.3. Beständigkeit der Plaste gegen Chemikalien bei 20 °C

Name	anorganisch wäßrige Salzlösungen	verdünnte Säuren 10%	konzentrierte Säuren	oxydierende Säuren	verdünnte Laugen 20%	konzentrierte Laugen	niedere Alkohole	starke organische Säuren	Ester	Ether	Ketone	aliphatische Kohlenwasserstoffe	aromatische Kohlenwasserstoffe	chlorierte Kohlenwasserstoffe	tierische und pflanzliche Öle	Mineralöle	Benzin	Treibstoffgemisch
Azetylzellulose	g	g	u	u	u	u	b	g	u	b	u	g	g	u	g	g	g	u
Epoxidharz	g	g	u	u	g	b	b	u	b	g	b	g	g	u	g	g	g	b
Harnstoffharz	g	b	u	u	g	b	g	b	g	g	g	g	g	b	g	g	g	g
Melaminharz + Zellulose	g	b	u	u	g	u	b	b	g	g	g	g	g	b	g	g	g	g
Phenolpreßharz	g	b	b	u	g	b	b	b	b	b	b	g	b	b	b	b	b	b
Polyethen (Hochdruck)	g	g	g	u	g	g	g	u	g	g	g	g	b	b	b	b	b	g
Polyethen (Niederdruck)	g	g	g	u	g	g	g	g	g	g	g	g	b	g	g	g	g	g
Polyamide	g	u	u	u	g	g	b	u	b	b	b	g	b	b	b	b	b	b
Polyesterharz (füllstofffrei)	g	g	b	u	b	u	g	u	g	g	g	g	g	b	g	g	g	g
Polymethacrylsäureester	g	g	b	u	g	u	b	u	u	u	u	g	b	u	g	g	g	g
Polypropen	g	g	b	u	g	g	g	b	b	b	b	g	b	u	g	g	g	u
Polystyren	g	g	b	u	g	g	g	b	u	u	u	g	u	u	b	b	u	u
Polytetrafluorethen	g	g	g	g	g	g	g	g	g	g	g	g	g	g	g	g	g	g
Polytrifluorchlorethen	g	g	g	b	g	g	g	b	b	b	b	g	b	b	g	g	g	g
Polyurethan	g	b	u	u	g	g	g	b	b	b	b	g	b	u	b	b	g	b
Polyvinylchlorid (hart)	g	g	g	b	g	g	g	g	u	g	g	u	u	u	g	g	g	u
Polyvinylchlorid (weich)	g	g	b	u	g	b	b	b	u	b	u	u	u	u	b	b	u	u

g = geeignet; b = bedingt geeignet; u = ungeeignet

28. Korrosion

Die folgenden Tabellen vermitteln Anhaltswerte über die Korrosionsbeständigkeit der wichtigsten Werkstoffe des chemischen Apparatebaues gegenüber einer Auswahl chemischer Stoffe.

Dabei bedeuten:

g = *Werkstoff ist geeignet*, d. h., der Massenverlust beträgt je Tag weniger als $2{,}4 \text{ g} \cdot \text{m}^{-2}$.
b = *Werkstoff ist bedingt geeignet*, d. h., der Massenverlust liegt je Tag zwischen 2,4 und $24 \text{ g} \cdot \text{m}^{-2}$, bzw. es liegen widersprechende Angaben vor.
u = *Werkstoff ist ungeeignet*, d. h., der Massenverlust beträgt je Tag mehr als $24 \text{ g} \cdot \text{m}^{-2}$.

Zahlenangaben drücken aus, daß der Stoff bis zum angegebenen Wert der Temperatur bzw. Konzentration beständig ist.

Alle Angaben ohne Zahlenwerte gelten für Temperaturen von etwa 20 °C. Alle abweichenden Temperaturen sind in °C angegeben.

Konzentrationen: Für die im Tabellenkopf angegebenen Stoffe gelten folgende Konzentrationen (in Masseprozent):

Säuren

Ethansäure	alle Konz.	Salpetersäure, konz.	> 65 %	Schwefelsäure, konz.	75 ... 98 %
Fluorwasserstoffsäure	< 40 %	Salpetersäure, verd.	< 10 %	Schwefelsäure, verd.	< 10 %
Methansäure	alle Konz.	Salzsäure, konz.	> 25 %	Schwefelwasserstoff	gasförmig
Phosphorsäure	≈ 50 %	Salzsäure, verd.	≈ 5 %		(feucht) u. wäßr. Lsg.

Gase und Salzlösungen

Ammoniumchloridlösung[1]		Kaliumkarbonatlösung[1]		Natriumkarbonatlösung[1]
Brom (trocken)	100 %	Kaliumchloridlösung[1]		Natriumsulfatlösung[1]
Chlor (trocken)	100 %	atmosphärische Luft		Natriumsulfidlösung[1]
Kalziumchloridlösung[1]				

Basen

Ammoniumhydroxid	alle wäßr. Lsg.	Kaliumhydroxidlösung, konz.	> 50 %	Natriumhydroxydlösung, konz.	> 50 %
Kalziumhydroxid	alle wäßr. Lsg.	Kaliumhydroxidlösung, verd.	< 20 %	Natriumhydroxydlösung, verd.	< 20 %

Anmerkung: *Die Korrosion hängt außer von der Temperatur und der Zeit auch von der Bewegung des angreifenden Stoffes ab. Die Werte für bewegte Korrosion liegen im allgemeinen höher als für ruhende Korrosion. Genaue Werte müssen im Korrosionsversuch, der den Verhältnissen der Praxis weitgehend anzupassen ist, ermittelt werden. Korrosionsversuche sind außerdem unumgänglich, wenn der Angriff durch ein Stoffgemisch erfolgt, da die Werte dann meistens ungünstiger liegen.*

Tabelle 28.1 folgt auf S. 220!

28.2. Korrosionsbeständigkeit metallischer Werkstoffe gegenüber Basen

Werkstoff	Ammoniumhydroxid	Kalziumhydroxid	Kaliumhydroxid			Natriumhydroxid		
			konzentriert	verdünnt	Schmelze	konzentriert	verdünnt	Schmelze
Aluminium	b	u	u	u	u	u	u	u
Blei	g	b	u	b	u	u	b	u
Chrom-Nickel-Stähle (austenitische Stähle)	g	g	b	g	u	g	g	b
Kupfer	u	g	b	g	u	b	b	u
Messing	u	g	b	g		g 33 %	g	
Nickel-Legierungen	g	g	g	g	g	g	g	g
Silber	g	g	g	g	g	g	g	g
Silizium-Aluminium-Legierung	b	u	u	u	u	u	u	u
Silizium-Gußeisen-Legierung	b 100 °C	g	g	g	u 360 °C	g	g	u 320 °C
Stahl, unlegiert	g	g	g	g	g	g	g	g
Titanium	g	g	g	g	u	g	g	u
Zink	u	u	u	u	u	u	u	u
Zinn	u	u	u	u	u	u	u	u

[1]) Von den Salzen lassen sich keine Angaben über Konzentrationen machen, denn die kritische Konzentration, d. h. die Konzentration, bei der der stärkste Angriff erfolgt, liegt bei jedem Metall in einem anderen Bereich und ist außerdem von der Temperatur abhängig.

28.1. Korrosionsbeständigkeit metallischer Werkstoffe gegenüber Säuren

Werkstoff	Fluor-wasser-stoff-säure	Phos-phor-säure	Salpetersäure		Salzsäure		Schwefelsäure		Schwe-fel-wasser-stoff
			konzen-triert	ver-dünnt	konzen-triert	ver-dünnt	75...98 %	ver-dünnt	
Aluminium	u	u	b	u	u	u	u	g 15 %	g 100 °C
Blei	b	b	u	u	u	g	g 78 %	g	g
Chrom-Nickel-Stähle (austenitische Stähle)	u	g	b 120 °C	g 120 °C	u	u	g	b 5 %	g
Kupfer	u	u	u	u	u	u	g	u	u
Messing	u	u	u	u	u	u	u	u	u
Nickel-Legierungen	g	b	g	g	b	b	u	g < 2,5 %	g
Silber	b	g	u	u	u	b	u	g	u
Silizium-Aluminium-Legierung	u	u	g	b	u	u	g	u	g
Silizium-Gußeisen-Legierung	u	g	g	g	u	b	g	g	g
Stahl, unlegiert	u	u	u	u	u	u	g	u	g
Titanium	u	b	g	g	g	g	u	g 5 %	g
Zink	u	u	u	u	u	u	u	u	b
Zinn	u	u	u	u	u	u	u	u	g

28.3. Korrosionsbeständigkeit metallischer Werkstoffe gegenüber Halogenen, atmosphärischer Luft und Salzen

Werkstoff	Ammo-nium-chlorid-lösung	Brom	Kal-zium-chlorid-lösung	Chlor	Kaliumkarbonat Natrium-karbonat Lösung Schmelze		Kalium-chlorid-, Natrium-chlorid-lösung	atmo-sphär. Luft	Na-trium-sulfat-lösung	Na-trium-sulfid-lösung
Aluminium	b	u	g	g 120 °C	u	u	g	g	g	u
Blei	b	g	g	g	g	u	b	g	g	b
Chrom-Nickel-Stähle (austenitische Stähle)	g	g	g	g 20 °C	g	u	g	g	g	g
Kupfer	u	b	g	g 100 °C	g		b	g	g	u
Messing	u	u	g	b 100 °C	b		g	g	g	u
Nickel-Legierungen	g	g	g	g	g	g	g	g	g	g
Silber	g	b	g	g	g	g	g	g	g	u
Silizium-Aluminium-Legierung	g	g	g	g	u	b	g	g	g	g
Silizium-Gußeisen-Legierung	g 85 °C	g	b 100 °C	g	g		g	g	g	u 90 °
Stahl, unlegiert	b	g	g	g	g	g	b	b	b	b
Titanium	g	g	g	b	g	g	g	g	g	g
Zink	b	u	u	g	u		b	g	g	b
Zinn	u	g	u	b	g		g	g	g 60 °C	u

Tabelle 28.4. folgt auf Seite 222!

28.5. Korrosionsbeständigkeit nichtmetallischer Werkstoffe gegenüber Säuren

Werkstoff	Fluor-wasserstoffsäure	Phosphorsäure	Salpetersäure konz.	Salpetersäure verd.	Salzsäure konz.	Salzsäure verd.	Schwefelsäure 75...98%ig	Schwefelsäure verd.	Schwefelwasserstoff
Email	u	g	g	g	g	g	g	g	g
Glas	u	g	g	g	g	g	g	g	g
Gummi und Hartgummi	b	g	u	b 10 % 40 °C	g	g	u	b 60 %	g
Korobon	g	g	b	g	g	g	g 70 °C	g	
Phenoplaste	g	g	u	u	g	g	u	b 50 %	g
Polyester	b	g	u	b	g	g	b	b	b
Polyethen	g	g 60 °C	b	g	b	g	b	b	b
Polystyren	g	b	u	b	g 60 °C	g 60 °C	b	b	g
Polytetrafluorethen	g	g	g	g	g	g	g	g	g
Polyvinylchlorid	g	g	u	b 50 %	b	g	b	g 50 %	g 40 °C
Porzellan und Steinzeug	u	b 10 % 150 °C	g	g	g	g	g	g	g
Quarz und Quarzgut	u	g	g	g	g	g	g	g	g

28.6. Korrosionsbeständigkeit nichtmetallischer Werkstoffe gegenüber Basen

Werkstoff	Ammoniumhydroxid	Kalziumhydroxid	Kaliumhydroxid konz.	Kaliumhydroxid verd.	Kaliumhydroxid Schmelze	Natriumhydroxid konz.	Natriumhydroxid verd.	Natriumhydroxid Schmelze
Email	g	g	b	g	u	b	g	u
Glas	g	g	b	g	u	b	g	u
Gummi u. Hartgummi	g 25 %	g	g	g	u	g	g	u
Korobon	g	g	g	g	u	g	g	u
Phenoplaste	g	b	b	b	u	u	b	u
Polyester	g	b	u	g	u	u	g	u
Polyethen	g	g	g	g	u	g	g	u
Polystyren	g	g	g	g	u	g	g	u
Polytetrafluorethen	g	g	g	g	u	g	g	u
Polyvinylchlorid	g 40 °C	g	g	g	u	g 60 °C	g 60 °C	u
Porzellan und Steinzeug	g	g	g	b 50 °C	g 50 °C	u	b 50 °C	g 50 °C	u
Quarz und Quarzgut	g	g	g	b 100 °C	g		b 100 °C	g	u

28.7. Korrosionsbeständigkeit nichtmetallischer Werkstoffe gegenüber Halogenen, atmosphärischer Luft und Salzen

Werkstoff	Ammoniumchloridlösung	Brom	Kalziumchloridlösung	Chlor	Kaliumkarbonat Natriumkarbonat Lösung	Kaliumkarbonat Natriumkarbonat Schmelze	Kaliumchlorid-, Natriumchloridlösung	atmosphär. Luft	Natriumsulfatlösung	Natriumsulfidlösung
Email	g	g	g	g	g	u	g	g	g	g
Glas	g	g	g	g	g	u	g	g	g	g
Gummi und Hartgummi	g	g	g 70 °C	b	g	u	g	g	g	g 70 °C
Korobon	g	g	g	g	g		g	g	g	g
Phenoplaste	g	u	g 105 °C	g	g	u	g	g	g 90 °C	b
Polyester	g	g	g	g	g		g	g	g	g 60 °C
Polyethen	g	g	g	b	g		g	g	g	g 60 °C
Polystyren	g	g	g	g	g 60 °C		g	g	g	g
Polytetrafluorethen	g	g	g	g	g		g	g	g	g
Polyvinylchlorid	g 40 °C	g	b	u	g 50 °C	u	g	g	g	g
Porzellan und Steinzeug	g	g	g	g	g	u	g	g	g	g
Quarz und Quarzgut	g	g	g	g	g	u	g	g	g	g

28.4. Korrosionsbeständigkeit metallischer Werkstoffe gegenüber organischen Chemikalien

Werkstoff	Alkanale	Alkanole	Aminobenzen	Ester	Ethansäure konz.	Ethansäure verd.	Ethansäureanhydrid	Ethen	Halogenkohlenwasserstoffe aliph.	Halogenkohlenwasserstoffe arom.	Hydroxybenzene
Aluminium	g	g	g 120 °C	g	g	g	b 140 °C	g	g	g	g 140 °C
Blei	g	b	b	g	u 80 °C	u	u	g	g	b	g	b
Chromium-Nickel-Stähle (austenitische Stähle)	g	g	g	g	g	g	g	g	g	g	g
Kupfer	g	g	b	g	b	g	g	g	g	g	b
Messing	g	b	b 120 °C	g	b	g	b	g	g	b	b 140 °C
Nickel-Legierungen	g	g	g	g	g	g	g	g	g	g	g
Silber	g	g	g	g	g	g	g	g	g	g	g
Silizium-Aluminium-Legierung	b	g	g	g	b	g	g	g	g	g	g
Silizium-Gußeisen-Legierung	g	g	g	g	g	g	g	g	g	g	g 100 °C
Stahl, unlegiert	b	b	g	g	u	u	g	b	g	g	g
Titanium	g	g	g	g	g	g	g	g	b	g	g
Zink	u	g	b 120 °C	b	u	u	u 140 °C	g	u		b
Zinn	g	g	g 120 °C	g	u	b	g		g	b	g	g

28.8. Korrosionsbeständigkeit nichtmetallischer Werkstoffe gegenüber organischen Chemikalien

Werkstoff	Alkanale	Alkanole	Aminobenzen	Ester	Ethansäure konz.	Ethansäure verd.	Ethansäureanhydrid	Ethen	Halogenkohlenwasserstoffe aliph.	Halogenkohlenwasserstoffe arom.	Hydroxybenzene
Email	g	g	g	g	g	g	g	g	g	g	g
Glas	g	g	g	g	g	g	g	g	g	g	g
Gummi und Hartgummi	b	g	b		b	g	u	u	u	u	b
Korobon		g			g	g	g	g			g
Phenoplaste	b 40 °C	g	g	b	b	g	g	g	b	b	u
Polyester	g	g	b		b	u	g		u	b	b	u
Polyethen	g	g	g 50 °C	g	b	u	g		b	u	u	g 60 °C
Polystyren	g	g	g	u	b	g			u	u	u
Polytetrafluorethen	g	g	g	g	g	g	g	g	g	g	g
Polyvinylchlorid	b 40 °C	g 40 °C	g	u	g	g	g	u	u	u	g
Porzellan und Steinzeug	g	g	g	g	g	g	g	g	g	g	g
Quarz und Quarzgut	g	g	g	g	g	g	g	g	g	g	g

28.9. Verwendbarkeit von Filtermaterial

Filtermaterial	Filtergut alkalische Lösungen	Filtergut saure Lösungen	Filtergut organische Lösungsmittel	Bemerkungen
Asbest	g	g	g	
Filtersteine	b	g	g	
Glasfaser	b	g	g	
Glasfritten	b	g	g	
PeCe	g	g	u	nicht über 40 °C
PeCe, vergütet	g	g	g	bis zu 55 °C
Perlon, Dederon	g	u	g	bis zu 80 °C, u für Phenole
Wolle	u	g 40 °C		u für konz. Mineralsäuren
Wolpryla	u	g	g	bis zu 80 °C, u für Dimethylformamid
Zellulose, nativ	g (NaOH bis 10 %)	u	g	für org. Säuren b
Zellulose, regeneriert	b	g	u	für org. Säuren b bei Z. T.

Karbonsäuren		Kohlenwasserstoffe		Methansäure	Monochlorethansäure	Propanon	Propan-1,2,3-triol; Diole	Pyridin und Homologe	Kohlenstoffdisulfid	Seife	Teer	Tetrachlormethan
aliph.	arom.	aliph.	arom.									
b	g	g 66 °C	g	b	u	g	g	g 120 °C	g	b	g 130 °C	g
g	u	b	g	b 80 °C	g	g	g	b	g	u	g	b
g	g	g	g	g	u	g	g	g	g	g	g	g
g	b	g	g	g	b	g	g	g	b		b 130 °C	g
u	b	g 66 °C	g	g 80 °C	b	g	b 100 °C	b 120 °C	b		b 130 °C	g
g	g		g	g	g	g	g		g		g	g
g	g	g	g	g	g	g	g	g	g		g	g
g	g	g	g	g 50%	u	g	g	g	g	b	g	g
g	g	g	g	g	g	g	g	g			g	g
g	u	b	g	u	u	g	g	g 120 °C	g	b	b	g
g	g	g	g	g	g	g	g		g^x			g
g	u	b	b	u 80 °C	u	g	b 100 °C	u 120 °C	g^x	b	b 130 °C	g
g	u	g	g	b 80 °C	u	b	b	g 120 °C	g^x		g 130 °C	b

b bis zur Siedetemperatur

Karbonsäuren		Kohlenwasserstoffe		Methansäure	Monochlorethansäure	Propanon	Propan-1,2,3-triol; Diole	Pyridin und Homologe	Kohlenstoffdisulfid	Seife	Teer	Tetrachlormethan
aliph.	arom.	aliph.	arom.									
		g	g	g	g	g	g	g	g	g	g	g
		g	g	g	g	g	g	g	g	g	g	g
			u		b	b	g		u			u
		g		g	g	g	g	u	g		b	g
		g	b	b	g	b	g	u	g	g	u	g
		g	b	u	b	u	g		b			g
		g	b	g	g	g	g 60 °C		u			u
		b	u	b	g	u	g		b			g
		g	g	g	g	g	g		g			g
60 °C			u		b		g 60 °C	u	u	g	u	b
		g	g	g	g	g	g	g	g	g	g	g
		g	g	g	g	g	g	g	g	g	g	g

29. Heizwerte

Es werden die Heizwerte technisch wichtiger Stoffe angegeben.
Der Heizwert H einer Substanz ist die bei der vollständigen Verbrennung der Masseneinheit (kg) des Stoffes freiwerdende Wärmemenge (kJ).

Spalte H_o (oberer Heizwert): Der obere Heizwert wird angegeben, wenn das nach der Verbrennung vorhandene Wasser in *flüssigem* Zustand vorliegt, d. h. zusätzlich die Kondensationswärme des Wassers frei wird.

Spalte H_u (unterer Heizwert): Der untere Heizwert wird angegeben, wenn das nach der Verbrennung vorhandene Wasser in *gasförmigem* Zustand vorliegt.

Für Gase verwendet man zur Mengenangabe statt des Kilogramms das Normkubikmeter. Heizwerte von Gasen werden also in kJ · m^{-3} u. Nb. angegeben.

29.1. Heizwerte chemisch einheitlicher Gase und Dämpfe

Name	H_o in kJ·m^{-3} u. Nb.	H_u in kJ·m^{-3} u. Nb.
Ammoniak	17 347	14 372
Benzen	150 421	144 136
Dimethylbenzen	209 081	199 025
Ethan	70 476	64 526
Ethen	63 520	59 582
Ethin	58 953	56 942
Kohlenmonoxid	12 654	12 654
Kohlenstoffdisulfid	50 699	50 699
Methan	39 889	35 950
Methylbenzen	179 751	171 790
Propan	101 063	93 060
Propen	93 856	87 864
Schwefelwasserstoff		
Verbrennung zu SO_2	25 475	23 506
Verbrennung zu SO_3	30 168	28 157
Wasserstoff	12 780	10 810

29.2. Heizwerte technischer Gase

Name	H_o in kJ·m^{-3} u. Nb.	H_u in kJ·m^{-3} u. Nb.
Braunkohlenschwelgas	12 570 ... 15 080	10 890 ... 13 400
Erdgas, naß	33 520 ... 62 850	29 330 ... 56 565
Erdgas, trocken	29 330 ... 37 710	25 140 ... 33 520
Generatorgas	5 030 ... 5 450	4 820 ... 5 240
Gichtgas	3 980 ... 4 190	3 940 ... 4 100
Koksofengas	19 270 ... 20 110	17 180 ... 18 020
Stadtgas (Mischgas)	17 600 ... 19 270	15 920 ... 17 600
Steinkohlenschwelgas	29 330 ... 33 520	25 140 ... 29 330
Wassergas	10 900 ... 11 730	9 850 ... 10 680

29.3. Heizwerte flüssiger Brennstoffe

Name	H_o in kJ·kg^{-1}	H_u in kJ·kg^{-1}	Zusammensetzung in Ma.-%[1])		
			C	H	O
Benzen	41 984	40 266	92,2	7,8	–
Braunkohlenteeröl	43 995 ± 420	41 060 ± 420	87	9	4
Dieselöl	44 830 ± 420	41 690 ± 630	87	13	–
Ethanol	29 917	26 984	52	13	25
Flugbenzin	47 560 ± 630	42 530 ± 630	85	15	–
Flüssiggas	50 070 ± 420	45 880 ± 420	82,5	17,5	–
Gasöl	45 040 ± 630	42 950 ± 630	86	14	–
Heizöl aus Erdöl[2])	45 040 ± 630	42 950 ± 630	86	14	–
Methanol	22 332	19 525	37,5	12,5	50
Petroleum	42 950 ± 1 050	40 850 ± 1 050	85,5	14,5	–
Steinkohlenteeröl	39 390 ± 420	38 340 ± 630	89	7	4
Vergaserkraftstoff	46 720 ± 1 460	42 530 ± 1 470	85	15	–

[1]) Diese letzten Spalten geben die mittlere Zusammensetzung des genannten Stoffes an, soweit es sich nicht um definierte chemische Verbindungen handelt.
[2]) Das Heizöl kann bis zu 5% Schwefel enthalten; bei 4% S: H_o = 41 868 kJ·kg^{-1}
H_u = 39 800 kJ·kg^{-1}
Mit zunehmendem Schwefelgehalt sinkt der Heizwert.

29.4. Heizwerte fester Brennstoffe

Art	mittlerer H_u in kJ·kg^{-1}	mittlere Zusammensetzung in Ma.-%				
		C	H	O	N	S
Holz						
frisch	8 380	50	6	44	–	–
lufttrocken	15 080					
Torf						
grubenfeucht	1 050	59	6	33	1,5	0,5
lufttrocken	14 670					
Weichbraunkohle	8 380	67,5	5,5	25	1	1
Hartbraunkohle	16 760	74	5,5	18,5	1,5	0,5
Steinkohlen						
Gasflammkohle	27 240	84	5	9	1	1
Gaskohle	29 330	86	5	7	1	1
Fettkohle	31 000	88	5	5	1	1
Eßkohle	31 850	90	4	4	1	1
Magerkohle	31 420	91	3,5	3	1,5	1
Anthrazit	31 000	92	3	3	1,5	1
Braunkohlenbriketts	19 700	entsprechend der Ausgangskohle				
Braunkohlenschwelkoks	23 880	85 ... 95	2,3 ... 2,5	2 ... 10	0,5 ... 1	0,2 ... 4
Zechenkoks	27 230	97	0,5	0,5	1	1

29.5. Verbrennungswärme von Testsubstanzen zum Eichen von Kalorimetern

In der Tabelle sind die Verbrennungswärmen von organischen Verbindungen aufgeführt, die sich als Testsubstanzen zum Eichen von Verbrennungskalorimetern eignen.
Die Werte beziehen sich auf eine Temperatur der Testsubstanz vor der Verbrennung und der Verbrennungsprodukte von 18 °C. Das gebildete Wasser liegt im flüssigen Zustand vor.

Verbindung	Verbrennungswärme in J·kg^{-1}
Benzenkarbonsäure	26 497
Butendisäure	12 645
Dodekan	47 590
2-Hydroxybenzenkarbonsäure	21 934
Kampfer	38 854
Naphthalen	40 236
Saccharose	16 546

30. Sicherheitstechnische Daten von Gasen, Dämpfen und Lösungsmitteln

30.1. Kenndaten brennbarer Gase, Dämpfe und Lösungsmittel (Begriffserläuterung am Ende der Tabelle)

Name des Stoffes	Dichtezahl	K. in °C	Flammpunkt in °C	Gefahrklasse	Verdunstungszahl	Zündtemperatur in °C	Zündgruppe	Explosionsgrenzen in Vol.-%		Explosionsgrenzen in g·m^{-3}		Explosionsklasse
								untere	obere	untere	obere	
Aminobenzol	3,22	184	76	A III		540	T 1	15	28	105	200	1
Ammoniak	0,587	−33				630	T 1	0,6		45		
Anthrazen	6,15	351	121			540	T 1					
Anthrazenöl		250				650	T 1					
Arsenwasserstoff	2,7	−55				—						
Benzaldehyd	3,66	178	64	A III		190	T 4	1,4	9,5	48	270	1
Benzen, rein	2,77	80,1	−11	A I	3	540	T 1					
Handelsbenzol I			−15	A I								
Handelsbenzol II			−9,5	A I								
Handelsbenzol III			+5	A I								
Handelsbenzol IV			+21	A II								
Handelsbenzol V			+28	A II								
Handelsschwerbenzol			+47	A II								
Benzine		<135	<21	A I		220	T 3	~1	~8			1
1. Fahrbenzine und Schwerbenzine mit Siedetemperatur <135 °C												
z. B. Benzin (K. 50...60)		50...60	unter −58	A I		−35						
Benzin (K. 80...100)		80...100	unter −22	A I		+19						
Benzin (K. 100...150)		100...150	unter +10	A I		+16						
Extraktionsbenzin 65/95		65/95		A I								
Extraktionsbenzin 80/110		80/110		A I								
Flugbenzin				A I	4,5							
Gasolin				A I								
Leichtbenzin 50/115	3,3	50/115	−24	A I								
Lösungsbenzin 100/125		100/125		A I								
Petrolether DAB 30/60	2,6	30/60	−40	A I								
Waschbenzin 60/140	3,6	60/140	0	A I								
Waschbenzin 100/140		100/140		A I								
2. Benzine mit Siedebereich >135 °C	4,8		30	A II		220	T 3	~1	~8			1
z. B. Lackbenzin				A II								
Lösungsbenzin 130/180		130/180		A II								
Mineralterpentinöl				A II								
Sicherheitskraftstoff	4,8	140	30	A II								
Testbenzine			30	A II								
z. B. Sangajol												

30. Sicherheitstechnische Daten von Gasen, Dämpfen und Lösungsmitteln

Name des Stoffes	Dichte-zahl	K. in °C	Flamm-punkt in °C	Gefahr-klasse	Verdun-stungs-zahl	Zünd-tempe-ratur in °C	Zünd-gruppe	Explosionsgrenzen in Vol.-%		in g · m^{-3}		Explo-sions-klasse
								untere	obere	untere	obere	
1,4-Dioxan	3,03	101	12	B I	7,3	180	T 4	2	22	70	710	2
Diphenyloxid	5,86	260	115			360	T 2	0,8		55		
Dischwefeldichlorid	4,56	138				230	T 3					
Divinylether	2,41	39	< −30	A I		360	T 2	1,7	36,5	50	1060	1
Dizyan	1,80	−21				850	T 1	6	43	130	930	2
Dodekan	5,86	216	74	A III		530	T 1	0,6		40		
Ethan	1,04	−89	−27	B I		470	T 1	3	15,5	37	195	2
Ethanal	1,52	21	bis −38			140	T 4	4	57	73	104	1
Ethandiol	2,14	197	111		2400	410	T 2	3		50	1800	2
Ethandiolmonoethanat	3,59	178	102		600	−		3,1		60	370	1
Ethanepoxid	1,52	10,7	−50	B I	8,3	440	T 2		100			
Ethanol	1,59	78	−11			425	T 2		20			
Ethansäure	2,07	118	40	A II		485	T 1	4	17	100	430	1
Ethansäureanhydrid	3,52	140	49			330	T 2	2	10	85	430	1
Ethen	0,97	−104				455	T 1	2,7	34	31	390	2
Ethin	0,91	−84	−30	A I		305	T 1	2,3	82	25	880	3 c
Ethoxyethan	2,55	35	bis −40			160	T 4	1,6	48	50	1500	2
Ethoxyethanol	3,10	135	40	A II		240	T 3	1,8	15,7	65	590	
Ethoxyethylethanat	4,72	156	51	A I		380	T 2	1,7		95		
Ethylethanat	3,04	77	−4	A I		460	T 1	2,18	11,5	80	410	1
Ethylmethanat	2,55	54,5	−20					2,7	16,4	80	500	
Ethylnitrit	0,900 (15 °C)	17						3,0	50			
Erdgas			< 21	A III		250	T 3	4,5	13,5			
Erdöl		150						0,7	5			
Furfural (Furanaldehyd)	3,31	161	60	A II		320	T 2	2,1		85		1
Gasöl	0,95	190	> 80	A III		220	T 3					1
Generatorgas								20	75			
Heizöl		215	> 38	A II		250	T 3	1	6,7	46	279	1
Heptan	3,45	98	−4	A I		244	T 3	1,1	7,4	43	265	
Hexan	2,97	69	−26	A I		260	T 3	1,2	8	50	330	1
Hexan-2-on	3,45	128	23	A II					75			
Hochofengas	0,95							35				
Holzteer	1,05		32			360	T 2					

Name des Stoffes	Dichtezahl	K. in °C	Flammpunkt in °C	Gefahrklasse	Verdunstungszahl	Zündtemperatur in °C	Zündgruppe	Explosionsgrenzen in Vol.-% untere	Explosionsgrenzen in Vol.-% obere	in g·m⁻³ untere	in g·m⁻³ obere	Explosionsklasse
Kampfer	5,24	205	66			460	T 1	12,5	75	145	870	2
Kohlenmonoxid	0,967	−192				605	T 1	11,4	29	300	740	
Kohlenoxidsulfid	2,10	−50						1	50	30	1660	3 b
Kohlenstoffdisulfid	2,64	46	−30	A I	1,8	102	T 5					
Kokosnußfett		14	216			−						
Kolophonium 100/149			188			−						
Kreosotöl		190	~70	A III		330	T 2					
Leinöl		316	205			340	T 2					1
Leuchtgas s. Stadtgas												
Leuchtöl												
Lösemittel E 13	~1,97	150	>21	A II	2,5	240	T 3	0,7	5	130	385	
Lösemittel E 14	~1,9	55	−10	A I	2,4	475	T 1	5,5	16,1	100	350	
Lösemittel E 33	~1,9	52	−10	A I	2,3			4,7	14,6	100	330	
Lösemittel EMA (Wacker)		60	−12	A I				4,7	14,2			
Methan	0,554	−165				650	T 1	4,9	15,4	33	100	1
Methanol	1,11	65	11	B 1	6,3	470	T 1	5,5	36,5	80	490	1
Methoxyethan	2,07	11	−37			190	T 4	2	10,1	50	250	
Methoxyethanol	2,26	120	36...56	A II	34,5	290	T 3	2,5	20	80	630	
Methoxyethylethanat	4,07	144	44		35			1,7	8,2	80	400	
Methoxymethan	1,59	−24	−41	A I		190	T 4	2	27	38	520	1
Methylethanat	2,56	60	−10	A II	2,2	455	T 1	3,1	16	95	500	
3-Methylbutylethanat	4,49	143	25	A II	13	360	T 2	1	10	60	550	
Methylmethanat	2,07	32	−19	A III		455	T 2	4,5	23	110	570	
2-Methylphenol	3,72	191	81	A III		600	T 2	1,35		60		
4-Methylphenol	3,72	202	86	A II		625	T 1	1,06		45		
2-Methylpropanol	2,55	107	28	A I	24	430	T 1	1,7		50		
2-Methylprop-2-enylchlorid	3,12	72	−12	A I			T 2	2,3		85		
2-Methylpropylethanat	4,00	118	18	A I		265	T 3	2,4	10,5	115	510	
Methylzyklohexan	3,38	101	−4	A III	807	−	T 1	1,1		45		
Methylzyklohexanol	3,93	165	68	A II	47	−	T 1					
Methylzyklohexanon	3,86	163	48	A I		510	T 1	6,7	11,3	300	510	
Monobrommethan	3,76	38				540	T 1	13,5	14,5	530	580	
Monobromethan	3,27	4	v−30			510	T 1	3,6	14,8	95	400	
Monochlorethan	2,22	12	−50			550	T 1	4	31	100	800	1
Monochlorethen	2,15	−14	−43			590	T 1	1,3	11	60	520	
Monochlorbenzen	3,88	132	28	A II	12,5	625	T 1	7,6	19,7	160	410	1
Monochlormethan	1,78	−24										
Naphthalen	4,42	218	80			540	T 1	0,9	5,9	45	320	
Naphthalinöl			78			−						

30. Sicherheitstechnische Daten von Gasen, Dämpfen und Lösungsmitteln

Name des Stoffes	Dichte-zahl	K in °C	Flamm-punkt in °C	Gefahr-klasse	Verdun-stungs-zahl	Zünd-temperatur in °C	Zünd-gruppe	Explosionsgrenzen in Vol.-%		Explosionsgrenzen in g·m⁻³		Explosions-klasse
								untere	obere	untere	obere	
Nitrobenzen	4,25	211	88	A III		480	T 1	1,8		95	300	
Nonan	4,41	150	31	A II		235	T 3	0,74	5,6	30		1
Oktan	3,86	125	13	A I		240	T 3	0,8	6	35	280	
Oktylethanat								0,84	3,2			
Ölgas								3,4...6,0	13,5			
Ölsäure	9,7	286 (13,3 kPa)	189			360	T 2					
Olivenöl			225			340	T 2					
Paraffin			ab 160			~250	T 3					
Paraffinöl			>103			>217						1
Pentan	2,48	36	<−40	A I		−		1,35	8	43	224	
Pentan-1-ol	3,04	138	33	A II		285	T 3	1,2	7,6	44	280	
Pent-1-en						330	T 2	1,3				
Phenol	3,24	182	79			605	T 1					
Phosphorwasserstoff (Phosphin)	1,2	−87				100	T 5					
Phthalsäureanhydrid	5,10	285	152			580	T 1	1,7	10,5	100	650	
Propan, rein	1,56	−42				500	T 1	2,1	9,5	40	180	1
Propanol, technisch	2,0	97	21	B II		380	T 2	2,5	18	60	490	
Propan-1-ol, rein	2,07	97	15	B I		420	T 2	2,1	13,5	50	340	
Propan-1-ol, technisch (Leuna-Optal)	2,07	97	22	B II		420	T 2	2,1	13,5	50	340	
Propan-2-ol	2,07	83	12	B I		400	T 2	2	12	50	300	
Propanon	2,00	56	−18	B I	2,1	540	T 1	2,1	13	50	310	
Propantriol	3,17	290	160			390	T 2					
Propen	1,49	−48				455	T 1	2	11,1	35	200	1
Prop-2-en-1-ol		97						2,4	18,5			
Propin	1,38	−28	−28	A I		443	T 2	1,7		29	900	
2,2-Propoxypropan	3,50	69	10...15	A I		450	T 2	1,4	21	60	340	
Propylethanat	3,52	102	20	B I	6,1			1,8	8	75		
Pyridin	2,73	115										
Rapsöl (Rüböl)			163			480	T 1					
Rizinusöl (Castoröl)		313	229			445	T 2	1,8	12,4	59	410	
Ruhrgasöl			<0			445	T 2					
Schmieröl		>125				~250	T 3					
Schwefelwasserstoff	1,19	−60				290	T 3	1,9	10	40	200	
Sojabohnenöl			282			445	T 2	4,3	45,5	60	650	
Spezallösungsmittel (Hiag)		53	−16			−						

30. Sicherheitstechnische Daten von Gasen, Dämpfen und Lösungsmitteln

Name des Stoffes	Dichtezahl	K. in °C	Flammpunkt in °C	Gefahrklasse	Verdunstungszahl	Zündtemperatur in °C	Zündgruppe	Explosionsgrenzen in Vol.-%		in g·m⁻³		Explosionsklasse
								untere	obere	untere	obere	
Stadtgas	0,4					560	T 1	5,3	40			2
Steinkohlenteere						480	T 1					
Steinkohlenteerpech		>360	~200			–						
Terpentinöl	~4,7	150	35	A II	170	240	T 3	0,8		45		
Tetrahydronaphthalen, Tetralin	4,55	206	77	A III	190	425	T 2					
Toluen, rein	3,18	111	4	A I	6,1	570	T 1	1,27	7	49	270	1
Trikresylphosphat	12,7	410	238			385	T 2					
Trioxyethylamin	5,14	320	179			–						
Türkischrotöl			247			445	T 2					
Tungöl (Rizinusschwefelsäure) (chin. Holzöl)			289			455	T 1					
Vinylethanat (Vinylazetat)	2,95	72	–8	A I		425	T 2	2,6	13,4	90	480	3 a
Wassergas	0,5							6	70	3,3	63	
Wasserstoff	0,07	–253				580	T 1	4	75			
Zyanwasserstoff	0,9	25	–18	B I		540	T 1	5,6	41	60	450	1
Zyklohexan	2,90	80	–18	A I		270	T 3	1,3	8,35	45	290	
Zyklohexanol	3,45	161	68	A III	400	–						
Zyklohexanon	3,38	156	34 … 64	A II	40	430	T 2	1,1		45		

Dichtezahl: Dichte des Dampfes bezogen auf Luft des gleichen Zustandes (Luft = 1)

Flammpunkt: Die Temperatur in °C, bei der ein brennbarer Stoff unter Normaldruck soviel brennbare Dämpfe entwickelt, daß dieses Gemisch mit Luft bei kurzzeitiger Annäherung einer genau definierten offenen Flamme kurz aufflammen, aber nicht weiterbrennen kann

Gefahrklasse:
Zündgruppe: siehe: Steinleiter u. a. – Brandschutz- und sicherheitstechnische Kennwerte gefährlicher Stoffe,
Explosionsklasse: Thun und Frankfurt am Main, 1989, ISBN 3-8171-1042-1

30.2. Flamm- und Stockpunkte von Schmierölen

Stoff	Flammpunkt mindestens °C	Stockpunkt[1]) nicht über °C
Achsenöle (Sommeröl)	145	0
(Winteröl)	145	−12
Automatenöl	140	0
Automotorenöl (Sommeröl)	180	+5
(Winteröl)	180	−5
Dieselmotorenzylinderöl	175	+5
Eismaschinenöl	145	−20
Elektromotoren- und Dynamoöl		
(Sommeröl)	160	+5
(Winteröl)	160	−5
Öle für Feinmechanik und Uhrwerke	140	−15
Flugmotorenöl	185	−15 ... −25
Gasmotorenöl	190 ... 211	−
Hochdruckkompressorenöl	200	+5
Kugellageröl (Sommeröl)	160	+5
(Winteröl)	160	−5
Lagerschmieröl (Sommeröl)	160	+5
(Winteröl)	160	−5
Luftkompressorenöl	200	0
Marineschmieröl (Sommeröl)	160	−10
Maschinenöl, leichtes, helles	160	−20
Normalschmieröl	100 ... 200	−10 ... 0
Spindelöle	130	−5
Steinkohlenschmieröl für leicht belastete Lager	150	−10

[1]) Der Stockpunkt ist diejenige Temperatur, bei der ein Öl so steif wird, daß es sich im waagerecht gehaltenen Probeglas innerhalb 10 Sekunden nicht bewegt.

30.3. Flammpunkte von Ethanol-Wasser-Gemischen

%-Anteil Ethanol	Flammpunkt in °C
5	60
10	47
20	55,5
30	29
40	25,5
50	24
60	22,5
78	21
80	19,5
90	17,5
100	−11

30.4. Kenndaten einiger technischer Lösemittel[2])

Technischer Name des Stoffes	Dichte in kg · m^{-3}	K. in °C	Flammpunkt in °C
Benzylalkohol	1 045	205	96
Benzylazetat	1 540	107 (2,666 kPa)	93
Butylglykol	907	171	60
Chloroform (Trichlormethan)	1 498 (15 °C)	61 ... 62	nicht brennbar
o-Chlortoluen	1 080	159,5	
Diglykolformal	1 114	153/159	49,6
Glykolformal	1 053	78	

[2]) Weitere Lösemittel siehe Tabelle 30.1.

Technischer Name des Stoffes	Dichte in kg · m^{-3}	K. in °C	Flammpunkt in °C
Glykolsäurebutylester (GB-Ester)	1010	183	68
Intrasolvan E	803	100/140	25
Isobutyron	806	124	
Perchlorethylen (Tetrachlorethan)	1620	121	nicht brennbar
Polysolvan O	1000	155/195	55
Polysolvan E	865	108/134	19
Polysolvan HS	865	160/170	50
Tetrachlorethan, techn.	1500 ... 1600	~145	nicht brennbar
Tetrachlormethan	1463 (15 °C)	76,7	nicht brennbar
Trichlorethen	1466 (18 °C)	87	nicht brennbar

30.5. Untere Explosionsgrenze und Zündtemperatur von Stäuben[1])

Die untere Explosionsgrenze von Stäuben fester brennbarer Stoffe ist von einer Reihe von Faktoren abhängig, wie z. B. von der Teilchengröße, Gestalt, Oberfläche, anhaftender Feuchtigkeit, Zündtemperatur, Anfangsdruck usw. Die angegebenen Zündtemperaturen sind im Zündofen von Godbert und Greenwald bestimmt. Zur Kennzeichnung der Teilchenzusammensetzung ist der prozentuale Anteil der Teilchen unter 60 μm angegeben.

Stoff	Anteil unter 60 μm in %	Feuchtigkeitsgehalt in %	Zündtemperatur in °C	untere Explosionsgrenze in g · m^{-3}
Aktivkohle	50,0	3,5	773	
Aluminium	58,5	0,0		43
Aminokapronsäure	59,2	0,8	520	46
Anthrazit	100,0	0,0	844 bis über 900	
Braunkohle	80 ... 100	0,0		ab 35
(Niederlausitz)	100,0	0,0	320 ... 390	
(Raum Halle-Leipzig)	100,0	0,0	390 ... 460	
Braunkohlenbitumen, frisch extrahiert	51,6	0,0	379	
nach mehrmonatiger Lagerung	51,6	0,0	448	
Braunkohlen-HT-Koks	73,2	0,0	670 ... 746	
	53,6	6,4		150
Braunkohlenschwelkoks	80 ... 100	2 ... 4		ab 50
	100,0	0,0	375 ... 640	
Eisenpulver			421	
Graphit	100,0	0,0	bis 900 keine Zündung	
Holzkohle (Birke)	71,4	2,7	525	
Holzkohle (Erle)	79,8	5,8	545	68
Kalziummersolat	24,6	4,3	447	
Kolophonium	100,0	0,5	329	
Korkmehl		13,7	468	
Kunstharz	33,1	2,9	geschmolzen	26
Kunstseide	56,6	9,0	472	
Lignin	100,0	19,5	589	
Montanwachs, roh	100,0	1,1	393	
	70,8	0,4	405	
Naphthalen	0,5	3,0	612	
Papier	100,0	0,0	438	<90
Piatherm	4,0	12,6	510	
Polyakrylnitril	19,0	0,0	599	42
Polyamid	6,2	1,0	513	70 ... 100
Polystyrol	96,8	0,1	488	16
Preßmasse (Holzmehle + Harz + Methanal)	55,4	9,8	607	
PVC-Pulver	86,0	0,8	bis 900 keine Zündung	430
Pyrit	78,8	0,2	401	
Ruß	35,0	1,5	bis 900 keine Zündung	
Schwefel	24,2	0,0	333	23
Schwefel (sizil.)	91,8	0,0	291	15

[1]) Nach *Hanel* in »Die Technik«, 11/1956.

Stoff	Anteil unter 60 μm in %	Feuchtigkeitsgehalt in %	Zündtemperatur in °C	untere Explosionsgrenze in g · m^{-3}
Schwefel (Ruhrgasschw.)	84,5	0,0	302	
	95,6	0,0	298	
Steinkohle	100,0	0,0	600 bis über 900	
	80 ... 100	2 ... 4	ab 40	
Steinkohlenkoks	100,0	0,0	770 ... 900	
Torf	35,2	13,9	427	55
Zellstoff	100,0	10,0	434	
Zucker	56,6	0,2	377	

31. Viskosität

1 Pa · s (= 1 N · s · m^{-2}) ist die **dynamische Viskosität** η eines laminar strömenden, homogenen, isotropen Körpers, in dem zwischen zwei ebenen parallelen Schichten mit einem Geschwindigkeitsunterschied von 1 m · s^{-1} je Meter Abstand in den Schichtflächen der Druck von 1 N · m^{-2} herrscht.
Die **kinematische Viskosität** ν (m^2 · s^{-1}) ist der Quotient aus dynamischer Viskosität und Dichte.

31.1. Viskosität (dynamische) von organischen Flüssigkeiten

	η in mPa · s bei 0 °C	η in mPa · s bei 20 °C		η in mPa · s bei 0 °C	η in mPa · s bei 20 °C
Aminobenzen	10,2	4,4	Methanamid	7,30	3,75
Benzen	0,9055	0,649	Methanol	0,817	0,591
Benzenkarbonsäurenitril		1,33	Methansäure	2,928	1,782
Brombenzen	1,52	1,13	Methansäureethylester		0,402
Bromethan	0,4776	0,392	Methansäuremethylester	0,43	0,345
2-Brommethylbenzen	2,21	1,51	Methoxybenzen	1,78	1,32
3-Brommethylbenzen	1,73	1,25	2-Methylaminobenzen	10,2	4,35
1-Brompropan	0,6448	0,517	3-Methylaminobenzen	8,7	3,81
2-Brompropan	0,6044	0,482	4-Methylaminobenzen		1,75 (50 °C)
1-Bromprop-2-en	0,619	0,4955	Methylbenzen	0,7684	0,586
Butanol	5,19	2,947	2-Methylbuta-1,3-dien	0,2600	0,2155
Butanon	0,5383	0,423	2-Methylbutan	0,2724	0,223
Butansäure	2,2747	1,538	3-Methylbutan-1-ol		4,341
Butansäuremethylester		0,711	2-Methylbutan-2-ol		4,642
Chlorbenzen	1,06	0,80	2-Methylhexan	0,4767	0,379
Chlorethan	0,320	0 266	2-Methylhydroxybenzen		9,8
1-Chlorpropan	0,4349	0,352	3-Methylhydroxybenzen	95,0	21,0
2-Chlorpropan	0,4012	0,322	4-Methylhydroxybenzen		20,2
Dekahydronaphthalen		2,40	2-Methylpentan	0,3713	0,300
Diethylaminobenzen		2,18	2-Methylpropanol	8,3	3,906
Dichlormethan	0,5357	0,4355	2-Methylpropansäure	1,887	1,315
Diethylether	0,296	0,243	Nitrobenzen	3,09	2,01
N,N-Dimethylaminobenzen		1,41	Nitroethan	0,844	0,657
1,2-Dimethylbenzen	1,1029	0,807	2-Nitromethylbenzen	3,83	2,37
1,3-Dimethylbenzen	0,8019	0,615	3-Nitromethylbenzen		2,33
1,4-Dimethylbenzen	0,8457	0,6435	4-Nitromethylbenzen		1,20 (60 °C)
Dioxan		1,26	Nonan	0,97	0,71
Heptan	0,5180	0,4105	Oktan	0,7025	0,538
Hexan	0,3965	0,320	Pentan	0,2827	0,232
Hydroxybenzen		11,6	Pentan-2,4-dion	1,09	
Iodbenzen		1,49	Pentan-1-ol		4,396
Iodethan	0,7190	0,583	Pentan-2-ol		5,091
Iodmethan	0,5940	0,487	Pentan-2-on	0,6464	0,501
1-Iodpropan	0,9373	0,737	Pentan-3-on	0,5949	0,4655
2-Iodpropan	0,8783	0,690	Pentansäure		2,236

	η in mPa·s			η in mPa·s	
	bei 0°C	bei 20°C		bei 0°C	bei 20°C
Propan-1-ol	3,85	2,20	Tetrachlorethan	2,66	1,75
Propan-2-ol	4,60	2,39	Tetrachlorethen	1,14	0,88
Propanon	0,3949	0.3225	Tetrachlormethan	1,3466	0,969
Propansäure	1,5199	1,099	Tetrahydronaphthalen		2,02
Propansäureanhydrid	1,6071	1,116	Thiophen	0,8708	0,659
Propan-1,2,3-triol	12,100	14,99	Trichlorethen	0,71	0,58
Propen-2-ol		1,361	Trichlormethan	0,7006	0,564
Pyridin	1,33	0,95	Zyklohexan		0,97
Kohlenstoffdisulfid	0,4294	0,367	Zyklohexanol		68,00

31.2. Viskosität (kinematische) von Brennstoffen und Ölen

Stoff	Viskosität in mm²·s⁻¹	bei °C
Dieselkraftstoffe		
DK 1 und 2 (Sommer-DK)	2,8 ... 9,7	20
DK 3 (Winter-DK)	2,3 ... 8,6	20
Heizöle		
HE-B: (mittelschwer)	60	50
HE-C: (schwer)	150	50
HE-D: (extraschwer)	350	70
Schmieröl D (ohne »besondere« Anforderungen)		
D 40	30 ... 55	50
D 70	60 ... 75	50
D 1000	700 ... 1400	50
	45 ... 60	100

Schmieröle G (Getriebeöle)	mm²·s⁻¹	°C	mm²·s⁻¹	°C
GL 60	53 ... 68	50	9,6	98,9
GL 125	110 ... 130	50	15,9	98,9
GL 240	220 ... 250	50	25,5	98,9
GS 240	220 ... 250	50	25,8	98,9
GH 125	110 ... 130	50	17,5	98,9

Schmieröle M (Motorenöle)		
MV 232 (Viertakt-Otto-Motorenöl)	50 ... 60	50
MD 102 (Dieselmotorenöl)	20 ... 27	50
MZ 22 (Zweitakt-Motorenöl)	20 ... 25	50

Schmieröle R (Lager- und Getriebeöle)		
R 5	4 ... 6	50
R 12	10 ... 14	50
R 32	28 ... 36	50
R 50	45 ... 55	50
R 70	64 ... 76	50

Schmieröle RL (legierte Mineralölraffinate)	mm²·s⁻¹ bei 20 °C	
RL 1	1,7 ... 2,3	
RL 2	2,5 ... 3,5	
RL 5	11 ... 13	
RL 9	23 ... 27	

Schmieröle T (Turbinenöle)	mm²·s⁻¹ bei 50 °C	
Turb L 36	32 ... 40	

Schmieröle L (Verdichteröle)	mm² · s⁻¹ bei 50 °C	bei 100 °C
V 75	65 … 75	10,0
V 115	100 … 115	13,7
V 155	140 … 155	16,7
Spezialöle	mm² · s⁻¹ bei 20 °C	
Transformatorenöl TRF-GL	30	
Feinmechaniköl F 25	10 … 40	
Knochenöl, gebleicht	90	
Rinderklauenöl P 12-R	83 … 99	

32. Kritische Daten von technisch wichtigen Gasen

Spalte t_k gibt die kritische Temperatur (t_k) in °C an, oberhalb der ein Gas auch durch noch so hohen Druck nicht mehr verflüssigt werden kann.

Spalte p_k gibt den kritischen Druck (p_k) in kPa an, der bei der kritischen Temperatur gerade ausreicht, um die Verflüssigung zu bewirken.

Spalte ϱ_k gibt die Dichte (ϱ_k) in kg · m⁻³ eines bei der kritischen Temperatur verflüssigten Stoffes an.

Name	t_k in °C	p_k in kPa	ϱ_k in kg · m⁻³
Ammoniak	132,4	11 297,74	235
Bromwasserstoff	89,9	8 815,28	807
Buta-1,3-dien	152	4 326,58	245
Butan	152,0	3 796,65	225
Chlor	144	7 710,83	573
Chlorwasserstoff	51,5	8 263,05	610
Dichlormethan	237,0	6 076,46	–
Difluordichlormethan	117,0	4 012,47	557,6
Dimethylamin	164,6	530,43	–
Dimethylether	126,9	5 329,7	271
Epoxyethan	195,8	7 427,12	–
Ethan	32,3	4 883,87	203
Ethen	9,5	5 116,91	227
Ethin	35,2	6 241 362	232
Ethylamin	183,4	5 623,54	248
Fluor	–129	5 572,88	–
Hexan	234,7	3 032,67	234
Iodwasserstoff	150,8	–	–
Kohlendioxid	31,1	7 381,53	467
Kohlenmonoxid	–140,2	3 498,75	301
Kohlensäuredichlorid	182,3	5 674,2	520
Luft	–140,7	3 890,88	310
Methan	–82,5	4 640,69	162
Methylamin	156,9	7 457,52	–
2-Methylbutan	187,8	3 335,62	234
2-Methylpropan	134,9	3 647,7	221
Monochlordifluormethan	96,0	4 934,53	552
Monochlorethan	187,2	5 572,88	330
Monochlormethan	143	6 672,25	370
Monochlortrifluormethan	28,8	3 860,48	581
Monofluordichlormethan	178,5	5 167,58	522
Monofluormethan	44,5	5 876,85	–
Monofluortrichlormethan	198	4 519,1	554
Pentan	196,6	3 375,14	232
Propan	96,8	4 255,65	220
Propen	91,8	4 600,16	233
Sauerstoff	–118,8	5 208,11	430
Schwefeldioxid	157,2	7 802,03	524
Schwefelwasserstoff	100,4	9 007,79	860
Stickstoff	–146,9	3 505,85	311
Trimethylamin	160,2	4 077,32	–
Wasserdampf	374,2	22 038,19	329
Wasserstoff	–239,9	1 296,96	31

33. Ausdehnungskoeffizienten

Spalte α gibt den linearen Ausdehnungskoeffizienten α in $\dfrac{m}{m \cdot K} = K^{-1}$ an, d. h., die Längenzunahme in m (bzw. cm) eines Stabes oder einer Flüssigkeitssäule von 1 m (bzw. 1 cm) Länge bei einer Temperaturerhöhung um 1 °C. Beträgt die Länge eines Stabes vor der Wärmezufuhr l_1, ist Δt die Temperaturerhöhung, die der Stab erfährt, und l_2 die Länge des Stabes nach der Temperaturerhöhung, so kann l_2 nach folgender Formel errechnet werden:

$$l_2 = l_1 \cdot (1 + \alpha \cdot \Delta t)$$

Spalte β gibt den kubischen Ausdehnungskoeffizienten β in $\dfrac{m^3}{m^3 \cdot K} = K^{-1}$ an, d. h., die Raumzunahme in m³ (bzw. cm³) eines Körpers von 1 m³ (bzw. 1 cm³) Volumen bei einer Temperaturerhöhung um 1 °C. Beträgt das Volumen des Körpers vor der Wärmezufuhr v_1, ist Δt die Temperaturerhöhung, die der Körper erfährt, und v_2 das Volumen des Körpers nach der Temperaturerhöhung, so kann man v_2 nach folgender Formel errechnen:

$$v_2 = v_1 \cdot (1 + \beta \cdot \Delta t)$$

33.1. Lineare Ausdehnungskoeffizienten von reinen Metallen und Legierungen

Name	α in K^{-1}	Name	α in K^{-1}	Name	α in K^{-1}
Aluminium	0,000023	Kadmium	0,000031	Platin-Iridium	0,0000089
Aluminiumbronze	0,000015...	Kalzium	0,000022	Quecksilber	0,00006
	0,000016	Kobalt	0,000013	Rhodium	0,000008
Antimon	0,000011	Konstantan	0,0000152	Schweißeisen	0,000013
Beryllium	0,000013	Kupfer	0,000017	Selen	0,000037
Blei	0,000029	Magnesium	0,000026	Silber	0,000020
Bleibronze	0,000018	Mangan	0,000023	Silizium	0,000007
Chromium	0,0000084	Messing	0,000019...	Stahl, gehärtet	0,000010
Eisen	0,000011		0,000020	Weicheisen	0,000012
Flußstahl	0,0000126	Molybdän	0,000005	Wolfram	0,000004
Germanium	0,000006	Natrium	0,000071	Zink	0,000036
Gold	0,000012	Neusilber	0,0000184	Zinkbronze	0,00018
Gußeisen	0,0000114	Nickel	0,000013	Zinn	0,000027
Invar (etwa 35 % Ni, Rest Fe)	0,0000009	Osmium	0,000007	Zirkonium	0,000014
		Palladium	0,000011		
Iridium	0,000007	Platin	0,000009		

33.2. Kubische Ausdehnungskoeffizienten von Flüssigkeiten

Name	β in K^{-1}	Name	β in K^{-1}	Name	β in K^{-1}
Benzen	0,001229	Methanol	0,00119	Propan-1,2,3-triol	0,00049
Butanon	0,00135	Methylbenzen	0,00112	Pyridin	0,001122
Dekan	0,001015	Naphthalen (geschm.)	0,000853	Kohlenstoffdisulfid	0,001197
Diethylether	0,001617	Nitrobenzen	0,00084	Tetrachlorethan	0,000998
1,3-Dimethylbenzen	0,00099	Oktan	0,001124	Tetrachlormethan	0,00122
Dioxan	0,001094	Pentan	0,00159	Tetrahydronaphthalen	0,00078
Ethanol	0,001101	Propan-1-ol	0,00099	Trichlormethan	0,00128
Heptan	0,00109	Propan-2-ol	0,00106	Wasser	0,00018
Hexan	0,00135	Propanon	0,00143		

34. Spezifischer Widerstand und mittlerer Temperaturkoeffizient

Spalte spezifischer Widerstand gibt den elektrischen Widerstand einer 1 m langen Schicht eines Stoffes von 1 mm² Querschnitt an. Kurzzeichen: ϱ; Maßeinheit: $\dfrac{\Omega \cdot mm^2}{m}$.

Die spezifischen Widerstände der schlechten Leiter (Tabelle 34.3) und der Isolierstoffe (Tabelle 34.4) gelten für Körper von 1 cm Länge und 1 cm² Querschnitt. Maßeinheit: $\dfrac{\Omega \cdot cm^2}{cm} = \Omega \cdot cm$.

34. Spezifischer Widerstand und mittlerer Temperaturkoeffizient

Spalte mittlerer Temperaturkoeffizient (β) gibt den Korrekturfaktor an, mit dem man ϱ_0 nach der folgenden Formel multiplizieren muß, um den spezifischen Widerstand für eine zwischen 0 und 100 °C liegende Temperatur zu ermitteln.

$\varrho_t = \varrho_0(1 + \beta t)$

Abkürzungen: ϱ_0 = spez. Widerstand bei 0 °C,
ϱ_t = spez. Widerstand bei der Meßtemperatur,
t = Meßtemperatur.

34.1. Spezifischer Widerstand von Metallen

Metall	Spez. Widerstand in $\frac{\Omega \cdot mm^2}{m}$ bei		Mittlerer Temperaturkoeffizient β in $\frac{1}{°C}$	Metall	Spez. Widerstand in $\frac{\Omega \cdot mm^2}{m}$ bei		Mittlerer Temperaturkoeffizient β in $\frac{1}{°C}$
	0 °C	18 °C			0 °C	18 °C	
Aluminium	0,0263	0,032	0,0039	Nickel	(0,0634 ... 0,120)	0,118	0,0065
Antimon	0,391	0,45	0,0030	Osmium	0,06		0,0042
Bismut	1,01	1,16	0,0045	Palladium	0,102	0,110	0,0033
Blei	0,193	0,207	0,0042	Platin	0,1096	0,10	0,0038
Chromium	0,026		≈ 0,015	Quecksilber	0,94	0,958	0,00099
Eisen	0,087	0,10	0,0061	Rhodium	0,0469	0,0603	0,0043
Iridium	0,0458	0,0529	0,0044	Silber	0,01506	0,0163	0,0040
Kadmium	0,063	0,0757	0,0038	Titanium	0,435		0,0043
Kalium	0,0662	0,071	0,0055	Wolfram	0,050	0,0551	0,0045
Kupfer	0,0156	0,0175	0,0039	Zink	0,0575	0,0606	0,0041
Molybdän	0,0438	0,057	0,0033	Zinn	0,093	0,113	0,0042
Natrium	0,0427	0,0465	0,0044				

34.2. Spezifischer Widerstand von Legierungen

Legierung	Spez. Widerstand in $\frac{\Omega \cdot mm^2}{m}$ bei 20 °C	Mittlerer Temperaturkoeffizient β in $\frac{1}{°C}$	Legierung	Spez. Widerstand in $\frac{\Omega \cdot mm^2}{m}$ bei 20 °C	Mittlerer Temperaturkoeffizient β in $\frac{1}{°C}$
Bronze (87,5% Cu, 11,3% Sn, 0,4% Pb, 0,2% Fe)	0,18	0,0005	Palladium-Silber (20% Pd, 80% Ag)	0,15	0,0003
Chrom-Nickel	1,20	0,0001	Patentnickel (75% Cu, 25% Ni)	0,33	0,0002
Gußstahl	0,18	0,003	Platin-Iridium (80% Pt, 20% Ir)	0,32	0,002
Konstantan (60% Cu, 40% Ni)	0,50	0,00005	Platin-Rhodium (40% Pt, 10% Rh)	0,20	0,0017
Manganin (48% Cu, 4% Ni, 12% Mn)	0,43	0,00002	Platin-Silber (33% Pt, 66% Ag)	0,242	0,00024
Manganstahl (12% Mn)	0,55	0,002	Resistin (Cu, Mn)	0,51	0,000008
Messing (90,9% Cu, 9,1% Zn)	0,036	0,0020	Rotguß (66% Cu, 7% Zn, 6% Sn)	0,127	0,0008
Neusilber (60% Cu, 25% Zn, 14% Ni)	0,30	0,0004	Stahl, gehärtet	0,40 ... 0,50	0,0015
Nickelin (62% Cu, 20% Zn, 18% Ni)	0,33	0,0003	Stahl, weich	0,10 ... 0,20	0,005

34.3. Spezifischer Widerstand von schlechten Leitern

Material	Temperatur in °C	Spezifischer Widerstand in $\Omega \cdot cm$	Material	Temperatur in °C	Spezifischer Widerstand in $\Omega \cdot cm$
Beton (1 Teil Zement + 3 Teile Sand)	16,5	0,00014	Graphit	0	0,00219
(1 Teil Zement + 5 Teile Kies)	18,5	0,00042	Kohlefaden	0	0,00335
(1 Teil Zement + 7 Teile Kies)	18,5	0,00050	Magnetit	17	0,59550
Bleiglanz	20	0,00265	Pyrit	20	0,02440
Gasretortenkohle	0	0,00690	Zement	16	0,000045

34.4. Spezifischer Widerstand von Isolierstoffen

Material	Temperatur in °C	Spezifischer Widerstand in $\Omega \cdot cm$	Material	Temperatur in °C	Spezifischer Widerstand in $\Omega \cdot cm$
Aminoplaste	–	$2 \cdot 10^{13} \ldots 10^{14}$	Piacryl	–	10^{15}
Azetylzellulose	–	10^{12}	Polyamid	–	$10^{10} \ldots 10^{14}$
Butadien-Styren-Kautschuk	–	$10^{14} \ldots 10^{16}$	Polyester (unges.)	–	$10^{12} \ldots 10^{14}$
			Polyethen	–	$10^{14} \ldots 10^{18}$
Chlorkautschuk	–	$2{,}5 \cdot 10^{13}$	Polystyren	–	$10^{17} \ldots 10^{18}$
Epoxidharz	–	$10^{12} \ldots 10^{15}$	Polytetrafluorethen	–	$10^{14} \ldots 10^{15}$
Flußspat	20	∞	Polyvinylchlorid	–	$10^{11} \ldots 10^{16}$
Glas	60	$10^{13} \ldots 10^{14}$	Quarzglas	20	$> 5 \cdot 10^{18}$
Hartgummi	20	$2 \cdot 10^{15} \ldots 10^{18}$		300	$2 \cdot 10^{11}$
	100	$3 \cdot 10^{14}$		800	$2 \cdot 10^{7}$
Hartporzellan	20	10^{14}	Schiefer	20	$1 \cdot 10^{8}$
	200	$6 \cdot 10^{8}$	Silizium	–	$1{,}2 \cdot 10^{7}$
	400	$2 \cdot 10^{7}$	Sinterkorund	300	$1{,}2 \cdot 10^{13}$
Holz	–	$10^{10} \ldots 10^{16}$	Steatit	200	$3 \cdot 10^{11}$
Kautschuk	–	$(5 \ldots 7) \cdot 10^{16}$	Vulkanfiber	20	$10^{10} \ldots 10^{11}$
Paraffin	20	$10^{16} \ldots 3 \cdot 10^{18}$	Zelluloid	–	$10^{10} \ldots 10^{12}$
Phenoplaste	–	$10^{9} \ldots 10^{13}$			

35. Filtermaterialien

35.1. Filterpapiere für technische Zwecke, gekreppte und genarbte Sorten

Sorte	Eigenschaften	Vorzugsweise Verwendung
Sehr schnell filtrierend		
5 H	weich, weitporig	Alginate, etherische Öle
6 S/N	weich, weitporig, naßfest	Farbemulsionen, schleimige Flüssigkeiten
6 S	extra dick, weich, weitporig	Fruchtsäfte und andere viskose Lösungen und Emulsionen
1 602/N	dünn, naßfest	Salzlösungen, Abtrennung gröberer Verunreinigungen
Schnell filtrierend		
17		Extrakte, Salzlösungen, schleimige Flüssigkeiten
603		Speiseöle, Paraffine
150/N	graubraun	Säfte, Öle, Farbstofflösungen
6 S/h	extra dick	Harzlösungen, Abtrennung feiner Verunreinigungen
1 406	genarbt	Emulsionen, Essenzen
Mittelschnell filtrierend		
17/N	naßfest	schleimige Flüssigkeiten
15/N	stark naßfest, graubraun	Mineralöle, Speiseöle
6	genarbt	Klarfiltration in Zuckerfabriken

35.2. Filterpapiere für technische Zwecke, glatte Sorten

Sorte	Eigenschaften	Vorzugsweise Anwendung
Sehr schnell filtrierend		
60	weitporig, dick	Emulsionen, Essenzen
Schnell filtrierend		
303		etherische Öle, Emulsionen
3 w	dünn	Essenzen, Tinkturen
1 403 b		Extraktlösungen, Parfüme
Mittelschnell filtrierend		
3 hw	dünn	etherische Öle, Essenzen, Salzlösungen
4 b		allgemeine Laborfiltrationen
Mittelschnell bis langsam filtrierend		
3 m	dünn	Extrakte, Kräuterauszüge, Spirituosen
3 m/N	dünn, naßfest	Säuren, Vakuumfiltration
100		Salzlösungen, Spirituosen, Tinkturen
50		Salzlösungen, Spirituosen
3 h	dünn	Extraktlösungen, Sera
Langsam filtrierend		
3 b	dünn	Sera, Würzen
3 S	dünn	Käselab, Sera, Würzen
460/N	stark naßfest	Eiweißtrübungen, Gerbstofflösungen, Säuren, Druck- und Vakuumfiltration
3 S/h	dick, dicht	Extrakte, Öle, Tinkturen, schwierig zu klärende Flüssigkeiten
488/N	stark naßfest	Eiweißtrübungen, Gerbstofflösungen, Druck- und Vakuumfiltration

35.3. Filterkartons

Sorte	Eigenschaften	Vorzugsweise Anwendung
SB 2	dünn, schnell filtrierend	größere Flüssigkeitsmengen, Mineralöle
C/160	dünn, mittelschnell filtrierend	Speiseöle, Transformatorenöle, in Filterpressen
C/250	mittelschnell filtrierend	Transformatorenöle, Turbinenöle
C/300	mittelschnell bis langsam filtrierend	Motorenöle, Transformatorenöle, Turbinenöle, in Filterpressen
C/350	dick, langsam filtrierend	Öle mit feineren Verunreinigungen
LF 1	dick, voluminös	industrielle Luftreinigung
LF 2	dick, sehr voluminös, asbesthaltig	Luftreinigung, Abscheidung von Aerosolen, schädlichen Stäuben, Rauch, Nebeln

35.4. Spezialpapiere

Sorte	Eigenschaften	Vorzugsweise Anwendung
389/P	phosphatarm, mittel-weitporig, mittelschnell filtrierend	Phosphatbestimmung von Eisen und Stahl
132	phosphatarm, mitteldicht, mäßig schnell filtrierend	Bodenuntersuchungen, Bestimmung von Spurenelementen in Böden
131	phosphatarm, feinporig, sehr dicht, langsam filtrierend	K- und P-Bestimmung in Bodenproben
66/K	Aktivkohlepapier, engporig, dicht, langsam filtrierend	Klärung und Aufhellung trüber Flüssigkeiten, Erkennung feiner Spuren weißer Niederschläge

35.5. Filterpapiere für analytische Zwecke

Qualitative Analyse

Sorte	Eigenschaften	Vorzugsweise Anwendung
Schnell filtrierend (12 s)		
288	weitporig, lockere Struktur, normalfest	grobflockige und voluminöse Niederschläge
288/N	weitporig, lockere Struktur, naßfest	
Mittelschnell filtrierend (25 s)		
289	mittel-weitporig	meist verwendete Sorte für analytische Arbeiten
289/N	mittel-weitporig, naßfest	
Mäßig schnell filtrierend (55 s)		
292	mitteldicht	Schnellfiltration feiner Niederschläge
292/N	mitteldicht, naßfest	
Langsam filtrierend (120 s)		
290	engporig, dicht	Filtration feiner Niederschläge
290/N	engporig, dicht, naßfest	
Sehr langsam filtrierend (200 s)		
291	feinporig, sehr dicht	Filtration besonders feinkörniger Niederschläge, für besonders schwierige Filtrationsbedingungen
291/N	feinporig, sehr dicht, naßfest	

Quantitative Analyse

Sorte	Asche-%	Eigenschaften	Vorzugsweise Anwendung
Sehr schnell filtrierend (12 s)			
88	0,03	semiquantitativ, weitporig, weich	Filtration grobflockiger und voluminöser Niederschläge
388	0,01	normalfest, weitporig, weich	
1 388	0,01	naßfest, weitporig, weich	
Schnell filtrierend (25 s)			
89	0,03	semiquantitativ, weitporig	meist verwendete Sorte für analytische Arbeiten
389	0,01	normalfest, mittel-weitporig	
1 389	0,01	naßfest, mittel-weitporig	
Mäßig schnell filtrierend (55 s)			
92	0,03	semiquantitativ, mitteldicht	Schnellfiltration feiner Niederschläge
392	0,01	normalfest, mitteldicht	
1 392	0,01	naßfest, mitteldicht	
Langsam filtrierend (120 s)			
90	0,03	semiquantitativ, engporig, dicht	Filtration feiner Niederschläge
390	0,01	normalfest, engporig, dicht	
1 390	0,01	naßfest, engporig, dicht	
Sehr langsam filtrierend (160 s)			
91	0,03	semiquantitativ, feinporig, sehr dicht	Filtration besonders feinkörniger Niederschläge, für besonders schwierige Filtrationsbedingungen
391	0,01	normalfest, feinporig, sehr dicht	
1 391	0,01	naßfest, feinporig, sehr dicht	

35.6. Chromatographie- und Elektrophoresepapiere

Merkmal	Sorte							
Normal	FN 1	FN 2	FN 3	FN 4	FN 5	FN 6	FN 7	FN 8
Säurebehandelt	FN 11	FN 12	FN 13	FN 14	FN 15	FN 16	FN 17	FN 18
Papiercharakter	schnell saugend		mittelschnell saugend		langsam saugend		schnell saugend	
Dicke in mm	0,17...0,22	0,22...0,27	0,16...0,21	0,21...0,26	0,15...0,20	0,19...0,24	0,28...0,35	0,50...0,60
Saughöhe längs in mm/30 min	130...160		80...105		50...70		130...160	150...190
Glührückstand in % höchstens normal behandelt					0,06 0,02			
Extraktstoffgehalt in % höchstens					0,08			
Karboxylgruppen- gehalt in m · mol/g höchstens					12			
pH-Wert des wäßri- gen Auszuges					5,5...7,5			

35.7. Jenaer Glasfiltergeräte

Jenaer Glaswerk Schott u. Gen., Jena

Jenaer Glasfiltergeräte werden aus Rasotherm® hergestellt.

Filterklasse	Bezeichnung	Porengröße in μm	Anwendungsgebiet (Beispiele)
POR 250	R 0	über 160 ... 250	Filtration von groben Niederschlägen, Gasverteilung in Flüssigkeiten (bei geringem Gasdruck)
POR 160	R 1	über 100 ... 160	Extraktion grobkörnigen Materials. Großblasige Gasverteilung in Flüssigkeiten. Unterlage loser Filterschichten für gelatinöse Niederschläge.
POR 100	R 2	über 40 ... 100	Präparatives Arbeiten mit kristallinen Niederschlägen. Diffusion von Gasen in Flüssigkeiten.
POR 40	R 3	über 16 ... 40	Filtration von Quecksilber, Zellulose und feinen Niederschlägen. Diffusion von Gasen in Flüssigkeiten.
POR 16	R 4	über 3 ... 16	Analytisches Arbeiten mit feinsten Niederschlägen. Präparative Filtration sehr feiner Niederschläge. Sehr feine Gasverteilung in Flüssigkeiten mittels Druck. Rückschlag- und Sperrventile für Quecksilber.
POR 3,0	R 5	über 0,7 ... 3	Bakteriologische Filter. Extrem feine Gasverteilung in Flüssigkeiten bei höheren Drücken.

35.8. Keramische Filtermittel   Filterwerke Meißen

Porennennweite in µm	Porenvolumen (Mittelwert) in %	Biegefestigkeit (Mindestwert) in $N \cdot cm^{-2}$	Porennennweite in µm	Porenvolumen (Mittelwert) in %	Biegefestigkeit (Mindestwert) in $N \cdot cm^{-2}$
25	50	$1{,}37 \cdot 10^3$	130	51	$4{,}04 \cdot 10^2$
45	48	$7{,}75 \cdot 10^2$	150	54	$2{,}75 \cdot 10^2$
85	48	$5{,}10 \cdot 10^2$	180	52	$2{,}45 \cdot 10^2$

Das keramische Filtermaterial wird in Form von Platten (rechteckig und rund) sowie Zylindern (beiderseitig offen, einseitig geschlossen und einseitig geschlossen mit Bund) in den Werkstoffen Quarz, Tonerdesilikat und Korund geliefert. Handelsname: *Porolith*.

36. Stahlflaschen

36.1. Farbanstrich und Gewinde

Gas	Farbanstrich	Befestigung des Druckminderungsventils durch	
		Gewinde	Anschluß
Ethin	gelb		Spannbügel
alle anderen brennbaren Gase	rot	links	
Sauerstoff	blau	rechts	
Stickstoff	grün	rechts	
alle anderen nicht brennbaren Gase	hellgrau	rechts[1])	
alle Prüfgase	braun		
giftige Gase, außer Prüfgase	schwarz		

36.2. Prüfdruck für verdichtete und verflüssigte Gase

Der Prüfdruck muß mindestens 1,0 MPa betragen. Bei verdichteten Druckgasen beträgt der Prüfdruck das 1,5 fache des für den Druckgasbehälter festgelegten höchstzulässigen Überdruckes der Füllung bei 15 °C. Bei verflüssigten Druckgasen mit einer kritischen Temperatur größer 70 °C ist der Prüfdruck mindestens gleich dem Überdruck der Füllung bei 70 °C, bei verflüssigten Druckgasen mit einer kritischen Temperatur bis 70 °C mindestens gleich dem Überdruck der Füllung bei 65 °C, jeweils für Behälter mit einem Außendurchmesser = 1,50 m.

Gas	Prüfdruck in MPa	Gas	Prüfdruck in MPa	Gas	Prüfdruck in MPa
Ammoniak	3,3	Distickstofftetraoxid	1,0	Methan	30,0
Brommethan	1,0	Edelgase	30,0	Methylamin	1,3
Buta-1,3-dien	1,0	Epoxyethan	1,0	Propan	2,5
Butan	1,0	Ethan	12,0	Propen	3,0
But-1-en	1,0	Ethen	22,5	Sauerstoff	30,0
Chlor	2,2	Ethin	6,0	Schwefelwasserstoff	5,5
Chlorethan	1,0	(gelöst in Propanon)		Stickstoff	30,0
Chlormethan	1,7	Ethylamin	1,0	Trifluorchlormethan	19,0
Chlorwasserstoff	20,0	Kohlenmonoxid	30,0		
Dichlordifluormethan	1,8	Kohlendioxid	19,0	Trimethylamin	1,0
Dimethylamin	1,0	Kohlensäuredichlorid	2,0	Vinylchlorid	1,2
Dimethylether	1,8	Leuchtgas	30,0	Wassergas	30,0
Distickstoffoxid	18,0	Luft	30,0	Wasserstoff	30,0

[1]) Druckluftflaschen haben ein Innengewinde.

37. Austauscherharze

Wofatit-sorte	Charakteristik	Aktive Gruppe	Wassergehalt	Gesamt Massenkapazität	Volumenkapazität	Kornform	Korngrößenbereich in mm	Maximale Einsatztemperatur in °C	Anwendung
Kationenaustauscher									
KPS	Styren-Diethenylbenzen-Kopolymerisat (8 % DEB) Gelstruktur	—SO$_3$H	45 ... 53	4,7	1,8	Kugeln	0,3 ... 1,2	115	universell einsetzbar; vorzugsweise zur Wasseraufbereitung
KP 2	Styren-Diethenylbenzen-Kopolymerisat (2 % DEB) Gelstruktur	—SO$_3$H	37 ... 38	5,0	0,6	Kugeln	0,4 ... 1,6	100	Abtrennung und Isolierung von Naturstoffen
KP 4	Styren-Diethenylbenzen-Kopolymerisat (4 % DEB) Gelstruktur	—SO$_3$H	62 ... 69	5,0	1,1	Kugeln	0,4 ... 1,5	100	selektiver Kationenaustausch
KP 6	Styren-Diethenylbenzen-Kopolymerisat (6 % DEB) Gelstruktur	—SO$_3$H	54 ... 60	4,3	1,5	Kugeln	0,4 ... 1,4	100	Trennung von Kationen unterschiedlicher Größe und Struktur
KP 16	Styren-Diethenylbenzen-Kopolymerisat (16 % DEB) Gelstruktur	—SO$_3$H	32 ... 40	4,0	2,1	Kugeln	0,3 ... 1,2	115	
KS 10	Styren-Diethenylbenzen-Kopolymerisat Kanalstruktur	—SO$_3$H	48 ... 58	4,4	1,5	Kugeln	0,3 ... 1,2	120	Enthärtung und Entsalzung alkalischer Wässer; Kondensataufbereitung
KS 11	Styren-Diethenylbenzen-Kopolymerisat Kanalstruktur	—SO$_3$H	45 ... 55	4,6	1,7	Kugeln	0,3 ... 1,2	115	Enthärtung und Entsalzung sauerstoffhaltiger Wässer; Zuckersaftbehandlung
CA 20	Propensäure-Diethenylbenzen-Kopolymerisat Kanalstruktur	—COOH	45 ... 55	9,0	3,3	Kugeln	0,3 ... 1,2	100	Entkarbonisierung von Wässern; Selektivaustauscher für Schwermetalladsorption
CP	Propensäure-Polymerisat mit DEB vernetzt Gelstruktur	—COOH	50 ... 60	10,0	3,5	Kugeln	0,5 ... 2,0	100	Streptomycinisolierung; selektiver Ionenaustausch
Anionenaustauscher									
SBW	Polystyrenpolymerisat mit Diethenylbenzen vernetzt Gelstruktur	—N(CH$_3$)$_3$OH	55 ... 65	3,5	0,9	Kugeln	0,3 ... 1,5	60	universell einsetzbarer Anionenaustauscher; Entkieselung von Wässern
SZ 30	Styren-Diethenylbenzen-Kopolymerisat Kanalstruktur	—N(CH$_3$)$_3$OH	55 ... 65	4,1	0,9	Kugeln	0,3 ... 1,2	60	wie Wofatit SBW, besonders bei stark mit organischen Substanzen verunreinigten Wässern

Wofatit-sorte	Charakteristik	Aktive Gruppe	Wasser-gehalt	Gesamt Massen-kapazität	Volumen-kapazität	Korn-form	Korn-größen-bereich in mm	Maximale Einsatz-temperatur in °C	Anwendung
SBK	Styren-Diethenylbenzen-Kopolymerisat Gelstruktur	$-N(CH_3)_2(C_2H_4OH)OH$	35 ... 45	3,0	1,2	Kugeln	0,3 ... 1,2	40	Entsalzung und Entkieselung von Wasser
SL 30	Styren-Diethenylbenzen-Kopolymerisat Kanalstruktur	$-N(CH_3)_2(C_2H_4OH)OH$	48 ... 55	3,6	1,0	Kugeln	0,3 ... 1,2	40	wie Wofatit SBK, besonders bei Wässern mit höherer organischer Belastung
AD 41	Styren-Diethenylbenzen-Kopolymerisat Kanalstruktur	$-N(CH_3)_2$	55 ... 65	4,2	1,2	Kugeln	0,3 ... 1,2	100	Adsorption starker Säuren in der Wasseraufbereitung; Entsäuerung organischer Lösungen
Adsorberharze									
EA 60	Styren-Diethenylbenzen-Kopolymerisat Kanalstruktur	$-N(CH_3)_3OH$	65 ... 75	3,8	0,7	Kugeln	0,3 ... 1,5	70	Entfärbung von Säften in der Zuckerindustrie
ES	Styren-Diethenylbenzen-Kopolymerisat Gelstruktur	$-N(CH_3)_3OH$	65 ... 75	3,5	0,5	Kugeln	0,3 ... 1,6	70	Adsorption organischer Substanzen bei der Wasseraufbereitung
Mischbettaustauscher									
KPS-MB	Stark saurer Kationenaustauscher Gelstruktur	$-SO_3Na$	48 ... 53	4,9	1,8	Kugeln	0,3 ... 1,3	60	Feinstreinigung von Wasser
SBW-MB	Stark basischer Anionenaustauscher Gelstruktur	$-N(CH_3)_3^+Cl^-$	55 ... 63	3,7	0,9	Kugeln	0,3 ... 1,1	60	Wasserfeinstreinigung; Kondensataufbereitung
Ionenaustauscher für katalytische Zwecke									
OK 80	Styren-Diethenylbenzen-Kopolymerisat Kanalstruktur	$-SO_3H$	48 ... 58	4,4	1,5	Kugeln	0,3 ... 1,4	120	Heterogene Katalyse
FK 110	Styren-Diethenylbenzen-Kopolymerisat Kanalstruktur	$-SO_3H$	49 ... 56	4,5	1,5	Kugeln	0,3 ... 1,4	120	Säurekatalyse und Kationenaustausch in wäßrigen und polaren Lösungen

38. Kältemischungen, Kühlsolen, Heiz-, Metall- und Salzbäder

38.1. Kältemischungen

Erreichbare Temperatur in °C	Bestandteile	Massenteile	Erreichbare Temperatur in °C	Bestandteile	Massenteile
0	Wasser von 15 °C Ammoniumchlorid	10 3	−30	Eis technisches Kaliumchlorid (Staßfurter Salz)	1 1
−12	Wasser von 15 °C Natriumnitrit	10 6	−37	Eis 65,5 %ige Schwefelsäure	1 1
−15	Wasser von 15 °C Ammoniumthiozyanat	10 13	−49	Eis kristallisiertes Kalziumchlorid	2 3
−25	konzentrierte Salzsäure von 15 °C kristallisiertes Natriumsulfat-10-Wasser (Glaubersalz)	21 80	−53	festes Kohlendioxid[1]) 87,5 %iges Ethanol	
			−68	festes Kohlendioxid[1]) 85,5 %iges Ethanol	
−25	Wasser von 15 °C Ammoniumchlorid Kaliumnitrat	1 1 1	−86	festes Kohlendioxid[1]) Propanon	
−20	Eis technisches Natriumchlorid (Viehsalz)	3 1	−180 ... 190	flüssige Luft[2])	

38.2. Kühlsolen

Die Spalte unter der jeweiligen tiefsten Anwendungstemperatur[3]) gibt die in 100 g Wasser zu lösende Stoffmenge in Gramm an.

Die angegebenen Stoffmassen beziehen sich bei den Salzen auf die Verbindung ohne Kristallwasser.

Stoff	Tiefste Anwendungstemperatur in °C[3])							
	−5	−10	−15	−20	−25	−30	−40	−50	−60
Dikaliumhydrogenphosphat	−	−	−	−	−	70	−	−	−
Ethandiol	19,6	33,3	45,5	57,3	71,2	87,5	126	−	−
Ethanol	11,1	23	34	46	57,5	69,5	104	−	−
Kaliumdihydrogenphosphat	−	−	−	−	21	−	−	−	−
Kaliumkarbonat	−	−	−	−	−	7	−	−	−
Kalziumchlorid	9,67	16,6	21,9	26,3	29,9	33,3	38,8	43,8	−
Magnesiumchlorid	7,66	13,4	17,7	21,1	−	25,9	−	−	−
Methanol	9,3	17	24	31	39	46	−	85	−
Natriumazetat	10,5	19	27,5	34	42	49,5	64	80	100
Natriumchlorid	8,44	16,1	22,9	29,4	−	−	−	−	−
Propantriol	20,5	42	56	68	80	90,5	113	138	−

[1]) Festes Kohlendioxid (Kohlensäureschnee, Trockeneis) eignet sich trotz seiner Verdampfungstemperatur von −78 °C wenig als Kühlmittel, da es ein schlechter Wärmeleiter ist. Es wird deshalb vorteilhaft mit flüssigen organischen Verbindungen getränkt.
[2]) Flüssige Luft soll nicht zum Kühlen brennbarer Verbindungen verwendet werden, da infolge des durch Verdampfen von Stickstoff steigenden Sauerstoffgehaltes bei Bruch des Reaktionsgefäßes Explosionsgefahr besteht.
[3]) Die tiefste Anwendungstemperatur ist die Temperatur, bei der die unbewegte Kühlsole gefriert.

38.3. Heizbäder

Verwendbar bis °C	Wärmeträger	Bemerkungen
108	kaltgesättigte, wäßrige Lösung von Natriumchlorid	
120	kaltgesättigte, wäßrige Lösung von Natriumnitrat	
135	kaltgesättigte, wäßrige Lösung von Kaliumkarbonat	Glas als Gefäßmaterial ungeeignet!
180	kaltgesättigte, wäßrige Lösung von Kalziumchlorid	
200	Paraffinöl	brennbar! Über 150 °C nur in geschlossenen Bädern oder unter dem Abzug verwenden!
240	Diglykol: HO—CH_2—CH_2—O—CH_2—CH_2—OH	brennbar! Nur in geschlossenen Bädern verwenden!
250	Paraffin	brennbar! Über 200 °C nur in geschlossenen Bädern oder unter dem Abzug verwenden!
255	Diphyl (73,5% Diphenylether + 26,5% Diphenyl)	brennbar! Nur in geschlossenen Bädern verwenden! Starkes Kriechvermögen!
270	Triglykol: HO—CH_2—CH_2—O—CH_2 | HO—CH_2—CH_2—O—CH_2	brennbar! Möglichst nur in geschlossenen Bädern verwenden!
340	Arochlor (chloriertes Diphenyl)	Flammpunkt 700 °C! Offen nur unter dem Abzug verwenden!
380	HT Öl C (Kieselsäurepentylester)	Flammpunkt 210 °C!

38.4. Metallbäder

Verwendbar von ... bis in °C	Name	Zusammensetzung
60 ... 250	Wood-Legierung	4 Tl. Bi + 2 Tl. Pb + 1 Tl. Cd + 1 Tl. Sn
94 ... 250	Rose-Legierung	9 Tl. Bi + 1 Tl. Pb + 1 Tl. Sn
200 ... 350	Lot-Metall[1])	1 Tl. Pb + 1 Tl. Sn
300 ... 350	technisches Blei[1])	

38.5. Salzbäder

Verwendbar ab °C	Salze	Verwendbar ab °C	Salze
218	Natriumnitrat-Kaliumnitrat (50 Mol-%)[2])	432	Kupfer(I)-chlorid
		630	Kupfer(II)-chlorid
308	Kaliumnitrat[2])	712	Magnesiumchlorid
312	Natriumnitrat[2])		

[1]) Bad nur unter dem Abzug verwenden!
[2]) Nicht zum Erhitzen brennbarer Stoffe benutzen, da bei Bruch des Reaktionsgefäßes Explosionsgefahr besteht!

39. Trockenmittel

Tabelle 39.1 enthält Trockenmittel für Gase mit Angaben über den Restwassergehalt des Gases in Milligramm Wasser je Liter Gas nach dem Trocknen bei 25 °C. Die Stoffe sind in der Reihenfolge ihrer Wirksamkeit angeordnet.

In *Tabelle 39.2* sind Trockenmittel für Flüssigkeiten aufgeführt.

Anmerkung: *Bei der Auswahl des Trockenmittels ist darauf zu achten, daß das zu trocknende Gas keine chemische Reaktion mit dem Trockenmittel eingehen kann. Saure Gase sind mit sauren, basische Gase mit basischen Trockenmitteln zu trocknen.*

Beim Hintereinanderschalten mehrerer Trockenmittel zur Intensivtrocknung mit dem höchsten sind die Trockenmittel Restwassergehalt (sie stehen in der Tabelle am weitesten unten) vor die Trockenmittel mit dem geringsten Restwassergehalt (sie stehen in der Tabelle am weitesten oben) zu schalten.

39.1. Trockenmittel für Gase

Trockenmittel	$\frac{\text{mg } H_2O}{\text{l Gas}}$	Trockenmittel	$\frac{\text{mg } H_2O}{\text{l Gas}}$
Phosphor(V)-oxid	$2 \cdot 10^{-5}$	$CuSO_4$—$CuSO_4 \cdot H_2O$	$1,4 \cdot 10^{-2}$
Magnesiumperchlorat	$5 \cdot 10^{-4}$	Natriumhydroxid (geschmolzen)	$2 \cdot 10^{-1}$
Bariumoxid	$1 \cdot 10^{-4}$	Kalziumbromid	$2 \cdot 10^{-1}$
Kalziumsulfat-$^1/_2$-Wasser	$4 \cdot 10^{-3}$	Kalziumoxid	$2 \cdot 10^{-1}$
Kaliumhydroxid (geschmolzen)	$2 \cdot 10^{-3}$	Bortrioxid	
Aluminiumoxid	$3 \cdot 10^{-3}$	Bariumperchlorat	
Schwefelsäure (konzentriert)	$3 \cdot 10^{-3}$	Kalziumchlorid (granuliert)	$1,4 \ldots 2,5 \cdot 10^{-1}$
Silikagel (Blaugel)	$6 \cdot 10^{-3}$	(geschmolzen)	$3,6 \cdot 10^{-2}$
Magnesiumoxid	$8 \cdot 10^{-3}$	Zinkchlorid	0,8
		Zinkbromid	1,1

39.2. Trockenmittel für Flüssigkeiten

Trockenmittel	Verwendbar für
Natrium, metallisch	Ether, Benzen und Homologe, keine chlorhaltigen Lösungsmittel, wie Trichlormethan oder Tetrachlormethan
flüssige Kalium-Natrium-Legierung (16:10)	wie Natrium, wirksamer
Kalziumkarbid	Kohlenwasserstoffe, Ether, keine Säuren und Alkohole
Alkalienolate, z. B. des Pentandion-2,4	sehr wirksames Spezialtrockenmittel
Aluminiumamalgam	Alkohole
Kalziumspäne	Alkohole
Magnesium, mit Iod aktiviert	Alkohole
Magnesiumperchlorat	wie Kalziumchlorid
Kaliumhydroxid	basische Stoffe, Ester, keine Säuren
Kalziumoxid	Alkohole, keine Säuren
Bariumoxid	basische Stoffe
Kalziumchlorid	Ester, indifferente Lösungsmittel, wie Propanon, Trichlormethan, Kohlendisulfid, keine Alkohole und Amine
Kalziumbromid, -iodid	an Stelle von Kalziumchlorid, wenn Halogenaustausch zu befürchten ist
Kalziumnitrat	zersetzliche Nitroverbindungen und Salpetersäureester
Natriumsulfat (wasserfrei)	Ersatz für Kalziumchlorid
Magnesiumsulfat	wie Natriumsulfat, Vorteile bei Fettsäuren
Kaliumkarbonat (geglüht)	basische Stoffe, Ester, Ketone, keine Säuren
Kupfersulfat	wie Natriumsulfat, Ende der Trocknung erkennbar

40. Giftige und gesundheitsschädigende Stoffe, ihre Wirkungen, Maßnahmen zur Ersten Hilfe und arbeitshygienische Normenwerte

Spalte Giftwirkung: Hinsichtlich ihrer Wirkung auf den menschlichen Organismus werden unterschieden Reiz- und Ätzstoffe, Nervengifte, Zellgifte, Blutgifte, Organgifte und Stickgase.

Anmerkung: Einzelne Gifte können zu mehreren Gruppen gehören. Dadurch kann sich oftmals die Giftwirkung verstärken.
Gewisse Stoffklassen, die auf Grund ihrer chemischen Zusammensetzung gleiche oder ähnliche Giftwirkungen hervorrufen, werden in der Tabelle zusammengefaßt (z. B. aromatische Nitro- und Aminoverbindungen, aliphatische oder aromatische Halogenkohlenwasserstoffe, Benzen und seine Homologe, Zyanverbindungen).

Spalte Vergiftungserscheinungen gibt subjektive und objektive Symptome an, wobei hauptsächlich die der akuten, seltener die der chronischen Vergiftung berücksichtigt wurden.

Spalte Art der Aufnahme, schädliche und tödliche Mengen. Für die Art der Aufnahme werden die Bezeichnungen »äußerlich«, »innerlich«, »eingeatmet« verwendet.[1]) Die aufgeführten Werte für die schädlichen bzw. tödlichen Dosen sind als Richtzahlen aufzufassen, denn jede Giftwirkung ist nicht nur von der aufgenommenen Giftmenge, sondern noch von verschiedenen individuellen Faktoren abhängig (z. B. Alter des Menschen, körperliche Konstitution im Augenblick der Giftaufnahme, Gewöhnung u. a.).
Die kleinsten Mengen, bei denen bereits Vergiftungen vorgekommen sind, wurden angegeben.
Bei Reizstoffen wird die Giftwirkung häufig durch die »Unerträglichkeitsgrenze« (Abkürzung in der Tabelle: Ug.) angegeben. Die Unerträglichkeitsgrenze ist die niedrigste Konzentration des Reizgases in mg, ml oder mm³ je m³ Luft, bei der für einen normalen Menschen ein Aufenthalt länger als 1 Minute nicht möglich ist.
Auf die Angabe des »Tödlichkeitsproduktes« von Giftgasen (Produkt aus Konzentration in $mg \cdot m^{-3}$ und Einwirkungszeit in Minuten, die bei einem erwachsenen Menschen zum Tode führt) wurde verzichtet, da bei vielen Gasen im Körper die Wirkungen durch Sekundärprozesse verstärkt oder gemindert werden.

Spalte Gegenmittel enthält Hinweise für die Erste Hilfe und anzuwendende Gegenmittel. Diese Anweisungen sind für die erste Laienhilfe am Unfallort gedacht; darüber hinaus ist in jedem Falle der Betriebsarzt zu verständigen.
Für die angegebenen Gegenmittel gelten folgende Konzentrationen:

Magenspülung mit Natriumhydrogenkarbonat:	1 %ige Lösung
Magenspülung mit verdünnter Säure:	1 %ige Ethansäure (Essigsäure)
Magenspülung mit Natriumsulfatlösung:	20 ... 25 g $Na_2SO_4 \cdot 10\ H_2O$ in 1 l Wasser
Magenspülung mit Tannin:	0,5 %ige Lösung
Magenspülung mit Kaliumpermanganat:	0,1 %ige $KMnO_4$-Lösung
Abführmittel:	50 g $MgSO_4 \cdot 7\ H_2O$ in 0,5 l Wasser
Brechmittel:	warme Milch in größeren Mengen, evtl. 1 %ige Kupfersulfatlösung
Neutralisationsmittel:	2 bis 25 g MgO in 0,1 l Wasser

Spalte Bemerkungen enthält Angaben über Vorkommen und Verwendung der Stoffe, Einstufung eines chemischen Stoffes als Gift und höchst zulässige Konzentrationen toxischer Stoffe in der Luft am Arbeitsplatz.

Es wird unterschieden in

MAK_D-Wert: Maximal zulässige Arbeitsplatzkonzentration (Dauerkonzentration), ermittelt als Durchschnittskonzentration während einer Zeitspanne von $8^3/_4$ Stunden (hier nur angegeben) und
MAK_K-Wert: Maximal zulässige Arbeitsplatzkonzentration (Kurzzeitkonzentration), ermittelt als Durchschnittskonzentration während einer Zeitdauer von 30 Minuten.
Angaben in $mg \cdot m^{-3}$

---

[1]) Nicht berücksichtigt wurde die Aufnahme von Giften durch die direkte Einführung in die Blutbahn (z. B. Injektion)

40. Giftige Stoffe, ihre Wirkungen, Maßnahmen zur Ersten Hilfe

Die *Normenwerte für nichttoxische Staubarten* sind als »zulässige mittlere Staubkonzentration« (gemessen in Teilchen · cm⁻³) aus folgender Aufstellung zu entnehmen:

Staub-gruppe	Charakte-ristik der Gruppe	Staubart	Zulässige mittlere Staubkonzentration in Teilchen · cm⁻³	der Teilchen-größe in μm	Beispiele
I	stark fibri-nogen	1. mineralische Stäube mit über 50% freier krist. Kieselsäure[1])	bis 100	5 und kleiner	Quarzsand, Silikatsteine
		2. Asbeststaub	bis 100	bis 100	Asbest
II	mittelmäßig fibrinogen	1. mineralische Stäube mit 5 bis 50% freier krist. Kieselsäure			
		a) Anteil freier krist. Kieselsäure 20 ... 50%	bis 250	5 und kleiner	quarzhaltiger Flußspat, Ton-schiefer, Schamotte, Porzellan- und Steingutmasse
		b) Anteil freier krist. Kieselsäure 5 ... 20%	bis 500	5 und kleiner	Kupferschiefer, Kieselgur, Kaolin Bauxit, Bimsstein
		2. Talkstaub	bis 500	5 und kleiner	Talk, Speckstein
III	nicht fibri-nogen	1. mineralische Stäube mit weniger als 5% freier krist. Kieselsäure			Kalkstein, Gips, Magnesit, Zement, Aluminiumoxid, Siliziumkarbid, Glasstaub
		2. mineralische und nicht-toxische metallische Stäube ohne freie krist. Kieselsäure	800	5 und kleiner	Koks, Schlacke, Stein- und Braunkohle
		3. nichttoxische pflanzliche, tierische und Kunststoffstäube ohne freie krist. Kieselsäure			Holz, Getreide, Kunststoff

[1]) Freie kristalline Kieselsäure: Quarz, Tridymit, Cristobalit.

Name	Giftwirkung	Vergiftungs-erscheinungen	Art der Aufnahme, schädliche und tödliche Mengen	Gegenmittel	Bemerkungen
Akonitin	Herzgift	Brechreiz, Atem-beschwerden, Krämpfe	innerlich 1 ... 5 mg tödlich	Brechmittel, Magenspülung, künstl. Atmung	med. Beruhigungs-mittel
Akridin	Reizstoff für Haut und Schleimhäute	Nies- und Hustenreiz, Entzündungen von Haut und Schleimhaut		frische Luft	
Amino-benzen	Blut- und Nervengift	Schwindel, Erbrechen, Kopfschmerz, Bewußtlosigkeit, blaue Gesichtsfarbe, Krämpfe, Blasenreizung, Blasen-krebs, dunkler Harn, Angst, Atemnot	eingeatmet 0,1 ... 0,2 mg · l⁻¹ Luft 6 Stunden ohne wesentliche Sym-ptome erträglich äußerlich auch wirksam innerlich 1 ... 3 g töd-lich	frische Luft- und Sauerstoffzufuhr Atemfilter: A braun Magenspülung, Karls-bader Salz, Abführ-mittel. Arzt herbei-rufen!	Gift d. Abt. 2 MAK$_D$-Wert 10 mg · m⁻³
Antimon und Ver-bindungen	Reizstoffe (Dämpfe)	Husten, Brustbeklem-mung, Magen- und Darmstörungen	eingeatmet 0,12 g töd-lich; 0,03 g tödlich für Kinder	frische Luft	Lösliche Verbindun-gen: Gifte d. Abt. 2 MAK$_D$-Wert 0,5 mg · m⁻³

40. Giftige Stoffe, ihre Wirkungen, Maßnahmen zur Ersten Hilfe

Name	Giftwirkung	Vergiftungs-erscheinungen	Art der Aufnahme, schädliche und tödliche Mengen	Gegenmittel	Bemerkungen
Antimon-(III)-chlorid	Reiz- und Ätzstoff	Brennen in Mund und Magen, Übelkeit, Erbrechen, Durchfall, Wadenkrämpfe	innerlich	Magenausspülung mit Tannin, Eiweißlösung	
Antimon-wasserstoff	Blut- und Nervengift	Kopfschmerz, Atmungsverlang-samung, allgemeine Körperschwäche, Nervenlähmung	eingeatmet $0,5 \text{ mg} \cdot \text{l}^{-1}$ Luft tödlich	frische Luft, Milch	MAK_D-Wert $0,2 \text{ mg} \cdot \text{m}^3$
Apomorphin	Nervengift	Übelkeit, heftiges Erbrechen, Schwindel, Schwäche, Atemlähmung, Ohnmacht, Krämpfe	innerlich 4,5 ... 10 mg tödlich	Brechreiz hervorrufen, Kohlegaben	Gift
Arsen und Verbindungen	Zellgifte	Zahnfleischentzündung, Magen- und Darmkatarrh, Benommenheit mit Lähmungen, Krämpfe, Kopfschmerz, Übelkeit, starkes Erbrechen	innerlich 0,3 g tödlich	Magenentleerung durch Erbrechen, Gaben von Magnesiumoxid und Tierkohle, keine alkoholischen Getränke als Gegenmittel	Gifte d. Abt. 1, Gewöhnung möglich, MAK_D-Wert $0,3 \text{ mg} \cdot \text{m}^{-3}$
Arsen(III)-chlorid	Reizstoff für Atemwege, Haut und Augen	Rachenreiz, Entzündungen und Geschwüre der Schleimhäute, besondere Wirkung auf die Lungen, Hautätzungen	eingeatmet $0,2 \text{ mg} \cdot \text{l}^{-1}$ Luft 1 Minute erträglich		
Arsen(III)-oxid		Erbrechen, Durchfall, Verdauungsstörungen; Leibschmerzen, Kräfteverfall, Wadenkrämpfe	innerlich 0,005 ... 0,05 g giftig; 0,1 ... 0,3 g tödlich	Magenentleerung durch Erbrechen, Gaben von Magnesiumoxid und Tierkohle	Heilung nach 2,3 g und 10 g möglich gewesen
Arsen-wasserstoff	Blut-, Nerven-, Zellgift	Übelkeit, Kopfschmerz, Mattigkeit, Atemnot, Schmerz in der oberen Bauchgegend, an Nieren und Leber, blutiger Harn, Bewußtlosigkeit	eingeatmet $5 \text{ mg} \cdot \text{l}^{-1}$ Luft sofort tödlich	frische Luft, sofort ärztliche Behandlung Atemfilter: 0 grau/rot	bei starker Konzentration Geruch nicht wahrnehmbar; MAK_D-Wert $0,2 \text{ mg} \cdot \text{m}^3$
Arsine	Zellgifte mit zum Teil örtlichen Reizwirkungen		eingeatmet Ug. $0,25 \ldots 45 \text{ mg} \cdot \text{m}^{-3}$ Luft		Gifte
Asbest	Atemgift	Atemnot, Atem- und Kreislaufstörungen, Lungenschädigung durch Bindegewebsneubildung (Asbestose)		Verwendung von Kolloidfilter- bzw. Frischluftmasken	
Atropin und Verwandte	Nervengifte	weite, starre Pupillen, Trockenheit im Mund, Durstgefühl, Schluckbeschwerden, Erbrechen, beschleunigter Puls, Schwindel, Krämpfe	innerlich 0,01 g giftig, 0,06 ... 0,1 g tödlich; innerlich 3 ... 10 Stück Tollkirschen tödlich	Magenausspülung mit Kohle, Glaubersalz, Tannin, Brechmittel, bei Atembeschwerden künstliche Atmung, starker Bohnenkaffee, jedoch nicht bei Bewußtlosen	Gifte Gift der Tollkirsche (Atropin)
Barbitur-säurederivate	Nervengifte	Unempfindlichkeit, Benommenheit, Übelkeit, Schwindel, Lähmung des Atemzentrums, Bewußtlosigkeit	5 ... 30 g tödlich	Abführmittel, Magenspülungen, harntreibende Mittel, künstliche Atmung	Gifte

40. Giftige Stoffe, ihre Wirkungen, Maßnahmen zur Ersten Hilfe

Name	Giftwirkung	Vergiftungs- erscheinungen	Art der Aufnahme, schädliche und tödliche Mengen	Gegenmittel	Bemerkungen
Barium und Verbindungen	Zellgifte	kolikartige Magen- und Darmkrämpfe, Muskel- und Herzlähmungen, Blässe, Atemnot	innerlich 2 ... 5 g tödlich	Magenentleerung, Tierkohle, Milch, Eiweißwasser; als Gegengift: 20 ... 25 g Natriumsulfat in 1 l Wasser eingeben	Lösliche Verbindungen: Gift MAK_D-Wert 0,5 mg $\cdot$ m^{-3}
Bariumchlorid	Zellgift	s. unter Barium			
Bariumkarbonat	Zellgift	Erbrechen, Durchfall, Schluckbeschwerden, Krämpfe, Lähmungen s. unter Barium			
Bariumnitrat	Zellgift	s. unter Barium			
Bariumsulfid	Zellgift	s. unter Barium			
Benzen und Homologe	Nerven- und Blutgifte	Benommenheit, Kopfdruck, Bewußtlosigkeit, Krämpfe, Lähmungen, Brechreiz, lichtstarre Pupille, Blutungsneigung der Schleimhäute	eingeatmet 65 mg $\cdot$ l^{-1} Luft in 5 ... 10 Minuten tödlich, 5 ... 10 mg $\cdot$ l^{-1} Luft in mehreren Stunden giftig; Giftwirkung kann auch nach Resorption durch die Haut auftreten, innerlich 20 g tödlich	frische Luft, Vitamin-C-Gabe, Alkohol meiden! Bei Atemunregelmäßigkeiten künstliche Atmung. Atemfilter: A braun Eingabe von Tierkohleaufschlämmungen	Benzen Gift giftig, da es im Körper zu Phenol oxydiert wird. Gefährdungsgruppe I lt. ASAO 728. Bedeutend stärkere Giftwirkung als bei Benzin; MAK_D-Wert 50 mg $\cdot$ m^{-3}
Benzin und Petroleum	Blut- und Nervengifte	Benzinrausch, Kopfschmerz, Bewußtlosigkeit, Krämpfe, Magen- und Darmblutungen (innerlich: Brennen in Mund und Speiseröhre), Blaufärbung des Gesichtes	eingeatmet 120 mg $\cdot$ l^{-1} Luft in 5 ... 10 Minuten tödlich; 5 ... 10 mg $\cdot$ l^{-1} Luft nach mehreren Stunden wirksam; innerlich 10 ... 12 g beim Kind tödlich, 10 ... 50 g beim Erwachsenen giftig bis tödlich, 500 ml Petroleum tödlich.	frische Luft, bei Atemunregelmäßigkeiten künstliche Atmung; Eingabe von etwa 30 g Tierkohle, Tannin, Milch	MAK_D-Wert 1 000 mg $\cdot$ m^{-3}
Benzoylchlorid	Reiz- und Ätzstoff für alle Schleimhäute	starker Hustenreiz	eingeatmet Ug. 85 mm^3 $\cdot$ m^{-3} Luft	frische Luft	Gift
Beryllium und Verbindungen	Atemgifte, Lungenreizstoffe	plötzlich heftige Atemnot, Husten, Schüttelfrost, Blaufärbung der Haut. Nach 24 ... 48 Stunden oft starkes Fieber mit anschließender Lungenentzündung	eingeatmet als Staub mit 0,01 g Be in 1 m^3 Luft noch in 1,2 km Entfernung giftig		Lösliche Verbindungen: Gift MAK_D-Wert 0,002 mg $\cdot$ m^{-3}
Bismut und Verbindungen	Zellgifte	Magen- und Darmkatarrh, Übelkeit, Erbrechen	innerlich 4 ... 8 g tödlich	Magenspülung, schleimige Getränke, Milch, Eiweißlösung	
Blausäure	Atem- und Blutgift	Schwindel, Kratzen im Hals, Kopfdruck, Atemnot, Übelkeit, Erbrechen, Krämpfe, Tod im Krampf	innerlich 60 mg tödlich	Magenausspülung mit 1 %iger Kaliumpermanganatlösung oder 1 % Wasserstoffperoxidzusatz, Sauerstoffatmung	Gift

40. Giftige Stoffe, ihre Wirkungen, Maßnahmen zur Ersten Hilfe

Name	Giftwirkung	Vergiftungserscheinungen	Art der Aufnahme, schädliche und tödliche Mengen	Gegenmittel	Bemerkungen
Blei und Verbindungen	Zellgifte mit Wirkung auf Blut, Knochenmark und Nervensystem	Speichelfluß, Appetitlosigkeit, Erbrechen, Verstopfung, Magen- und Darmkrämpfe (Bleikolik), Kopf-, Leib- und Gliederschmerzen, fahlgraue Gesichtsfarbe, Schwäche, Bleisaum an Zahnfleischrändern	eingeatmet als Staub 1 mg/Tag giftig; innerlich 20 g giftig, 20 ... 50 g tödlich	Absaugen, Kolloidfilter, Frischluftmaske; Eiweißwassergaben, Einläufe mit Karlsbader Salz (Magnesiumsulfat oder Natriumsulfat, 50 g in 0,5 l Wasser), Brechmittel	Lösliche Verbindungen: Gift MAK_D-Wert 0,15 mg · m^{-3}
Bleitetraethyl	starkes Zell- und Nervengift	Blutdrucksteigerung, schneller Kräfteverfall, heftige seelische Erregung und sonstige Erscheinungen einer Bleivergiftung (s. dort)	Aufnahme besonders leicht durch Einatmung und Resorption durch die Haut, tödlich schon nach Stunden	Berührungsstellen der Haut mit Petroleum, dann mit viel Seife und Wasser waschen. Bei Einatmung: frische Luft, sofort ärztliche Hilfe	verwendet als Antiklopfmittel; MAK_D-Wert 0,05 mg · m^{-3}; Gift
Bor und Verbindungen	Organ- und Atemgifte	Erbrechen, Durchfall, Nierenreizung, Kopfschmerz, Übelkeit	innerlich 1 ... 6 g giftig; eingeatmet als Gas, geringste Mengen giftig		
Brom	Reiz- und Ätzstoff für alle Atemwege und die Haut	Dämpfe: starker Hustenreiz, Krampfhusten, Bronchialkatarrh, Erstickungsgefühl, Brechreiz; starke Ätzwirkung auf Haut und Schleimhäute	eingeatmet 3 ... 5 mg · l^{-1} Luft sofort tödlich; 0,04 ... 0,06 mg · l^{-1} Luft in einer Stunde lebensgefährlich giftig; 0,004 mg · l^{-1} Luft längeres Arbeiten unmöglich äußerlich	frische Luft, Inhalieren von 0,3 %iger Ammoniumhydrogenkarbonatlösung oder Mentholspiritus, Körperruhe, keine künstliche Atmung; ärztliche Hilfe. Atemfilter: B grau auf der Haut mit Petroleum, Natriumhydrogenkarbonat- oder Natriumthiosulfatlösung bzw. reinem Äthanol entfernen	Gift Krankheitserscheinungen oft erst Stunden nach dem Einatmen; MAK_D-Wert 1 mg · m^{-3}
Brompropanon	Augenreizstoff	starker Tränen- und Hustenreiz	Ug. 30 mm^3 · m^{-3} Luft	frische Luft, evtl. Augenspülung mit Borwasser	
Bromwasser	Reiz- und Ätzstoff für alle Atemwege (innerlich)	starke Ätzwirkung auch auf Haut und Schleimhäute, starker Hustenreiz, Krampfhusten, Bronchialkatarrh, Erstickungsgefühl, Brechreiz	innerlich 30 g tödlich	Magenspülung mit Kohle- und Magnesiumoxidaufschlämmung	
Bromwasserstoff	Ätz- und Reizstoff für obere Luftwege	starker Hustenreiz, Bronchialkatarrh	eingeatmet Ug. 1 ... 1,5 mg · l^{-1} Luft	Inhalieren von 3 %iger Natriumhydrogenkarbonatlösung oder Alkohol, Körperruhe, keine künstliche Atmung Atemfilter: B grau	Bromwasserstoffsäure: Gift
Bromzyan	Blutgift und Reizstoff	Reizwirkung auf Augen, Rachen (Tränen, Husten), daneben Giftwirkungen von Zyanwasserstoff	eingeatmet Ug. 0,035 ... 0,085 g · l^{-1} Luft, d.h. $\approx$ 85 mm^3 · m^{-3} Luft		Gift
Bruzin	Nervengift	Blutdrucksteigerung, Blaurotfärbung der Haut, Lippen und Fingernägel, starrkrampfähnliche Erscheinungen, Muskelstarre		Magenspülung mit Tannin und Kohle, künstliche Atmung, Beruhigungsmittel	Alkaloid des Brechnußsamens, verwendet als Anregungsmittel. Gift

40. Giftige Stoffe, ihre Wirkungen, Maßnahmen zur Ersten Hilfe

Name	Giftwirkung	Vergiftungs-erscheinungen	Art der Aufnahme, schädliche und tödliche Mengen	Gegenmittel	Bemerkungen
Chinin	Herz- und Nervengift	Erregung, Ohrensausen, Gehör- und Sehstörungen, Bewußtseinsstörungen, Hemmung der Herztätigkeit, Verminderung der Pulszahl	innerlich 3 ... 8 g tödlich	Brechmittel, Kohle, Magenausspülung	Alkaloid der Chinarinde, Antifiebermittel
Chinolin		Erbrechen, Durchfall, Magen- und Darmreizungen, Herabsetzung der Körpertemperatur	innerlich 2 ... 3 g giftig	Magenspülung mit Karlsbader Salz, Kohlegaben, Eiweißlösungen eingeben	verwendet als Antiseptikum
Chlor	starkes Ätz- und Reizgas	Hustenkrämpfe, Tränenreiz, Brechreiz, Atemnot, Erstickungsgefühl, blaue Gesichtsfarbe, Lungenentzündung, blutiger Auswurf	eingeatmet 2,5 mg · l^{-1} Luft sofort tödlich; 0,1 mg · l^{-1} Luft in 0,5 bis 1 Stunde tödlich; 0,02 mg · l^{-1} Luft in 1 Stunde lebensgefährlich giftig; 0,001 mg · l^{-1} Luft bei mehrstündiger Einwirkung giftig	Inhalieren von Ammoniumhydrogenkarbonatlösung oder Alkoholdämpfen, keine künstliche Atmung, evtl. heißen Kaffee, Tee, Milch zur Reizmilderung Atemfilter: B grau	Gift bei geringen Konzentrationen Krankheitserscheinungen oft erst Stunden nach der Einatmung; MAK_D-Wert 1 mg · m^{-3};
2-Chlorethanol	Nerven- und Stoffwechselgift				Verwendung als Lösungsmittel
Chlordioxid	Reiz- und Ätzstoff	noch stärkere Wirkungen auf obere und untere Atemwege als Chlor			
Chlorpropanon	Reizstoff besonders für Augen	starker Tränen- und Hustenreiz	Ug. < 1 000 mm^3 · m^{-3} Luft		
Chlorsäure und Chlorate	Blut- und Zellgifte (Ätzstoff)	Übelkeit, Atemnot, Trockenheit im Hals, Durstgefühl, Nierenschäden, Graublaufärbung der Haut und Schleimhäute, Erbrechen, Durchfall, Benommenheit, schwacher, schneller Puls, später Gelbsucht, Blutharn, Tod durch Herzlähmung, Krämpfe	innerlich 1 ... 2 g sehr giftig, 3 ... 15 g $KClO_3$ tödlich	reichliche Flüssigkeitszufuhr, jedoch keine Säuren oder kohlendioxidhaltigen Getränke; Magnesiumsulfat als Abführmittel	Verwendung: Natriumchlorat als Unkrautvertilgungsmittel
Chlorstickstoff	Reizstoff	Reizung aller Schleimhäute, besonders der Nase und der Augen, Wirkung auf Kehlkopf, kann zu Stimmverlust führen			höchst explosiv
Chlorsulfonsäuremethylester	Reizstoff		eingeatmet Ug. 30 ... 40 mm^3 · m^{-3} Luft		
Chlorwasserstoff	Reizstoff besonders für obere Atemwege	Stumpfheitsgefühl auf den Zähnen, starker Hustenreiz, Bronchialkatarrh, gelegentlich als Folge Lungenentzündung	eingeatmet 4,5 mg · l^{-1} Luft in 5 ... 10 Minuten tödlich; $\approx$ 2 mg · l^{-1} Luft in 0,5 0,01 mg · l^{-1} Luft bei mehrstündiger Einwirkung giftig bis tödlich	frische Luft, Einatmen von Ammoniumhydrogenkarbonatnebeln oder Ethanoldämpfen	MAK_D-Wert 5 mg · m^{-3} Chlorwasserstoffsäure ab 15 Ma.-% Gift

Name	Giftwirkung	Vergiftungserscheinungen	Art der Aufnahme, schädliche und tödliche Menge	Gegenmittel	Bemerkungen
Chlorzyan	Blutgift und Reizstoff	Reizwirkung auf Augen, Rachen (Tränen, Husten), daneben Giftwirkungen von Zyanwasserstoff	eingeatmet Ug. 0,05 mg $\cdot$ l^{-1} Luft, d. h. $\approx$ 50 mm^3 $\cdot$ m^{-3} Luft		Gift
Chromium und Verbindungen	Reizstoff für Haut und Schleimhäute	Geschwüre der Haut und Schleimhäute (besonders der Nase), Stirnhöhlenentzündung, Atembeschwerden, Husten, Lungenschäden	CrO_3: 1 ... 2 g tödlich	Magenspülung mit Magnesiumoxidaufschlämmung, Milch, schleimige Getränke	lösliche Cr(III)- und Cr(VI)-Verbindungen: Gifte MAK$_D$-Wert 0,1 mg $\cdot$ m^{-3}
Chromate	Ätz- und Nierengifte	Entzündung des Magen- und Darmkanals und der Nieren, Durchfall, Fehlen der Harnabsonderung, Übelkeit, Erbrechen	innerlich 0,5 ... 8 g Kaliumchromat giftig bis tödlich; 3 ... 8 g Kaliumdichromat giftig bis tödlich	Magenspülung mit Magnesiumoxidaufschlämmung, Milch, schleimige Getränke	Gifte MAK$_D$-Wert 0,1 mg $\cdot$ m^{-3}
Diethylbarbitursäure	Nervengift	Schwindel, Übelkeit, Benommenheit, Bewußtlosigkeit, Lähmung des Atemzentrums	innerlich $\approx$ 1 ... 10 g tödlich	Magenausspülung mit Kohle, evtl. künstliche Atmung	Verwendung als Schlafmittel, Heilung nach 25 g möglich gewesen; Gift
1,4-Diaminobenzen	Blutgift und Reizstoff	reizt Haut und Schleimhäute, asthmaartige Erkrankungen mit Anfällen schwerster Atemnot		frische Luft, Arbeitsplatzwechsel, kein Alkohol!	
Diazomethan	Reizstoff und Nervengift	Reizung der Haut und aller Schleimhäute, auch des Auges, Atemnot, lang andauernder Bronchialkatarrh, Kopfschmerz, Ohnmacht	eingeatmet besonders gefährlich, da geruchlos		Verwendung als Methylierungsmittel s. a. unter Nitroverbindungen, aliphatische
1,2-Dibromethan	Nervengift, geringer Reizstoff	kaum narkotische Wirkung, Reizung der Schleimhaut am Auge, Magen- und Darmstörungen	eingeatmet 40 g tödlich	frische Luft	Gift MAK$_D$-Wert 50 mg $\cdot$ m^{-3}
1,2-Dichlorethan	Nervengift	narkotische Wirkung, Fieber, Kreislaufschäden			Gift Gefährdungsgruppe I lt. ASAO 728, s. unter Halogenkohlenwasserstoffe, aliphatische; MAK$_D$-Wert 50 mg $\cdot$ m^{-3}
Dichlordiphenyltrichlorethan (DDT)	Nervengift	Übelkeit, Erbrechen, Kopfschmerzen, Sensibilitätsstörungen, bes. im Mund, Muskelzittern, Gliederschmerzen, Lähmungen, Schwerhörigkeit, Weinkrämpfe, psychische Störungen	Vergiftung möglich durch Einnahme, Einatmung von Staub und offene Wunden! 3mal 250 mg (auch 1 g) pro Tag wurden vertragen $\approx$ 1,5 g giftig	Magenspülung mit Natriumchloridlösung, keine Milch, kein Fett oder Öl! Hautstellen mit warmem Seifenwasser abwaschen, Augen mit viel Wasser spülen	Gift MAK$_D$-Wert 1 mg $\cdot$ m^{-3}

Name	Giftwirkung	Vergiftungserscheinungen	Art der Aufnahme, schädliche und tödliche Mengen	Gegenmittel	Bemerkungen
Dichlormethan	Nervengift	narkotische Wirkung, Sehstörungen, Dauergiftwirkung gering			s. auch unter Halogenkohlenwasserstoffe, aliphatische; MAK_D-Wert 500 mg · m^{-3}
Digitalin Digitoxin	Herzgifte	Erbrechen, Durchfall, erniedrigte Körpertemperatur, unregelmäßiger Puls, Kopfschmerz, Schwindel, Bewußtlosigkeit, Herzlähmung	Bruchteile eines Milligramms oder zwei bis drei Gramm Blätter des Fingerhutes gelten als tödlich, 30 ml Tinktur tödlich	Magenspülung mit Tannin (0,5%), Darmentleerung, Anregungsmittel, Kohle- und Natriumsulfatgaben, Körperruhe	Glykoside des Fingerhutes, Verwendung als Herzmittel; Gifte
Dinitrohydroxybenzen	Nerven- und Blutgift, Reizstoff	Kopfschmerz, Schwindel, Bewußtseinsstörungen, Darmkolik, Atemnot, Augenflimmern, Ohrensausen, erhöhter Puls, Durst, Unruhe, Angst, Blaufärbung der Haut	eingeatmet und innerlich	Ruhe, frische Luft, blutbildende Mittel, keinen Alkohol!	Alkohol löst Vergiftungserscheinungen noch nach Tagen aus; s. a. unter Nitro- und Aminoverbindungen, aromatische
Dinitromethylhydroxybenzen	Blut-, Nerven- und Nierengift	Mattigkeit, Kopfschmerz, Schwindel, Verdauungsstörungen, blaue Gesichtsfarbe, Nierenschäden	innerlich 5 g tödlich	Ruhe, frische Luft, Alkohol meiden!	s. a. unter Nitroverbindungen; Alkohol löst Vergiftungserscheinungen noch nach Tagen aus; MAK_D-Wert 1 mg · m^{-3}
Dioxan	Nierengift	schwere Nierenschäden z. T. mit tödlichem Ausgang			Verwendung als Lösemittel. Gefährdungsgruppe I lt. ASAO 728; MAK_D-Wert 200 mg · m^{-3}
Dioxybenzene	Nervengifte z. T. Ätzstoffe	Staub: Reizung und Braunfärbung der Augenbindehaut, Hornhauterkrankungen, Herabsetzung der Sehschärfe; Einnahme: Schwindel, Schwäche, Bewußtlosigkeit, Erbrechen, kleiner Puls, Blaufärbung des Gesichts	ab 0,5 g stark giftig	Magenauswaschung mit viel Wasser und Aktivkohle	
Dioxybutandisäure (Weinsäure) und Salze	Ätzstoffe, Zellgifte	Schädigungen des Magen- und Darmkanals	innerlich ab 10 g giftig bis tödlich	Kalk- oder Kreideaufschlämmungen geben, Aktivkohle	
Dipropen-2-ylbarbitursäure	Nervengift	Schwindel, Übelkeit, Benommenheit, Bewußtlosigkeit, Lähmung des Atemzentrums	innerlich 2 ... 2,4 g tödlich	Magenausspülung mit Kohle, evtl. künstliche Atmung	Verwendung als Schlafmittel; Gift
Dischwefelchlorid	Reizstoff	starker Husten-, Nies-, Brech- und Tränenreiz	eingeatmet und äußerlich	frische Luft, Natriumhydrogenkarbonatlösung inhalieren; äußerlich: Waschen mit Natriumhydrogenkarbonatlösung Atemfilter: B grau	Gift

40. Giftige Stoffe, ihre Wirkungen, Maßnahmen zur Ersten Hilfe

Name	Giftwirkung	Vergiftungs-erscheinungen	Art der Aufnahme, schädliche und tödliche Mengen	Gegenmittel	Bemerkungen
Eisen-penta-karbonyl	Reizstoff	Atemnot, Schwindel, Husten, schwere Lungenreizung	eingeatmet	Ruhe, frische Luft Atemfilter: A braun	
Eisen(II)-sulfat	Ätzstoff	größere Konzentrationen und große Mengen wirken auf Schleimhäute ätzend	innerlich 4 g tödlich	Magenspülung mit Wasser, Magnesiumoxidaufschlämmung und Aktivkohle	Heilung nach 30 g möglich gewesen
Ethanal	Reizstoff für Schleimhäute und narkotische Wirkung	Kratzen im Hals, Augenbrennen	eingeatmet 20 mg · l^{-1} Luft tödlich in 1 ... 2 Stunden	frische Luft	MAK$_D$-Wert 100 mg · m^{-3}
Ethandinitril (Dizyan)	Reizstoff, Atem- und Blutgift	Erscheinungen wie bei Zyanwasserstoff, Giftwirkung jedoch geringer, Reizwirkung stärker		frische Luft, Sauerstoffatmung	Gift
Ethandiol	schwacher Ätzstoff, starkes Blut- und Nervengift	Leibschmerzen, Erbrechen, Nierenentzündung, Blut im Harn, Herzlähmung			giftig, da es zu Ethandisäure (Oxalsäure) oxydiert wird
Ethandisäure und Salze	Nierengifte	Magenschmerzen, Erbrechen, Atemnot, Krämpfe, Gliederschmerzen, Herzschwäche, Nierenentzündung, Blut im Harn, Bewußtseinsverlust	innerlich > 1 g giftig, 2,5 ... 7 g tödlich	Magenauswaschungen mit Kreide- oder Magnesiumoxidaufschlämmungen, schleimige Getränke, Eiweiß, evtl. Kalziumlaktat, Brechmittel	Gift
Ethanepoxid (Ethylenoxid)	Nerven- und Blutgift	Nierenschäden, Schwindelgefühl, Atemnot, Betäubung, Lähmung des Atemzentrums		frische Luft, völlige Körperruhe, Arzt herbeirufen	Gift Schädlingsbekämpfungsmittel, großtechnisches Zwischenprodukt; MAK$_D$-Wert 20 mg · m^{-3}
Ethanol	Nervengift mit narkotischer Wirkung; Hautreizstoff (äußerlich)	Magenkatarrh	innerlich 260 ml 100 %ig tödlich, 650 ml 40 %ig tödlich; Kinder 100 bis 200 ml 40 %ig tödlich	Magenentleerung, Bohnenkaffee	Gewöhnung möglich; MAK$_D$-Wert 1 000 mg · m^{-3}
N-Ethano-yl-4-ethoxy-amino-benzen	Blutgift	Schwindel, Mattigkeit, Übelkeit, Atemnot, Bewußtlosigkeit, blaue Gesichtsfarbe	innerlich 0,2 ... 3 g giftig ≈ 1 g tödlich	Magenspülung mit 50 g Magnesiumsulfat in 0,5 l Wasser als Abführmittel	Gift
N-Ethano-ylamino-benzen (Azet-anilid)	Blutgift	Übelkeit, Schwindel, Mattigkeit, blaue Gesichtsfarbe, Herzschwäche, Atemnot, Bewußtlosigkeit	innerlich 0,5 ... 4 g tödlich	Magenspülung, Magnesiumsulfat als Abführmittel, Anregungsmittel	Verwendung als Fiebermittel; MAK$_D$-Wert 100 mg · m^{-3}
N-Ethano-yl-4-brom-amino-benzen	Blutgift		innerlich 0,2 ... 0,3 g giftig		Gift
O-Ethano-l-2-oxy-benzen-carbon-säure	Ätzstoff für Magen und Darm	Magen- und Darmblutungen	innerlich 10 g und mehr tödlich	Eingabe von Tierkohleaufschlämmungen	Fiebermittel, Antineuralgin

40. Giftige Stoffe, ihre Wirkungen, Maßnahmen zur Ersten Hilfe

Name	Giftwirkung	Vergiftungserscheinungen	Art der Aufnahme, schädliche und tödliche Mengen	Gegenmittel	Bemerkungen
N-Ethanoylphenylhydrazin	Blutgift	s. Nitroverbindungen, aromatische	innerlich 0,1 ... 0,5 g giftig		
Ethansäure (Essigsäure)	Ätzstoff für Haut, Schleimhäute und Atmungsorgane	Verätzungen von Mund, Speiseröhre und Magen, Würgen und Erbrechen, Leibschmerzen, Blut im Harn und im Stuhl	innerlich 60 ... 70 ml 80%ige Säure tödlich, 50 ml 96%ige Säure tödlich, auch 20 g sind tödlich	keine Magenspülung, Gaben von Aufschlämmungen von Magnesiumoxid, Kreide oder Natriumhydrogenkarbonat in Milch äußerlich: Waschen mit 5%iger Ammoniumhydroxidlösung (nicht Augen!)	80%ige Säure, Gift MAK_D-Wert 20 mg · m^{-3}
Ethansulfochlorid	Reizstoff		eingeatmet Ug. 50 mg · m^{-3} Luft	frische Luft	
Ethen	Stickgas	Betäubung, Lähmung des Atemzentrums	eingeatmet 1100 mg · l^{-1} Luft tödlich in 5 ... 10 Minuten, 575 mg · l^{-1} Luft erträglich 0,5 ... 1 Stunde		für kurzzeitige Narkosen im Gemisch mit Sauerstoff
Ethin	Stickgas	Betäubung, Lähmung des Atemzentrums	eingeatmet 550 mg · l^{-1} Luft tödlich in 5 ... 10 Minuten, 110 mg · l^{-1} Luft erträglich 0,5 ... 1 Stunde		Narkosemittel in reinster Form, technisches Gas auf Grund von Verunreinigungen erheblich giftiger
Ethoxyethan	Nervengift	narkotische Wirkung, lähmend auf Herz und Zentralnervensystem	eingeatmet 8 g und mehr tödlich, innerlich 30 ... 50 g tödlich	frische Luft, Atemfilter: A braun	Gewöhnung möglich; MAK_D-Wert 500 mg · m^{-3}
Ethylbromethanat	Reizstoff für alle Schleimhäute		Ug. 80 mm^3 · m^{-3} Luft		
Eukalyptusöl	Nierengift		innerlich 3 g giftig		
Fluor und seine Verbindungen	Ätz- und Zellgifte	Erkrankungen der Knochen, Gelenke und Bänder (Fluorose)			
Fluoride	Ätz- und Zellgifte	Reizung aller Schleimhäute und Schädigung der Gewebe	innerlich 1 ... 10 g tödlich, 0,25 g heftiges Erbrechen	Magenspülung mit Kalkwasser, Milch, Kohle; Abführmittel (Rizinus), viel Flüssigkeit geben	Lösliche Verbindungen: Gift
Fluorwasserstoff	Ätz- und Zellgift	Reizung der Augenbindehaut und Schleimhäute der Luftwege, Erbrechen, Kurzatmigkeit, Bronchialkatarrh, Schädigung der Zähne, Gewebe und Fingernägel	innerlich 5 ... 15 g tödlich, 1 Eßlöffel 9,2%iger Fluorwasserstoff tödlich äußerlich auch verdünnt ätzend	Magenspülung mit Kalkwasser, Milch und Kohle, Abführmittel (Rizinus), viel Flüssigkeit geben Hautverätzungen mit 2- bis 3%igem Ammoniumhydroxid abwaschen	Gift MAK_D-Wert 1 mg · m^{-3}
Germaniumwasserstoff	Blut-, Nerven- und Zellgift	Übelkeit, Kopfschmerz, Mattigkeit, Atemnot, Schmerzen in der Bauchgegend	eingeatmet Giftwirkung zwischen Arsenwasserstoff und Zinnwasserstoff	frische Luft	

Name	Giftwirkung	Vergiftungserscheinungen	Art der Aufnahme, schädliche und tödliche Mengen	Gegenmittel	Bemerkungen
Halogenkohlenwasserstoffe, aliphatische	Nerven- und Zellgifte, z.T. Organgifte und Reizstoffe	betäubende Wirkungen, Magen- und Darmstörungen, Reizung von Haut- und Schleimhäuten, Schädigung von Herz, Leber, Nieren und Sinnesorganen, Nervenstörungen z.T. mit Tobsuchtsanfällen	Aufnahme durch Einatmung und durch die Haut, selten über den Nahrungsweg	frische Luft Atemfilter: A braun oder B Grau	
Halogenkohlenwasserstoffe, aromatische	Nervengifte, Organgifte, z.T. Reizstoffe	narkotische Wirkungen, Nervenlähmungen, Leber- und andere Organschäden, Erbrechen, Schwäche	Aufnahme durch Einatmung und besonders durch Resorption durch die unverletzte Haut	frische Luft	Dichlorbenzen: Gefährdungsgruppe II lt. ASAO 728
Heroin	Nervengift	Rausch, Schwindel, Müdigkeit, Verminderung der Schmerzempfindlichkeit, Entzündungen von Mund und Speiseröhre, Magenstörungen, Gliederlähmung, Krämpfe, Atemlähmung	innerlich 0,01 g giftig, 0,06 ... 0,2 g tödlich 0,003 ... 0,005 g medizinische Dosen	Magenspülung mit Kaliumpermanganat, Magnesiumsulfat, Kohle; künstliche Atmung	Verwendung als hustenstillendes Mittel
γ-Hexachlorzyklohexan (Hexa, HCH)	Atem- und Nervengift	Erbrechen, Schwäche, Schwindel, Lähmungserscheinungen, Muskelzittern, Bewußtlosigkeit	innerlich und eingeatmet, äußerlich 200 g eines 3%igen HCC-Präparates verstäubt: nach 15 Minuten Erbrechen und Lähmungserscheinungen innerlich 1,5 g tödlich	innerlich: Magenspülung mit Kochsalzlösung, kein Fett, kein Öl, keine Milch; äußerlich: Haut mit warmem Seifenwasser abwaschen	s. u. Halogenkohlenwasserstoffe, aromatische, MAK_D-Wert 0,2 mg · m^{-3}
O-Hydroxy-benzen-Karbonsäure (Salizylsäure) und Verbindungen	Ätzstoffe, Organgifte	Magen- und Darmblutungen	innerlich 0,7 ... 3,6 g je Tag giftig bis tödlich; 5 g tödlich	Magenspülung mit Tierkohle	5,5 g je Tag wurden vertragen
2-Hydroxy-propansäure (Milchsäure)	Ätzstoff	Verätzungen von Mund, Speiseröhre, Magen, Leibschmerzen, Erbrechen, Blut im Harn	innerlich 100 ml einer 33%igen Lösung tödlich	Milch, Eiswasser, Magnesiumoxidaufschlämmungen	
Insulin	Organgift	Müdigkeit, Kraftlosigkeit, Schweißausbruch, Schwindel, Delirien, Krämpfe	innerlich	Zucker, bes. Traubenzucker	nicht bei Zuckerkranken
Iod und Verbindungen	Ätzstoffe	Ätzwirkung auf alle Gewebe, besonders Schleimhäute, Husten, Schnupfen, Atemnot, Kopfschmerz, Stirnhöhlen- und Bronchialkatarrh, Durchfall, Speichelfluß, Erbrechen	eingeatmet 0,001 mg · l^{-1} Luft: Arbeiten ungestört, 0,003 mg · l^{-1} Luft: Arbeiten unmöglich, innerlich 20...30 ml Tinktur tödlich	frische Luft und Einatmen von Alkohol- oder Ammoniumhydrogenkarbonatdämpfen; Hautverätzungen mit Natriumthiosulfatlösung oder mit reinem Ethanol abwaschen	
Iodide	Ätzstoffe	Ätzwirkung auf alle Gewebe, besonders	innerlich 3 ... 4 g tödlich	Magenspülung mit Magnesiumoxidauf-	

Name	Giftwirkung	Vergiftungs-erscheinungen	Art der Aufnahme, schädliche und tödliche Mengen	Gegenmittel	Bemerkungen
Iodide (Forts.)		Schleimhäute, Husten, Schnupfen, Tränen, Durchfall, Kopfschmerz, Stirnhöhlen- und Bronchialkatarrh		schlämmungen, Gaben von Eiweißlösungen oder 1 %iger Natriumthiosulfatlösung (10 ... 20 ml) Mehl, Stärke, Brech- und Abführmittel	
Iodpropanon	Reizstoff	starker Tränenreiz, Hustenreiz	eingeatmet Ug. > 100 mm$^3 \cdot$ m^{-3} Luft		
Iodtinktur	Ätzstoff	Ätzwirkung auf alle Gewebe, besonders Schleimhäute, Husten, Schnupfen, Tränen, Durchfall, Kopfschmerz, Stirnhöhlen- und Bronchialkatarrh	innerlich 20 ... 30 g tödlich	Magenspülung mit Magnesiumoxidaufschlämmungen, Gaben von Eiweißlösungen	
Kadmiumverbindungen	Reizstoff für alle Schleimhäute, Zellgift	Husten, »Kadmiumschnupfen«, Benommenheit, Übelkeit, Schwindelanfälle, stundenlanges Erbrechen, Durchfall, Krampfanfälle an Armen und Beinen, Geruchsminderung	innerlich 0,03 g Kadmiumsulfat lang anhaltendes Erbrechen, 0,16 g giftig	Magenspülung mit Tannin und Kohle, Gaben von Milch, Eiweißlösungen, schleimigen Getränken, Anregungsmittel	Gift MAK$_D$-Wert 0,1 mg $\cdot$ m^{-3} außer Kadmiumsulfid
Kakodylchlorid	Reizstoff und Zellgift	reizt Nasen- und Rachenschleimhäute, Niesen und Husten, Erbrechen, Magen- u. Darmkatarrh, Durchfall, Lähmungen, Krämpfe	eingeatmet Ug. 20 mm$^3 \cdot$ m^{-3} Luft		Gift
Kakodyloxid	Reizstoff und Zellgift	reizt Nasen- und Rachenschleimhäute, Niesen und Husten, Erbrechen, Magen- u. Darmkatarrh, Durchfall, Lähm., Krämpfe	eingeatmet Ug. 30 mm$^3 \cdot$ m^{-3} Luft		Gift
Kakodylzyanid	Reizstoff und Zellgift	reizt Nasen- und Rachenschleimhäute, Niesen und Husten, Erbrechen, Magen- u. Darmkatarrh, Durchfall, Lähmungen, Krämpfe	eingeatmet Ug. 10 mm$^3 \cdot$ m^{-3} Luft		Gift
Kaliumaluminiumsulfat	Ätzstoff	in geringen Konzentrationen zusammenziehende, in höheren ätzende Wirkung in Mund und Speiseröhre, Erbrechen	innerlich 0,9 g tödlich beim Kind, 2 g giftig beim Erwachsenen, 30 g tödlich beim Erwachsenen	Brechmittel, Eingabe von schleimigen Getränken	
Kaliumantimonyltartrat	Zellgift	Metallgeschmack, Übelkeit, Durchfall, Krämpfe, Erbrechen	innerlich 0,1 ... 2 g giftig	Magenauswaschung mit Tannin-, Eiweißlösung, Milch	überwiegend mit Arsen verunreinigt; Gift
Kaliumhexazyanoferrat (II u. III)	Blutgift	Schwindel, Kratzen im Hals, Kopfdruck, Atemnot, Übelkeit, Erbrechen, Krämpfe, Tod im Krampf	besonders als Staub giftig		Verwendung zur Metallhärtung

40. Giftige Stoffe, ihre Wirkungen, Maßnahmen zur Ersten Hilfe

Name	Giftwirkung	Vergiftungserscheinungen	Art der Aufnahme, schädliche und tödliche Mengen	Gegenmittel	Bemerkungen
Kaliumhydrogenethandiat	Nierengift	Magenschmerzen, Erbrechen, Atemnot, Krämpfe, Gliederschmerzen, Herzschwäche, Nierenentzündung, Blut im Harn, Bewußtseinsverlust	innerlich 2 ... 30 g tödlich, 1 g stark giftig		Gift
Kaliumhydroxid	Ätzstoff	Verätzungen und Schwellung der Mundschleimhaut, Schluckbeschwerden, Erbrechen, Durchfall, Puls- und Herzschwäche	eingeatmet in konzentrierter Form tödlich, innerlich etwa 20 g 10%ige Lösung tödlich, auch geringe Mengen (5%ige Lösung) schwere Verätzungen	Gaben von verdünnter Ethan- (Essig-) oder Zitronensäure, schleimige Getränke, Milch, Eiweiß	Feststoff und 5%ige Lauge: Gift
Kaliumnitrat	Ätzstoff	Verätzungen des Magen- und Darmkanals, Erbrechen, Koliken, Zittern, Taumeln, Krämpfe, tiefe Bewußtlosigkeit	innerlich 5 g giftig 8 ... 10 g tödlich	Magenspülung mit verdünnten Säuren und Kohle	
Kaliumpermanganat	Ätzstoff	starke Verätzungen von Schlund und Speiseröhre, Erbrechen	innerlich 5 ... 20 g tödlich, 5%ige Lösung stark ätzend	Magenspülung, Kohle	
Kaliumquecksilberiodid	Ätzstoff und Zellgift	ätzende Wirkung des Kaliums und Zellgiftwirkung des Quecksilbers	innerlich 1 ... 1,5 g giftig bis tödlich	Magenspülung mit Milch, schleimige Lösungen, Brech- und Abführmittel	Gift
Kaliumzyanat	Atem- und Blutgift	Schwindel, Kratzen im Hals, Kopfdruck, Atemnot, Übelkeit, Erbrechen, Krämpfe, Tod im Krampf	innerlich 3 g tödlich	Magenausspülung mit 0,1%iger Kaliumpermanganatlösung oder 1% Wasserstoffperoxidzusatz, Sauerstoffatmung	
Kaliumzyanid	Atem- und Blutgift	Schwindel, Kratzen im Hals, Kopfdruck, Atemnot, Übelkeit, Erbrechen, Krämpfe, Tod im Krampf	innerlich 0,2 ... 0,3 g tödlich	Magenausspülung mit 0,1%iger Kaliumpermanganatlösung oder 1% Wasserstoffperoxidzusatz, Sauerstoffatmung	Gift
Kalziumzyanamid	Reiz- und Nervengift	Atmung beschleunigt, Atemnot, Herztätigkeit erhöht, Schwindel, Hustenreiz, Druck auf der Brust, Frieren der Glieder, Reizung der Haut und der Schleimhäute		Staubmasken verwenden!	Alkohol meiden, da Wirkung beschleunigt bzw. verstärkt wird Gift
Kampfer	Nerven- und Herzgift	in geringer Menge anregende, in größerer Menge lähmende Wirkung auf Atmung, Herztätigkeit und Zentralnervensystem	innerlich 1 g beim Kind tödlich		
Kantharidin	Ätzstoff	Hautreizung mit Blasenbildung, Schluckbeschwerden, Schwächeanfall, Schüttelfrost, Krämpfe, blutiger Durchfall	innerlich 0,006 g giftig, 0,01 ... 0,03 g tödlich	Brechmittel, schleimige Getränke, Magenspülung, keine Fette, keine Öle!	Wirkstoff der »Spanischen Fliege«, Verwendung für Zugpflaster. Gift

40. Giftige Stoffe, ihre Wirkungen, Maßnahmen zur Ersten Hilfe

Name	Giftwirkung	Vergiftungserscheinungen	Art der Aufnahme, schädliche und tödliche Mengen	Gegenmittel	Bemerkungen
Kobaltverbindungen	Atemgifte	Stäube rufen Lungenerkrankungen hervor		Staubmaske verwenden!	MAK_D-Wert $0,1\ mg \cdot m^{-3}$
Kodein	Nervengift	schwach narkotische Wirkung, Pulsverminderung, Muskelschwäche	innerlich 0,1 ... 0,2 g giftig, 0,8 g tödlich	Magenspülung mit Tanninlösung, Kohle	Opiumalkaloid, hustenstillendes Mittel, s. a. Morphin
Koffein	Nervengift	Schlaflosigkeit, Erregung, Augenflimmern, Zittern, Herzklopfen, Benommenheit	innerlich 0,2 g können giftig wirken, 7 ... 10 g können tödlich wirken	körperliche Ruhe	Alkaloid des Kaffees, Tees, Kakaos und des Kolasamens
Kohlendioxid	Stickgas	beschleunigte Atmung, Atemnot, Unruhe, Kopfdruck, Ohrensausen, Herz- und Schläfenklopfen, Trübung und Verlust des Bewußtseins, Krämpfe, Atemstillstand	eingeatmet 2,5% $\triangleq$ 45 mg $\cdot l^{-1}$ Luft ohne Einfluß, 6% $\triangleq$ 108 mg $\cdot l^{-1}$ Luft Atmungsbeschwerden, 8 ... 10% $\triangleq$ 140 ... 180 mg $\cdot l^{-1}$ Luft Bewußtlosigkeit, 20 ... 30% $\triangleq$ 360 mg $\cdot l^{-1}$ Luft Lähmung in wenigen Sekunden	frische Luft, künstliche Atmung	Filtermasken schützen nicht gegen Kohlendioxid, sondern nur Frischluft- oder Kreislaufgeräte bzw. Filterbüchsen verwenden; MAK_D-Wert $9000\ mg \cdot m^{-3}$
Kohlendisulfid (Schwefelkohlenstoff)	Nervengift, Organgift	Kopfschmerzen, Sehstörungen, Mattigkeit, Schwindel, Verwirrung mit nachfolgender Betäubung, Bewußtlosigkeit, chronisch: Nervenlähmungen	eingeatmet 6 ... 15 mg $\cdot l^{-1}$ Luft tödlich in 0,5 ... 1 Stunde, 1 ... 1,2 mg $\cdot l^{-1}$ Luft bei mehrstünd. Einwirkung giftig, 0,15 mg $\cdot l^{-1}$ Luft bei monatelanger Einatmung giftig. Aufnahme durch Resorption durch die Haut möglich, innerlich 3 ... 5 g tödlich	eingeatmet: frische Luft, künstliche Atmung, warme Bäder Atemfilter: A braun bei Einnahme: Magenspülung, Kohlegaben	Gift Gefährdungsgruppe I lt. ASAO 728; MAK_D-Wert $50\ mg \cdot m^{-3}$
Kohlenmonoxid	Blutgift	Kopfdruck mit Schwindelgefühl, Ohrensausen, Verwirrung, Sprachstörungen, Brechreiz, Schwächegefühl in den Beinen, Bewußtlosigkeit, Blaufärbung des Gesichts; in großen Konzentrationen schlagartiges Hinstürzen, Krämpfe, Atemlähmung	eingeatmet 1% Kohlenmonoxid in der Atemluft sofortiger Tod; 0,1% Kohlenmonoxid in der Atemluft Bewußtlosigkeit und Tod in wenigen Stunden; 0,01% Kohlenmonoxid in der Atemluft nach Stunden deutliche Vergiftungserscheinungen	frische Luft, Einatmen von Alkoholdämpfen, Sauerstoffatmung. Haut- und Geruchsreizungen, keine Narkotika. Atemfilter: CO 1 ... 3 cm breiter schwarzer Ring	Gehalt des Kohlenmonoxids in Rauch 0,1 ... 0,5% Leuchtgas 5 ... 18% Auspuffgase 7 ... 10% Generatorgas 25 ... ≈29% Sprenggas 30 ... 60%; MAK_D-Wert $55\ mg \cdot m^{-3}$
Kohlensäuredichlorid (Phosgen)	Reiz- und Ätzgas	relativ geringe Ätzwirkung in den oberen Atemwegen, und im Auge, schwerste Verätzungen der Lungen, Brustschmerzen, Brechreiz, Husten mit schaumigem Auswurf, Atemnot, Blaufärbung der Haut, Benommenheit; nach diesen Erscheinungen stundenlanges Wohlbefinden möglich, danach erneuter Anfall	eingeatmet 0,02 ... 0,1 mg $\cdot l^{-1}$ Luft in 0,5 ... 1 Stunde tödlich, 15mal giftiger als Chlor!	ruhig legen, Sauerstoffeinatmung, keine künstliche Atmung, sofort Arzt rufen! Inhalieren von 0,25%iger $NaHCO_3$-Lösung Atemfilter: B grau	Gift MAK_D-Wert $0,5\ mg \cdot m^{-3}$

40. Giftige Stoffe, ihre Wirkungen, Maßnahmen zur Ersten Hilfe

Name	Giftwirkung	Vergiftungs-erscheinungen	Art der Aufnahme, schädliche und tödliche Mengen	Gegenmittel	Bemerkungen
Kokain	Nervengift	Pupillenerweiterung, erhöhte Puls- und Atemtätigkeit, Herzklopfen, Unruhe, Schwindel, Zittern der Hände, Lähmungserscheinungen, besonders der Haut, Krämpfe, Bewußtlosigkeit, Tod durch Atemlähmung	innerlich 0,005 g je Tag giftig, 0,1 ... 1,5 g tödlich	Magenspülung mit Tanninlösung bei Atemunregelmäßigkeiten künstliche Atmung, starker Kaffee (nicht bei Bewußtlosen!)	Gewöhnung bis 2,5 g je Tag bekannt, Hauptalkaloid des Kokastrauches, Lokalbetäubungsmittel; Gift
Kolchizin	Zell- und Nervengift	Brennen im Mund, Erbrechen, Durchfall, Leibschmerzen, unregelmäßiger Puls, Bewußtlosigkeit, Lähmungen, Muskelzittern, Atemnot	innerlich 20 mg können tödlich wirken ($\approx$ 5 g Samen)	Magenspülung mit Tanninlösung, Brechmittel, Kohlegaben, Bettwärme	Wirkstoff der Herbstzeitlose; Verwendung gegen Gicht und Ischias; Gift
Koniin	Nervengift	Schwindel, Übelkeit, Erbrechen, Brennen in Mund und Rachen, Kopfschmerz, Unempfindlichkeit der Haut, Abnahme der Tastempfindung, Krämpfe, Atemstillstand, Durchfall	innerlich 0,1 ... 1 g tödlich 1 ... 2 Tropfen Saft giftig bis tödlich	Magenspülung mit Tanninlösung, Brechmittel, Kohlegaben, Magenspülung mit Natriumsulfat, Bettwärme	Alkaloid des gefleckten Schierlings
Kreosot	Ätzstoff	Haut- und Schleimhautzerstörung	innerlich 1,8 g tödlich für Kinder, 7,2 g tödlich für Erwachsene		Bestandteil des Guajakols, Desinfektionsmittel
Krotonöl	Ätzstoff	Brennen und Rötung der Haut und Schleimhäute, allgemeine Schwäche, Erschöpfung, Durchfall, mit Magen- und Darmentzündung, Koliken	innerlich 1 ... 2 Tropfen $\hat{=}$ 0,04 ... 0,08 g giftig, 20 Tropfen (0,4 ... 0,8 g) tödlich	erst Magenspülung mit Tannin, dann schleimige Getränke (Milch), viel Flüssigkeit, Gaben von Kohle, Natriumsulfat	Abführmittel
Kumarin und Verbindungen	Blut- und Zellgifte	stören bzw. heben die Gerinnungsfähigkeit des Blutes auf	innerlich 4 g giftig		Geruchsstoff des Waldmeisters, Verwendung in der Parfümerieindustrie und Ungeziefervertilgung (Ratten, Mäuse)
Kupfer und Verbindungen	Zellgifte, z. T. Ätzstoffe	anhaltendes Erbrechen, schmerzhafter Durchfall, starke Erregung, Kopfschmerz, Herzschwäche, unregelmäßige Atem- und Pulstätigkeit, Schwindel, Delirien, Lähmung	innerlich 0,2 g Kupfer Erbrechen	nach Magenentleerung durch Erbrechen Zufuhr von Milch, Haferschleim, Eiweiß, evtl. Eisenpulver	Lösliche Verbindungen: Gift MAK_D-Wert 0,2 mg · m^{-3}
Kupferethanat, basisch	s. unter Kupfer	s. unter Kupfer	innerlich 10 ... 20 g tödlich	nach Magenentleerung durch Erbrechen Zufuhr von Milch, Haferschleim	Gift
Kupfersulfat-5-Wasser	s. unter Kupfer	s. unter Kupfer	innerlich 9 ... 20 g tödlich	nach Magenentleerung durch Erbrechen Zufuhr von Milch, Haferschleim	Gift

40. Giftige Stoffe, ihre Wirkungen, Maßnahmen zur Ersten Hilfe

Name	Giftwirkung	Vergiftungserscheinungen	Art der Aufnahme, schädliche und tödliche Mengen	Gegenmittel	Bemerkungen
Lithium und Verbindungen	Ätzstoffe	entsprechen etwa den Kaliumverbindungen, meist jedoch stärkere Wirkung	innerlich 0,2 g Lithium je kg Körpergewicht tödlich	Magenspülung mit verdünnten Säuren, Milch	
Lithiumchlorid	Ätzstoff	s. unter Lithium	innerlich 8 g giftig		
Magnesium und Verbindungen	Ätzstoffe	nur in großen Konzentrationen und Mengen giftig, wohl durch Wirkung der Säurereste			MAK_D-Wert 10 mg · m^{-3}
Mangan und Verbindungen	Nervengifte und Ätzgifte	fast ausschließlich chronische Giftwirkungen, besonders auf Lunge und Nervensystem	eingeatmet	Absaugen des Staubes, dichte Ummantelung der Maschinen	MAK_D-Wert 5 mg · m^{-3}
Metaldehyd	Reizstoff für Schleimhäute, narkotische Wirkung und Krampfgift	Reizung der Magenschleimhaut, Magenbeschwerden, Übelkeit, Bewußtlosigkeit, Minderung der Herztätigkeit	innerlich 2 g tödlich beim Kind		Gift
Methanal	Reizstoff und Zellgift	reizt alle Schleimhäute und die Hornhaut des Auges, innerlich: Brennen in Mund und Magen, Brechreiz, Darmkatarrh, Erblindung, Nesselausschlag, Herzschwäche, Schwindel, Bewußtlosigkeit, Blaufärbung des Gesichts	eingeatmet, äußerlich: 3 ... 4%ige Lösung Hautaufrauhung, innerlich 10 ... 50 ml 40%ige Lösung tödlich	eingeatmet: frische Luft Atemfilter: A braun bei Verätzungen: Verdünnte Ammoniaklösung, Magenauswaschungen, rohes Eiweiß, Kohlegaben, Abführmittel	Gift MAK_D-Wert 2 mg · m^{-3}
Methanol	Nerven- und Organgift	weniger berauschend als Ethanol, Reizung der Bindehaut und der Schleimhäute der Luftwege, Sehstörungen (Flimmern, Schmerzen der Augäpfel), Erblindung, Übelkeit, kolikartiges Erbrechen, Herzstörungen, Atemstillstand	eingeatmet können die Dämpfe zu plötzlicher Bewußtlosigkeit führen; innerlich 10 ... 100 g tödlich, 8 ... 20 g dauernde Erblindung, auch Resorption durch die Haut möglich	frische Luft innerlich: Magenspülungen mit Natriumhydrogenkarbonatlösung, Gaben von Kohle und Karlsbader Salz, Anregungsmittel (Kaffee), Wärme, Sauerstoffinhalation	Gift Gefährdungsgruppe I lt. ASAO 728; MAK_D-Wert 100 mg · m^{-3}
Methansäure	Ätzstoff	Verätzung der Mundschleimhaut, Erbrechen, Magenschmerzen	innerlich 2%ige Säure schädlich, 0,1 ... 0,2% unbedenklich	Magenspülungen mit Natriumhydrogenkarbonatlösungen, Eingabe von Magnesiumoxid- und Kreideaufschlämmungen	50%ige Säure Gift
N-Methylethanoylaminobenzen	Blut- und Nervengift	Übelkeit, Schwindel, Herzschwäche, Bewußtlosigkeit, blaue Gesichtsfarbe	innerlich 0,75 g giftig	Magenspülung und als Abführmittel 50 g Magnesiumsulfat in 0,5 l Wasser	Verwendung als Fiebermittel; Gift
Methylbenzen (Toluen)	Nerven- und Blutgift	Benommenheit, Kopfdruck, Bewußtlosigkeit, Krämpfe, Lähmungen, Brechreiz, lichtstarre Pupille, starke narkotische Wirkung	bereits bei 0,05 ml · l^{-1} Luft narkotische Wirkung		Gefährdungsgruppe II lt. ASAO 728; MAK_D-Wert 200 mg · m^{-3}

40. Giftige Stoffe, ihre Wirkungen, Maßnahmen zur Ersten Hilfe

Name	Giftwirkung	Vergiftungs-erscheinungen	Art der Aufnahme, schädliche und tödliche Mengen	Gegenmittel	Bemerkungen
Methyl-bromethanol	Reizstoff für alle Schleimhäute		Ug. 45 mm$^3 \cdot$ m^{-3} Luft		
2-Methyl-butan-2-ol	Nervengift	Übelkeit, rauschartige Erregungen, Magenreizung, Lähmungen	innerlich 27 ... 35 g tödlich	Magenspülung, Brechmittel, Tierkohle	früher Schlafmittel
Methyl-chlormethanat	Reizstoff		eingeatmet Ug. 75 mm$^3 \cdot$ m^{-3} Luft		
Monobromethan	Nervengift	Angstgefühl, Schwindel, Bewußtlosigkeit, Herzlähmung	innerlich 10 ... 15 g giftig	Brechmittel, Anregungsmittel, künstliche Atmung	MAK$_D$-Wert 500 mg $\cdot$ m^{-3}
Monobromethan (Methylbromid)	Nervengift, Organgift,	Kopfschmerz, Schwindel, Benommenheit, Appetitlosigkeit, Sehstörungen, Netzhautblutungen, Nachwirkung auf Gehirn, Bewußtseinsverlust	eingeatmet 1 mg $\cdot$ l^{-1} Luft giftig	stets Arzt aufsuchen, frische Luft, künstliche Atmung, Anregungsmittel, bei Einnahme: Brechmittel	Gift s. a. unter Halogenkohlenwasserstoffe, aliphatische; MAK$_D$-Wert 50 mg $\cdot$ m^{-3}
Monochlormethan	Nervengift	schwach narkotische Wirkung, Übelkeit, Erbrechen, Durchfall, Sehstörungen, Gehörstörungen, nach Tagen Krämpfe, Tod		stets Arzt aufsuchen! frische Luft, künstliche Atmung, Anregungsmittel, bei Einnahme: Brechmittel	s. a. unter Halogenkohlenwasserstoffe, aliphatische; MAK$_D$-Wert 100 mg $\cdot$ m^{-3}
Morphin	Nervengift	Rausch, Schwindel, Juckreiz, Verminderung der Schmerzempfindlichkeit, Schlafbedürfnis, verengte Pupillen, Kopfschmerzen, Erbrechen, Harnverhaltung, Krämpfe, Bewußtlosigkeit, Atemlähmung, allgemeine Lähmung	innerlich 0,1 ... 0,5 g tödlich (Gewöhnung an Mehrfaches möglich) Kinder: 0,004 g tödlich	Magenspülung mit Kaliumpermanganatlösung und Gaben von Kohle, künstliche Atmung, starker Kaffee (nicht bei Bewußtlosen!)	Alkaloid des Schlafmohns, Verwendung als schmerzstillendes und Schlafmittel; Gift
Mutterkorn-Alkaloide	Nervengifte	Übelkeit, Benommenheit, Pupillenerweiterung, Schwindel, Erbrechen, schwacher, langsamer Puls, Schlafsucht, Durchfälle, Koliken, Lähmungserscheinungen einzelner Glieder, Schüttelkrämpfe, Tod in Bewußtlosigkeit	innerlich 1 ... 4 g giftig bis tödlich	Magenspülung mit Tannin, gefäßerweiternde und anregende Mittel, Brechmittel	Giftwirkung durch die Alkaloide Ergotamin $C_{33}H_{35}O_5N_5$, Ergotoxin $C_{35}H_{41}O_6N_5$, Ergotinin $C_{35}H_{39}O_5N_5$, Gift
Naphthalen	Nervengift	geringe narkotische Wirkung, nur bei starker Konzentration giftig	innerlich 1,3 ... 2 g tödlich beim Kind, 5 g beim Erwachsenen tödlich		MAK$_D$-Wert 20 mg $\cdot$ m^{-3}
α- und β-Naphthol	Nervengift	ätzen äußerlich die Haut unter Bildung von Geschwüren, Übelkeit, allgemeine Körperschwäche	innerlich 3 g tödlich, auch Resorption durch die Haut möglich		
Natrium	Ätzstoff	Verätzungen von Haut und Schleimhäuten		Spülung mit Ethanol	Gift

Name	Giftwirkung	Vergiftungs-erscheinungen	Art der Aufnahme, schädliche und tödliche Mengen	Gegenmittel	Bemerkungen
Natrium-bromid	Ätzstoff		innerlich 3 g tödlich beim Kind, 100 g tödlich beim Erwachsenen	Magenspülung	
Natrium-hydroxid	Ätzstoff	Verätzungen von Haut und Schleimhäuten wie mit Kaliumhydroxid	Konzentrationen wie bei Kaliumhydroxid	Gaben von verdünnter Ethan- (Essig-) oder Zitronensäure, schleimige Getränke, Milch, Eiweiß	Neutralisation mit verdünnter Säure. Feststoff und 5%ige Lauge: Gifte d. Abt. 2; MAK_D-Wert $2\ mg \cdot m^{-3}$
Natrium-tetra-borat-10-Wasser	Organgift	Erbrechen, Durchfall, Nierenreizung			
Nickel-tetra-karbonyl	Reizstoff	starke Reiz- und Ätzwirkung auf die Lungen, Husten, Atemnot, Schwindel, Schüttelfrost, Fieber, nicht selten tödliche Lungenentzündung	eingeatmet 7 ... 30 $mg \cdot l^{-1}$ Luft giftig	frische Luft Atemfilter: A braun	Gift
Nickel-verbin-dungen	Reizstoffe	als Stäube führen sie zu ekzemartigen Hauterkrankungen, sog. Nickelkrätze			MAK_D-Wert $0,5\ mg \cdot m^{-3}$
Nikotin	Nervengift	Schwindel, Kopfschmerz, verstärkte Speichel- und Schweißabsonderung, Sehstörungen, langsamer Puls, Herzschwäche, Verwirrtheitszustände, Ohnmacht, Erbrechen, Durchfall	innerlich und eingeatmet 30 ... 60 mg tödlich. Nichtraucher: 1 ... 4 mg je Tag giftig. Raucher: bis zu 16 ... 20 mg je Stunde vertragbar	Magenspülung mit Tannin, Abführmittel, Anregungsmittel wie Alkohol, Kaffee, künstliche Atmung, Bettruhe	Alkaloid des Tabaks, der 0,5 ... 5% Nikotin enthält. Gift MAK_D-Wert $0,5\ mg \cdot m^{-3}$
Nirvanol	Nervengift	Schwindel, Übelkeit, Benommenheit, Schlafbedürfnis, Lähmung des Atemzentrums	innerlich 20 g tödlich	künstliche Atmung, Magenspülung mit Kohlezusatz	Schlafmittel
Nitrite	Blutgifte	Kopfschmerz, Unruhe, Übelkeit, Durchfall, Ohnmacht, Atemnot, Erbrechen, Blutarmut (Blaufärbung der Lippen)	innerlich 0,5 g leicht giftig, 2 g schwer giftig, 5 g tödlich	Magenspülung unter Zusatz von Kohle und Natriumsulfat	Gift im Pökelsalz dürfen 0,6 g $NaNO_2$ in 100 g Mischsalz enthalten sein
Nitro-glyzerin	Nerven- und Blutgift	Kopfschmerz, Unruhe, Schlaflosigkeit, Magen- und Darmstörungen, Erbrechen, Durchfall, Lähmung der Kopf- und Augenmuskulatur	innerlich 2 ... 3 mg giftig, 10 g tödlich	kein Alkohol, Öl oder Fett! Magenspülung mit Natrium- bzw. Magnesiumsulfat	Gift
Nitrosyl-chlorid	Reizstoff	reizt Schleimhäute und Haut ohne stärkere Allgemeinachwirkungen		frische Luft, Einatmen von Ammoniumhydrogenkarbonat-Nebeln	
Nitro-, Diazo- und Aminover-	Blutgifte, z.T. Reizstoffe	Reizung aller Schleimhäute und der Haut, Erbrechen, Atemnot,	Aufnahme durch Einatmung bzw. Einnahme	frische Luft, Sauerstoffzufuhr, künstliche Atmung, Anregungs-	

40. Giftige Stoffe, ihre Wirkungen, Maßnahmen zur Ersten Hilfe

Name	Giftwirkung	Vergiftungserscheinungen	Art der Aufnahme, schädliche und tödliche Mengen	Gegenmittel	Bemerkungen
bindungen, aliphatische		Kopfschmerz, Unruhe, Schlafbedürfnis, Blutarmut, Bronchialkatarrh		mittel (z. B. Kaffee); kein Alkohol! Atemfilter: A braun	
Nitro- und Aminoverbindungen, aromatische	Blut- und Nervengifte, z.T. Organgifte	Erbrechen, blaue Verfärbung der Haut, Lippen und Schleimhäute, Kopfschmerz, Benommenheit, schwere Atemnot, Bewußtseinstrübung bis Bewußtlosigkeit, Tod durch Atemlähmung, z.T. schwere Leber-, Nieren- und Blasenschäden (Gelbsucht)	Aufnahme durch Einatmung, Einnahme und Resorption durch die Haut, meist chronische Vergiftungen; innerlich schon einige Gramm tödlich, z.B. Nitrobenzol 4 ... 10 g tödlich	Sauerstoffatmung innerlich: Magenspülungen, Aktivkohle, Karlsbader Salz als Abführmittel, schleimige Getränke, kein Alkohol, Öl oder Fett! Atemfilter: A braun	Vergiftung wird oft durch geringste Alkoholmengen ausgelöst, Berührung vermeiden, z.T. Hautreizungen, meist Gifte d. Abt. 2 z. B. Nitrobenzen, Nitrotoluen, p-Nitrophenol, MAK_D-Wert 1 ... 5 mg · m^{-3}
N,N-Dimethylmethanamid					Lösungsmittel für PAN; MAK_D-Wert 30 mg · m^{-3}
Opium	Nervengift	Schwindel, Verminderung der Schmerzempfindlichkeit, Rausch, Schlafbedürfnis	innerlich 4 ... 8 g Tinktur tödlich, 0,3 g Extrakt tödlich	Magenspülung mit Kaliumpermanganatlösung und Kohle, künstliche Amung	eingedickter Saft der Mohnkapseln; s. a. Morphin
Osmium (VIII)-oxid	Zellgift, Reizstoff	reizt Schleimhäute, besonders Augen, Augenflimmern innerlich: Verätzungen des Magen- und Darmkanals, Erbrechen, Durchfall			
Ozon	Reizstoff	reizt die Schleimhäute in Augen, Nase und Rachen, Stechen unter dem Brustbein	eingeatmet 0,001 mg · l^{-1} Luft deutlicher Reiz, 0,002 mg · l^{-1} Luft Hustenreiz, Müdigkeit nach 1,5 Stunden		MAK_D-Wert 0,2 mg · m^{-3}
Paraldehyd	Reizstoff für Schleimhäute und narkotische Wirkung	Reizung der Magenschleimhaut, Magenbeschwerden, Übelkeit, Bewußtlosigkeit, Minderung der Herztätigkeit	innerlich 15 ... 25 g tödlich	Magenspülung, evtl. künstliche Atmung	verwendet als Schlafmittel, Gift
Pentanol	Nervengift	Kopfschmerzen, Erbrechen, Magen- und Darmkatarrh, Bewußtseinstrübung	innerlich 0,5 g giftig (die Isomeren des Pentanols sind giftiger als n-Pentanol)	Magenentleerung, Kaffee, Ruhe	giftiger Bestandteil des Fuselöls; MAK_D-Wert 100 mg · m^{-3}
Pentylnitrit (Amylnitrit)	Blutgift	Kopfschmerz, Pulsschwäche und Pulsbeschleunigung, Angstgefühl, Bewußtlosigkeit, Rot- bis Blaufärbung des Gesichts	innerlich 7 ... 15 g tödlich eingeatmet 15 g tödlich	Magen- und Darmentleerungen (Karlsbader Salz), Sauerstoffinhalation, kein Alkohol! Kohlegaben Atemfilter: A braun	Verwendung gegen Epilepsie, Gift

Name	Giftwirkung	Vergiftungs-erscheinungen	Art der Aufnahme, schädliche und tödliche Mengen	Gegenmittel	Bemerkungen
Hydroxybenzen (Phenol)	Ätzstoff für Haut und Schleimhäute	Verätzungen von Mund und Rachen, Erbrechen, Schwindel, Bewußtlosigkeit, blaue Gesichtsfarbe, dunkelgrüner Harn	innerlich 1 ... 30 g tödlich	innerlich: Magenspülung mit viel Wasser, Aktivkohle-Gaben (1 g Kohle bindet 40 ... 45 mg Phenol), Gaben von Magnesiumoxid, 10%igem Alkohol äußerlich: Abwaschen mit verdünntem Alkohol, fettem Öl; Atemfilter: B grau oder A braun	Gift MAK_D-Wert 20 mg · m^{-3}
Phenylethen (Styrol)	Nerven- und Blutgift	Benommenheit, Kopfdruck, Bewußtlosigkeit, Krämpfe, Lähmungen, Brechreiz, lichtstarre Pupille, Zahnfleisch-, Zungen-, Haut- und Hirnblutungen			MAK_D-Wert 200 mg · m^{-3}
Phenylethylbarbitursäure	Nervengift	Schwindel, Übelkeit, Benommenheit, Bewußtlosigkeit, Lähmung des Atemzentrums	innerlich 1 ... 4 g tödlich	Magenausspülung mit Kohle, evtl. künstliche Atmung	Verwendung als Schlafmittel. Gift
Phenylbrommethan	Augenreizstoff		Ug. 30 ... 40 mm^3 · m^{-3} Luft	frische Luft	MAK_D-Wert 5 mg · m^{-3}
2-Phenylchinolin-4-karbonsäure			innerlich 35 ... 70 g giftig	frische Luft	
Phenylchlormethan	Augenreizstoff		Ug. < 10 mm^3 · m^{-3} Luft	Magenspülung unter Zusatz von Tierkohle	MAK_D-Wert 5 mg · m^{-3}
1-Phenyl-2,3-dimethyl-4-dimethylaminopyrazolon-5	Nervengift		innerlich 1,8 g je Tag giftig, 8 ... 10 g tödlich		
1-Phenyl-2,3-dimethyl-pyrazolon-5	Nervengift		innerlich 0,2 g tödlich beim Kind, 0,25 g giftig beim Erwachsenen, 1 ... 3 g tödlich beim Erwachsenen		Fiebermittel
Phenyliodmethan	Augenreizstoff		Ug. 15 mm^3 · m^{-3} Luft	frische Luft	
Phenylkarbylamindichlorid	Reizstoff und Blutgift	starker Nasen-, Augen-, Rachenreiz und Vergiftungserscheinungen wie bei Zyanwasserstoff	eingeatmet Ug. 30 mm^3 · m^{-3} Luft	frische Luft	
Phosphor (weiß)	Ätzstoff, Zellgift, mit Wirkungen auf Leber	Verdauungsbeschwerden, Mattigkeit, Erbrechen, Leibschmerzen, nach einigen Tagen Leberschwellungen, Gelbsucht, Herzschwäche, Haut- und Schleimhautblutungen, Durchfall, Bewußtseinsverlust, langsamer, weicher Puls, Phosphorgeruch des Erbrochenen	eingeatmet führen Dämpfe zu chronischen Knochenschäden, innerlich 0,06 ... 0,1 g tödlich, 0,01 g deutliche Giftwirkungen	äußerlich: Feuchthalten, 2%ige Kupfersulfatlösung; kein Fett, kein Öl! innerlich: Oxydationsmittel (Kaliumpermanganatlösung), Tierkohlegaben, keine Milch, kein Öl, kein Fett! 3%ige Natriumhydrogenkarbonat- oder 1%ige Kupfersulfatlösung geben	MAK_D-Wert 0,1 mg · m^{3}

40. Giftige Stoffe, ihre Wirkungen, Maßnahmen zur Ersten Hilfe

Name	Giftwirkung	Vergiftungs-erscheinungen	Art der Aufnahme, schädliche und tödliche Mengen	Gegenmittel	Bemerkungen
Phosphor-chloride	Ätz- und Reizstoffe	starke Reiz- und Ätzwirkungen auf obere und tiefere Atemwege, Husten, schmerzhafte Augenentzündung, Schluckbeschwerden	eingeatmet 5 ... 6mal stärker wirksam als Chlorwasserstoff	Inhalieren von Ammoniumhydrogenkarbonat-Nebeln oder Ethanoldämpfen Atemfilter: B grau	Gifte
Phosphorsäure	Ätzstoffe	Verätzungen von Mund, Schleimhaut und Magen, Erbrechen, Durchfall, Leibschmerzen		Magenausspülen mit Magnesiumoxidaufschlämmungen, Natriumhydrogenkarbonatlösung, evtl. Kreideaufschlämmungen, Milch	50%ige Säure Gift MAK_D-Wert $1\;mg \cdot m^{-3}$
Phosphorsäureester vom Typ Diethyl-p-nitrophenolthiophosphat oder Hexaethyltetraphosphat	Nervengifte	Übelkeit, Erbrechen, verstärkte Speichelabsonderung, Schwindel, Schwäche, Krämpfe, Nervenlähmungen, Zittern, unsicherer Gang, Muskelzuckungen, Müdigkeit, starke Pupillenerweiterung, Tod unter größten Qualen in etwa einer Stunde	innerlich wirkten 10 mg nach 9 Stunden tödlich, die tödliche Dosis liegt aber wahrscheinlich viel niedriger	innerlich: viel Tierkohle, Magenausspülung mit 0,1%iger Kaliumpermanganatlösung äußerlich: enganliegende Schutzkleidung, tägliches Bad als Vorbeugung, Spritzer mit viel Wasser abwaschen, kein Fett oder Öl, schnellste ärztliche Hilfe erforderlich!	Gift besondere Vorsicht bei Temperaturen über 25 °C: Verdampfung! Verwendung als Insektizide
Phosphorwasserstoff	Nervengift, Blut- und Zellgift	Schmerzen in der Zwerchfellgegend, Kältegefühl, Druckgefühl in der Brust, Angst, Atemnot, Schwindel, unsicherer Gang, Ohnmacht, Zuckungen der Gliedmaßen, Krämpfe, schnelle Betäubung	eingeatmet $1,4\;mg \cdot l^{-1}$ Luft tödlich in wenigen Minuten, $0,1\;mg \cdot l^{-1}$ Luft jedoch erträglich, jedoch nach 6 Stunden noch giftig bis tödlich	frische Luft, ärztliche Behandlung (sofort) Atemfilter: 0 grau/rot	MAK_D-Wert $0,1\;mg \cdot m^{-3}$
Propanon	Nervengift	narkotische Wirkung etwa der des Ethanols entsprechend, Kopfschmerz, Unwohlsein	eingeatmet 10 ... 20 g täglich erträglich		MAK_D-Wert $1\,000\;mg \cdot m^{-3}$
Propen	Stickgas	betäubende Wirkung, Lähmung des Atemzentrums	eingeatmet 35 ... 40% Erbrechen, Narkose	frische Luft	
Propenal	Reizstoff für alle Schleimhäute	Husten- und Tränenreiz	eingeatmet Ug. $70\;mg \cdot m^{-3}$ Luft	frische Luft, 0,3%ige Ammoniumhydrogenkarbonatlösung inhalieren	entsteht beim Überhitzen von Fetten, kommt in Motorabgasen vor; MAK_D-Wert $0,25\;mg \cdot m^{-3}$
Propen-2-ylisothiozyanat	Reizstoff für Haut und Schleimhäute, Blutgift	starke Reizwirkung auf Augen, Nase, Rachen	eingeatmet Ug. $40\;mg \cdot m^{-3}$ Luft	frische Luft	
Pyridin u. Pyridinbasen	Nervengifte, örtliche Reizstoffe	Augenreiz und Reizung der Schleimhäute, Kratzen im Hals, Schwindel, Kopfschmerz, Benommenheit, Erbrechen, Husten, Leibschmerzen, Hautröte, Lähmung der Kopfnerven	innerlich ≈ 15 g tödlich	Magenspülung unter Zusatz von Tierkohle, schleimige Getränke; Einatmung der Dämpfe vermeiden!	Gift MAK_D-Wert $10\;mg \cdot m^{-3}$

40. Giftige Stoffe, ihre Wirkungen, Maßnahmen zur Ersten Hilfe

Name	Giftwirkung	Vergiftungserscheinungen	Art der Aufnahme, schädliche und tödliche Mengen	Gegenmittel	Bemerkungen
Quecksilber und Verbindungen	Zellgifte, Nervengifte, Organgifte (z. T. Ätzstoffe)	Entzündung der Mundschleimhaut und des Zahnfleisches, brennender Schmerz in der Speiseröhre und Magen, blutiges Erbrechen und blutiger Durchfall, Leibschmerzen, schwere Nierenschädigung mit Versagen der Harnbildung, oft Graublaufärbung der Haut, Nervosität	innerlich	Magenspülung unter Zusatz von Kohle; bei Einnahme: wiederholtes Trinken einer Aufschlämmung von 20 g Natriumhydrogenkarbonat, 50 g Traubenzucker, 3 Eiweiß in 0,5 l Milch, Natriumsulfatlösung	Gift außer HgS u. Hg_2Cl_2 MAK_D-Wert 0,1 mg·m^{-3} (Quecksilberorgan. Verbindungen); MAK_D-Wert 0,05 mg·m^{-3} (metall. Quecksilber und lösliche anorgan. Verb., berechnet als Hg)
Quecksilber, metallisch	s. unter Quecksilber und Verbindungen		eingeatmet noch 0,1 ... 0,02 mg Quecksilberdampf je Tag giftig nach Monaten, Alkoholiker und Tbc-Kranke besonders anfällig	s. unter Quecksilber und Verbindungen	
Quecksilberaminochlorid	s. unter Quecksilber und Verbindungen		innerlich 1 ... 6 g giftig, 8 g tödlich		Gift
Quecksilber(I)-chlorid					Gift Verwendung als Abführmittel, nicht ungefährlich, 1 g Aktivkohle bindet 850 mg Quecksilber(I)-chlorid
Quecksilber(II)-chlorid	s. Quecksilber und Verbindungen		innerlich 0,1 ... 0,2 g giftig, 0,5 g tödlich	s. unter Quecksilber und Verbindungen	Gift
Quecksilber(II)-iodid			innerlich 0,06 g giftig, 0,25 g und mehr tödlich, wahrscheinlich liegt die tödliche Dosis noch niedriger		
Quecksilber(II)-nitrat			innerlich 1,5 g tödlich		
Quecksilberoxid			innerlich 0,5 ... 0,8 g giftig, 1 ... 1,5 g tödlich		
Quecksilbersalizylat			innerlich 0,02 ... 0,1 g tödlich		
Quecksilber(II)-sulfat			innerlich 3,6 g tödlich		
Quecksilber(II)-zyanid			innerlich 0,1 g giftig, 0,6 ... 1,2 g tödlich		
Rubidiumverbindungen	Ätzstoffe		innerlich ≈ 1 g je kg Körpergewicht tödlich		
Salipyrin	Ätzstoff, Organgift	Magen- und Darmblutungen	innerlich 3 g giftig	Magenausspülung mit Tierkohle	

40. Giftige Stoffe, ihre Wirkungen, Maßnahmen zur Ersten Hilfe

Name	Giftwirkung	Vergiftungserscheinungen	Art der Aufnahme, schädliche und tödliche Mengen	Gegenmittel	Bemerkungen
Salpetersäure	Ätzstoff	Verätzungen der Haut und Schleimhäute, gelbe Ätzstellen, Schluckbeschwerden, Erbrechen braunschwarzer Massen, blutiger Stuhl, schwacher Puls, Krämpfe	Dämpfe eingeatmet: 0,03 mg · l^{-1} Luft Reiz 1 Stunde ertragbar, 0,3 ... 0,4 mg · l^{-1} Luft Ätzung der Schleimhäute, 0,5 ... 1 mg · l^{-1} Luft tödlich in 0,5 ... 1 Stunde innerlich 2 g konzentrierte Salpetersäure tödlich	frische Luft, keine künstliche Atmung! innerlich: vorsichtige Neutralisation mit Magnesiumoxid-Milchaufschlämmungen, Eiweißgaben	15%ige Säure: Gift MAK_D-Wert 5 mg · m^{-3}
Salzsäure	Ätzgift	weiße Verätzungen in Mund und Rachen, Erbrechen, Durchfall, Blutharn, Bewußtlosigkeit	50 g 37%ig tödlich beim Erwachsenen, 5 g 37%ige tödlich beim Kind	Neutralisation: Magenspülung mit Magnesiumaufschlämmung, Milch-, Eiweißwasser, viel Flüssigkeit	15%ige Säure: Gift MAK_D-Wert 5 mg · m^{-3}
Schwefeldioxid	Reiz- und Ätzstoff	reizt besonders die oberen Atemwege, erregt Entzündungen der Schleimhäute	eingeatmet 8 mg · l^{-1} Luft in 5 ... 10 Minuten tödlich, 0,4 ... 1,7 mg · l^{-1} Luft giftig bis tödlich nach 1 Stunde, 0,02 ... 0,03 mg · l^{-1} Luft giftig nach mehreren Stunden	Sprühnebel von Ammoniumhydrogencarbonatlösung einatmen, auch Alkoholdämpfe, Sauerstoffinhalation Atemfilter: E gelb	MAK_D-Wert 10 mg · m^{-3}
Schwefelsäure	Ätz- und Reizstoff	Verätzungen von Mund- und Rachenschleimhäuten, Schluckbeschwerden, Erbrechen dunkler Massen, Schmerzen und Krämpfe, Bewußtlosigkeit	innerlich 4 ... 6 g tödlich, 0,5 ... 1%ige Lösung giftig	vorsichtige Magenspülung, Öl, Eiweiß, Magnesiumoxid-Milchaufschlämmungen, kein Brechmittel!	15%ige Säure: Gift MAK_D-Wert 1 mg · m^{-3}
Schwefelsäuredimethylester	Ätz- und Reizstoff für tiefe Atemwege und Haut	nach längerer Einatmung plötzlich Atemnot, Erstickungsgefahr durch Lungenverätzung, Entzündungen der Augen	Einatmung der Dämpfe und äußerlich	Einatmen von Ammoniumhydrogencarbonat-Nebeln, ruhig lagern! Keine künstliche Atmung! Sofort zum Arzt!	Verwendung als Methylierungsmittel; Gift MAK_D-Wert 5 mg · m^{-3}
Schwefeltrioxid	Ätz- und Reizstoff	Verätzungen der Mund- und Rachenschleimhäute	eingeatmet 0,5 mg · m^{-3} Luft ohne Reize ertragbar, 2 ... 8 mg · l^{-1} Luft stärkere Reizwirkung	Einatmen von Ammoniumhydrogencarbonat-Nebeln, Gurgeln mit Natriumhydrogencarbonatlösung	MAK_D-Wert 1 mg · m^{-3}
Schwefelwasserstoff	Reizstoff, Nervengift, Zellgift	Reizung der Augen und Atmungsorgane, Augenentzündungen, Bronchialkatarrh, Lichtscheue, Übelkeit, Rücken- und Gliederschmerzen, bei höheren Konzentrationen Ausschaltung der Geruchsnerven, Krämpfe, Betäubung, Tod durch Atemlähmung	eingeatmet 1,2 ... 2,8 mg · l^{-1} Luft ≙ 0,1 % sofort tödlich, 0,6 mg · l^{-1} Luft ≙ 0,05 % in 0,5 ... 1 Stunde tödlich, 0,1 ... 0,15 mg · l^{-1} Luft ≙ 0,02 % bei mehrstündiger Einatmung bereits giftig	frische Luft, Körperruhe, Sauerstoffatmung, (auch bei Scheintod) Atemfilter: L gelb/rot oder M gelb/grün	in hoher Konzentration geruchlich nicht wahrnehmbar; MAK_D-Wert 15 mg · m^{-3}
Selen und Verbindungen	Reizstoff, Zellgift	Reizung und Entzündung der oberen Atemwege, der Augen und der Nase sowie der Haut	Reizwirkung stärker als Schwefelwasserstoff		MAK_D-Wert 0,1 mg · m^{-3} Selen(IV)-Verbindungen Gift

40. Giftige Stoffe, ihre Wirkungen, Maßnahmen zur Ersten Hilfe

Name	Giftwirkung	Vergiftungserscheinungen	Art der Aufnahme, schädliche und tödliche Mengen	Gegenmittel	Bemerkungen
Silber und Verbindungen	Zellgifte	Graublaufärbung der Haut und Schleimhäute (durch Silberablage), Magenschmerzen, Erbrechen, Durchfall, Benommenheit, Schüttelfrost, Krämpfe		Magenspülung mit 2%iger Natriumchloridlösung, schleimige Getränke (Milch, Eiweiß), als Abführmittel Rizinusöl, keine salzartigen Abführmittel	Lösliche Verbindungen: Gift
Silbernitrat	Zellgift, Ätzstoff	s. unter Silber	innerlich tödliche Dosen nicht bekannt (noch nach 32 g Wiederherstellung)	Magenspülung mit Natriumchloridlösung, schleimige Getränke, Eiweiß, Milch	Gift
Siliziumfluorwasserstoff und Silikofluoride	Reizstoff für alle Schleimhäute	Reizung aller Schleimhäute und Schädigung der Gewebe	innerlich ≈ 50 g tödlich (Natriumfluorosilikat), innerlich ≈ 4 ... 6 g tödlich (Ammoniumfluorosilikat)	Magenspülung mit Kalkwasser, Milch und Kohle, Abführmittel (Rizinus), viel Flüssigkeit geben	Vergiftungen durch Verwechslung mit Ungeziefermitteln häufig; giftig wirken auch: Fluoroaluminate, Kryolith, Phosphorit, Apatit, Fluorkohlenstoffverbindungen, Siliziumfluorwasserstoff und lösliche Silikofluoride; Gift
Stickstoff	Stickgas	Bewußtlosigkeit, Atemlähmung	eingeatmet 85% in der Luft tödlich	Sauerstoffatmung	
Stickstoffoxide	Blutgifte, Nervengifte, Reizstoffe	ätzende und entzündungserregende Wirkung auf die Schleimhäute, besonders die der tiefen Atemwege, nach stundenlanger, beschwerdefreier Zeit plötzliche Atemnot, schaumiger, gelbweißer Auswurf, Erstickungsgefahr	eingeatmet 1 mg·l^{-1} Luft in 5 ... 10 Minuten tödlich, 0,2 ... 0,5 mg·l^{-1} Luft längere Zeit einatembar, doch giftig	absolute Körperruhe, Sauerstoffzufuhr, keine künstliche Atmung, in jedem Fall schonender Transport zum Krankenhaus, nicht tief atmen lassen, evtl. Inhalieren von Wasserdämpfen, in jedem Fall ärztliche Hilfe! Atemfilter: B grau	MAK$_D$-Wert 10 mg·m^{-3}
Stickstoffwasserstoffsäure	Reiz- und Ätzstoff, Blutgift	Ätzwirkung auf alle Schleimhäute, besonders Schwellung der Nasenschleimhäute, die ein Atmen durch die Nase unmöglich macht, Lähmung der Sehkraft in wenigen Minuten, tiefe Ohnmacht	eingeatmet 0,005 ... 0,01 g in wenigen Minuten Lähmung der Sehkraft und Ohnmacht	künstliche Atmung, frische Luft, evtl. meist schnelle Erholung	
Strontiumverbindungen	Zellgifte, Ätzstoffe	Durchfälle, Leibschmerzen, Harnverhaltung, Kurzatmigkeit, unregelmäßige Herztätigkeit, Pulsverlangsamung, Bewußtlosigkeit	innerlich weniger giftig als Bariumverbindungen, doch häufig durch diese verunreinigt	Magenspülung mit Natriumsulfat- und Magnesiumsulfatbeigaben (löffelweise)	Lösliche Verbindungen: Gift
Strontiumoxid	Augenätzstoff			Strontiumoxid im Auge: Spülen mit Zuckerlösung (20 g in 0,5 l Wasser)	Gift

40. Giftige Stoffe, ihre Wirkungen, Maßnahmen zur Ersten Hilfe

Name	Giftwirkung	Vergiftungserscheinungen	Art der Aufnahme, schädliche und tödliche Mengen	Gegenmittel	Bemerkungen
Strophantin	Herzgift	Übelkeit, unregelmäßiger, harter Puls, Bewußtseinstrübung, Halluzinationen, Brechreiz, kalter Schweiß, Leibschmerzen	innerlich 0,7 ... 2 mg tödlich	Magenspülung mit Natriumsulfat und Aktivkohle, Anregungsmittel (Kaffee), Bettruhe	Gift
Strychnin	Nervengift	Atemnot, Angstgefühl, Lichtscheue, blaue Gesichtsfarbe, Nacken- und Kiefernstarre, Muskelkrämpfe, besonders der Arme und Beine, Blaufärbung der Haut	innerlich 10 ... 20 mg giftig, 0,02 ... 0,1 g tödlich	Magenspülung mit Tannin und Kohle, künstliche Atmung mit Sauerstoffzusatz, Brechmittel, starker Kaffee, Alkohol	Alkaloid des Brechnußsamens, Verwendung als Anregungsmittel bei Atmungs- und Kreislaufstörungen; Gift
Sulfonal	Nervengift	Schwindel, Kopfschmerz, taumelnder Gang, Verstopfung, Lähmungen	innerlich 10 ... 50 g tödlich	Magenspülungen, künstliche Atmung	Verwendung als Schlafmittel
Tellurverbindungen	Zellgifte, Nervengifte, schwache Reizstoffe	Reizstoffe besonders für die Nasenschleimhäute, verleihen dem Atem knoblauchartigen Geruch, Kopfschmerz,	innerlich und eingeatmet	innerlich: Magenspülungen, Eiweiß, Milch eingeatmet: frische Luft, Körperruhe, Sauerstoffatmung	
Tetrachlorethan	Reizstoff, Nervengift	reizt die Schleimhäute der Atemwege, Leberschäden, Nervenentzündungen		frische Luft, kein Alkohol!	Gift Gefährdungsgruppe I lt. ASAO 728; MAK$_D$-Wert 10 mg · m^{-3}
Tetrachlorethen	Nervengift, Reizstoff	Reizung von Augenbindehaut und Atemorganen, Kopfschmerzen, Schwindel, allgemeine nervöse Zustände		frische Luft, künstliche Atmung	Gift MAK$_D$-Wert 500 mg · m^{-3}
Tetrachlormethan	Nervengift, Organgift	Brechreiz, Benommenheit, Augenschädigungen, Magen- und Verdauungsschädigungen, Leber- und Nierenschäden, Narkose	10 mg · l^{-1} Luft bei mehrstündiger Einwirkung giftig, innerlich 2 ml giftig, 10 ... 20 g tödlich	frische Luft, künstliche Atmung	Gift Gefährdungsgruppe I lt. ASAO 728; MAK$_D$-Wert 50 mg · m^{-3}
1,2,3,4-Tetrahydro-naphthalen (Tetralin)	Nervengift	geringe narkotische Wirkung	innerlich 5 ... 7 g giftig		MAK$_D$-Wert 100 mg · m^{-3}
Tetramethylblei	Zellgift, Nervengift	s. Bleitetraethyl			Gift
Tetranitromethan	Blutgift, Reizstoff	Reizung der Schleimhäute, Kopfschmerz, Mattigkeit, Schlafsucht, Blutarmut			s. a. unter Nitro-, Diazo- und Aminoverbindungen, aliphatische
Tetranitro-N-methylaminobenzen	Reizstoff, Nerven- und Blutgift	Reizung der Haut und Schleimhäute, besonders Nasen- und Rachenreiz, Blaufärbung der Haut, Atemnot, Bewußtlosigkeit	eingeatmet innerlich	frische Luft, Sauerstoffatmung; Magenspülung, Abführmittel, Karlsbader Salz	s. u. unter Nitro- und Aminoverbindungen, aromatische

Name	Giftwirkung	Vergiftungs-erscheinungen	Art der Aufnahme, schädliche und tödliche Mengen	Gegenmittel	Bemerkungen
Thallium-verbin-dungen	Nerven- und Muskelgifte	Mattigkeit, Blutarmut, Nervenschmerzen, Seh- und Hörstörungen, Lähmungen, Psychosen, Haarausfall, Herz-, Leber-, Nieren-schädigungen	innerlich 0,5 ... 1 g tödlich	Abführmittel, Magen-spülung mit Kohle, reichliches Trinken von Milch oder Tee, Eiweißgaben, Brech-mittel	Verwendung als Ungeziefermittel; Gift außer Thallium-sulfid MAK_D-Wert 0,1 mg · m^{-3}
Theo-bromin	Nervengift	schwere Kopfschmer-zen, Benommenheit	innerlich 2 ... 5 g giftig	Bettruhe, Beruhigungs-mittel	
Theo-phyllin	Nervengift	Erregbarkeit, Übelkeit, Erbrechen, Krampf-wirkung	innerlich 0,6 ... 0,9 g tödlich	Beruhigungsmittel	
Thionyl-chlorid	Ätzstoff	Reizwirkung auf Haut und Atmungsorgane, kann schon in niedrigen Konzentrationen zu Kehlkopfverschluß und so zum Erstickungstod führen	eingeatmet und äußerlich	Einatmen von Dämpfen einer Natriumhydrogen-karbonatlösung, Wasserdampf, Alkohol-dämpfe äußerlich: Soda- oder Kalkaufschlämmungen	Gift
Thio-zyanate	Blutgifte		innerlich 0,3 ... 0,5 g giftig bis tödlich	Magenspülung mit Tierkohle	Lösliche Verbin-dungen: Gift
Thymol	Reizstoff, Organgift	geringe örtliche Reizung der Haut	innerlich 6 ... 10 g giftig		
Tribrom-methan	Nervengift	rauschähnliche Erre-gung, Bewußtlosigkeit, oberflächliche Atmung, kleiner Puls, Herz-lähmung	innerlich 5 ... 6 g tödlich	Magenspülung, künstliche Atmung	Verwendung gegen Keuchhusten; Gift
2,2,3-Tri-chlor-butanal-Hydrat	Nervengift	Kratzen im Hals, Atem-verlangsamung, Er-brechen, Atemlähmung	innerlich 5 g giftig		Antineuralgikum
Trichlor-ethan	Nervengift	narkotische Wirkung mit Kopfschmerzen für einige Tage		frische Luft	s. a. unter Halogen-kohlenwasserstoffe, aliphatische; MAK_D-Wert 500 mg · m^{-3}
Trichlor-ethanal-Hydrat	Nervengift	Kratzen im Hals, Atemverlangsamung, Erbrechen, niedriger Blutdruck, schwacher aussetzender Puls, Pupillenerweiterung, Benommenheit, Bewußt-losigkeit, Atemlähmung	innerlich 0,9 ... 12 g tödlich	Magenentleerung, künstliche Atmung	Verwendung als Schlafmittel, Gewöhnung mög-lich; Gift
Trichlor-ethen	Nervengift, Reizstoff	Kopfschmerz, Schwin-del, Doppelsehen, Herz-beschwerden, Atemnot, Ohnmacht, Magendrük-ken, Brechreiz, tödliche Narkose; chronische Nervenschädigungen	eingeatmet	frische Luft, Sauerstoff-atmung, nicht rauchen (Phosgenbildung mög-lich)	Verwendung als Lösungsmittel; Gift Gefährdungs-gruppe I lt. ASAO 728; MAK_D-Wert 250 mg · m^{-3}
Trichlor-methan	Nervengift	Atem- und Pulsver-langsamung, Pupillen-erweiterung, Ver-dauungsstörungen, Er-brechen, Halluzinatio-nen, Herzschock, Atem-stillstand	eingeatmet 125 ... 200 mg · l^{-1} Luft in wenigen Minuten tödlich; 20 ... 30 mg · l^{-1} Luft mehrere Stunden erträglich; innerlich 30 g tödlich	künstliche Atmung, frische Luft, Herz-massage, Hautreize Magenspülung mit Kohle	Gift MAK_D-Wert 200 mg · m^{-3}

40. Giftige Stoffe, ihre Wirkungen, Maßnahmen zur Ersten Hilfe

Name	Giftwirkung	Vergiftungs-erscheinungen	Art der Aufnahme, schädliche und tödliche Mengen	Gegenmittel	Bemerkungen
Trichlor-nitro-methan	Reizstoff, Blutgift	reizt Augen und Lunge, weniger die oberen Atemwege, Augenbindehautentzündung, Erbrechen, Magenbeschwerden, Blutarmut	eingeatmet Ug. $60\ mm^3 \cdot m^{-3}$ Luft	frische Luft, Sauerstoffatmung Atemfilter: A braun	s. a. unter Nitro-, Diazo- und Aminoverbindungen, aliphatische
Triiod-methan	Nervengift, Ätzstoff		innerlich 5 g tödlich	Magenspülung, Eiweiß, Milch	
o-Tri-kresyl-phosphat		Übelkeit, Erbrechen, Kopfschmerz, Schwindel, Durchfälle nach Wochen: Muskelschwäche, Wadenschmerzen, Lähmungen, besonders der Arme und Beine	Aufnahme besonders durch die Haut bzw. durch Einatmen beim Zerstäuben	Spritzer mit viel Wasser abwaschen, kein Fett oder Öl! äußerlich: enganliegende Schutzkleidung, tägl. Bad als Vorbeugung innerlich: viel Tierkohle, Magenspülung mit 0,1 %iger Kaliumpermanganatlösung	Gift MAK_D-Wert $0{,}1\ mg \cdot m^{-3}$
Trimethyl-amin	Blutgift		eingeatmet 0,3 ... 0,6 g giftig		
Trinitro-hydroxy-benzen	Reizstoff, Blut- und Organgift	reizt Haut und Schleimhäute (Gelbfärbung), Kopfschmerz, Gelbsehen, Pulsbeschleunigung, Erbrechen gelbrötlicher Massen, Blutharn	innerlich tödliche Dosis nicht anzugeben, 1 ... 2 g giftig, 2 ... 10 g tödlich	Magenspülung, Aktivkohle, harntreibende Mittel, Hautflecke entfernen mit Ether oder Alkohol	s. a. unter Nitro- und Aminoverbindungen, aromatische, Gift
Trional	Nervengift	Schwindel, Kopfschmerz, Lähmungen, Verstopfung, allgemeine Körperschwäche, Schlafbedürfnis	innerlich 24 ... 35 g tödlich	Magenspülung, Aktivkohle, künstliche Atmung	
1,2,3-Tri-oxybenzen	Ätzstoff, Nervengift		innerlich 4,8 g giftig, 15 g tödlich	Magenspülung, Tierkohle	45 g wurden schon vertragen
1,3,5-Tri-oxybenzen	Ätzstoff, Nervengift	Entzündung von Hautstellen, die dem Licht ausgesetzt sind	innerlich 4,5 g tödlich	Magenspülung, Tierkohle	
Uranium-verbindungen	Zellgifte	Magenschmerzen, Erbrechen, Nierenentzündung		Brechmittel, Magenausspülung, schleimige Getränke, Milch, Eiweißlösung	Lösliche Verbindungen: Gift
Uranyl-nitrat	Zellgift	s. unter Uraniumverbindungen	innerlich 1,5 g giftig		
Urethane	Nervengift	Haut- und Gesichtsröte, Schwindel	≈ 5 g giftig	Magenspülung, Anregungsmittel	Verwendung als Schlafmittel; enthalten in Schädlingsbekämpfungsmitteln; Gift
Vanadium-(V)-oxid	Atem- und Zellgift	Schädigung des Atmungs-, Verdauungs- und Nervensystems	innerlich	Brechmittel, Magenausspülung, schleimige Getränke, Milch, Eiweißlösung	MAK_D-Wert $0{,}5\ mg \cdot m^{-3}$; Gift
Veramon	Nervengift	Schlafbedürfnis	innerlich 12 g giftig	Magenspülung unter Zusatz von Tierkohle	

Name	Giftwirkung	Vergiftungs-erscheinungen	Art der Aufnahme, schädliche und tödliche Mengen	Gegenmittel	Bemerkungen
Veratrin	Nervengift	Brennen in Mund und Magen, Niesreiz, Erbrechen, Durchfall, Koliken, Sehstörungen, Schüttelkrämpfe, Atemlähmung	innerlich 5 mg giftig	Magenausspülung mit Tannin oder Kaliumpermanganatlösung, reichlich warmen Tee trinken, ärztliche Hilfe	Alkaloid der Nieswurz
Wasserstoffperoxid	Ätzstoff	starke Ätzwirkung auf Haut, Magen- und Darmkatarrh, Brennen der Ätzstellen			die gelben Flecken auf der Haut gehen bald ohne Schädigung vorüber
Zink und Zinkverbindungen	Zellgifte, z. T. Ätzstoffe	Magen- und Darmkatarrh, Geschwüre des Magens und Zwölffingerdarms, Erbrechen, Durchfall, Wadenkrämpfe, Bewußtlosigkeit	innerlich 3 ... 10 g tödlich	Magenspülung, Milch, Eiweißlösung, Kohle, Sodalösung	Lösliche Verbindungen: Gift außer Zinkkarbonat und Zinksulfid
Zinkoxid	s. unter Zink	s. unter Zink	eingeatmet schädliche Dosis bei achtstündiger Arbeit 50 mg Zinkoxid je m³ Luft	Staubmasken verwenden!	MAK_D-Wert 5 mg $\cdot$ m^{-3}
Zinn und Verbindungen, Zinnorgan. Verbindungen	Zellgifte, z. T. Ätzstoffe	Übelkeit, Erbrechen, Leibschmerzen, Durchfall, Schwindel, Bewußtlosigkeit		Magenspülung, Milch, Eiweißlösung, Kohle, Sodalösung	Lösliche Verbindungen: Gift außer Zinnsulfid; MAK_D-Wert 0,1 mg $\cdot$ m^{-3}; Gift
Zyanmethansäureethylester	Blutgift und Reizstoff	Reizwirkung auf Augen, Rachen (Tränen, Husten), daneben Giftwirkungen von Zyanwasserstoff			Bestandteil des Zyklons; Gift
Zyanmethansäuremethylester	Blutgift und Reizstoff	Reizwirkung auf Augen, Rachen (Tränen, Husten), daneben Giftwirkungen von Zyanwasserstoff			Bestandteil des Zyklons; Gift
Zyanwasserstoff und andere Zyanverbindungen	Atem-, Blut- und Zellgifte	Schwindel, Kratzen im Hals, Kopfdruck, Herzklopfen, Atemnot, Angst- und Schwächegefühle, Übelkeit, Erbrechen, Bewußtlosigkeit, Krämpfe, Tod im Krampf, Geruch nach bitteren Mandeln, starke Pupillenerweiterung	eingeatmet 0,3 mg $\cdot$ l^{-1} Luft tödlich unter sofortigem Bewußtseinsverlust; 0,1 mg $\cdot$ l^{-1} Luft tödlich in 0,5 ... 1 Stunde; 0,02 ... 0,04 mg $\cdot$ l^{-1} Luft bei mehrstündigem Einatmen giftig bis tödlich	eingeatmet: frische Luft, Sauerstoffatmung, Körperruhe Atemfilter: G blau oder J blau/braun innerlich: 1. Magenspülung mit 0,1 %iger Kaliumpermanganatlösung, bei Erbrechen Ruhelage oder 2. Eingabe von 2 g Eisensulfat + 10 g Magnesiumoxid in 100 g Wasser oder 3. Eingabe von 0,5 %igem Wasserstoffperoxid oder 4. 10 ... 20 g einer 5 %igen Natriumthiosulfatlösung	Verwendung zur Schädlingsbekämpfung und für organische Synthesen; Gift MAK_D-Wert 5 mg $\cdot$ m^{-3}
Zyklohexenylethylbarbitursäure	Nervengift	Schwindel, Übelkeit, Benommenheit, Bewußtlosigkeit, Lähmung des Atemzentrums	innerlich 10 g tödlich	Magenausspülung mit Kohle, evtl. künstliche Atmung	Verwendung als Schlafmittel, Gift

41. Atemschutzfilter

41.1. Kennzeichnung der Atemschutzfilter

Kennbuch-stabe	Kennfarbe	Filter gegen
A	braun	organische Dämpfe (Lösungsmittel)
B	grau	saure Gase (z. B. Halogene und Halogenwasserstoffe, auch nitrose Gase), Brandgase (außer Kohlenmonoxid), Chlor
CO	1 ... 3 cm breiter schwarzer Ring	Kohlenmonoxid
E	gelb	Schwefeldioxid
F	rot	schädliche Stoffe in Brandgasen (außer CO), saure Gase, Halogene, Halogenwasserstoffe, nitrose Gase
G	blau	Blausäure
J	blau und braun	blausäurehaltige Schädlingsbekämpfungsmittel
K	grün	Ammoniak
L	gelb und rot	Schwefelwasserstoff
M	gelb und grün	Schwefelwasserstoff/Ammoniak
O	grau und rot	Arsenwasserstoff/Phosphorwasserstoff
R	gelb und braun	Schwefelwasserstoff, in geringem Maße auch organische Dämpfe, Lösungsmittel

Die Buchstaben »St« hinter dem Kennbuchstaben eines Filters besagen, daß das Filter zusätzlich mit einem Schwebstoffschutz versehen ist.

41.2. Wirksamkeit der Atemschutzfilter

Schädigende Stoffe	Benötigtes Filter		Bemerkungen
	Kennbuchstabe	Kennfarbe	
Akrolein	A	braun	
Alkohole	A	braun	
Aminobenzen	A	braun	
Ammoniak	K	grün	bester Schutz beim Fehlen anderer Gase
	M	gelb und grün	schützt zugleich gegen Schwefelwasserstoff
Arsenwasserstoff	O	grau und rot	
Benzen	A	braun	
Benzin	A	braun	
Bleirauch	B	Feinstaubfilter grau	sehr geringer Schutz
Bleitetraethyl	A	braun	nur als Filterbüchse
Brandgase	B St	grau	nicht gegen Kohlenmonoxid
Brom	B	grau	
Chlor	B	grau	
Dischwefeldichlorid	B	grau	
Ethanal	A	braun	
Ethanepoxid	T	braun und grün	
Ethanol	A	braun	
Ethansäure	A	braun	
Ethylether	A	braun	
Farbspritznebel	A	braun	Grobstaubschutz verwenden!
Fluorwasserstoff	B	grau	
Halogenwasserstoffsäuren	B	grau	
Iod	B	grau	
Kaliumzyanidstaub	G	blau	
Kohlenmonoxid	CO	1 ... 3 cm breiter schwarzer Ring	nur für einmaligen Gebrauch als Selbstretter, sonst CO-Filterbüchse
Kohlenwasserstoffe und deren Halogenderivate	A	braun	

Schädigende Stoffe	Benötigtes Filter Kennbuchstabe	Kennfarbe	Bemerkungen
Kolloide Stäube	Feinstaubfilter	braun	
Lösungsmittel	A		
Metalldämpfe und -rauche	Feinstaubfilter		
Methtanal	A	braun	
Methanol	A	braun	
Methansäure	A	braun	
Methylbenzen	A	braun	
Methylbromid	A	braun	
Methylchlorid	A	braun	
Nitroverbindungen	B	grau	
	A	braun	wenn keine Salpetersäureabspaltung
Nitrose Gase	B	grau	
Phosgen	B	grau	
Phosphortrichlorid	B St	grau	
Phosphorwasserstoff	O	grau/rot	
Propanon	A	braun	
Quecksilberdämpfe	HG	braun/rot	
Rauchende Säuren	B St	grau	
Salpetersäure	B	grau	
Salzsäure	B	grau	
Saure Gase	B	grau	
Schwefeldioxid	E	gelb	bei brennenden Schwefelverbindungen zusätzlich mit Schwebstoffilter
Schwefelkohlenstoff	A	braun	
Schwefelsäuredimrethylester	A	braun	nur als Filterbüchse
Schwefelwasserstoff	L	gelb/rot	bester Schutz beim Fehlen anderer Gase
	M	gelb/grün	schützt zugleich gegen Ammoniak
	R	gelb/braun	schützt zugleich gegen Kohlenwasserstoffe
Staub	Grobstaubfilter bzw. Feinstaubfilter		je nach Feinheit (bei Quarz- oder Asbeststaub stets Feinstaubfilter!)
Sulfurychlorid	B	grau	
	A	braun	geringerer Schutz als B
Tetrachlormethan	A	braun	
Trichlorethen	A	braun	
Trichlormethan	A	braun	
Zyanwasserstoff	G	blau	
	B	grau	geringerer Schutz als G

42. Synonyme organischer Verbindungen

Trivialname	IUPAC-Bezeichnung	Trivialname	IUPAC-Bezeichnung
Adenin	6-Aminopurin	Akrylnitril	Propensäurenitril
Adipinsäure	Hexandisäure	Akrylsäure	Propensäure
Äpfelsäure	Hydroxybutandisäure	Alanin	2-Aminopropansäure
Äthan	Ethan	Aldol	Butanal-2-ol
Äthanepoxid	Epoxyethan	Alizarin	1,2-Dihydroxyanthrachin
Äthylen	Ethen	Allylalkohol	Propen-2-ol
Äthylenoxid	Epoxyethan	Allylchlorid	1-Chlorprop-2-en
Äthylglykolsäure	Ethoxyethansäure	Ameisensäure	Methansäure
Äthylharnstoff	N-Ethylkohlensäurediamid	Amylalkohol (aktiv)	2-Methylbutanol
Äthylidenchlorid	1,1-Dichlorethan	n-Amylalkohol	Pentan-1-ol
Äthylmalonsäure	2-Ethylpropandisäure	Amylalkohol (sek.)	Pentan-2-ol
Äthylmerkaptan	Ethanthiol	Amylalkohol (tert.)	2-Methylbutan-2-ol
Äthylpropylketon	Hexan-3-on	Amylhydrat	2-Methylbutan-2-ol
Akonitsäure	Propen-1,2,3-trikarbonsäure	Anilin	Aminobenzen
Akrolein	Propen-2-al	Anisaldehyd	4-Methoxybenzaldehyd
Akrylamid	Propenamid	Anisidin	Methoxyaminobenzen
		Anisol	Methoxybenzen

Trivialname	IUPAC-Bezeichnung	Trivialname	IUPAC-Bezeichnung
Anthranilsäure	2-Aminobenzenkarbonsäure	Elaidinsäure	trans-Oktadek-2-ensäure
Arginin	2-Amino-5-guanidylpentansäure	Epichlorhydrin	Epoxychlorpropan
		Eugenol	1-Hydroxy-2-methoxy-4-prop-(2)-enylbenzen
Arsanilsäure	4-Aminobenzenarsonsäure		
Asparagin	3-Aminobutandisäuremonamid	Formaldehyd	Methanal
		Formamid	Methanamid
Asparaginsäure	Aminobutandisäure	Fumarsäure	trans-Butensäure
Atophan	2-Phenylchinolin-4-karbonsäure	Gallussäure	3,4,5-Trihydroxybenzenkarbonsäure
Auramin	4,4'-Bis-(dimethylamino)-benzophenonimin	Glutamin	4-Aminopentandisäuremonamid
Azetaldehyd	Ethanal	Glutaminsäure	2-Aminopentandisäure
Azetamid	Ethanamid	Glutarsäure	Pentandisäure
Azetanilid	N-Ethanoylaminobenzen	Glykokoll	Aminoethansäure
Azetessigsäureäthylester	Butan-3-on-säureethylester	Glykol	Ethandiol
Azeton	Propanon	Glykolsäure	Hydroxyethansäure
Azetonitril	Ethansäurenitril	Glyoxal	Ethandial
Azetonylazeton	Hexan-2,5-dion	Glyoxylsäure	Ethanalsäure
Azetonzyanhydrin	2-Hydroxy-propan-2-nitril	Glyzerin	Propantriol
Azetophenon	Ethanoylbenzen	Glyzerinaldehyd	Propanaldiol
Azetylazeton	Pentan-2,4-dion	Glyzerinsäure	Propandiolsäure
Azetylen	Ethin	Glyzin	Aminoethansäure
Azetylchlorid	Ethanoylchlorid	Guajakol	1-Hydroxy-2-methoxybenzen
Azetylsalizylsäure	O-Ethanoyl-2-hydroxybenzenkarbonsäure	Guanin	2-Amino-6-hydroxypurin
		Harnsäure	2,6,8-Trioxypurin
Benzalazeton	4-Phenylbut-3-en-2-on	Harnstoff	Kohlensäurediamid
Benzalchlorid	Phenyldichlormethan	Hexahydrobenzol	Zyklohexan
Benzanilid	N-Benzoyl-aminobenzen	Hexalin	Zyklohexanol
Benzidin	4,4'-Diaminodiphenyl	Hexylaldehyd	Hexanal
Benzil	Dibenzoyl	Hexylalkohol	Hexan-1-ol
Benzilsäure	Diphenylhydroxyethansäure	Hippursäure	N-Benzoylaminoethansäure
Benzoesäure	Benzenkarbonsäure	Histamin	Imidazolyl-(4)-ethylamin
Benzol	Benzen	Histidin	2-Amino-3-imidazolyl-(4)-propansäure
Benzolhexachlorid	Hexachlorzyklohexan		
Benzotrichlorid	Phenyltrichlormethan	Hydrazobenzol	1,2-Diphenylhydrazin
Benzoylglyzin	N-Benzoylaminoethansäure	Hydrochinon	1,4-Dihydroxybenzen
Benzylalkohol	Phenylmethanol	Hypoxanthin	6-Hydroxypurin
Benzylchlorid	Phenylchlormethan	Isoamylalkohol	3-Methylbutan-1-ol
Bernsteinsäure	Butandisäure	Isoeugenol	1-Hydroxy-2-methoxy-4-prop-(1)-enylbenzen
Brenzkatechin	1,2-Dihydroxybenzen		
Brenzschleimsäure	Furan-2-karbonsäure	Isopren	2-Methylbuta-1,3-dien
Brenztraubensäure	Propanonsäure	Isopropanol	Propan-2-ol
Bromazeton	Brompropanon	Isoserin	3-Amino-2-hydroxypropansäure
Bromoform	Tribrommethan		
Buttersäure	Butansäure	Isostilben	cis-1,2-Diphenylethen
Butylalkohol	Butanol	Isovanillin	3-Hydroxy-4-methoxybenzaldehyd
Butylalkohol (tert.)	2-Methylpropan-2-ol		
Chloral	Trichlorethanal	Iodoform	Triiodmethan
Chloralhydrat	Trichlorethanal-Hydrat	Kaprinsäure	Dekansäure
Chlorkohlensäureäthylester	Chlormethansäureethylester	Kapronsäure	Hexansäure
		Kaprylsäure	Oktansäure
Chloroform	Trichlormethan	Koffein	1,3,7-Trimethyl-2,6-dihydroxypurin
Chlorphthalsäure	Chlorbenzen-1,2-dikarbonsäure		
		Korksäure	Oktandisäure
Chlorpikrin	Trichlornitromethan	Kreatin	N-Methylguanidylethansäure
Dekalin	Dekahydronaphthalen		
Dezylalkohol	Dekanol	Kresol	Methylhydroxybenzen
N,N'-Diäthylharnstoff	N,N'-Diethylkohlensäurediamid	Krotonaldehyd	But-2-enal
		Krotonsäure	But-2-ensäure
Diäthylsulfat	Schwefelsäurediethylester	Laurinsäure	Dodekansäure
o-Dianisidin	3,3'-Dimethoxy-4,4'-diaminodiphenyl	Leukin	2-Amino-4-methylpentansäure
Diazetyl	Butadion	Linolensäure	Oktadeka-9,12,15-triensäure
Dibenzyl	1,2-Diphenylethan	Linolsäure	Oktadeka-9,12-diensäure
Dimethylformamid	N,N-Dimethylmethanamid	Luminal	Ethylphenylbarbitursäure
Dimethylsulfat	Schwefelsäuredimethylester	Lysin	2,6-Diaminohexansäure
Dipropylketon	Heptan-4-on	Malonsäure	Propandisäure
Dizyan	Ethandisäuredinitril	Mandelsäure	Phenylhydroxyethansäure

Trivialname	IUPAC-Bezeichnung	Trivialname	IUPAC-Bezeichnung
Mannit	Hexanhexol	Sarkosin	N-Methylaminoethansäure
Mesidin	2-Amino-1,3,5-trimethyl-benzen	Schwefelkohlenstoff	Kohlenstoffdisulfid
		Sebazinsäure	Dekandisäure
Mesitylen	1,3,5-Trimethylbenzen	Semikarbazid	Kohlensäureamidhydrazid
Mesityloxid	4-Methylpent-(3)-en-2-on	Serin	2-Amino-3-hydroxypropansäure
Mesoxalsäure	Propanonsäure		
Methakrylsäure	2-Methylpropensäure	Sorbinaldehyd	Hexa-2,4-dienal
Methylhexalin	Methyzyklohexanol	Sorbinsäure	Hexa-2,4-diensäure
Milchsäure	2-Hydroxypropansäure	Stearinsäure	Oktadekansäure
Mukonsäure	Hexa-2,4-diendisäure	Styrol	Phenylethen
Myristinsäure	Tetradekansäure	Sulfanilsäure	4-Aminobenzensulfonsäure
Naphthalin	Naphthalen	Tartronsäure	Hydroxypropandisäure
Naphthionsäure	1-Aminonaphthalen-4-sulfonsäure	Taurin	2-Aminoethansulfonsäure
		Terephthalsäure	Benzen-1,4-dikarbonsäure
Nitroglyzerin	Propantrioltrinitrat	Thioharnstoff	Thiokohlensäurediamid
omega-Nitrostyrol	1-Nitro-2-phenylethen	Thiophenol	Thiolbenzen
Ölsäure	cis-Oktadek-9-ensäure	Thiophosgen	Thiokohlensäuredichlorid
Oenanthaldehyd	Heptanal	Thiosemikarbazid	Thiokohlensäureamidhydrazid
Oenanthsäure	Heptansäure		
Ornithin	2,5-Diaminopentansäure	Thymol	2-Methyl-5-isopropyl-1-hydroxybenzen
Orsellinsäure	2-Methyl-4,6-dihydroxy-benzenkarbonsäure		
		Toluidin	Methylaminobenzen
Oxalsäure	Ethandisäure	Toluol	Methylbenzen
Oxalylchlorid	Ethandioylchlorid	Trikarballylsäure	Propantrikarbonsäure
Palmatinsäure	Hexadekansäure	Tryptophan	1,2-Diamino-3-indolyl-(3)-propansäure
Pentaerythrit	2,2-Di-hydroxymethyl-propan-1,3-diol		
		Tyrosin	2-Amino-3-(4-hydroxyphenyl)-propansäure
Phenazetin	N-Ethanoyl-4-ethoxyamino-benzen		
		Urethan	Karbamidsäureethylester
Phenetidin	Ethoxyaminobenzen	Urotropin	Hexamethylentetramin
Phenetol	Ethoxybenzen	Valeraldehyd	Pentanal
Phenol	Hydroxybenzen	Valeriansäure	Pentansäure
Phenylalanin	2-Amino-3-phenylpropansäure	Valin	2-Amino-3-methylbutansäure
		Vanillin	2-Hydroxy-3-methoxy-benzaldehyd
Phenylazetat	Ethansäurephenylester		
Phenylendiamin	Diaminobenzen	Veratrol	1,2-Dimethoxybenzen
Phenylurethan	Karbamidsäurephenylester	Vinylazetat	Ethansäureethenylester
Phloroglucin	1,3,5-Trihydroxybenzen	Vinylchlorid	Chlorethen
Phosgen	Kohlensäuredichlorid	Vitamin C	Askorbinsäure
Phthalsäure	Benzen-1,2-dikarbonsäure	Weinsäure	Dihydroxybutandisäure
Pikolin	Methylpyridin	Xanthin	2,6-Dioxypurin
Pikraminsäure	4,6-Dinitro-2-amino-hydroxybenzen	Xanthogensäure	Dithiokohlensäure-0-ethylester
Pikrinsäure	2,4,6-Trinitrohydroxybenzen	Xylol	Dimethylbenzen
Pikrylchlorid	2,4,6-Trinitrochlorbenzen	Zetylalkohol	Hexadekanol
Pinakolin	3,3-Dimethylbutan-2-on	Zimtaldehyd	3-Phenylpropenal
Pinakon	2,3-Dimethylbutan-2,3-diol	Zimtalkohol	3-Phenylprop-2-enol
Prolin	Pyrrolidin-2-karbonsäure	Zimtsäure	3-Phenylpropensäure
Propargylalkohol	Propin-2-ol	Zitral	3,7-Dimethylokta-2,6-dienal
Propionaldehyd	Propanal	Zitronellal	3,7-Dimethylokt-6-enol
Pyrogallol	1,2,3-Trihydroxybenzen	Zitronensäure	2-Hydroxypropantrikarbonsäure
Resorzin	1,3-Dihydroxybenzen		
Salizylaldehyd	2-Hydroxybenzaldehyd	Zymol	Methyl-isopropylbenzen
Salizylsäure	2-Hydroxybenzenkarbonsäure	Zystein	2-Amino-3-thiopropansäure

Sachwörterverzeichnis

Abkürzungen und Formelzeichen 10 ff.
Absorption, Gas-, s. Löslichkeit von Gasen
Absorptionskoeffizient, Bunsenscher 164 ff.
–, Kuenenscher 164 ff.
Absorptionsmittel für die Gasanalyse 206
Akkumulatoren, EMK 200
Ammoniak (wäßrige Lösung), Dichte 154
–, Löslichkeit in Wasser 164
analytische Faktoren 186 ff.
anorgan. Verbindungen, Dichte der ges. Lösungen 156 ff.
– –, Löslichkeit in organ. Lösungsmitteln 161 ff.
– –, Löslichkeit in Wasser 156 ff.
– –, molare Wärmekapazität 210
– –, Prozentgehalt der ges. Lösung 156 ff.
– –, spez. Wärmekapazität 211 ff.
– –, Verdampfungswärme 144 ff.
Äquivalente, elektrochem. 196 ff.
–, maßanalytische 176 ff.
Arbeitsmaßeinheiten 13
Atemschutzfilter 277
Atommassen 17 ff.
–, Logarithmen der 20 ff.
Atomwärme von Elementen 210 ff.
Ätzstoffe 255 ff.
Ausdehnungskoeffizient, kubischer, von Flüssigkeiten 236
–, linearer, von Legierungen und Metallen 236
Austauscherharze 243 ff.
azeotrope Gemische, binäre 138 ff.
– –, ternäre 143 ff.
– –, Siedetemperaturen 138 ff.
– –, Zusammensetzung 138 ff.

Basen, Dissoziationsgrad 171
–, Dissoziationskonstante 172 f.
Baustoffe, Dichte 147 ff.
Benzin, Flammpunkte 226
Bezugselektroden Standardpotentiale 199
binäre Gemische 138 ff.
Blutgifte 255 ff.
Bohrscher Wasserstoffradius 17
Boltzmannsche Konstante 17
Brechungsindex organ. Verbindungen 35 ff.
Brennstoff, fest, Heizwert 224
–, flüssig, Heizwert 224
–, Viskosität 234
Bromwasserstoff, Löslichkeit in Wasser 164 ff.
Bunsenscher Absorptionskoeffizient 164 ff.

Chlor, Löslichkeit in Tetrachlormethan 165
–, – – Wasser 165
Chlorwasserstoff, Löslichkeit in Wasser 165

Dampfdruck von Lösungsmitteln 144
– des Wassers 143 ff.
Dämpfe, chem. rein, Heizwerte 224
–, Explosionsbereiche 226 ff.
–, Explosionsgrenzen 226 ff.
–, Selbstentzündungstemperaturen 226 ff.
dezimale Vielfache von Einheiten 14 ff.
Dichte der Elemente 20 ff.
– von Gasen 20 ff.
– –, kritische 235
– von Legierungen 148 ff.
– von Plasten 216 ff.
– organischer Verbindungen 35 ff.
– technisch wichtiger Stoffe 147 ff.
– wäßriger Lösungen 156 ff.
– – –, Ammoniak 154
– – –, Ethanol 150
– – –, Ethansäure 151
– – –, Kaliumhydroxid 155
– – –, Methanol 151 ff.
– – –, Methansäure 151
– – –, Natriumchlorid 155
– – –, Natriumhydroxyd 155
– – –, Phosphorsäure 152
– – –, Salpetersäure 152 ff.
– – –, Salzsäure 153
– – –, Schwefelsäure 153 ff.
Dichtezahl brennbarer Gase und Dämpfe 226 ff.
Dielektrizitätskonstante von Plasten 217
Dissoziationsgrad, Definition 170
– anorgan. Basen 171
– von Säuren 170
– von Salzen 171
Dissoziationskonstante, Definition 171
– anorgan. Basen 171
– – Säuren 171
– organ. Basen 173
– – Säuren 172
Druck, krit. von Gasen 235
Druckfestigkeit von Plasten 217
Durchschlagsfestigkeit von Plaststoffen 217

Ebullioskopische Konstanten von Lösungsmitteln 195 ff.
Einheiten von Maßen, s. Maßeinheiten
elektrischer Widerstand, s. Widerstand, spez.

elektrochemische Äquivalente 196 ff.
– Normalpotentiale 197 ff.
Elektrolyte, pH-Wert 181
elektromotorische Kraft von galvanischen Elementen 200
Elemente, Atommassen 17 ff.
–, Dichte 20 ff.
–, galvanische, EMK 200
–, Häufigkeiten 17 ff.
–, Konstanten 20 ff.
–, Massenzahlen 20 ff.
–, molare Wärmekapazität 210
–, spez. Wärme 210
EMK galvanischer Elemente 200
Energiemaßeinheiten 13
–, Umrechnungen 13
Erste Hilfe 255 ff.
Erweichungspunkt, Definition 147
– von feuerfesten Massen 147
– von Glas 147
– von Keramik 147
Ethan, Löslichkeit in Wasser 165
Ethanol, Dichte 150
–, Löslichkeit anorgan. Verbindungen 161 ff.
Ethansäure, Dichte 151
Ethen, Löslichkeit in Wasser 166
Ethin, Löslichkeit in Wasser 166
Explosionsbereiche von Gasen, Dämpfen, Nebeln 226 ff.
– von Stäuben 232
Explosionsklassen 226

Fahrenheitgrade, Umrechnung 13
Faktoren, analytische 186 ff.
–, maßanalytische 176
–, stöchiometrische 186
Faraday-Konstante 17
Farbindikatoren 181
feuerfeste Massen, Erweichungspunkte 147
Filtermaterial, Verwendbarkeit 238 ff.
Filterpapier, analyt. 240
–, Spezialpapier 239
–, techn. 238 ff.
Filtersteine 242
Flächenmaße 14
Flammpunkte von Benzin 226
– brennbarer Stoffe 231 ff.
– von Ethanol-Wassergemischen 231
– von Schmierölen 231
flüssige Brennstoffe, Heizwerte 224
– –, Viskosität 234
Formbeständigkeit von Plasten 216 ff.

Galvanische Elemente EMK 200
Gasanalyse, Absorptionsmittel 206
–, Sperrflüssigkeiten 207
Gase, Heizwerte 224
–, Explosionsbereiche 226 ff.

Gase, Explosionsgrenzen 226 ff.
–, kritische Dichte 235
–, kritischer Druck 235
–, kritische Temperatur 235
–, Litermasse 20 ff.
–, Löslichkeit 164 ff.
–, Selbstentzündungstemperaturen 226 ff.
–, Trockenmittel 247
–, verdichtete, Höchstdruck 242
–, verflüssigte, Prüfdruck 242
Gasgemische, Explosionsgrenzen 226 ff.
Gaskonstante, allgemeine 17
Gasvolumen 202
Gefahrklassen von Lösungsmitteln 226 ff.
Gemische, azeotrope, binäre 138 ff.
–, –, Siedetemperaturen 138 ff.
–, –, ternäre 143 ff.
gesundheitsschädigende Stoffe 249 ff.
Gifte 249 ff.
Glas, Erweichungspunkte 147
Glasfilter, Jenaer 241

Härte des Wassers 208
Heizbäder 246
Heizwerte 223 ff.
Hohlmaße 14

Indikatoren, Gebrauchslösungen 181
–, Umschlagbereiche 181
–, Umschlagfarben 181
Ionenprodukt des Wassers 179
Isolierstoffe, spez. Widerstand 238

Kalilauge, Dichte 155
Kältemischungen 245
Kennzeichnung von Atemschutzfiltern 283
Keramik, Erweichungspunkte 147
Kochpunkte von Lösungsmitteln 195
– organ. Verbindungen 35 ff.
Kohlendioxid, Löslichkeit in Wasser 166
Kohlenmonoxid, Löslichkeit in Wasser 167
Konstanten von Elementen u. anorgan. Verbindungen 20 ff.
–, kryoskopische und ebullioskopische 195
–, physikalische, allgemeine 17
Konzentration wäßriger Lösungen 150 ff.
Korrosion 219 ff.
Korrosionsbeständigkeit metallischer Werkstoffe 219 ff.
– nichtmetallischer Werkstoffe 222 ff.
Kraftmaßeinheiten 16
kritische Daten von Gasen 235
kryoskopische Konstanten von Lösungsmitteln 195
kubische Ausdehnungskoeffizienten von Flüssigkeiten 236
Kühlsolen 245

Kuenenscher Absorptionskoeffizient 164 ff.
Kugeldruckhärte von Plasten 217
Kurzzeichen der Maßeinheiten 10 ff.

Längenmaße 13
Laugen, Dichte 154 f.
Legierungen, Ausdehnungskoeffizient 236
–, Dichte 148
–, mittlerer Temperaturkoeffizient 236
–, Zusammensetzung 148
Leistungsmaßeinheiten 16
Lichtgeschwindigkeit 17
linearer Ausdehnungskoeffizient 236
Löslichkeit anorgan. Verbindungen in Wasser 156 ff.
– – – – –, Bromwasserstoff 164
– – – – –, Chlor 165
– – – – –, Chlorwasserstoff 165
– – – – –, Ethan 165
– – – – –, Ethen 166
– – – – –, Ethin 166
– – – – –, Kohlendioxid 166
– – – – –, Kohlenmonoxid 167
– – – – organ. Lösungsmitteln 161 ff.
– von Chlor in Tetrachlormethan 165
– von Gasen in Wasser, Ammoniak 164
– – – – –, Luftstickstoff 169
– – – – –, Methan 167
– – – – –, Sauerstoff 167
– – – – –, Schwefeldioxid 168
– – – – –, Schwefelwasserstoff 168
– – – – –, Stickstoff 168
– – – – –, Wasserstoff 169
– von Methan in Schwefelsäure 167
– von Sauerstoff in verschiedenen Lösungsmitteln 167
– von Schwefeldioxid in Kupfer 168
– von Stickstoff in Metallen 169
– von Wasserstoff in Metallen 170
– organ. Verbindungen 35 ff., 213 ff.
Löslichkeitsprodukt von in Wasser schwer löslichen Elektrolyten 174
Lösungsmittel, Dampfdruck 144
–, Flammpunkte 226, 231
–, Gefahrenklasse 226
–, kryoskopische und ebullioskopische Konstanten 195
Luftstickstoff, Löslichkeit in Wasser 169

Maßanalytische Äquivalente 176 ff.
– –, Titriermittel Ammonium-Thiozyanat 178
– –, – Iod-Kaliumiodid 178
– –, – Kalilauge 176
– –, – Kaliumdichromat 177
– –, – Kaliumpermanganat 177
– –, – Natriumthiozyanat 178
– –, – Natronlauge 176
– –, – Salpetersäure, Salzsäure, Schwefelsäure 176
– –, – Silbernitrat 177
– –, – Zerium(IV)-sulfat 179

Maßeinheiten der Arbeit 16
– des Druckes 15
– der Energie 16
– der Fläche 14
– der Kraft 16
– der Länge 13
– der Leistung 16
– der Masse 15
– des Raumes 14
– der Temperatur 15
– der Viskosität 233
– der Wärmemenge 16
– der Zeit 16
mathematische Zeichen 12
Metallbäder 246
Metalle, Ausdehnungskoeffizient 236
Methan, Löslichkeit in Schwefelsäure 167
Methanol, Löslichkeit organ. Verbindungen in 161 ff.
Methansäure, Dichte 151
Mischindikatoren 181
Molekülmassen anorgan. Verbindungen 20 ff.
– aus der Gefriertemperaturerniedrigung 195
– aus der Siedetemperaturerhöhung 195
– organ. Verbindungen 35 ff.
molare Wärmekapazität anorgan. Verbindungen 210 ff.
– von Elementen 210
– organ. Verbindungen 213 ff.

Natronlauge, Dichte 155
Nebel, Explosionsgrenzen 226 ff.
Nervengifte 255 ff.
Normalelement, Weston- 200
Normalpotentiale, elektrochemische 197 ff.

Oberer Heizwert 223
Öle, Flammpunkte 226
–, Stockpunkte 231
–, Viskosität 233
Ordnungszahl der Elemente 18 ff.
Organgifte 255 ff.
organ. Verbindungen, Ausdehnungskoeffizienten 236
– –, Brechungsindex 35 ff.
– –, Brennpunkte 226
– –, Dichte 35 ff.
– –, Dissoziationskonstanten 172 f.
– –, ebullioskopische Konstanten 195
– –, Flammpunkte 226 ff.
– –, Gefahrenklassen 255
– –, kryoskopische Konstanten 195
– –, Löslichkeitsangaben 35 ff.
– –, molare Wärmekapazität 210 ff.
– –, Schmelzpunkte 35 ff.
– –, Siedetemperaturen 35 ff.
– –, spez. Wärmekapazität 213
– –, Verdampfungswärme 145
– –, Viskosität 233

Paraffin, Brennpunkte 226
–, Flammpunkte 226
pH-Bereich von Pufferlösungen 184

Sachwörterverzeichnis

pH-Wert von Elektrolyten 181
Phosphorsäure, Dichte 152
physikalische Konstanten 17
Plancksches Wirkungsquantum 17
Plaste 216ff.
–, Beständigkeit gegen Chemikalien 218
–, physikalische Daten 217
Polyplaste 217
Porenweite von Filtern 238ff.
Propanon, Löslichkeit anorgan. Verbindungen in 161ff.
Prüfdruck von Stahlflaschen 242
Puffergemische 182ff.
Pyridin, Löslichkeit anorgan. Verbindungen in 161ff.

Raummaße 14
Redoxpotentiale 197
Reizstoffe 255ff.
Restwassergehalt von Trockenmitteln 247

Salpetersäure, Dichte 152
Salzbäder 246
Salze, mittlerer Dissoziationsgrad 171
Salzsäure, Dichte 153
Sättigungsdruck s. Dampfdruck
Sauerstoff, Löslichkeit in verschiedenen Lösungsmitteln 167
–, – – Wasser 167
Säuren, Dissoziationsgrad 170
–, Dissoziationskonstanten 171f.
Säurestufe 170
Schalen, Elektronen- 17
schlechte Leiter, spezifischer Widerstand von 238
Schmelztemperaturen anorgan. Verbindungen 20ff.
– von Elementen 20ff.
– organ. Verbindungen 35ff.
Schmieröle, Flammpunkt 226
–, Stockpunkte 226
Schnellschneidemetalle, Dichte 148
Schwefeldioxid, Löslichkeit in Kupfer 168
–, – – Wasser 168
Schwefelsäure, Dichte 153f.
Schwefelwasserstoff, Löslichkeit in Wasser 168
Siedetemperaturen anorgan. Verbindungen 20ff.
– von Elementen 20ff.

– von Lösungsmitteln 195
– organ. Verbindungen 35ff.
Spannungsreihe, elektrochemische 198
Sperrflüssigkeiten 207
spez. Wärmekapazität anorgan. Verbindungen 211
– – von Elementen 210
– – organ. Verbindungen 213
spezifischer Widerstand von Halbleitern 238
– – – Isolierstoffen 238
– – – Legierungen 237
– – – Metallen 237
Stähle, Dichte 148
–, Zusammensetzung 148
Stahlflaschen 242
Standardpotentiale 198ff.
Stäube, Explosionsgrenzen 231
Stickgase 255ff.
Stickstoff, Löslichkeit in Metallen 169
–, – – Wasser 168f.
stöchiometrische Faktoren 176ff.
Stockpunkte von Schmierölen 231
Stoffe, gesundheitsschädigende 255ff.
Summenformeln organ. Verbindungen 35ff.
Synonyme organ. Verbindungen 284

Technische Gase, Heizwerte 224
technisch wichtige Stoffe, Dichte 147
Temperatur, krit. von Gasen 235
Temperaturabhängigkeit der Löslichkeit anorgan. Verbindungen 156ff.
– – – von Gasen 164ff.
– des pH-Wertes von Wasser 180
Temperaturkoeffizient, mittlerer, von Legierungen 236
–, –, von Metallen 236
Temperaturmaße 15
–, Umrechnung 15
ternäre Gemische 143
Trockenmittel für Gase 247
– für Flüssigkeiten 248

Umrechnungsfaktoren der Maßeinheiten 12ff.
Umrechnungstabelle von Löslichkeitsangaben 163
– – pH in [H$^+$] und umgekehrt 180
Umschlagbereiche von Indikatoren 181ff.

Umschlagfarben von Indikatoren 181ff.
unterer Heizwert 223f.

van-der-Waalssche Konstanten 174
Verdampfungswärme, Definition 144
– anorgan. Stoffe 144
– organ. Stoffe 145
Verdunstungszahl brennbarer Flüssigkeiten 226
Verteilungskoeffizienten 174
Viskosität 233ff.
– von Brennstoffen 234
– von Ölen 234
– von organ. Flüssigkeiten 233ff.

Wärmekapazität, spez., von anorgan. Verbindungen 211
–, –, von Elementen 210
–, –, von organ. Verbindungen 213
Wasser, Dampfdruck 143
–, Dissoziationskonstante 170
–, Ionenprodukt 170
–, Viskosität 233
Wasserhärte 208
Wasserstoff, Löslichkeit in Metallen 170
–, – in Wasser 169f.
Wasserstoffexponent 170
Wasserstoffionenkonzentration 171ff.
Wasserstoffradius, Bohrscher 17
Werkstoffe, metallische, Korrosionsbeständigkeit gegen Basen 219
–, –, – – Halogene, Luft, Salze 220
–, –, – – organ. Stoffe 220
–, –, – – Säuren 219
–, nichtmetallische, Korrosionsbeständigkeit gegen Basen 221
–, –, – – organ. Stoffe 222
–, –, – – Säuren 222
Widerstand, spez., von schlechten Leitern 238
–, –, von Isolierstoffen 238
–, –, von Legierungen 237
Wirkungsquantum, Plancksches 17

Zähigkeit s. Viskosität
Zeichen, mathematische 12
Zeitmaßeinheiten 16
Zellgifte 255ff.
Zündgruppe 226ff.
Zündtemperatur von Stäuben 231
Zugfestigkeit von Plasten 217

Aus unserem Verlagsprogramm

W. Schröter u.a.
Taschenbuch der Chemie
14. Auflage 1990, 676 Seiten, 83 Abbildungen, 50 Tabellen, 3 Tafeln, 1 Beilage, Plastikeinband, DM 28,-
ISBN 3-87144-922-9
Das Taschenbuch ist gegliedert in die Hauptteile allgemeine Chemie, anorganische Chemie und organische Chemie, wobei zur Ergänzung die rationelle Nomenklatur chemischer Verbindungen aufgeführt wird. Weiterhin enthält der Anhang Tafeln mit dem alphabetischen Verzeichnis der Elementsymbole, der Elektronenanordnung der Elemente und dem Verzeichnis der Elemente. Das völlig neu bearbeitete Nachschlagewerk informiert, zum Teil bis ins Detail gehend, über chemische Zusammenhänge, Begriffe und Gesetzmäßigkeiten.

Keune u.a.
Taschenlexikon Chemie
2. Aufl. 1990, 512 Seiten, geb.,
DM 38,- sFr 38,- öS 297,-
ISBN 3-8171-1324-2
Ein handliches Taschenlexikon mit ca. 4.000 Begriffen, Daten und Substanzen aus der gesamten Chemie.

K.Rauscher, R.Friebe,
J.Voigt, I.Wilke
Chemische Tabellen und Rechentafeln für die analytische Praxis
9., durchgesehene Auflage 1993, 320 Seiten, 1 Beil., wasserabweisende Broschur,
DM 29,80 sFr 29,80 öS 233,-
ISBN 3-8171-1257-2

- Irrtümer und Preisänderungen vorbehalten -

Aus unserem Verlagsprogramm

A. Willmes
Taschenbuch Chemische Substanzen
1993, 824 Seiten, Plastikeinband,
DM 34,-   sFr 34,-   öS 265,-
ISBN 3-8171-1213-0
Mit diesem Buch ist erstmals ein einbändiges Werk verfügbar, das als Substanz-Lexikon die wichtigsten Anorganika, Organika, Naturstoffe, Polymere und alle Elemente umfassend beschreibt. Die Beschreibung enthält: Erscheinungsform, Vorkommen, Synthese, Struktur, Eigenschaften, Anwendungen, Analytik, physikalische Daten und Toxikologie. Es ist Buch, das eine schnelle Rundum-Information zu einer Substanz liefert.

A. Willmes
Textbuch Chemische Substanzen
1990, 676 Seiten, Loseblattsammlung im DIN-A5-Ordner,
DM 38,-   sFr 38,-   öS 297,-
ISBN 3-8171-1214-9

Loseblattausgabe des oben beschriebenen „**Taschenbuch Chemische Substanzen**"

O. Regen u.a.
Chemisch-technische Stoffwerte
2. Auflage 1987, 238 Seiten, 6 Abb., 2 Beilagen, kart.,
DM 16,80   sFr 29,80   öS 131,-
ISBN 3-8171-1014-6

A. Leithold, H. Munkelt, R. Opitz
Rechenpraxis in Chemieberufen
5., völlig neubearbeitete Auflage 1980, mit SI-Einheiten,
246 Seiten, 45 Abb., geb.,
DM 19,80   sFr 22,-   öS 155,-
ISBN 3-87144-552-5

- Irrtümer und Preisänderungen vorbehalten -

Aus unserem Verlagsprogramm

W. Felber, C. Räthe
Laborpraxis für Chemieberufe
1988, 343 Seiten, 146 Abbildungen, 29 Tabellen, geb.,
DM 26,- sFr 28,- öS 203,-
ISBN 3-8171-1038-3

Fachlexikon ABC Chemie
Ein alphabetisches Nachschlagewerk in zwei Bänden
Hrsg. H.J. Jakubke, H. Jeschkeit
3., überarbeitete und erweiterte Auflage 1987, 1252 Seiten, ca. 12.000 Stichwörter, 1600 Abbildungen, Lexikon-Format, Leinen mit Schutzumschlag, zusammen
DM 138,- sFr 134,- öS 1077,-
ISBN 3-87144-899-0

Lexikon bedeutender Chemiker
Von W.R. Pötsch u.a.
1989, 470 Seiten, Leinen mit Schutzumschl.,
DM 34,- sFr 36,- öS 265,-
ISBN 3-8171-1055-3

Das Lexikon enthält rund 1600 Biografien von Chemikern bzw. Wissenschaftlern angrenzender Gebiete, die die Geschichte der Chemie vom Altertum bis in unsere Tage repräsentieren. Die Autoren trugen in 10 Jahren tausende von Informationen aus z.T. schwer zugänglichen Quellen zusammen. Den biografischen Daten und wichtigsten Ausbildungs- und Wirkungsstätten folgen hervorzuhebende wissenschaftliche Leistungen sowie eine Würdigung und historische Einordnung des Schaffens.

- Irrtümer und Preisänderungen vorbehalten -

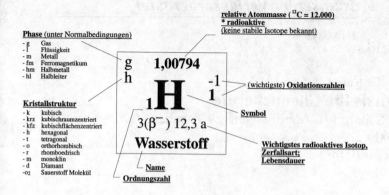

Phase (unter Normalbedingungen)
- g Gas
- l Flüssigkeit
- m Metall
- fm Ferromagnetikum
- hm Halbmetall
- hl Halbleiter

Kristallstruktur
- k kubisch
- krz kubischraumzentriert
- kfz kubischflächenzentriert
- h hexagonal
- t tetragonal
- o orthorhombisch
- r rhomboedrisch
- m monoklin
- d Diamant
- o2 Sauerstoff Molekül

relative Atommasse ($^{12}C = 12.000$)
* radioaktive
(keine stabile Isotope bekannt)

(wichtigste) **Oxidationszahlen**

Symbol

Wichtigstes radioaktives Isotop, Zerfallsart; Lebensdauer

Name
Ordnungszahl

g h	1,00794 $_1H$ $^{-1}_{1}$ 3 (β^-) 12,3 a Wasserstoff								
m krz 6,941 $_3Li$ 1 8 (β^-) 842 ms Lithium	m h 9,012182 $_4Be$ 2 7 (ϵ,γ) 53 d Beryllium								
m krz 22,989768 $_{11}Na$ 1 22 (β^+,γ) 2,6 a Natrium	m h 24,3050 $_{12}Mg$ 2 28 (β^-,γ) 21 h Magnesium								
m krz 39,0983 $_{19}K$ 1 42 (β^-,γ) 12 h Kalium	m kfz 40,078 $_{20}Ca$ 2 45 (β^-) 163 d Calcium	m h 44,955910 $_{21}Sc$ 2 3 46 (β^-,γ) 84 d Scandium	m h 47,88 $_{22}Ti$ 3 4 44 (ϵ,γ) 47,3 a Titan	m krz 50,9415 $_{23}V$ 4 5 49 (ϵ) 330 d Vanadium	m krz 51,9961 $_{24}Cr$ 3 4 51 (ϵ,γ) 28 d Chrom	m krz 54,93805 $_{25}Mn$ 2 4 54 (ϵ,γ) 312 d Mangan	m krz 55,847 $_{26}Fe$ 2 3 59 (β^-,γ) 45 d Eisen	fm h 58,93320 $_{27}Co$ 2 3 60 (β^-,γ) 5,3 a Cobalt
m krz 85,4678 $_{37}Rb$ 1 86 (β^-,γ) 19 d Rubidium	m kfz 87,62 $_{38}Sr$ 2 90 (β^-) 28,5 a Strontium	m h 88,90585 $_{39}Y$ 3 88 (ϵ,γ) 107 d Yttrium	m h 91,224 $_{40}Zr$ 4 95 (β^-,γ) 64 d Zirconium	m h 92,90638 $_{41}Nb$ 4 5 94 (β^-,γ) 2·10^4 a Niob	m h 95,94 $_{42}Mo$ 4 6 99 (β^-,γ) 66 h Molybdän	m h 96,9063* $_{43}Tc$ 4 5 99 (β^-) 2,1·10^5 a Technetium	m h 101,07 $_{44}Ru$ 2 3 103 (β^-,γ) 39 d Ruthenium	m kfz 102,9055 $_{45}Rh$ 3 105 (β^-,γ) 36 h Rhodium
m krz 132,90543 $_{55}Cs$ -1 1 137 (β^-,γ) 30,2 a Cäsium	m krz 137,327 $_{56}Ba$ 2 133 (ϵ,γ) 10,5 a Barium	m h 138,9055 $_{57}La$ 3 140 (β^-,γ) 40 h Lanthan	m kfz 140,115 $_{58}Ce$ 3 4 141 (β^-,γ) 33 d Cer	m h 140,90765 $_{59}Pr$ 3 4 143 (β^-) 14 d Praseodym	m h 144,24 $_{60}Nd$ 2 3 147 (β^-,γ) 11 d Neodym	m h 146,9151* $_{61}Pm$ 3 147 (β^-) 2,6 a Promethium	r h 150,36 $_{62}Sm$ 2 3 153 (β^-,γ) 47 h Samarium	m krz 151,965 $_{63}Eu$ 2 3 152 (ϵ,γ) 13,3 Europium
			m h 178,49 $_{72}Hf$ 3 4 181 (β^-,γ) 42 d Hafnium	m krz 180,9479 $_{73}Ta$ 4 5 182 (β^-,γ) 114 d Tantal	m krz 183,84 $_{74}W$ 4 6 185 (β^-) 75 d Wolfram	m h 186,207 $_{75}Re$ 4 7 186 (β^-,γ) 91 h Rhenium	m h 190,23 $_{76}Os$ 3 4 185 (ϵ,γ) 94 d Osmium	m kfz 192,22 $_{77}Ir$ 3 4 192 (β^-,γ) 74 Iridium
m krz 223,0197* $_{87}Fr$ 1 223 (β^-,γ) 22 m Francium	m krz 226,0254* $_{88}Ra$ 2 226 (α,γ) 1600 a Radium	m kfz 227,0278* $_{89}Ac$ 0 3 227 (β^-) 21,8 a Actinium	m h 232,0381* $_{90}Th$ 2 4 232 (α) 1,4·10^{10} a Thorium	t $_{91}Pa$ 231,0358* 3 5 231 (α,γ) 3,3·10^4 a Protactinium	m o 238,0289* $_{92}U$ 4 6 238 (α) 4,5·10^9 a Uran	m o 237,0482* $_{93}Np$ 3 5 237 (α,γ) 2,1·10^6 a Neptunium	m m 244,0642* $_{94}Pu$ 3 4 244 (α) 8,3·10^7 a Plutonium	m h 243,061 $_{95}Am$ 243 (α,γ) 7370 Americium
			? 261,1087* $_{104}Rf$ 261 (α) 65 s Rutherfordium	? 262,1138* $_{105}Hn$ 262 (α,sf) 34 s Hahnium	? 263,1182* $_{106}Unh$ 263 (α,sf) 0,8 s namenlos	? 262,1229* $_{107}Ns$ 262 (α) 0,1 s Nielsbohrium	? 265* $_{108}Hs$ 265 (α) 2 ms Hassium	? 266* $_{109}Mt$ 266 (α) 4 ms Meitnerium